U0381047

赵志为 闵革勇 著

边缘计算
原理、技术与实践

EDGE COMPUTING

PRINCIPLES, TECHNOLOGIES AND PRACTICE

机械工业出版社

CHINA MACHINE PRESS

图书在版编目（CIP）数据

边缘计算：原理、技术与实践 / 赵志为，闵革勇著 . -- 北京：机械工业出版社，2021.9
（2024.11 重印）
（云计算与虚拟化技术丛书）
ISBN 978-7-111-69089-4

Ⅰ. ①边…　Ⅱ. ①赵… ②闵…　Ⅲ. ①无线电通信 - 移动通信 - 计算　Ⅳ. ① TN929.5

中国版本图书馆 CIP 数据核字（2021）第 184502 号

边缘计算：原理、技术与实践

出版发行：机械工业出版社（北京市西城区百万庄大街 22 号　邮政编码：100037）

责任编辑：李永泉　　　　　　　　　　　　　责任校对：殷　虹

印　　刷：涿州市盛润文化传播有限公司　　版　　次：2024 年 11 月第 1 版第 3 次印刷

开　　本：186mm×240mm　1/16　　　　　　印　　张：27

书　　号：ISBN 978-7-111-69089-4　　　　　定　　价：99.00 元

客服电话：（010）88361066　68326294

进入 21 世纪以来，信息技术的发展深刻改变了社会的生活和生产方式，并正进一步向着万物互联、万物智能的方向持续演进。在这一历史进程中，网络计算技术扮演了至关重要的角色。最初，通过互联网将分散在世界各地的信息设备连接起来，让它们具有信息传递的能力。后来，云计算将计算需求汇聚到数据中心，在通信网络之上形成了计算网络，通过共享云资源的方式让各类信息设备具有复杂运算的能力。

然而，当前的云计算架构遇到了重要瓶颈。一方面，网络视频应用的高速发展，对数据传输速率的要求不断提高，从而给主干网带宽和云中心资源带来重大挑战；另一方面，大量的物联网设备产生了海量的、低延迟的计算需求，使得传统集中式、高延迟的云中心模式逐渐难以为继。

为化解云计算面临的诸多瓶颈，在"万物互联"的基础上进一步建立网络与计算融合的无处不在的"万物智能"，边缘计算成为一个十分具有前景的研究方向，在近年来得到广泛研究。特别是在 5G/6G 技术快速发展的背景下，边缘计算的研究对科研和产业均具有十分重要的意义。

该书的撰写恰好处于边缘计算的核心问题逐渐清晰、落地前景逐渐明朗的关键节点，对于普及边缘计算概念、厘清边缘计算发展脉络、推广边缘计算技术原理、落地边缘计算实际系统具有重要的指导意义。考虑到我国正处于技术赶超的关键时期，而边缘计算又是有望取得突破的重要方向，该书的出版更具现实价值。

我与两位作者赵志为和闵革勇有过很好的交流与合作，他们都是网络领域非常活跃的专家学者，对于未来网络计算领域具有独到的见解。该书从"边缘计算"这一名词的出现开始讲起，重点介绍了边缘计算的概念及原理，并且从真实系统运行的视角，自顶向下地剖析边缘计算的关键技术，解答了边缘计算"是什么""为什么""怎么办"三个关键的基础问题，然后在阐述技术的基础上，提供了系统实现的手段和做法。相信读者能够通过该书了解边缘计算的技术进展、技术背后的发展逻辑，掌握其中关键的技术原理，在边缘计算理论和实践的结合过程中受到一定的启发。

长江学者特聘教授

电子科技大学网络空间安全研究院院长

张小松

近年来，随着 5G 技术的普及以及 6G 研究的迅猛发展，边缘计算逐渐成为学术界和工业界公认的下一代网络核心技术。边缘计算不仅是云计算的下沉，更重要的是将"计算能力"普及到数百亿数量级的物联网设备上，让各类低成本智能设备既具有感知能力，又具备任务处理能力，真正实现"万物智能"。

远景虽然宏大，但目前的诸多问题还需要深入探究和全面阐述。边缘计算为何出现，有怎样的发展脉络？边缘计算为何具有广泛前景？边缘计算与云计算究竟有何本质不同？边缘计算的实现形式究竟是怎样的？边缘计算的核心技术有哪些？边缘计算技术如何才能有效落地？如何评价和抉择众多的边缘计算方案？全面解答这些重要的本质问题，对边缘计算的深入发展至关重要。

本书对探索这些关键问题提供了新颖、全面的视角：从边缘计算产生的动机开始，阐述了边缘计算发展的底层逻辑；从边缘计算系统运转和使用的维度，清晰讲述了边缘计算的关键原理与核心技术；从实际系统开发的角度，介绍了两种边缘计算原型系统的实现方式。这些关键知识为边缘计算的发展提供了重要的理论支撑和方向引导，对边缘计算技术的产业落地具有重要意义。

本书的作者赵志为和闵革勇长期从事计算机网络方面的研究，是边缘计算领域十分活跃的专家学者。衷心希望读者能够通过此书系统地了解和学习边缘计算的原理与关键技术，同时在这个过程中受到新的启发并探索新的观点。

加拿大工程院院士、IEEE Fellow、ACM 杰出会员、长江讲座教授
香港理工大学电子计算学系教授、副系主任
郭 嵩

自 序 *The Author's Words*

物联网自诞生以来，已经晃晃悠悠地走过了 20 个年头，时至今日，物联网的发展似乎总不那么令人满意——物联网到底在哪里呢？什么时候我的茶壶能够自己协调好开水、茶叶、茶具，像一位贴心的管家一样帮我泡好茶呢？

可见，物联网虽然叫"网"，但却远远不只是一个"网"，它的实现涉及对物理世界的全方位改造：除了给万物增加"感知"（传感）和"交流"（通信组网）能力之外，还要增加"思考"（复杂运算）的能力。只有具备了这三方面的能力，上面关于茶壶的畅想才能成为现实。考虑到集成电路的发展历史，如果能够一直沿着摩尔定律的轨迹将芯片体积持续缩小，那么总有一天，我们能够实现"体积无限小、能力无限大"的嵌入式芯片，从而让各类微小的物联网设备具备复杂运算的能力。然而，现实却事与愿违，摩尔定律已经失效，各类计算需求的复杂度却仍在高速增加。

为解决这个问题，另一个思路则是为物联网设备提供无处不在的额外计算资源，让物联网设备在自身能力受限的情况下，可以将复杂的计算任务交给这些额外资源来完成，这就是边缘计算。可以说，边缘计算是让世间万物具备"思考"能力的关键手段。试想，当边缘算力与网络相生相伴时，我们相当于随时随地具有一台高性能计算机可供使用。只要有边缘网络，各类微小的物联网设备就能够应对复杂的计算和逻辑推理，我们就可以在手机上玩"3A"游戏大作，小小茶壶也可以识别复杂环境，查找并协调泡茶必备的各个材料。随时随地处理计算需求，是边缘计算的重要使命。

当前边缘计算正处于思想碰撞、快速演进的重要时期，不同机构从不同角度对其进行了定义和产业化的探索。例如，电信运营商关注的重点是算力的铺设，软件厂商关注的重点是服务的管理，硬件厂商关注的重点是专用的边缘设备，科研界关注的重点是新型架构及优化算法等。正因如此，对于一般读者而言，边缘计算的概念似乎无处不在，云计算、人工智能、物联网等领域似乎都多出了一个边缘计算的课题，但这些领域的课题却又无法充分刻画边缘计算的全貌。

本书以用户的视角，从前端设备向边缘计算设备发起请求开始，通过一次完整的边缘计算过程来介绍各项关键技术的原理和方法，最后针对两类典型的边缘计算场景，探讨如何实现一个初步的边缘计算原型系统，帮助读者快速体会边缘计算方法的系统实现。本书配备全套的教学讲义、系统源码和习题答案，可供读者使用。

在决定撰写此书后，我与闵革勇教授怀着激动的心情与团队的师生探讨，大家都表现出了很高的热情，投入了大量的精力。舒畅、刘长胜、高伟峰、丛荣、毛文量、莫继为、胡诗琦、冯思林、张健飞等在各自擅长的领域纷纷贡献了他们对边缘计算技术的见解和思路，这对本书的顺利成文具有十分重要的参考和支撑作用。此外，李经纬对书中的插图进行了美化和统一，胡诗琦规范了书中的诸多格式问题，使本书阅读起来更加流畅。

同时，要特别感谢机械工业出版社李永泉编辑，正是他的热情邀请才促使我们下定决心完成本书。不仅如此，在出版过程中李编辑还不断地与我讨论诸多细节和琐碎的问题，为本书的顺利出版和质量保障起到了至关重要的作用。

边缘计算仍处在快速发展的过程中，知识更新速度很快，本书难免存在纰漏，恳请读者批评指正。

赵志为

2021 年 7 月于清水河畔

前　言 *Preface*

　　随着通信技术和计算技术的快速发展，计算成本不断降低，物理世界与信息世界正在加速融合。不仅物理世界的信息被映射到网络当中，网络通信和计算的能力也随着嵌入式技术的发展融入了世间万物。随着物联网和5G通信产业的快速兴起，越来越多的人和物开始持续产生大量、多样、复杂的计算任务，"无处不在的计算"成为各类应用共性而迫切的需求，"边缘计算"应运而生。

　　相比于云计算，边缘计算将计算资源下沉到网络边缘设备，嵌入到各类网络系统当中，为大到自动驾驶车联网，小到可穿戴设备提供快速、稳定、无处不在的计算服务。如果说物联网让物理世界具备了"感知"和"沟通"的能力，那么边缘计算的使命则是在"摩尔定律"失灵的背景下，让世间万物具备"思考"的能力。网络边缘设备在形态上千变万化，既可以是部署在移动蜂窝网络的数据中心，也可以是随车而载的小型服务器，甚至可以是随身携带的智能手机。正是形式多样、无处不在的边缘设备，支撑完成了各类泛在场景的计算服务，包括移动计算、卫星计算、自动驾驶车联网、智慧工业、智能家居、可穿戴设备等。

　　当前的边缘计算正处于科研界与工业界进行思想碰撞、共同发力的关键时期，有望为移动互联网、物联网、人工智能等新兴技术提供强大的赋能潜力和颠覆性的计算范式，但在关键基础理论、网络系统架构、协同运算模式、关键技术方法等方面仍存在重要的研究挑战。本书将介绍边缘计算的基础理论、概念模型、系统架构、设计原理、关键技术、原型系统、应用案例等，为计算机科学、物联网工程、互联网＋、电子信息、通信工程、人工智能、智慧城市等专业的学生、研究人员和从业者提供全面、系统的参考。本书配备完整的PPT、习题和实验（包括教程与实验源码），可作为高年级本科生及研究生的相关课程教材。

Contents 目 录

第 1 章 *Chapter 1*

边缘计算概述

计算机技术正从"辅助人力""替代人力"发展到"延伸人力"的阶段,逐步完成物理世界信息化、智能化的过程。这一过程伴随着计算技术和通信技术的螺旋式发展,将算力形态从本地拉升到云端,又从云端分散到边缘,并最终形成"云、边、端"无处不在的计算模式。

有学者指出,计算形态的进化过程呈现出一种"集中→分布→再集中→再分布"的模式,对应大型机、个人计算机、云计算、边缘计算四个阶段。虽然过往的计算形态发展的确呈现出这样的趋势,但是其背后的发展逻辑却未被探究,未来的计算模式发展也未可知。本章通过回顾计算机、网络通信技术和计算需求的发展变化,梳理了计算模式变化的内在逻辑,并归纳了计算模式变化以及边缘计算出现的本质驱动,即计算形态的变化总是以"满足人类无处不在的对高质量计算的需求"为目标,在计算需求与运算成本、网络成本不断螺旋变化的因素驱动下而发生。在此基础上,本章分析了为什么边缘计算成为当前技术条件下的最佳选择,并将在相当长一段时间内主导各类计算应用和需求。

本章将介绍边缘计算的基本概念、发展动机、历史脉络、研究现状、产业前景、挑战机遇等,并厘清本书各章节的写作逻辑,帮助读者更好地阅读和理解边缘计算的相关内容。

1.1 边缘计算的背景与概念

本节将介绍边缘计算出现的背景、不同的概念以及边缘计算相比于传统计算模式的重要改变。

1.1.1 边缘计算的历史背景

1946 年在美国宾夕法尼亚大学,电子晶体管计算机 ENIAC 携 170 平方米、18 000 个晶体管的庞大身躯悄然问世，作为计算的载体，开启了现代计算机的发展之路。此后，晶体管代替了电子管，集成电路代替了晶体管，计算机的发展沿着摩尔定律的轨道一路狂奔，从巨大的机房一步步走进了千家万户，登上了小小的桌面，甚至作为可穿戴嵌入式设备成为人体的一部分。伴随这一过程，越来越多的物理世界需求被转化为计算需求，计算的形态也经历了几次重要变化。

1. 共享到独占

在计算机发展初期，由于高昂的成本，计算机主要用于大型科学实验，几乎不存在现代意义的个人计算机。因此，此时的计算过程往往是很多用户采用分时的方式共享一台计算机，这一需求也造就了后来人们熟知的 UNIX 系统和类 UNIX 系统。虽然此时所有的计算需求是在大型机"本地"执行的，但其任务来源通常是多个用户，资源也是由多用户共享的。因此从计算模式的角度而言，大型机的计算采用了多用户共享的模式。

而随着集成电路的出现，计算机体积沿着"摩尔定律"[⊖]的轨迹不断缩小，计算成本不断降低，使得用户逐渐能够通过个人计算机来满足各类计算和数据存储的需求，计算的形态也从多用户分时共享为主流变为了独占资源的个人计算机为主流。

2. 本地到云端

随着计算机网络和通信技术的不断发展，计算机再也不仅仅是数据存储和运算的载体，而是承担了越来越多的信息传输和交互任务。与此同时，智能手机、交互式 Web 服务、社交网络的出现和普及，使得大量的用户信息由本地迁移到网络服务器当中。伴随着"信息网络化"这一过程，在数据被带到网络服务器上的同时，一部分运算过程也被带到了服务器上，例如网站托管、推荐算法、各类在线服务等。不仅如此，随着通信和网络技术的不断发展，越来越多的计算业务得以通过网络实现，从而一步步形成了如今云计算的形态。

3. 云端到边缘

随着智能手机、可穿戴设备等智能化计算设备的普及，以及高清视频、人工智能算法等需求的涌现，各类游戏、应用、视频业务对于数据和实时性的要求越来越高，例如风靡一时的增强现实（Augmented Reality，AR）游戏口袋妖怪（PoKeMon GO），对摄像头实时采集的图像进行识别和处理，并在识别出的目标位置显示不同种类的"口袋妖怪"。对于此类应用业务，一方面本地计算会出现能力不足或者电量消耗过快的问题；另一方面若采用云计算架构，则无法达到游戏的延迟要求，不仅如此，当应用规模扩大时，云计算架构中网络带宽将会成为瓶颈，难以支撑来自海量前端设备的大规模实时计算和数据请求。即便对于实时性要求不高的传统业务，越来越多的设备接入网络，也会使得云计算网络基础设施不堪重负，甚至使得云计算中心成为许多地区能源消耗的最大来源。

与此同时，随着 5G/6G、Wi-Fi 6 等通信技术和标准的快速发展，用户端到网络接入端的直接延迟可以降到个位数毫秒级。此时我们发现，在云计算架构中，数据从接入点到云计算中心的传输过程已经占据了绝大部分的延迟。考虑到互联网数据需要经过主干网多级路由的过程，

⊖ 摩尔定律：由 Intel 创始人之一戈登·摩尔提出，指集成电路上可容纳的晶体管数目每隔两年便会增加一倍（常被引用的"每 18 个月"版本是由原 Intel CEO 大卫·豪斯提出的）。

这一延迟几乎无可避免。因此，计算资源从云中心下降到靠近用户的网络边缘设备（如移动无线基站、家用路由等），则成为实现大规模实时计算的必然要求。如此，不仅彻底避免了广域网中的数据传输延迟，也提升了数据的隐私安全级别、访问效率以及服务部署和管理的灵活性。

1.1.2　边缘计算的概念

简而言之，边缘计算是一种计算模式：在该计算模式下，服务与计算资源被放置在靠近终端用户的网络边缘设备中。与传统的云计算数据中心相比，边缘计算中直接为用户提供服务的计算实体（如移动通信基站、WLAN 网络、家用网关等）距离用户很近，通常只有一跳的距离，即直接相连。这些与用户直接相连的计算服务设备称为网络的"边缘设备"。如图 1-1 所示，对于校园、工业园区等场景，配备计算和存储资源的设备即可作为边缘设备，为其前端用户提供边缘计算服务；对于城市街区场景，移动蜂窝网络的通信基站可作为边缘计算设备提供服务；对于家庭住宅场景，家用路由器可作为边缘计算设备。

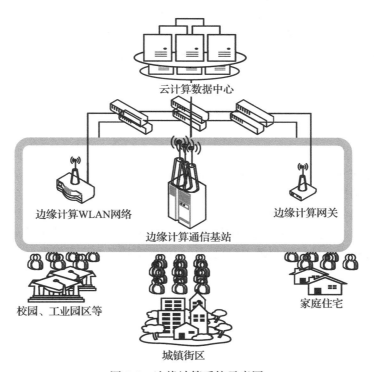

图 1-1　边缘计算系统示意图

关于边缘计算的概念，目前国内外学术界与工业界存在几种不同的定义。根据其出发点的不同，本书将边缘计算的定义整理如下：

□ 边缘计算作为云计算的延伸[1]：边缘计算是一种云计算优化方法，"通过将网络集中节点（云核心）上的应用、数据和服务放置到逻辑边界节点（边缘）"，从而建立与物理世界的直接联系。

□ 边缘计算作为前端设备和云计算的中介[2]：边缘计算是指那些使得计算发生在网络边缘的技术合集，向下的数据流来自云计算服务，向上的数据流来自前端的各类物联网设备。

□ 描述计算平台的角度[3]：根据中国边缘计算产业联盟的定义，在靠近物或数据源头的网络边缘侧，融合网络、计算、存储、应用核心能力的开放平台，就近提供边缘智能服务，满足行业数字化在敏捷连接、实时业务、数据优化、应用智能、安全与隐私保护等方面的关键需求。它可以作为连接物理和数字世界的桥梁，使能智能资产、智能网关、智能系统和智能服务。

□ 泛化的云与用户之间的补充[4]：边缘计算是指从数据源到云数据中心的路径上任意计算和网络资源的统称。该定义明确将边缘计算看作云计算中心与用户之间所有计算和资源的统称。

本书从计算模式发展的角度给出边缘计算的定义：边缘计算是一种计算资源与用户接近、计算过程与用户协同、整体计算性能高于用户本地计算和云计算的计算模式，是实现无处不在的"泛在算力"的具体手段。其中，边缘设备可以是任意形式，其计算能力通常高于前端设备，且前端设备与边缘设备之间应当具有相对稳定、低延迟的网络连接。

1.1.3　边缘计算带来的改变

边缘计算作为云计算向网络边缘的分布式延展，其计算模式与云计算十分相似，但又存在重要区别。

图 1-2 显示了当前主流的"云-边-端"架构。其中前端设备通过不同的通信方式将计算请求及必要数据发送至边缘服务器。之后，边缘服务器检查是否具备该请求对应的计算服务，如果具备，则执行该请求对应的计算任务，并在之后将计算结果返回至前端设备；如果不具备，则继续向云服务器请求，由云服务器执行（或将相应的计算服务从云端下载至边缘端，并继续执行），并返回结果给前端设备。由于前端设备与边缘服务器通常仅有一跳的距离，其传输延迟相比云计算得到极大缩短，从而能够支持各类高实时性要求的计算业务。不

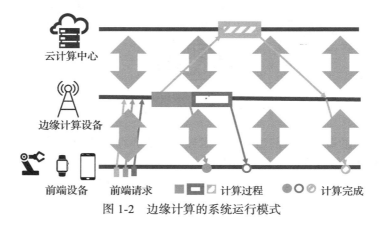

图 1-2　边缘计算的系统运行模式

仅如此，由于边缘服务器更加靠近用户，服务面向的用户设备和直接的计算需求类型也更多，其服务具有更强的定制化需求。

具体而言，相比于云计算，边缘计算模式存在以下显著特点。

1. 延迟极低

边缘计算相较云计算的一个显著区别是其计算资源更加靠近前端用户。在典型的边缘计算系统中，前端用户与边缘服务器是具备单跳网络连接的，其延迟与所使用的无线传输技术直接相关。特别是在 5G/6G 网络中，无线通信的延迟可以降低到 1 毫秒级，这使得边缘计算与本地计算在延迟上几乎没有差别。

表 1-1 总结了不同类型通信技术的延迟与能耗。由此表可见，在边缘计算的架构中，前端设备与边缘服务器的通信方式将在很大程度上影响边缘计算的效率。对于移动设备（如手机、笔记本电脑）而言，结合 5G 的边缘计算几乎可以提供了与本地相

表 1-1　典型的应用场景下不同通信技术的延迟与能耗情况

应用场景	通信技术	通信延迟	能耗
移动计算	5G/6G	<5ms	高
	4G	<50ms	高
室内短距	Wi-Fi	<150ms	中
	蓝牙	<200ms	中
嵌入式物联网	ZigBee	<200ms	低
	LoRa	<2s	低
	NB-IoT	<2s	低
	SigFox	<2s	低

当的低通信延迟。对于大量物联网设备来讲，其云计算解决方案的延迟约为 800～2000ms（例如亚马逊的 GreenGrass 平台搭配 2.4GHz 的前端物联网设备，其端到端延迟在 1700ms 左右）。在这样的场景中，使用边缘计算的架构有望将端到端延迟降低到接近单跳传输延迟，实时性可提升 10 倍以上。

表 1-2 显示了各类计算机与移动应用的延迟要求，在当前的条件下，延迟要求较高的 AR/VR 等仅能通过本地运算的方式执行。而当通信延迟持续降低时，越来越多新的应用可

表 1-2　各类计算机与移动应用的延迟要求

			服务类型	延迟要求	用户体验
3G	4G	5G 6G	AR	高	<10ms
			VR	高	<10ms
			高清视频游戏	中	1～30ms，极快 31～50ms，良好 51～100ms，普通 100～200ms，较差 >200ms，很差
			视频图像处理	中	<100ms，极好 ≤100ms，良好 ≤250ms，一般 ≤1100ms，极差
			视频直播	低	0.2～2s，超低延迟 2～6s，低延迟 6～18s，高延迟

以被"解放"出来，从本地运行的方式转变为边缘计算的模式，从而达到应用的时延要求。如当前的 4G 通信技术可以满足除了 AR/VR 以外的大部分应用的延迟要求，当计算延迟较低时，这些应用均可以由边缘计算的方式来实现。当利用 5G 通信技术时，包括 AR/VR 在内的新型计算密集、延迟极低的应用可以通过边缘计算的方式来实现。随着无线技术的持续发展，以及边缘计算架构的不断优化，可以预见更多数量的计算服务将从本地走向边缘，也将涌现出越来越多支持超低延迟的应用服务。

2. 服务对象异构、多样

考虑到边缘计算服务器主要服务于与其直接相连的设备，而前端设备的通信方式、所需的服务类型、服务要求均不相同，这使得边缘服务器上承载的服务很大程度上取决于其服务对象设备和服务请求。例如面向智慧家居的边缘服务器，其服务对象主要为各类智能家居及可穿戴设备，因此边缘服务器上运行的大多是对实时性要求相对不高的数据存储、数据分析、视听推荐等多媒体服务。如果是面向娱乐区域（如电竞、展厅、网吧等场所），边缘服务器上则主要运行图形渲染、图像分析、视频缓存等服务。可见，由于支持的设备种类变多，边缘计算所面对的服务对象呈现出异构、多样的特点，不同的设备可能具备完全不同的资源需求、通信方式、服务质量等方面的要求。

3. 服务类型定制化

边缘服务器为其连接的各类用户设备提供运算服务，设备异构、多样的特点使得其运行的服务类型具有高度定制化的特点，即每个边缘服务器由于所处环境、面向用户群体的不同，其上运行的服务类型也具有定制化的特点，具体地，服务的定制化特点主要由以下两方面因素导致。

众多云计算难以支持的实时与低功耗服务涌入边缘计算。由于边缘计算服务器接近于前端设备，支持短距离通信技术，且具有良好的安全性，越来越多原本无法使用云计算的应用服务有望进行"边缘化"，与传统云计算相比，边缘服务的类型也将极大增加。一方面，以 AR/VR 等为代表的高清视频应用，无法承受云计算带来的延迟，但可以在边缘计算场景中运行；另一方面，各类可穿戴设备、智能家居传感器等不具备互联网接入能力的设备，在边缘计算场景中有机会接入到边缘计算服务器中，其所请求的服务类型也具备较强的定制化和多样性。

单个边缘服务器面向的场景具有更强的区域特征和定制化需求。考虑到边缘计算采用的通信技术具有相对较小的覆盖范围，这就导致每个边缘服务器上面向的用户主要由其本地的固定用户和流动用户构成。而云计算中，其服务对象通常通过广域网接入，服务类型与其本地范围的用户之间不具有明显的相关性。这一特点使得边缘计算的服务器之间具有很大的差异，每个服务器上运行的服务类型、资源配置、接入策略等均有所不同，从而形成高度定制化的特点。

4. 服务形式多样化

不同于云计算环境中的数据中心网络，边缘计算的服务形态可以高度多样化。移动蜂窝网络的 4G/5G 基站、家用路由网关、个人电脑、手机，只要具备相对的资源优势和较低的连接延迟，都能够成为边缘服务器，为其他资源相对受限的前端设备提供服务。这些形态的区别来自计算资源的下沉程度；当服务对象为智慧家居的各类智能设备时，边缘服务器则可以以家庭网关的形式运行计算服务；当服务对象为智能手机等移动设备时，边缘服务器则可以融合进移动基站中，同时提供通信服务和计算服务。

5. 对移动性高度敏感

考虑到边缘计算通常服务于直接相连的用户，而单跳无线链路的通信覆盖范围十分有限，这使得边缘计算具有对用户移动高度敏感的特性。一方面，用户的移动性会影响到无线传输质量，越高的移动性会导致越不稳定的通信质量；另一方面，高速移动的用户很有可能在多个边缘服务器之间进行切换，造成计算服务的中断。特别是考虑到 5G 网络的场景，每个基站的覆盖范围相比于 4G 将大大减小（仅 100 ～ 300 米），这使得移动设备将很快离开当前基站，切换到新的基站。这样的高切换频率为边缘计算在高速移动场景中的使用带来极大的挑战，服务质量难以保障。高移动性条件下的边缘计算优化技术也成为当前边缘计算的研究热点之一。

6. 隐私保护

相比云计算，边缘计算的另一个显著特征是数据隐私更有保障。这是由于数据是保存在靠近用户的边缘设备，而非集中式的云计算数据中心，从网络结构上降低甚至杜绝了用户数据与其他网络实体的连通性。不仅如此，由于计算下沉，更加复杂的加密和隐私保护算法也得以应用在更多类型的边缘服务上，从而更好地保障用户隐私。除此之外，数据传输延迟的降低，也催生了新型的隐私保护的计算模式（例如 Google 公司提出的 Federated Learning，杜绝了用户数据和网络服务的直接接触）和更加复杂的加密算法，从而极大降低了隐私泄露的风险。

1.2　边缘计算发展的历史必然性

边缘计算是时代发展的必然产物，也定将融入技术发展的洪流当中奔涌向前，成为又一朵闪耀的浪花。计算机由人类的计算需求牵引，从大型机时代一路走来，伴随着通信网络的不断发展，经历了集中式、分布式的交替演进，不断将更高质量的服务带到更加普适的场景之中，并终于发展到边缘计算的形态。

本节首先回顾促使计算模式变化的驱动技术的发展历程，即计算机技术、网络与通信技术，以及尤为重要的用户计算需求的发展变化。通过梳理技术发展历程，探究其背后本质的驱动因素，进一步探讨为何边缘计算会成为历史发展的必然。

1.2.1　催生边缘计算的技术

图 1-3 显示了催生边缘计算的三方面因素：计算机技术、网络与通信技术

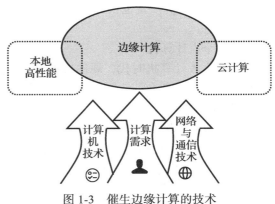

图 1-3　催生边缘计算的技术

以及计算需求。从计算模式方面来讲，计算性能的不断提升，使得本地能够处理的任务类型和任务规模越来越大，从而倾向于形成本地高性能计算的模式；网络技术的不断发展，逐步消除远程运算和本地运算的成本差距，从而倾向于形成云计算这一远程计算的模式；而两者的结合，以及不断被激发出来的低延迟、高复杂度的计算需求，则将起到将两者聚拢的效果，从而形成边缘计算的计算模式。需要注意的是，边缘计算并不是一厢情愿的理论尝试，而是在这三方面因素的加持下自然形成的技术路线，是实现"无处不在的算力"这一远景的必由之路。

1. 计算机技术发展历程

自 1939 年阿塔纳索夫 – 贝瑞计算机（Atanasoff-Berry Computer）出现以来，计算机的形态经历了翻天覆地的变化。随着摩尔定律的发展轨迹，计算机从要占满几间屋子的庞然大物一步步向着体积越来越小、算力越来越高的方向不断进化[7]。随着计算机算力的不断增强，越来越多的计算需求可以在本地解决，而同时，越来越复杂的物理世界需求也被逐步转化为信息世界需求，在复杂运算、多媒体、工业控制测试等领域均呈现出这样的趋势。计算机大致经历了以下几个重要阶段。

（1）大型计算机

大型计算机是计算机的最初形态，占用的体积、资源和能耗都是十分庞大的。如首台通用电子计算机 ENIAC（电子数值积分计算机）包含了 17 468 个电子管、7200 个二极管、1500 个继电器、10 000 个电容器，还有大约 500 万个手工焊接头。其重量达到惊人的 27 吨，占地 170 平方米，是名副其实的巨无霸。又如后来出现的号称"首台全自动电脑"的哈佛大学马克 1 号计算机，虽然轻于 ENIAC，但重量仍然高达 5 吨。

当时由于存储技术受限，为了使用计算资源，用户的大量计算任务需要通过打孔卡的形式存储并放入大型计算机进行集中处理。这种计算形态可以被看作网络共享计算的雏形——多个用户通过纸带打孔卡的方式将计算任务传递到计算机进行集中运算。为了提升计算机的使用效率，20 世纪 60 年代起，批处理系统、多道批处理系统以及分时系统 UNIX 的出现，使得多个用户可以相对高效地共享大型计算机的计算资源。

可以看到，当时的计算形态与"无处不在的高质量计算服务"相去甚远，不但计算机无法随身携带，计算质量也相对较低。可以说，这个阶段的计算硬件和计算服务均与用户需求有较大差距。

（2）个人计算机

进入个人计算机时代，硬件成本快速下降，计算机开始走进千家万户，代表性设备包括家用台式机、移动笔记本、移动工作站等。绝大部分消费者的计算任务在本地执行，不再需要将其汇聚到集中式的机器上进行批量处理。

（3）智能手机及可穿戴设备

沿着摩尔定律的轨迹，硬件体积进一步缩小，成本进一步下降，计算硬件平台再也不受限于台式计算机或移动笔记本，出现了以苹果公司的 iPhone 为代表的智能手机。参考 GeekBench 的测试数据，苹果手机基于 ARM 的 A 系列芯片，从最初的 A4 到 2019 年的

A13 共 10 代芯片，在体积没有增加的前提下，计算能力翻了近 70 倍。这使得手机、平板电脑类产品的性能与传统的个人电脑相比也不落下风，很多原本只有电脑能够胜任的计算任务越来越多地开始被移动设备所取代。

不仅仅是手机，随着芯片体积的持续减小，各类基于嵌入式芯片的创新硬件也开始层出不穷，其中最具代表性的是各类可穿戴设备。智能手环、智能手表、VR 眼镜等可穿戴设备的出现，不仅仅是计算形态的变化和计算过程的转移，而且极大拓宽了人们对于计算的认知和需求——原来一切人类活动都有信息化、智能化的可能。

智能手机、各类移动智能设备的普及以及移动网络的发展直接催生了庞大的移动互联网产业，此时的计算任务呈现出本地与网络相互配合、协同运算的特征。用户的计算需求也以非常高的多样化程度爆发出来，越来越多的计算业务开始涌现，如云音乐、云视频、视频直播、短视频、移动手游等。

（4）智能万物

随着传感器技术的发展，物联网概念在 19 世纪末 20 世纪初已经出现，并随着嵌入式芯片性能的增强逐渐从概念走向现实，发展出"智能万物"的趋势。如果说智能手机、可穿戴设备是将人类活动和人类本身进行了一定程度的信息化，那么智能万物则是对物理世界进行信息化改造，让万物均具备感知、通信和计算的能力，并能够与人类活动进行协同。例如在智慧农业的场景当中，我们需要让农田随时感知其土壤成分、温湿度等指标，从而根据实时情况采取不同的灌溉、施肥或除虫等措施。又如在智能家居场景中，空调、加湿器等智能家电可以根据人的身体指标实时调整室内温湿度和光线。

当前物联网的计算方式以本地计算为主，即感知、处理、控制等环节在前端嵌入式设备上进行。同时，也应注意到，受限于计算成本，当前的物联网设备本地进行的计算任务相对简单。可以预见，随着物联网进一步的发展和普及，这些海量的物联网设备自然而然地会产生数量庞大的计算需求，甚至可能超过人类本身所产生的计算需求。例如在城市物联网场景中，路边的电线杆需要关注空气指标、噪声程度、人流量、车流量、目标身份监控等，这些指标及相关应用会产生大量的、越来越复杂的计算需求。

（5）后摩尔定律时代

为了满足上述的计算需求，按照过往几十年的发展路径，我们需要将芯片进一步做小，芯片性能进一步做强，便可以逐步实现"以无限小的设备提供无限强的算力"，自然能够满足"无处不在的高质量计算"这一本质需求。然而，尽管摩尔定律所描述的发展曲线已经持续了半个世纪，人们开始发现，时至今日，摩尔定律已经失效：即集成电路已经无法保持每两年将单位面积电子元件数量翻一番的发展速度，相应的硬件成本下降、硬件体积减小的速度也正在放缓。这是由于半导体制程在向下突破时，其研发难度也呈指数级上升。特别是当半导体制程越来越逼近原子半径时，集成电路的发展显然会遇到瓶颈甚至停滞。虽然当前半导体制程发展还在继续，但是发展速度已经明显下降，摩尔定律已无法准确描述未来的集成电路发展。

在这样的背景之下，计算需求仍在爆炸性增加，半导体芯片的发展已经跟不上计算需求的成长速度，从而导致人们不得不考虑在计算模式上进行创新，通过引入额外计算设备的方式，为泛在计算环境提供充沛的算力支持[11]。

2. 网络与通信技术发展历程

如果说计算机技术的发展催生了越来越多的计算需求，那么网络与通信技术的发展则是在满足新型计算业务的同时，将越来越多的计算任务从本地搬运到远程设备中，减少本地的资源需求和运算压力。此处我们将通信网络和计算网络视作同一网络，其发展大致经历了以下几个阶段。

（1）ARPANET 与 TCP/IP

ARPANET 被称作互联网的前身，是美国国防高级研究计划局开发的世界上第一个运营的数据包交换网络。ARPANET 最初的设计目标是通过网络连接实现资源共享。在 ARPANET 正式投入使用的第五年（1973 年），Vinton Cerf 为了解决不同设备、不同网络连接的问题，提出了新的 TCP/IP，而 TCP/IP 正式奠定了日后因特网的加速发展和全球普及。1983 年 ARPANET 正式停用，所有 ARPANET 的网络设备均转向了 TCP/IP。

（2）宽带互联网

在基于 TCP/IP 的互联网进入千家万户时，计算机首先是通过电话线拨号的窄带方式接入互联网。此时的理论带宽仅有 64kbps，主要的用途包括信息展示、电子邮件等数据密度较低的业务。随后宽带网络的普及将网速提升到 256kbps 以上，此时的带宽可以支撑的应用场景更加多样，如 VOD 流媒体业务、P2P 网络应用。之后，随着光纤宽带网络的落地，互联网的网络带宽正式进入千兆时代，以 YouTube 在线视频为代表的数据密集型应用开始发展。此外，基于多媒体业务的社交网络也作为一种新型的互联网业务开始蓬勃发展。

（3）移动互联网

移动互联网则是在智能移动设备、电信网络的共同演化之下发展出来的业务模式。在最初的 1G/2G 时代，移动互联网的主要业务场景仅在于信息展示、电子邮件等传统业务。而当电信网络进入 3G 时代，并且随着以 iPhone 为代表的智能手机的出现，移动互联网的应用场景则进入百花齐放的时代[8]。随着 3G/4G 网络的普及，基于位置信息的应用、短视频应用、视频流媒体直播等应用层出不穷。移动互联网也直接推动了云计算产业的爆发，不仅仅将物理世界的传统需求搬到了云上，也开始深刻地改变人们的生活生产方式。

3. 计算需求发展历程

可以说，计算需求的发展是计算模式发生变化的本质原因。计算机技术在不停满足人类新的需求的过程中不断进化，而人类的计算需求又随着技术进步而不断膨胀。因此，了解计算需求的变化对于梳理计算模式的变化具有重要指导意义。具体而言，在计算机技术以及网络与通信技术的双重加持下，计算需求的发展大致经历了以下几个阶段。

（1）军事航天等场景的大型科学运算

大量先进技术的出现最初均是用于军事用途，如核能、航天等，计算机和计算机网络也不例外。如美国 ARPANET 的提出，虽然是为了便于资源共享，但也具有相当程度的军事需求——将计算机的控制过程与计算机本身分离，并且具备多个分布式的控制终端。如此，当其中的某些终端被摧毁时，仍然能够保证整个系统的正常运转。此时的计算需求主要用于进行天体物理、飞行器轨道等复杂运算，以及极少量的民用计算需求。

（2）个人办公与数据存储

当计算机从军事用途逐渐转向民事用途时，各式各样的计算需求被激发出来。如在个人电脑时代初期，计算机主要被用于处理办公文档和统计报表。

随着可视化操作系统的出现，计算机的用途开始广泛扩展，包括电脑游戏、矢量图形、文档处理等。进一步随着存储器成本的降低，个人数据存储成了重要用途，除了传统的文本文档处理业务，个人图片、视频、音频等文件存储逐渐成为主流计算需求之一。可以看到，由于此时网络技术发展尚未成形、存储介质成本较高、读写速度受限等因素，多数的计算需求均能够通过单一计算机以本地执行的方式来满足。

随着个人计算机的普及，互联网出现后，更多物理世界中的信息交流需求被转移到了数字世界，例如邮件、公告栏、报纸新闻等。

（3）社交网络、音视频流媒体业务

在宽带网络普及之后，越来越多物理世界的需求被映射到数字世界当中，如电视业务、唱片业务、社交需求。相应地，以社交网络、音视频流媒体业务为代表的网络化的计算需求大量涌现，也快速促进计算机和计算模式朝网络化的方向持续发展。

当有线网进入光纤宽带时代、无线网络进入 3G/4G 时代时，随着智能手机的普及，网络化的计算需求被进一步放大，各类新型的计算业务开始层出不穷，短视频、视频直播等新型业务均是在此阶段产生。

（4）人工智能业务

当越来越多的需求进入数字世界之后，人类活动开始产生大量的数据，如社交网络、健康数据、网络访问、App 使用等。随之而来的，就是如何利用大数据实现"智能化"。有了数据和算法支撑，人工智能再次成为热门研究领域，国内多所高校成立了人工智能学院。然而，当前的机器学习框架本质上仍基于统计，这就要求计算机对数据的处理速度要快，并且是随着新数据的产生无时无刻不在处理的。如此，除了高效的算法外，算力的提升也成为人工智能发展的重要一环。

在这样的背景下，人们对于人工智能业务的需求也开始增长，如基于图像的 AR/VR 等。而人工智能算法通常需要大量的数据和持续的模型训练，这是用户的单一设备难以满足的，也成为影响云计算发展的又一关键因素[10]。

（5）计算的本质需求：无处不在的高质量计算

从过去的计算需求变化，我们可以看出两个明显的趋势：计算需求变得无处不在，计算任务变得越发复杂。而这两方面的特点正好是由通信网络的发展和计算机技术的发展所促进的：无处不在的网络连接，使得人们随时随地都会产生数据访问以及计算需求；计算能力的提高，使得越来越多种类的计算任务和计算需求被激发。可见，人类对于计算的需求始终以"满足人类无处不在的高质量计算需求"为目标，并且是在计算需求与运算成本、网络成本不断螺旋变化的驱动下而产生的。人们希望的计算形态，应当是"计算服务尽量近、计算质量尽量好、计算代价尽量小"。试想一种理想状态，我们可以在不携带任何设备的基础上，使用我们能够想到的所有计算服务，这将是计算模式发展的长期追求。

接下来，我们沿着这一角度重新审视计算模式变化的内在逻辑，并对未来计算模式的进一步发展做出展望。

1.2.2 计算形态变革的内在逻辑

以满足无处不在的高质量运算为最终目标，需求与成本的博弈不断颠覆计算机软件服务的形态架构，并逐步形成了我们当前所讨论的边缘计算模式。

如果我们从"计算任务在何处完成"这个角度来看待计算形态，那么可以看到历史上计算形态经历了几次重要变化，即先是任务汇聚到大型机上集中处理，而后分散到用户终端设备处理，再然后相当一部分的计算任务重新汇聚到云计算中心处理。如前所述，这一变化过程的影响因素相当纷杂，如硬件成本的降低、计算需求的提升、通信网络的飞跃、传感器技术的丰富等。而究其本质原因，则是人类对计算形态或者说计算方式的需求，即"无处不在的高质量计算服务"：既要无处不在，又要保障服务质量。"无处不在"需要通过各式各样的网络通信技术、嵌入式技术来实现，"高质量"则需要通过计算机软硬件技术的不断迭代来实现。

接下来我们从计算形态的变化趋势上分析边缘计算为何出现，又是如何出现的。

图 1-4 是计算形态不同阶段的计算与通信成本的对比示意图。图中虚线圈标记的位置是本地计算成本与通信成本的翻转点，这些翻转点伴随着计算模式的变革。如本地计算成本低于通信成本时，计算模式由分时共享的方式迅速转变为本地计算的方式（第一个翻转点）。当网络技术的发展使得通信成本再次低于计算成本时，开始出现由本地计算向云计算的过渡，并且随着通信成本的不断降低，越来越多的计算需求由本地转到云端（第二个翻转点）。随着以苹果手机为代表的智能手机的快速发展迭代，以及以 3G/4G 为代表的移动通信技术的普及，云计算模式得到了进一步强化；然而，随着各类新型的、要求更高的计算业务（如 AR/VR）的出现，对很多计算任务而言，本地计算成本再次低于云计算成本（第三个翻转点）。5G/6G 通信技术的出现，则再次大幅拉低了通信成本，使得这些新出现的复杂任务可以使用远程的方式来执行，并形成了边缘计算的模式。

可以看到，几个阶段的共同特征是不断地将硬件负担远离用户，不断地将计算服务贴近用户，用户既要"无处不在的高质量服务"，又要"不承担额外的软硬件开销"，这也是计算形态变化的内在逻辑。按照计算模式的变化，我们将网络计算形态大致分为以下三个阶段。

灰色部分为大型机阶段，此阶段用户几乎不具备个人计算需求，属于所有的计算需求与计算资源都集中式分布在大型计算机上。随后，沿着摩尔定律的轨迹，本地计算成本和网络计算成本开始下降（成本可定义为单位代价能够获取的体验质量）。每次本地计算成本下降时，就会涌现一大批基于本地计算方式的新型的、更复杂的应用；而每次通信技术出现跨越式发展时，对于相当一部分应用来讲，网络计算成本又显著低于了本地计算成本，从而将这部分应用从本地移动至网络。这样的过程交替出现，直至当前"后摩尔定律时代"的万物智能与 5G/6G 技术共存的阶段。此时，由于通信技术延迟已经与本地总线延迟相当，这意味着新的应用很可能不会再像以前一样首先由本地产生，而是会直接以网络化的形式产生，如当前的云游戏等。

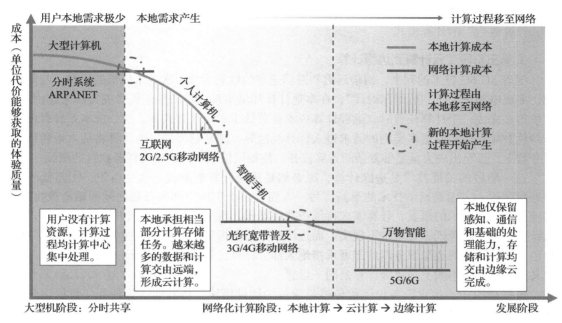

图 1-4　网络计算形态的发展历程

1. 第一阶段：共享计算模式

在共享计算模式中，由于大型机的计算成本过于昂贵，普通用户无法负担，因此通过分时系统批处理、ARPANET 等方式将用户任务汇聚到大型机上进行集中处理。这一过程与现在的云计算很类似，但是任务传递和任务计算的过程均十分低效。此阶段形成的重要原因是任务传递和通信的成本要显著低于用户本地配备一台大型机的成本。

随着集成电路技术的快速发展，个人计算机的出现使得计算形态从"共享计算"的方式快速进入"本地运算"的形态，即多数消费者计算任务在其个人计算机上进行处理。这一变化的直接原因是硬件成本的大幅降低和人们对计算要求的逐步提升。

2. 第二阶段：本地计算过渡到云计算

随着通信网络技术的发展，计算形态逐步走向了"将一切交给网络"这条路。伴随着窄带互联网、宽带互联网以及移动通信网络的出现，部分数据开始通过 Web 的方式共享，一些数据量较小的信息系统（如电子邮件）也开始通过 Web 服务器的方式提供服务。此时，以文本为主的低数据要求的数据共享和计算服务开始从本地走向服务器端。随着光纤宽带网络和 3G/4G 技术的进一步普及，以及以智能手机为代表的移动智能设备的出现，越来越多数据量较大的计算任务开始从本地走向云端，如音视频多媒体业务、直播业务等。此时仍有相当一部分对于计算实时性要求较高的计算业务（如高画质 3D 游戏）需要在本地执行，这是由于本地计算的延迟要小于通过网络传输的延迟。

在第二阶段，一个显著特征是随着用户需求的不断提升，计算成本和通信成本交替成为成本瓶颈，导致越来越多类型的计算任务被转移到网络当中，从而在整体上形成了"本地与云计算混合"的计算模式。

3. 第三阶段：云计算到边缘计算

随着 5G/6G 技术的到来，通信延迟和通信速率的性能表现再次迎来成倍的提升，与此同时，集成电路进入了"后摩尔时代"，在本地计算环境实现成倍的性能提升变得越来越困难。这使得在完成一个计算任务时，远程计算成本显著低于本地计算成本。这一成本差异有可能会持续数年，伴随着更多类型的需求进入计算机世界，越来越多的本地计算将从本地转移到服务器上，直至出现大量足够复杂的计算任务，使得通信成本再次成为任务执行的瓶颈。

这一阶段的关键技术是边缘计算，也必然是边缘计算的形式。这是由于：①超低的网络通信延迟一方面是通信技术的革新，另一方面也是由于用户和服务器之间的距离被拉近。②随着物联网技术的爆发，计算需求持续指数级增长，将全部的计算和数据均交由集中式的云计算中心来处理既不合理也不现实。而边缘服务器则扮演了"分布式迷你云计算中心"的角色，通过广泛的边缘服务器的部署承接绝大部分计算任务。很多前沿研究用"雾计算"来定义这一形态，本质上与边缘计算是同一思想。

这一阶段中，用户设备仅保留传感与通信的硬件模块，所有的计算任务、数据访问任务等均交由边缘服务器进行。

4. 为什么一定是边缘计算

接下来我们通过标志性的技术驱动过程，再来理解"网络化计算服务"是如何一步步发展到边缘计算形态的。

如果我们关注计算需求（或者说计算完成的过程）在边缘设备和计算中心分布情况，可以看到自计算机出现以来，越来越多的计算任务通过网络化的方式来执行。图 1-5 展示了驱动网络化计算服务不断演进并成形的关键技术，从中我们可以观察到边缘计算背后的技术必然性。伴随着硬件能力与计算需求的发展，网络化计算服务的形态也不断地发生进化，从多用户分时批处理的方式逐步发展到边缘计算的形态上来。具体而言，最初的网络计算可以看作是通过低效的传输方式（卡带、软盘等形式）将任务集中到中心化的大型计算机上进行处理；随后在个人计算机和宽带网络逐步普及后，开始出现以 Web 服务为代表的网络化服务；伴随前端技术的发展和网络速率的进一步提升，更加复杂的计算任务可以通过网络计算的形式来解决，也导致网络化计算形式从单向转变为接近于本地程序的网络应用形式；进一步地，随着智能手机和 3G/4G 移动网络的到来，网络化计算服务进入到云计算的模式；而随着物联网和 5G/6G 时代的到来，网络化计算机服务将快速进入到边缘计算的模式，为智能万物提供无处不在的算力服务。

（1）传统集中式云计算方式不可持续

在云计算时代，数据的集中导致了计算的集中，海量用户的数据集中在少数云计算服务器上，使得计算随之迁移到云计算中心。而随着智能化、嵌入式设备的发展，越来越多的设备开始接入网络，产生无处不在的计算需求，这使得网络带宽逐渐成为服务瓶颈，为计算过程带来不必要的延迟开销。前端智能设备涌现的各类超低延迟服务，由于云计算的广域网传输延迟而无法被满足；不仅如此，所有数据汇聚到少数的云计算中心，在增加网络的流量承载压力的同时，也造成了大量的能源浪费。

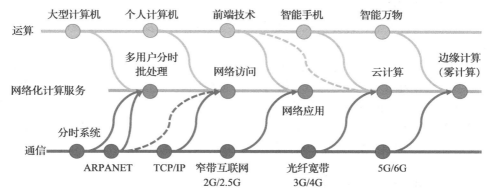

图 1-5　边缘计算出现并成形的关键技术驱动过程

（2）摩尔定律已经失效

想要达到"无处不在的高质量运算"，广泛铺设的算力网络并非唯一思路。特别是当我们回顾过去几十年的计算机发展历程，在最理想的状态下，只要计算机一直沿着摩尔定律发展下去，硬件最终会变得非常小，而算力却又特别强，加之近年来能量采集（Energy Harvesting）技术⊖的发展，可以做到随时具有充沛的能源、算力和通信能力，从而形成无处不在的高质量运算。

但随着半导体制程逐步逼近原子半径，量子计算又暂时无法实现实用系统，边缘计算就成了唯一选择——广泛、大规模地部署算力，将物理环境改造为"算力场"，从而使得身处其中的用户可以享受无处不在的高质量运算服务。

（3）历史机遇：5G 与物联网的需求形成合力

一方面，海量的物联网设备产生的计算需求逐渐无法被满足；另一方面，计算服务质量的要求也使得通信网络不堪重负，网络传输延迟成为计算服务的性能瓶颈。两方面的共同需求，使得将计算下沉到网络边缘成为历史必然。一方面可以显著降低数据传输的延迟，另一方面通过分散地处理物联网设备的海量计算需求，也可以疏解云计算中心的计算压力。不仅如此，5G、Wi-Fi 6 等技术的发展，使得前端设备的单跳延迟可以降到个位毫秒级，在满足现有计算需求的前提下，势必催生各类实时计算服务。卡内基 - 梅隆大学的 Mahadev Satyanarayanan 教授也指出："没有边缘计算的 5G 大规模部署是没有意义的[6]"。

（4）人类计算需求的增长不会停滞

通过技术和需求的交替发展，我们可以观察到：人类的计算需求会不断涌现，并快速

⊖　能量采集技术指各类将环境中的能量进行转化，从而实现可持续的能源供应的技术，如太阳能、振动能量收集、利用射频信号的无源感知等。

填满算力的天花板。当本地执行效率高时，新型业务会以本地执行的方式出现；当远程执行效率高时，新型业务会以远程执行的方式出现。虽然在过往的经验中，新型的计算需求通常是先在本地执行，待通信成本降低后，逐步转变为远程执行；但可以预见，当远程执行成本持续低于本地运算成本，边缘计算模式成熟时，新型的业务会直接以边缘运行的方式出现，并且由于边缘算力充沛，新型业务的出现将有望迎来井喷。

（5）边缘计算可能会是算力的最终形式

过去的经验告诉我们，计算模式呈现了"合久必分，分久必合"的发展过程，那么计算模式的下一站会是怎样的形式呢？运算过程会不会重新回到任务发起的设备上去呢？如果按照上述梳理的以"无处不在的高质量计算服务"为驱动，边缘计算很可能是最终的计算形式。我们设想当本地算力和通信延迟逼近极限时，本地运算和在直接相连的另一台边缘设备上进行远程运算的整体性能极可能是相仿的，而本地资源永远是有限的，边缘设备的资源却是持续增长的。因此边缘计算极有可能是算力的最终形式，前端设备仅保留必要的传感器、通信模块以及少量的计算和存储资源，利用环境中的边缘算力完成计算过程。

1.2.3 边缘计算将深刻改变计算方式

本章将着重梳理边缘计算概念的起源，自出现以来发生的标志性事件，以及这些标志性事件对边缘计算的研究所产生的影响。

1. 边缘计算概念的出现及演化

边缘计算（Edge Computing）这一概念早在 21 世纪伊始就已经明确存在了，最早明确提到"Edge Computing"的报道见于 InfoWorld 的文章"Apps on the edge"[5]。彼时的网络边缘定义更加接近内容分发网络（CDN）的延伸：将数据库、多媒体等被高频率、大范围请求的计算服务从集中式服务器上分发到各个边缘服务上，从而缓解集中式服务器的访问和运算压力。随后包括 Akamai、IBM、微软等公司在内的多家网络巨头开始向边缘计算投入精力，边缘计算的概念也逐步成形。

（1）内涵外延

边缘计算的概念自 2003 年由 IBM 和 Akamai 共同提出以来[13]，由不同的厂商展开了不同的解读。这些不同的解读有些类似于盲人摸象，各有各的出发点和发展逻辑，却也有助于我们更全面地理解边缘计算的内涵和外延。例如：

❑ 以 Akamai 为代表的内容分发网络（CDN）运营商，对于边缘计算的定位是将算力分发到网络边缘以降低计算的访问延迟[12]。

❑ 以亚马逊为代表的云计算厂商则是从云计算扩展的角度出发，通过将云拉近到用户一侧，进一步降低云计算服务的访问延迟，从而能够将更多类型的服务以云计算的方式提供。

❑ 以小米、格力等为代表的智能家居家电厂商，则是从产品形态的角度出发，认为边缘计算是管理大量低功耗物联网设备的不二选择，是为这些智能设备建立了一个

"本地云计算中心"。

- ❏ 以 Google 为代表的计算厂商，则更多将边缘计算看作服务延伸的工具，当前端用户可以以低延迟、高可靠的方式访问边缘服务器时，更多类型的服务（如增强现实、虚拟现实等）才有机会真正落地。

- ❏ 而从网络运营商的角度来说，则认为边缘计算是移动网络的拓展，在通信服务的基础之上进一步提供计算服务。

抛开背后的商业考量，这些不同"出身"的公司对边缘计算的解读和愿景均是有一定实际需求的。从这个角度也可以看出，不同于云计算，边缘计算要更广泛、更密集地部署，需要得到包括软件厂商、硬件厂商、运营商、服务商、场景产品商等的多方助力和共同推动，最终才有望形成像现在的无线网络一般无处不在的泛在环境算力。同时我们也看到，虽然边缘计算早在 2002 年就已经开始被讨论，但真正地进入大众视野，获得广泛的投入和关注则是在 5G 开始走向落地的 2015 年。

（2）技术发展趋势

Gartner 是科技领域权威的咨询机构之一，其每年发布的科技趋势备受瞩目。按照 Gartner 技术发展趋势，一个技术的发展历程会经历创新驱动、极大期望、泡沫破灭、技术爬坡、产业成形几个阶段。如表 1-3 所示，边缘计算及其相关技术自 2017 年开始连续上榜，并且其发展阶段逐渐从创新驱动进入极大期望的阶段。伴随着 5G 技术的发展与成熟，边缘计算从当初较为泛化的概念衍生出边缘 AI、边缘大数据分析等细分领域。

表 1-3　边缘计算近几年在 Gartner 技术趋势报告中的位置变化[15]

年份	关键词	所处位置	达到平稳期时间
2017	边缘计算	创新驱动	2 ～ 5 年
2018	边缘人工智能	创新驱动	5 ～ 10 年
2019	边缘人工智能 / 分析	极大期望	2 ～ 5 年
2020	边缘的低成本单片机	创新驱动	2 ～ 5 年

（3）学术研究

近年来随着边缘计算研究的兴起，越来越多的科研文章不断发表。笔者根据近 5 年的 SCI 刊源统计了边缘计算作为关键词的文章数量变化，如表 1-4 所示。边缘计算的研究成果数量几乎是"拔地而起"，从 2015 年仅有 500 余篇学术论文到 2019 年 5000 余篇论文，可以看出边缘计算正处在一个快速上升的阶段。

表 1-4　近五年边缘计算相关学术论文的数量变化（IEEE）

年份	2015	2016	2017	2018	2019
数量	500+	1200+	2000+	3100+	5000+

（4）国家战略

各个国家对于电信网络产业的国家战略，均不同程度地促进了边缘计算的发展。例如美国的"工业互联网"计划，旨在通过建立一套"内生循环"机制和工具，帮助制造业在各个环节全面实现智能化。生产过程的大数据帮助管理者进行智能决策的同时，也反过来优化生产过程本身，形成智能设备、智能系统、智能决策的闭环。又如德国的"工业4.0"计划，通过全面的数字化改造提升工业体系的品质。日、英等国也开展了各自的工业发展战略，日本企业联盟提出了"产业价值链主导权"计划，英国提出了"英国工业2050战略"计划。我国同样提出了如"互联网＋""中国制造2025"等国家战略计划。上述计划的共性特征在于，通过物联网、大数据、人工智能等新兴技术，对传统的工业体系进行改造，使得工业生产过程"可观察、可配置、可演化"。要达到这一目标，需要生产设备的改造（如为各生产环节配备相应的传感器、通信装置）、生产系统的升级（自动化、软件定义的生产系统），以及决策过程的革新（优化决策模型）。而边缘计算在其中则扮演了设备、系统和决策之间润滑剂的角色：设备采集的大数据在边缘缓存、实时任务需要在边缘计算、自动化决策过程需要在边缘完成等。通过分析当前学术论文研究成果所在国家的分布情况，可以看到美国和中国处于明显领先的地位，欧洲国家处在第二梯队。考虑到我国的互联网基础设施发达，在5G及人工智能方面处于先进地位，未来边缘计算的产业落地有望取得国际领先地位。图1-6展示了近五年各个研究机构的相关论文发表情况，可以看到中美两国是该领域发文数量最多的国家。

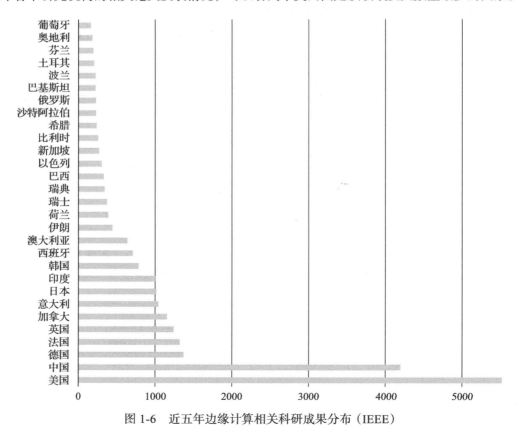

图1-6　近五年边缘计算相关科研成果分布（IEEE）

2. 标志性事件

本节我们回顾边缘计算正式被提出以来的标志性事件，并讨论边缘计算的发展趋势。

❏ IBM 与 Akamai J2EE 在 2003 年 5 月联合发起一个项目，旨在基于内容分发网络的思想拓展集中式 Web 服务，让 Web 服务器上的任务直接在网络边缘设备上执行。该项目名称为 "Akamai EdgeComputing Powered by WebSphere"。

❏ 21 世纪前 10 年，以 Amazon 为代表的云技术快速普及。

❏ 2008 年，微软 /CMU/LancasterU/AT&T/Intel workshop 发表了学术界首篇关于 Cloudlet 的具有影响力的学术文章，明确提出了 Cloudlet 的概念，这也是当前边缘计算概念的原型。

❏ 2012 年，思科提出雾计算（Fog Computing）的概念，思想与边缘计算一致，但从其名称上可以看出，概念的出发点偏重于"云计算的下沉"（相应地，边缘计算一词则偏重于集中式向分布的网络边缘的转变）。

❏ 2013 年，欧洲电信标准化协会（ETSI）定义移动边缘计算。

❏ 2015 年 11 月，开放雾（OpenFog）计算联盟成立，发起者包括普林斯顿大学、ARM、英特尔、微软、思科、戴尔等知名机构。

❏ 2016 年，专注于边缘计算的国际高水平学术会议 IEEE/ACM Symposium on Edge Computing 举办，会议发起人来自微软、IBM、惠普、思科、IoX、卡内基 – 梅隆大学、华盛顿大学、韦恩州立大学等知名企业与学术机构，会上共发表 11 篇原创学术论文。

❏ 2016 年，边缘计算产业联盟在北京成立，旨在搭建边缘计算产业合作平台，推动运行技术（OT）和信息与通信技术（ICT）产业开放协作，引领边缘计算产业蓬勃发展，深化行业数字化转型。

❏ 2017 年，ETSI 将 MEC 的解释由移动边缘计算调整为多接入边缘计算（Multi-Access Edge Computing），以涵盖更广泛的边缘计算场景与内涵。

❏ 2017 年，IEC 发布了 VEI 白皮书，介绍了边缘计算对于制造业等垂直行业的重要价值。ISO/IEC JTC1 SC41 成立了边缘计算研究小组，以推动边缘计算标准化工作。

❏ 2018 年，AWS Lambda@Edge 正式上线，落实 Serverless 以及"函数及服务"这一概念；同年，微软提出 Azure IoT Edge，这是微软提出的针对物联网设备的边缘服务平台。

❏ 2018 年 11 月，我国在重庆建设了首个 5G 连续覆盖试验区；2019 年，工信部正式发放了 5G 商用牌照，中国也正式进入 5G 商用元年。

❏ 2019 年，边缘计算产业联盟（ECC）与绿色计算产业联盟（GCC）联合发布《边缘计算 IT 基础设施白皮书 1.0》。

❏ 2020 年，卫星边缘计算等面向场景的边缘计算产品和系统开始涌现（见 2.3.4 节）。

可以看到，云计算技术的日益成熟，以及"云化"应用的用户和市场习惯的形成，使得边缘计算开始涌现。而 5G 技术的出现及物联网系统的落地，一方面显著降低了用户前端延迟，另一方面则极大增加了计算请求，从而加速了边缘计算的形成。在可以预见的未来，上述几方面技术发展趋势和需求变化趋势的进一步汇聚，势必助推边缘计算成为普适场景中的中流砥柱，最终形成像"无处不在的网络"一般的"无处不在的计算"，提升整个社会的泛在计算能力。

1.3 边缘计算的重要意义

边缘计算虽然可以被看作云计算的延伸，但它的重要意义却远不止于此。

1. 赋能万物

泛在环境中物联网技术的长足发展，使得越来越多的城市基础设施和移动智能设备产生了计算需求，例如杭州物联网小镇场景中的各类智慧基础设施。因此，无处不在的计算需求使得基础计算服务再也不是某个企业或者组织的个体需求，而是整个社会发展的共性需求。无处不在的计算即称为泛在计算，而边缘计算则是通过大量算力的部署来实现泛在计算的重要手段。

如果将物联网的发展看作给万物赋能的过程，低功耗嵌入式芯片、传感器和低功耗无线传输技术（ZigBee、NB-IoT 等）是给万物赋予"感知"和"沟通"的能力，而边缘计算则是进一步赋予万物"思考"的能力。图 1-7 显示了对应"通信""感知"和"计算"三方面能力的支撑技术，其中边缘计算是对于现有云计算和嵌入式计算的有益补充，有望打通资源受限的物联网设备和高复杂度的人工智能算法之间的鸿沟，可以看作形成"无处不在的计算"的"最后一公里"。

2. 进一步改变人类的生产生活方式

边缘计算的普及将催生大量的新型计算业务（例如自动驾驶、医疗保健、智能制造、通信感知、透明计算等），并对传统的生产生活方式产生重大影响。试想，当前端设备（如手机、平板电脑等）与边缘服务器之间的延迟小于前端设备自身的计算与读写延迟时，前端设备便可以不再携带计算资源，仅保留传感器与通信模块，不受前端设备操作系统、计算资源的限制，从而实现真正意义上的"透明计算"[16]。不仅消费电子产品的形态会被颠覆，各种各样原本不具备计算能力的设备现在都有了计算能力，如工厂流水线、城市路灯等。这将极大促进整个社会生产生活的自动化和智能化。

3. 提升体验，降低能耗

在物联网时代，各类物联网设备数量的大幅增长将会直接导致传感及控制数据的爆炸性增长。图 1-8 显示了近 5 年网络数据量的变化趋势，表 1-5 显示了云计算中心的耗电量，云中心的存储及传输消耗了大量能源，甚至在有些地区已成为能源消耗的最大来源。在边缘计算的模式中，大量的前端设备数据不再汇聚到少数的几个数据中心，而是"分布式"地存储在各个边缘计算服务器上，从而大幅减少了流量需求，并且计算请求也被分布到世界各地，甚至各个家庭。这种新的泛在计算方式有望从根本上解决数据无限增长带来的能源瓶颈问题。

图 1-7 赋能万物的三方面基础能力

图 1-8 全球数据总量及年增长率[⊖]

表 1-5 云计算中心的耗电量

年份	2000	2005	2007	2020
电量	700 亿度	1525 亿度	3300 亿度	1 万亿度

4. 大幅提升计算服务的安全性

随着嵌入式智能设备越来越多，隐私数据的安全问题逐渐成为人们最为关心的问题之一。不同于云计算将所有的数据集中汇聚到云计算中心，在边缘计算中，用户数据仅直接上传至边缘服务器。数据传递通常是一跳，或经历极短的网络路径，而且边缘服务器面向的用户数量远少于云计算，受到大规模攻击的概率也相对较低。在某些边缘计算场景（如家庭智能路由网关）中，边缘服务器完全可以是用户自主拥有的，从运行机制上避免了数据与远程服务器的直接接触。不仅如此，各类隐私保护的计算方法也因为边缘计算较低的延迟得以具有更广阔的应用前景。如 Google 提出的数据与服务器隔离的联邦学习（Federated Learning）框架，运用在传统网络中可能会带来较大延迟，因此很难支持实时运算的场景。而在边缘计算当中，由于边缘服务器与用户之间的延迟极低，使得这类隐私保护的机器学习算法能够支持更广泛的应用和服务场景。

1.4　边缘计算中的关键问题

伴随着 5G 产业的落地发展，边缘计算作为广义 5G 网络当中的重要一环，引起了新一波的研究热潮。自 2009 年 Mahadev Satyanarayanan 教授在普适计算领域期刊 *IEEE Pervasive Computing* 上发表题为 "The Case for VM-based Cloudlets in Mobile Computing" 的论文以来，边缘计算吸引了学术界和工业界越来越多的目光。从最初的内容分发网络延伸

⊖　数据来源：思科[9]。

到计算分发网络，到云计算的边缘实例，再到无处不在的泛在计算，边缘计算的内涵和外延不断地发生着深刻变化。

1.4.1 关键词

我们通过分析在 IEEE/ACM/USENIX 等主流学术机构上发表的边缘计算相关论文的关键词，可以得到如图 1-9 所示的统计结果。可以看到在边缘计算的研究工作中，物联网、计算卸载、资源分配、5G、深度学习是排名前五位的关键词。这基本上也涵盖了边缘计算的研究趋势和最新进展。

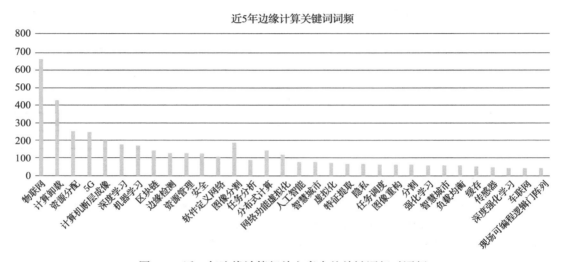

图 1-9　近 5 年边缘计算相关文章中的关键词相对词频

1. 物联网 + 边缘计算

物联网在边缘计算的相关研究论文中成为热词的第一名，反映出边缘计算和物联网之间紧密的关系。物联网技术的发展越是成熟，对于边缘计算的技术需求就越是强烈。两者的结合关键在于两方面：一方面，需要解决物联网设备如何以低成本的方式接入边缘计算；另一方面，也需要解决边缘计算如何应对物联网服务海量、异构、动态的特点。本书后续章节将就两者结合的关键问题及进展展开讨论。

2. 5G+ 边缘计算

5G 技术的发展使得通信延迟达到低于计算延迟的水平，这将使得很多现有的计算模式发生根本性变化，也会导致越来越多的计算负载从前端移动设备转移到边缘计算服务器上。这对于边缘计算的架构提出了新的要求和挑战，需要在现有的云计算集群架构基础之上做出重要改进，以适应实时性高、数据密集、移动性高、异构动态的 5G 移动服务需求。

3. 虚拟化技术

由于前端设备的异构性，边缘计算所服务的计算请求同样是高度异构的。这就要求边缘服务器能够灵活地运行各种各样的计算服务。虚拟化技术则是解决这一问题的主流方向之一，通过将不同系统、不同环境甚至不同硬件上的网络功能在通用的计算资源上实现，从而实现对网络功能的灵活管理。相比于传统云计算中的虚拟化技术，边缘计算的虚拟化技术对延迟要求较高。不仅如此，边缘服务器的计算资源相比于云服务器也要少很多，使得虚拟化技术需要做到尽可能轻量级。

4. 计算卸载

计算卸载是云计算中的经典问题之一，在边缘计算中同样是一个十分重要的核心问题。边缘计算中的计算卸载是指将计算任务从前端设备转移到边缘服务器上运行，任务执行完毕后边缘服务器再将计算结果返回到前端设备或按照要求传递到云服务器。针对该方向的研究集中在回答几个关键的核心问题——是否需要卸载、卸载哪些任务、卸载到哪个服务器、以什么方式卸载等。与云计算中的任务卸载相比，边缘计算的一个重要特征在于前端设备的传输方式和边缘服务器选择，这将会严重影响计算卸载的性能。

5. 资源分配

同一个边缘计算网络中可能存在数量众多的边缘服务器，同一个边缘服务器可能需要处理数量巨大的计算任务，不同的计算任务存在不同的计算和通信资源需求。基于此，边缘计算中的资源分配问题显得尤为重要。不同于云计算数据中心，边缘计算由于更加接近前端用户，其运行的服务和配备的资源具有较强的针对性。不仅如此，不同边缘服务器上的资源通常具有较强的异构性，这使得边缘计算中的资源分配问题变得极具挑战性。

6. 支持边缘计算的低功耗物联网系统

边缘计算的提出并未针对特定的应用场景，更多起到的是类似于内容分发网络的作用，减少应用的访问延迟。而这一特点正好能够解决物联网系统能量受限、资源受限等问题。除了各类应用的探索之外，该方向的共性问题还包括低功耗嵌入式系统（支持计算卸载、低功耗任务传输、高能效数据采集等）。

7. 边缘计算与人工智能算法

边缘计算与人工智能的碰撞，在两个方向分别产生了一系列问题，即基于边缘计算的人工智能算法，以及基于人工智能的边缘系统优化。相比于传统的人工智能算法，前者系统架构的变化带来了多设备之间的协同问题。而后者则是利用人工智能算法和边缘计算系统过程产生的数据，对边缘系统本身进行优化和决策。考虑到边缘计算的重要使命之一是将人工智能带入各类物联网设备当中，这一方向正引起越来越多的关注。

1.4.2　关键研究问题概述

本节将系统地介绍边缘计算中系统架构、模型与优化设计、支撑技术及工具、边缘应用等方面的关键研究问题。这些问题将在后续章节中具体展开介绍。

1. 系统架构

系统架构是边缘计算系统的核心问题，主要研究计算卸载、服务管理、资源分配、网络部署等问题。当前研究较多的边缘系统架构包含云 – 边 – 端架构、边 – 端架构以及泛在边缘架构（如 Device to Device 网络）。针对各类不同架构，边缘计算中的各个关键技术及优化策略需要根据其架构特点及所面向的场景来设计调整。

（1）云 – 边 – 端架构

云 – 边 – 端架构包含云中心、边缘设备和前端设备三层网络实体。其中前端设备的请求首先到达边缘服务器处理，当边缘服务器资源不足或没有所请求的服务类型时，将计算请求传递至云服务器处理，或者将相应的云服务下拉到边缘设备上处理计算请求。

（2）边 – 端架构

边 – 端架构仅包含前端设备和边缘设备两层网络实体。前端设备请求均由边缘服务器来处理，当遇到边缘服务器无法处理的情况时，前端设备需要自主进行运算，边缘服务器可以通过网络化协同处理的方式为前端设备提供服务，即前端设备直接相连的边缘服务器可以将任务分配到网络中其他的边缘服务器上进行运算。

（3）泛在边缘架构

在缺少固定的边缘服务器的场景中，可以利用"设备到设备"通信网络来建立边缘计算系统，每个设备既是前端设备又可以作为边缘设备。这种架构针对泛在场景，如大型集会活动边缘资源严重不足时，移动用户之间可以相互共享资源，协作完成各类计算任务。

2. 模型与优化设计

在明确了应用场景和边缘系统架构之后，更重要的工作是将边缘系统落地。除了物理基础设施的部署之外，边缘计算的完整周期还涉及重要的模型、策略和方法的优化设计，包括网络的软硬件部署、边缘服务接入、计算卸载、任务分配、云边协同、资源管理服务编排、服务缓存等。

（1）软硬件部署

硬件部署是指根据应用场景部署边缘服务器，设计服务器与云服务器的连接方式，并选择恰当的通信方式。软件部署则是主要指服务部署，将潜在需要的边缘服务部署到各个边缘服务器上并提供相应的边缘计算服务。

（2）边缘服务接入

需要考虑前端用户设备通过何种方式接入边缘服务，以及如何保障各种边缘场景中接入服务的稳定性和可用性。当存在大量用户接入时，还应当考虑如何降低用户间的通信与计算资源竞争，提升整体的服务质量和边缘系统的资源利用率。

（3）计算卸载

前端用户设备在接入边缘服务后，需要判断其当前的计算任务是否卸载至边缘侧运行，如果需要，需要进一步判断卸载哪些任务、卸载到哪个边缘服务器，并定义卸载任务的服务质量要求。

（4）任务分配

当用户的计算请求通过某一个与其直接相连的边缘服务器上传之后，该计算请求对应的计算任务应当由哪个具体的边缘服务器（或云端）进行处理？不同的子任务如何分配？任务间的依赖关系如何处理？不同的分配方式对于整体的表现会造成重要影响。

（5）云边协同

边缘计算与云计算相互构成重要的补充，特别是在云边端架构之中，云边协同研究云中心和边缘服务器应当如何协同运算与存储，共同完成前端设备海量、异构、多源的服务请求。该方面研究主要涉及同时考虑云和边缘的服务实例化、任务与资源分配等问题。

（6）资源管理

边缘计算中的资源管理有两层含义。其一，对于特定的一个边缘服务器来讲，其资源应该如何分配给不同的计算服务（或不同的前端用户）来最大化资源利用率；其二，当有多个边缘服务器时，作为网络管理者应当如何配置各服务器间的计算存储和通信资源，使得在资源总量受限的情况下整个边缘网络的性能最好。

（7）服务编排

当边缘服务器上运行着大量的计算服务时，考虑到服务器资源有限，需要管理员根据实时的计算请求和资源占用情况决定众多计算服务的运行状态，调整资源分配方案，从而最大化资源利用率，以有限的资源接收更多的计算请求。

（8）服务缓存

考虑到边缘计算高移动性的特点，每个边缘服务器服务的用户可能随时会发生变化。相应地，用户请求的服务也会随时发生变化。考虑到计算服务存在"冷下载、冷启动"的时延过长问题，需要选择有可能被频繁请求的部分计算服务进行缓存，以提升前端用户的服务质量。

3. 支撑技术与开源工具

为了在真实环境中实现上述的边缘计算设计与优化思想，需要在系统层面配置一系列支撑技术与系统工具。

（1）操作系统

操作系统将硬件资源转变为服务，边缘计算的操作系统也不例外。由于云计算相关技术的积累，边缘计算操作系统不需要"从最底层开始"，而是针对各类实际应用场景将异构的前端设备和各类计算卸载、服务调用、虚拟化、数据传输等系统功能串联起来，为边缘计算设备提供通用、可靠、便捷的计算与开发服务。

（2）编程模型

边缘计算与云计算相似，却又有很大的区别。传统的编程模型，不论是独立服务器还是云计算中的模式，均难以适应边缘计算的场景特点和系统要求，特别是边缘资源受限、边 - 端连接不稳定等特点，对现有编程模型具有显著影响。

（3）通信技术

前端设备形态的不同、能耗的不同、应用场景的不同，会影响到其使用的数据传输技术。在云计算场景中，由于计算请求最终会汇聚到云计算中心进行统一处理，不同的通信方式影响相对较小；而边缘计算中，由于用户和服务器通常是直接相连的，不同的通信方式在很大程度上会影响整体的计算性能。

（4）虚拟化技术

虚拟化技术是云计算和边缘计算中的基础性问题，通过将网络功能实现在通用的计算资源上，一方面能够降低功能成本，另一方面极大地提升海量异构计算服务的统一管理。近年来快速兴起的以容器技术为代表的虚拟化技术，不仅仅能够在云计算数据中心进行大规模使用，在小型的边缘设备上同样可以使用，极大地提升了边缘计算服务器的实现形式和硬件的资源利用率。

（5）集群控制

相较于云计算中心，边缘计算的服务器资源相对受限。因此，为了向大规模、多样异构的前端用户提供高质量的计算服务，通常需要多个边缘服务器以形成计算集群。通过有效地将大量的边缘服务器计算资源组织起来，统一、高效地为前端设备提供计算服务。

4. 产品应用

边缘计算已经在多个领域展示出其不可替代的作用，如自动驾驶车联网、远程医疗、AR/VR、透明计算等。这些应用总的特点是将计算变得无处不在，前端设备资源或多或少都可以随时随地完成复杂的计算任务，与"透明计算"的思想不谋而合。

（1）自动驾驶车联网

车联网几乎伴随着物联网的概念一同出现，近年来自动驾驶技术的长足发展使得车联网系统有望在真实环境中落地。其中一个技术挑战在于，自动驾驶、车辆协同、实时避障等车联网必备功能均需要大量、实时的复杂计算。边缘计算则顺理成章地成为车联网的解决方案，通过在道路附近部署边缘基站，支持大规模自动驾驶车辆的计算与通信需求。

（2）远程医疗

通过低延迟的边缘计算，医生可以远程问诊及远程手术，从而极大地降低医疗成本。除了低延迟之外，远程医疗同样可以利用边缘计算的计算服务，对医疗图像、声音等进行实时辅助诊断。

（3）AR/VR

AR/VR 对于多媒体和游戏产业来讲是具有颠覆性的，其发展的一大限制就是由于计算开销巨大，导致相应的 AR/VR 设备体积较大，如 HTC Vive 等。而边缘计算则有望大幅减少 AR/VR 设备的体积，依赖超低延迟和高效计算，将其需要的计算和存储请求卸载到边缘服务器上。

（4）透明计算

随着个人计算产品的多样化发展，每个人拥有的计算设备越来越多，而多个设备之间的同步也成为一个重要的研究问题。相比于当前的云同步解决方案，边缘计算则有望将各类计算资源进行统一管理，利用高效的通信方式，将用户数据与软件集中到边缘服务器，相当于将前端设备改造为"透明"的，不再需要进行复杂的软硬件配置。

1.4.3　边缘计算架构

由于边缘设备的多样化，对其计算架构和形态的讨论也呈现出"百花齐放"的态势。如最流行的云–边–端架构，海量异构的端设备发起了绝大部分服务请求，这些请求所对应的服务，一部分对实时性要求苛刻，且对应服务被预先安装在边缘服务器上的服务，将在边缘服务器上直接执行；其他对实时性要求相对较低，且在边缘服务器上没有副本的服务，则通过边缘服务器继续访问云服务器，执行相应的计算任务。又如边–端架构，当边缘服务器部署得足够广泛且计算与存储资源十分充沛时，云服务就可以完全下拉到边缘服务器上，形成边和端两层架构。类似于私有云的运行方式，端设备发起的请求直接在边缘侧执行完成。并且当大规模边缘服务器之间相互组网时，其整体的计算承载量甚至超过云计算数据中心，即便前端有大量请求，单一边缘服务器无法满足时，其相应请求也可以转发到其他资源相对充沛的边缘服务器进行处理。此时，边缘服务器之间相互成为对方的"云"服务器。考虑到边缘服务器之间的连接方式十分灵活，相比边缘到云的传输速率更快，在很多场景（如企业级边缘计算网络、智慧园区等）中边–端架构有望彻底取代云–边–端架构。

1.4.4　操作系统与编程模型

在现有的边缘计算场景中，多数计算卸载的过程并非通过操作系统层面进行，而是根据各自应用场景"各自为战"。比如 Google 公司的 Gboard 输入法，其上下文推理、词语联想推荐等模型训练过程均是在云上完成的，这一计算卸载的过程是由 Google 自己而非输入法所依赖平台对应的操作系统（iOS、Android、Windows 等）定义的。此外，前端设备与边缘服务器之间的数据传输机制也需要用户单独定义，这为边缘服务与应用的开发带来相当大的额外开销。不仅如此，在边缘服务器一端，大量边缘服务之间的管理和编排也是通过（如 Kubernetes、Moby 等）第三方工具进行，这些服务管理工具通常从边缘端资源利用率最大化的角度出发，难以直接反映用户的运算需求。前后端的信息差异以及优化目标的不同，通常会导致用户体验难以达到最优。

上述过程均不是应用或服务的直接功能，却会耗费程序员大量的精力。为填补前后端的信息差，综合考虑应用需求、用户状态、边缘资源等信息优化全局的用户体验，边缘计算急需一套完整的操作系统和编程模型。将边缘计算卸载过程从程序设计过程中抽离出来，融合进操作系统当中，使得程序员在实现功能时不需要考虑如何进行计算卸载及相应的卸载策略，便于边缘计算应用和服务的快速开发迭代，也有利于提升全局的用户体验，而不仅仅是提升资源利用率。

当前已有互联网公司展开了一些有益的尝试，如亚马逊公司面向 IoT-Cloud 的

GreenGrass OS，在低功耗物联网设备的操作系统中直接集成了亚马逊云服务的模块。Arduino 开源社区同样做了尝试，推出了开源方案 Arduino-IoT-Cloud，将低功耗平台 Arduino、Rasperry Pi 等设备注册到 Arduino IoT 云端，远程运行和管理计算服务。不仅如此，国内各互联网巨头也开展了各自的尝试，如华为的 LiteOS、阿里的 AliOS Things、腾讯的 TencentOS Tiny 等，均将远端计算集成到操作系统中，这一方式将来可以无缝对接边缘计算。虽然这些方案尚未实现自动化的计算卸载和智能的卸载策略，但比起传统的方案已经显著降低了开发代价，减少了开发和版本迭代的周期。随着物联网、边缘计算应用的广泛普及，支持边缘计算的物联网操作系统将极有可能成为下一个 iOS 或 Android OS，支持数以亿计的设备和 App 的快速开发和稳定运行。

1.4.5　计算卸载与资源分配

如果说计算卸载的实现过程主要是提升应用和服务的开发效率，那么计算卸载的策略则是真正提升服务质量和用户体验的环节。对于每个前端设备来讲，在计算卸载过程中需要考虑：

❏ 当前是在本地运算，还是需要卸载部分计算任务至边缘服务器进行运算？

❏ 如果需要计算卸载，具体要卸载哪些计算任务？

❏ 当有多个边缘计算服务器可供选择时，应当将哪些任务卸载至何处？

为了回答这些问题，需要综合考虑服务类型、网络状态、设备状态、前后端资源等信息并进行决策，以利用最少的资源达到服务质量的要求，或者在给定资源的条件下最大化服务质量。

资源分配则主要指服务端应当如何管理多个同时运行的边缘服务，这对于充分利用边缘服务器资源、保障各种网络条件下稳定的服务质量具有至关重要的意义。该资源包括无线频谱资源、CPU、内存、存储空间、专用计算设备等。此外，任务分配策略也同样会影响到边缘服务器的资源利用率。资源分配过程通常是以资源利用率最大化为目标，将现有工作建模为一个优化问题。这种方法虽然在理论上能够达到较好的优化效果，但是考虑到网络状态、网络资源始终处在不断变化的过程当中，最优化模型的计算效率相对不高，从而导致很难适应真实场景的计算需求。为此，设计轻量级的资源分配算法同样是一个非常重要的研究方向。

1.4.6　虚拟化与服务管理

在边缘计算架构中，每个边缘服务器可以被看作一个小型的云计算中心，用户请求的各类服务通过虚拟化技术在这里进行实例化部署和管理。虚拟化技术能够将复杂专用的网络功能在通用的计算资源上实现，从而实现计算资源和计算服务的自动化管理，通过灵活的服务控制策略极大地降低网络管理成本，提升资源利用率和服务质量。与云计算场景下的虚拟化技术相比，边缘计算呈现出新的业务特点和计算需求。

首先，在云计算架构中，网络用户的计算需求汇聚到云计算数据中心进行处理，数据中心的服务区域相对较广，因而其需要运行的服务类型数量庞大，但具有较强的确定性。而在边缘计算场景中，由于边缘服务器的覆盖范围十分有限（如 5G 场景中覆盖直径仅一公里），移动用户很容易从一个边缘服务器移动到另一个边缘服务器的覆盖范围。这导致每个边缘服务器服务的目标用户会随着时间发生变化，因而每个边缘服务器上需要运行的虚拟服务也存在一定的不确定性。其次，由于边缘应用场景通常要求极低的延迟，这就使得虚拟服务能够快速地进行实例化，当未知类型的服务请求到达时，以最短的延迟进行处理。不仅如此，相比于云计算服务，边缘计算服务所需要处理的数据量相对较小，这使得边缘服务所占用的计算和存储资源通常是极小的，从而允许更多类型的设备成为潜在的边缘计算服务器。

1.4.7　服务集群管理

考虑到边缘计算中服务器的覆盖范围通常较小，一种有效的提升边缘计算效率的方式是通过边缘服务集群的方法，将边缘服务器连接成边缘服务器网络，整合多个边缘服务器的计算与通信资源，为前端用户提供统一的服务。这一思想与现在的云计算中心颇为类似，均是通过大量独立服务器形成计算集群。边缘计算中的服务集群与云计算中的服务集群的区别在于以下三方面：

- 边缘服务器不像数据中心一样集中部署，其网络拓扑也难以进行宏观统一的规划。
- 不同于云数据中心的服务器，边缘计算各服务器之间在通信计算资源、用户请求密度、无线干扰环境等方面差异相对较大，这些因素使得传统云计算中心的集群架构难以直接使用。
- 边缘计算集群中服务器间的虚拟机或服务迁移成本要显著高于云计算中心的迁移成本，但与此同时，边缘计算中的用户移动性显著高于云计算中心场景，对服务迁移又有更高的要求。

现有的集群管理工具如 Istio、Consul Connect 等已展开了初步探索，并已在云计算场景中取得成功。但如何在边缘计算的场景中落实这些架构，仍然是一个关键且极具挑战的问题。

1.4.8　人工智能与大数据

由于边缘计算服务器的硬件形式多样，具备的计算、存储和通信资源均远小于云计算服务器，因此在边缘服务器上难以运行计算量庞大的人工智能算法。此外，由于边缘计算服务器通常直接与用户相连，其用户数据隐私性也是科研和工业界均十分关注的问题。为此，针对边缘计算场景，研究者提出了一系列建议来提升机器学习算法的运行效率和隐私保护特性。例如，面向嵌入式 IoT 设备的轻量级机器学习架构 Tiny Machine Learning（TinyML）[14]，利用 Google 公司提供的 TensorFlow Lite，在 Arduino Nano 33（配有 Cortex-M4 MCU）设备上以轻量级的方式完成机器学习。此外，Google 公司提出的联邦学习架构通过采用本地学习和边缘学习结合的方式，实现了在不显著影响训练效果的前提下数据与服务器的隔离，实现了隐私保护的机器学习方式。如此，用户的手机、可穿戴设备等可以在不上传敏感数据的前提下，正常使用各类基于数据训练的边缘服务。例如，Google 输入法 Gboard 中的单词推荐、使用习惯等数据统计，均已使用联邦学习的框架进行，充分保障了用户数据隐私。

1.4.9 移动性管理

与云计算相比，用户的移动性在边缘计算中扮演着极其重要的角色，边缘计算的低延迟、轻量级、高可靠等要求均与用户的移动性相关。因此，移动性管理在边缘计算中成为一个十分重要的问题。

关于移动性管理的研究，主要集中在多个边缘服务器协同，以及边缘服务的移动性感知管理（Mobility-aware Service Management）上。由于单个边缘服务器的覆盖范围十分有限，边缘计算通常需要多个服务器协同为移动用户服务，从而衍生出资源与任务分配、服务迁移、移动性预测等问题，根据用户位置的时空特征，合理安排各个边缘服务器上的边缘服务编排及资源分配，从而当移动用户在多个边缘服务器之间转移时，能够保证稳定、无缝的用户服务质量。

1.4.10 系统与应用

边缘计算随着 5G 概念的兴起成为当前最为热门的研究课题之一，与之相关的各类创新应用和系统的讨论也层出不穷。本书将在第 11 章重点介绍这些新兴的系统与应用，从消费者角度更加清晰地了解边缘计算的重要性及其工作原理。

1. AR/VR

手机游戏 Google Ingress 和 PoKeMan GO 是首批全球范围流行的增强现实（Augmented Reality，AR）游戏；随后，各类拍照和视频 App 同样运用 AR 技术实现各类"实时特效"功能，让人们体会到了"虚实结合"的乐趣。AR 应用涉及大量的图像处理、目标识别等算法，对于计算能力或能量受限的设备来讲，会带来运算卡顿或能耗过快等问题。类似地，虚拟现实（Virtual Reality，VR）设备需要更多的计算资源，不仅需要实时响应用户的姿态和操作，还需要实时进行 3D 建模。因此，当前的 VR 系统需要相对大型的计算设备和算力很强的 GPU 才能运行，不仅影响用户的使用体验，阻碍 VR 应用的开发和推广，还带来了高能耗等问题。如微软的 Microsoft Mesh 计划希望将多个 VR 用户在虚拟世界中连接起来，实现实时共享、人与人交互的虚拟环境。边缘计算成为理想的 AR/VR 应用解决方案，通过无线通信的方式将前端设备的计算过程迁移到边缘服务器上，从而解放了前端设备的计算需求，有望极大地减小专用的 VR/AR 设备体积，提升 VR/AR 的用户体验。

2. 智慧医疗

随着人工智能技术的长足发展，智慧医疗系统逐渐由概念走向现实，基于医疗大数据的计算机模型能够帮助医生快速地进行疾病诊断、给出治疗建议，甚至可能由机器独立完成诊断到治愈的完整过程。当前的智慧医疗解决方案，主要依靠医疗影像、电子病历等大数据来训练诊断模型。而随着边缘计算的到来，更多形式的医疗系统将成为可能。例如远程智能手术，高水平的外科医生一直都是医疗系统的人才缺口，有了边缘计算系统，偏远的乡镇医院同样可以通过 5G 边缘系统进行高水平远程手术或 AI 辅助手术。不仅如此，边缘计算带来的超低延迟的图像处理服务，也可以辅助手术医生实时判断和修正手术过程。

3. 智慧家庭网关

物联网自概念出现以来,从理论到落地最大的困难之一就是嵌入式设备的计算能力严重不足。虽然工业界一直在尝试提出新的轻量级、低复杂度的算法,但依然难以达到如手机、PC 等平台的计算能力,也使得各类物联网设备仅停留在数据感知和数据传输的阶段,难以完成图像识别、语音识别等高复杂度的 AI 算法。边缘计算则有望弥补这一缺陷,让物联网系统真的"智能"起来。如当前的扫地机器人设备,由于能量和计算资源受限,通常采用红外避障 + 导航仪的方式,从而导致重复低效或者漏扫的问题。而边缘计算架构加入智慧网关后,前端设备完全可以加装摄像头,调用边缘网关提供的 AI 算法进行目标识别和实时导航,从而达到更高效的清理。

4. 自动驾驶网络

随着图像识别算法和自动化技术的发展,自动驾驶已经有了众多成熟的解决方案。然而在真实的交通场景中,往往需要车辆之间的协同,以及未知、紧急情况的应急处理。这使得自动驾驶网络在协同通信、实时计算两方面均具有极高的要求。边缘计算则有望在这两方面同时满足自动驾驶网络的要求,在密集的边缘计算基站部署的前提下,车辆能够实时获取其路线上的实时路况,并且对路况的紧急情况进行实时响应。不仅如此,车载娱乐系统的用户体验也因为边缘计算的到来而有望大幅提升,例如娱乐内容缓存、车载实时 AR/VR 游戏等。

1.5　发展趋势与技术挑战

当前边缘计算总体上仍处在理论发展阶段,同时也逐步出现了一些系统原型和相关产品。本节将总结国内外比较活跃的边缘计算研究团队和机构,介绍当前边缘计算研究的发展趋势和关键技术,并简要探讨当前阶段存在的挑战与发展机遇。

1.5.1　发展趋势

边缘计算吸引了学术界和工业界的高度关注,在基础理论、关键技术、创新产品方面取得了一系列创新进展。由于边缘计算涵盖的内容十分广泛,当前对于边缘计算的理论和技术研究按出发点的不同可以分为以下两类趋势。

1. 云计算的下沉:提升资源效率与服务质量

该方向的研究工作主要由云计算的科研与产业机构发起,旨在基于云计算方面的技术积累打通边缘计算架构中的各个环节,并最终实现类似于云服务的边缘服务。其中设备厂商专注于对各类网络接入设备的改造,使其具备边缘服务器所需的运算和存储能力;服务提供商则专注于将资源配置粒度更加细化,进一步提升计算效率和资源利用率,并且形成如 Serverless 的产品形态,方便各类用户端开发者以更低的成本将其程序转移到云和边缘的环境当中。

2. 物联网的增强:应对资源限制及定制化要求

该方向的研究工作主要由物联网相关的科研与产业机构发起,旨在利用边缘计算的思想增强各类物联网系统的算力,持续丰富物联网系统的产品形态和生态。其中一部分研究专注于面向资源受限的物联网设备的边缘计算过程，如任务拆分、卸载决策、任务传输方法等。此外，还有一部分工作研究现有的各类人工智能如何在边缘计算的环境中以低成本、安全可靠的方式实现。不仅如此，相当一部分研究工作也针对各种典型的物联网系统，设计定制化的边缘计算架构和系统方案，以促进边缘计算与物联网的深度融合。

1.5.2 关键机构与成果

当前国内外有众多机构投身边缘计算的研究之中，本章选取了一些具有代表性的国内外科研团队以及产品系统，有兴趣的读者可以持续追踪这些团队的科研进展，如表 1-6 和表 1-7 所示。

表 1-6　代表性的科研机构及相关代表成果

科研机构名称	研究领域	代表成果	网址
开放边缘计算倡议组（Open Edge Computing Initiative）	边缘系统架构、技术标准、领域发展	整合学术界与工业界若干倡议与系统	https://www.openedgecomputing.org/
卡内基 – 梅隆大学	边缘计算系统	Gabriel 平台	http://elijah.cs.cmu.edu/
美国韦恩州立大学	边缘计算及自动驾驶网络	边缘计算相关书籍和综述	https://www.thecarlab.org/
哈佛大学	边缘机器学习框架	Tiny Machine Learning	https://sites.google.com/g.harvard.edu/tinyml/home
微软	云和边缘计算模型与系统	边缘流量工程	https://www.microsoft.com/en-us/research/group/mobility-and-networking-research/
电子科技大学	卫星边缘计算	星河工程和低轨边缘 AI	https://www.uestc.edu.cn/ https://mns.uestc.cn/leaf
华中科技大学	虚拟化技术	高性能虚拟化	https://grid.hust.edu.cn
中国科学院大学	体系结构及操作系统	物端及分布式操作系统	http://www.things.ac.cn/
威斯康星大学麦迪逊分校	边缘操作系统	Paradrop	https://paradrop.org/
土耳其博阿齐奇大学	边缘仿真系统	EdgeCloudSim	https://github.com/Cagatay Sonmez/EdgeCloudSim

表 1-7　代表性企业与相关系统产品

公司机构名称	产品类型	产品系统	网址
微软	边缘计算网关	Azure Percept	https://azure.microsoft.com/en-us/services/azure-percept/
Linux 基金会	边缘操作系统	EdgeX Foundry	https://www.edgexfoundry.org
Docker	虚拟化及管理	Docker，Moby	https://www.docker.com
Google	服务管理	K8S，K3S	https://kubernetes.io
Ubiquiti Networks	边缘网关 边缘操作系统	EdgeRouter，EdgeOS	https://www.ui.com/products/#edgemax
百度	边缘操作系统	OpenEdge	https://openedge.tech

（续）

公司机构名称	产品类型	产品系统	网址
阿里	前端操作系统	AliOS Things	https://aliosthings.io
华为	前端操作系统 边缘服务管理	LiteOS，KubeEdge	https://github.com/LiteOS https://github.com/kubeedge
谷歌	前端操作系统	Android Things OS	https://developer.android.com/things/
亚马逊	前端操作系统	AWS GreenGrass	https://aws.amazon.com/greengrass/
格力	边缘嵌入式芯片	Edgeless EAI	https://www.cnx-software.com/2020/04/01/edgeless-eai-series-dual-arm-cortex-m4-mcu-features-a-300-gops-cnn-npu/

通过表 1-6 可以看到当前国内外众多机构均展开了对边缘计算全方位的研究，系统架构与操作系统层面的基础性问题主要由国外机构和中科院开展研究，其他机构则专注于具体的系统场景、支撑技术和各类通用性问题开展研究。

除上述机构和产品之外，边缘计算领域正在涌现更多的竞争者，包括 EdgeConnex、SAP SE、ADLINK Technology、西门子 AG、Advanced Micro Devices、ABB、Integrated Device Technology、思科、英特尔、eInfochips、ZenLayer、IBM、横河电机、Alphabet、富士通、Rittal GmbH & Co.KG、HPE、通用、施耐德电子等。读者可根据兴趣访问相关机构的官网了解其最新进展。

1.6　本书的写作逻辑

如图 1-10 所示，本书将按照自顶向下、问题驱动的逻辑展开，从宏观的边缘计算概念展开，并从用户使用边缘计算系统的角度，从前端设备发起请求开始，由问题和挑战作为牵引，逐步展开对边缘计算各个关键环节的介绍，包括关键理论和关键技术。

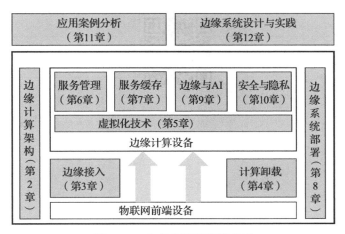

图 1-10　本书各章节逻辑关系

　　具体而言，本书首先介绍边缘计算的发展脉络，从历史发展的视角审视边缘计算的现状及未来趋势（第1章）。然后，本书将介绍边缘计算的系统原理，介绍边缘侧和用户侧的关键构件，以及各构件之间的实现逻辑和内在联系（第2章）。随后，本书将从实际系统运行的角度，从一个前端设备接入边缘计算网络开始（第3章），介绍其在边缘计算场景中需要经历哪些环节，并且各环节存在哪些关键问题与技术。前端设备产生计算请求后，首先要经历计算卸载的过程（第4章），计算从前端卸载到边缘端之后，将由虚拟化的计算服务来处理（第5章）。当虚拟服务类型众多、数量庞大时，需要自动化的管理工具来进行服务管理与资源配置（第6章）。基于边缘计算的运行原理，本书将从网络部署与管理者的视角，介绍边缘网络服务的缓存方法（软件部署）以及边缘网络的硬件系统部署方法（第7章与第8章）。之后，本书将着重介绍边缘计算中的关键研究方向及技术，包括边缘智能（第9章）、边缘计算的安全与隐私保护（第10章）。在对边缘计算的原理、技术及系统实现有了全面的认识之后，本书将选择几个热门的应用案例进行具体分析（第11章），并利用真实设备指导读者进行边缘计算系统的设计与实践（第12章）。

习题 ⊖

参考文献 ⊜

⊖　习题请扫二维码获取。——编辑注
⊜　参考文献请扫二维码获取。——编辑注

第 2 章 *Chapter 2*

边缘计算架构原理

本章将介绍边缘计算的软硬件架构及其技术原理，并初步探讨边缘计算中设计和支撑技术方面的关键问题。

2.1 边缘计算架构概述

在介绍边缘计算架构之前，我们先来了解边缘计算系统的运行方式。前文介绍了边缘计算中前端设备需要将计算任务卸载到边缘服务器上，而边缘服务器视情况在本地执行或进一步卸载到云端。这一过程中主要涉及三个实体：前端设备、边缘设备和云中心。所谓边缘计算架构，是指这三个实体是通过怎样的软硬件方式有效组织起来协同运转的，包括硬件架构和软件架构。硬件架构是指上述三个实体的层次架构以及边缘网络的组织形式，而软件架构则是指在整个边缘计算生态中其信息流的运行和管理方式。架构设计是关乎边缘计算效率和性能的本质问题，接下来我们从软硬件两方面探讨架构设计要达到的要求以及所面临的挑战。

2.1.1 系统评价及设计要求

边缘计算是在摩尔定律失效的背景下，不断地将人类各式各样的计算需求从本地转移到边缘的过程。对于一个具体的边缘计算系统，其本质要求是为各类前端设备提供计算服务，且服务的"质量"要与其本地执行相当或优于本地执行。在此基础上，参与边缘计算的其他关键角色——服务提供者与服务开发者对于边缘计算的架构同样有各自的诉求。本节将首先讨论边缘计算架构的设计需求，之后根据这些需求探讨当前的几种典型架构。

1. 面向前端用户：服务质量和体验质量

服务质量（Quality of Service，QoS）与体验质量（Quality of Experience，QoE）是网络服务领域的经典评价方法，其要求是由边缘计算架构设计的本质驱动的[6]。

❑ 服务质量从客观的技术指标出发来刻画计算服务的表现，通常是端到端、可测量的技术指标。常见的服务质量指标包括：网络吞吐量、端到端时延、时延抖动、链路质量、可用性等。

❑ 体验质量则是从用户的主观感受出发，对服务质量进行评价。不同于服务质量指标，体验质量通常要体现用户的主观感受，如视频的清晰流畅、网络的通畅无延迟感、交互的便捷等。当前对于体验质量尚不存在明确、统一的量化标准，但总的来说，在多数场景条件下，体验质量与服务质量通常具有较强的相关性。

图 2-1 显示了服务质量与体验质量之间的关系。各类前端设备与系统对边缘计算在服务质量与体验质量方面的要求，主要体现在以下几个方面：高可用、低延迟、高可靠。高可用一方面是指系统本身的稳定性，另一方面则是要求边缘计算覆盖的应用场景相较云计算更广泛，这势必要求边缘计算建立在广泛的边缘设备覆盖的基础之上。低延迟是指端到端的系统延迟，包括前端设备发起请求、请求处理、结果返回的全过程。虽然前端设备与边缘设备间的通信延迟可以做到极短，但实现整体端到端的低延迟仍面临挑战。如果架构设计

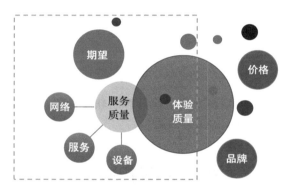

图 2-1　服务质量与体验质量之间的关系

不合理，请求上传后要在边缘网络当中进行多次路由，又或者任务分配不合理，请求任务处理较慢，均会导致无法达到低延迟的要求。

2. 面向服务提供者：服务管理

类似于云计算，边缘计算生态中同样具有服务提供者这一重要角色，而服务类型将更多地倾向于软件即服务（Software as a Service，SaaS）以及函数即服务（Function as a Service，FaaS）[9]。对于服务提供者而言，边缘计算同样需要提供便捷、高效的服务管理方式，能够支持边缘网络的快速伸缩、边缘资源的高效利用、服务任务的合理调度等。这要求边缘计算在硬件方面要基于通用资源，具有可控的拓扑；在软件架构方面则应当具备快速的服务编排、服务实例化、资源配置、用户请求管理、边缘设备管理等能力。

3. 面向应用开发者：边缘底层透明

边缘计算将计算过程从前端设备剥离出来，并转移到边缘设备上执行，这要求开发者不得不考虑边缘端的服务实现，无疑会增加额外的开发成本和开发难度。当越来越多的物联网设备接入边缘计算中后，这一开发成本甚至可能成为产业发展的瓶颈。因此，应用开发者对于边缘计算的架构设计也同样具有较强的诉求，即在开发者"无感"的情况下将计算需求接入边缘环境中，

做到边缘底层对开发者透明。亚马逊近年提出的函数即服务就沿袭了这一思路,一方面,应用开发者可以更加便捷地调用边缘服务,另一方面,边缘环境中的资源管理粒度也更细。

2.1.2 边缘计算架构设计面临的独特挑战

在传统的云计算场景中,架构设计同样存在与上述几方面类似的要求,那么边缘计算架构为何不直接沿用云计算架构,而要重新考虑边缘计算架构呢?原因在于,相比云计算,边缘计算在以下几个方面面临独特的挑战。

1. 多样化、定制化的场景

不同于云计算,边缘计算距离实际的计算场景更近,这使得边缘计算更大程度地受到具体场景要求的影响。例如对于智能仓储等工业场景,其计算任务类型、任务负载、用户特征均具有高度确定性。针对场景所架设的边缘计算需要重点关注数据安全性、系统可靠性、连接稳定性等方面的问题。而对于另一类泛在场景(如商场、车站等),为前端用户提供各类计算服务时,由于其计算任务类型相对复杂,用户和服务多样性等特点会对边缘计算架构的设计产生完全不同的影响。这种场景要求边缘服务能够灵活、快速地调整服务类型和相应的资源分配策略,支持用户的动态接入以及服务过程在多边缘服务器上的交接。不仅如此,服务类型的不同(如 AR/VR 场景与视频监控场景)也会对边缘系统的设计产生完全不同的要求。可见,场景的多样化、定制化使得在边缘计算中难以寻找一个"放之四海而皆准"的系统架构。这使得针对场景的需求分析在边缘架构设计中的各个环节(如计算卸载方式、服务接入与数据传输、服务管理等)均成为重要问题。

2. 前端用户的移动性

在云计算中,移动用户的计算请求汇聚到数据中心,这一过程中用户移动性造成的前端延迟波动对整体的端到端延迟的影响相对有限。然而,边缘计算通过建立边缘服务器与前端用户的直接通信极大降低了计算服务的端到端延迟,这也使得前端用户的移动性会直接对边缘服务质量和服务可用性造成影响。具体而言,由于边缘计算部署在距离用户较近的位置,其覆盖范围也相对受限。用户在移动过程中一方面会影响到无线通信延迟,另一方面则可能在多个边缘服务器之间进行穿梭。例如车联网场景中,一辆高速行驶的智能汽车需要使用多个边缘服务器进行协同,才能保证其行驶过程中的服务质量。这对于边缘计算的架构也提出了新的要求,特别是接入点的交接、服务的迁移与备份、服务的快速实例化与资源配置、边缘服务网络拓扑、边缘服务协同等方面。

我们按照 5G 基站 100 ～ 300 米的覆盖范围,测算不同场景中前端用户切换边缘接入点的频率,移动数据与测算的切换频率如表 2-1 所示。可以看到,在几类典型的边缘计算场景中,边缘服务均具有较高频率的接入点切换。这意味着,如果边缘服务持续时间超过前端用户在同一个边缘接入点停留的时间,那么服务极有可能会被中断。例如,一段视频的目标识别任务处理需要 1 分钟,而在高铁场景中,这 1 分钟期间会经历 5 个不同的基站,如果按照当前的计算方式,该计算任务会不停地被中断,严重影响到服务质量和用户体验。即便计算任务的持续处理时间短于切换时间,由于移动导致的通信质量不可靠等问题,也会有一定概率造成服务中断或时间延长，同样严重影响到边缘服务质量与用户体验。

表 2-1 不同场景的用户移动性

场景	移动速度	边缘接入点切换频率（5G）
自动驾驶导航 +5G 边缘网关	60km/h	5AP/m
高铁多媒体服务 +5G 边缘网关	300km/h	25AP/m
移动 AR/VR 用户 +5G 边缘网关	4km/h	0.33AP/m
商场行人 +Wi-Fi 边缘网关	4km/h	1.33AP/m

注：AP/m 表示每分钟经过的基站数量。

3. 基础设施的资源受限和不确定性

不同于云计算数据中心，边缘服务器由于覆盖范围受限，势必需要大规模部署，这使得单个边缘计算基础设施相较于云计算中心而言，资源是比较有限的。在部分特定的边缘服务场景中，边缘设备本身甚至存在一定的不确定性，如"设备到设备（Device-to-Device，D2D）"场景中，边缘服务器有可能是手机、电脑等移动设备，其服务质量、可用性均高度不确定。

边缘计算资源受限的特点，使得单一的边缘服务器承载的服务类型和计算负载均有限，从而要求边缘服务架构层面形成良好的边缘协同机制，并且边缘上的服务类型应当能够支持快速更新。而边缘设备的不确定性，则使得大型的、耗时较长的计算任务在边缘计算中面临极大挑战，这一方面要求合理的资源配置，避免任务持续时间过长，另一方面则要求软件架构能够支持细粒度、可拆分的任务卸载，减少持续服务时间的同时降低边缘端的计算与传输压力。

4. 边缘服务多样、海量、异构

边缘计算接入的设备类型多样直接导致其面向的服务类型多样，不仅是计算服务要求的资源类型多样，体验质量和服务质量的要求也存在较大差异（如图 2-2 所示）。例如对于安防

图 2-2 海量和异构的边缘服务类型示意图

视频解析的场景，视频数据传输量较大，缓存要求高，但对视频解析结果的实时性要求相对较低。而对于自动驾驶场景，对于视频解析结果的实时性要求极高，但对缓存的要求则较低。要用相同配置的边缘计算设备满足所有类型的边缘服务，几乎是不可能完成的任务。因此，考虑到边缘服务多样、海量和异构的特点，要求边缘架构能够支持边缘设备协同、资源共享以及服务的灵活配置，从而将边缘计算网络作为一个整体来应对海量和异构的计算服务请求。

2.2　总体系统架构

本节将结合典型的边缘计算场景展开介绍边缘计算的系统架构，包括云—边—端架构、边—端架构、多接入边缘架构、分布式 D2D 架构（泛在边缘架构）。

2.2.1　两类边缘：主干网边缘和泛在边缘

网络边缘是一个相对概念，字面意思是远离"网络中心"，在主干网的语境中通常指网络最外围的设备，如移动基站、家用路由器。然而，随着各类网络技术蓬勃发展，新型网络系统层出不穷，"网络边缘"的内涵也得到了极大丰富，对于边缘计算的架构和关键技术提出了新的要求。根据当前的边缘计算定义以及实际的网络架构特点，我们将边缘设备分为两类：主干网边缘和泛在边缘（如图 2-3 所示）。

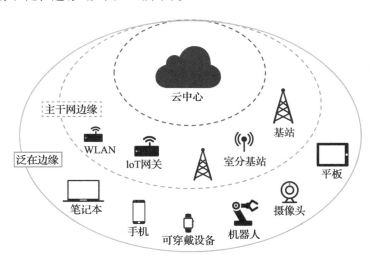

图 2-3　主干网边缘和泛在边缘

主干网边缘设备通常可管可控，资源相对充沛，如移动蜂窝网络的基站等。而泛在边缘设备通常具备较强的不确定性，不论是资源的可用性还是连接的稳定性，如笔记本电脑、智能手机等。边缘设备本身的特点，使得边缘计算难以像云计算一般建立通用的、结构固定的网络架构。理想中的边缘计算架构，应当能够有效地运用各类边缘资源，在满足服务和体验质量的前提下，将前端计算任务以最低的代价处理完毕。

当前学术界、产业界探讨的主流边缘计算架构包含云–边–端架构、边–端架构、分布式 D2D 架构、弹性边缘架构等，分别面向不同的应用场景和系统挑战。

2.2.2 云–边–端架构

如图 2-4 所示，云–边–端架构包含云中心层、边缘层以及前端层。用户请求从前端设备发出后，由边缘层设备接收。如果边缘层的设备上存在该请求对应的边缘服务，则该计算请求交由运行相关服务的边缘设备处理，处理完成后结果返回至前端设备。如果边缘层的设备上均没有相应的计算请求，则边缘设备需要进一步向云中心转发请求，由云中心处理。又或者向云中心请求相关的边缘服务，将服务从云中心下拉到边缘层，从而能够处理未来的同类型请求。通过这一过程，前端设备的各类计算任务可以通过边缘服务的方式，从本地计算的方式转换到请求边缘设备计算的方式。同时，前端设备通过接入更多类型的边缘计算服务，也极大提升了其运算能力。

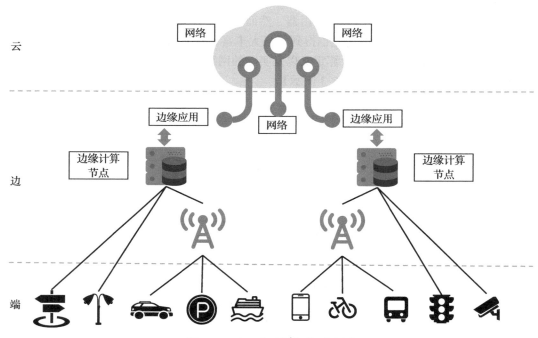

图 2-4　云–边–端架构示意图

遵循类似设计思想的架构包括海计算、海云计算、移动边缘计算等概念架构[8]。在云–边–端架构中，边缘作为云中心的有益补充，主要用于处理以下几类计算任务：

①延迟要求极低，云中心无法满足要求的计算任务。

②数据量巨大，任务数据向云中心传输会给网络带来巨大带宽压力的计算任务。

③计算请求频繁、计算量巨大，汇聚到云中心有可能造成瘫痪的计算任务。

④隐私要求高，数据无法向云中心传输的计算任务。

而此架构中，云计算则主要处理计算量巨大、运行周期较长的任务类型。图 2-5 显示了依据数据量不同对云、边、端处理任务类型的划分，数据量越大的任务距离前端用户越远。

可见，在此架构中，边缘设备与云中心形成一种互补协同。虽然讨论的是边缘计算架构，但其中云和边缘都是不可或缺的，两者单独哪一个都不完整。此架构中，除了前端与边缘的接入和任务卸载过程，边缘和云的协同也是重要的架构设计问题之一，因为前端用户并不关心任务在边缘设备还是在云中心进行计算。这就要求边缘和云之间能够有效地进行资源整合与协同，以高效的方式完成用户请求。

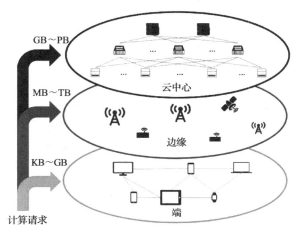

图 2-5　云 - 边 - 端架构中不同类型计算请求的去向

边缘和云的协同中涉及边缘 IaaS（Infrastructure as a Service，基础设施即服务）与云端 IaaS 的资源协同，边缘 PaaS（Platform as a Service，平台即服务）和云端 PaaS 实现数据共享、智能协同、业务协同编排，边缘 SaaS 与云端 SaaS 实现服务协同。

1. IaaS 协同

在边缘和云协同的场景中，云端 IaaS 作为边缘 IaaS 的重要资源补充，两者通常针对不同类型的场景。边缘 IaaS 通常针对相对受限的区域服务，例如工业园区智能化系统、校园信息系统等。这类场景中，前端的数据和计算任务通常不需要大范围访问，且任务延迟要求较严格。而云端 IaaS 则更多面向广域、延迟容忍的业务类型，如网站托管等。

边缘 IaaS 通过网络边缘的计算、存储、网络等资源为用户提供虚拟化的租用服务，并且提供服务配置、监控和维护。同时，考虑到各行业终端设备通信连接方式的复杂性，边缘 IaaS 需要提供丰富的接口 / 协议能力，以便应用于广泛的行业市场。在协同过程中，云中心负责云边资源（计算、存储、带宽等）的优化配置、调度和管理策略。

2. PaaS 和 SaaS 协同

PaaS 在云计算中已有相当多成熟的产品，如阿里云、微软 Azure、亚马逊 AWS 等。SaaS 应用的种类则更加多样，包括各类在线 API 服务、Web 服务等。在边缘和云协同的场景中，用户通常关心的是应用和数据层面，并不关心其应用和数据究竟在边缘还是云端。类似于 IaaS 协同，云中心常用于非实时、长期的大数据分析，能够在刻画数据一般特性、长时间应用维护和数据支撑上发挥优势。而边缘 PaaS 主要聚焦于短周期、实时的数据分析应用，通常需要根据场景特点进行资源配置。

本节仅讨论了边缘和云协同的一般思想，这一过程中涉及的大量设计策略、开发和管理工具等信息会在后续章节中陆续介绍。

2.2.3　边 - 端架构

随着边缘计算相关技术的不断发展以及新型应用对于延迟敏感度的提高，边缘网络需要独立承担前端设备的服务请求。

如图 2-6 所示，在边 - 端架构中，仅有边缘服务器组成的网络（简称边缘网络）和前端设备。边缘网络中各个服务器既是接入点又是运算节点，接收来自前端设备的计算请求和任务卸载并处理。需要注意的是，对于一个计算请求来说，其接入的边缘节点和任务处理的节点并不一定是同一节点，多个边缘服务器可以各自配置不同的服务，以协同的方式完成各类计算任务。这是由于没有高速的云中心传输通道，每个边缘服务器在接收到自己不具备的服务类型时，需要将请求转发给具备相应服务的边缘服务器，从而在整体上形成协同运算的效果。

图 2-6　边 - 端架构的边缘网络示意图

这种架构通常用于定制化较高的场景，例如工业园区的设备通信与计算网络、大学校园的实验网络等。边 - 端架构中，边缘网络的服务对象和计算服务类型都具有高度的确定性，均需根据具体的应用场景进行边缘网络的部署、资源配置、计算服务的编排等。例如在大学校园的场景中，边缘网络的部署需要充分考虑场景特点，在教学楼、宿舍区、实验楼等场地需要密集部署边缘服务器，并且这些服务器需要配置相对多的计算与存储资源。服务器上运行的计算服务也对应了不同区域的服务请求类型，如教学楼服务器需要运行在线文档、文件存储等服务，宿舍区服务器需要运行音视频解码等多媒体服务，实验区服务器则需要运行大型数学计算、仿真等服务。

2.2.4　多接入边缘计算

在上述两类架构中，通常认为一个前端设备仅接入一个边缘服务器。目前，随着新型应用的不断产生和边缘设备的不断增多（思科公司在"思科虚拟指数"中预测，2014 ～ 2024年期间全球移动数据将增加 10 倍），单服务的服务模式将很快迎来瓶颈。不仅如此，新型的高速率通信技术（如 5G）的覆盖范围通常有限。在这样的背景下，超密集网络应运而生，通过密集部署边缘服务器来达到边缘服务更加靠近边缘用户的目的。如此，每个前端设备可以接入多个边缘服务器，这种架构称为多接入边缘计算（Multi-Access Edge Computing）。值得注意的是，多接入边缘计算与上述两种架构是可共存的关系。上述架构描述的是云、边层如何实现，而多接入则强调前端设备与边缘设备层如何对接。当前端设备由单接入变为多接入时，会对上述两种架构中的技术设计与实现产生不同影响，本书第 3 章将会对此展开介绍。

2.2.5　分布式 D2D/D4D 架构（泛在边缘架构）

D2D 通常指一种新型的通信方式，该方式中设备与设备间的通信不再经过主干网，而是通过设备直连和多跳的方式形成自组织网络，完成设备间的信息传输。而所谓 D2D 或D4D（Device-for-Device）边缘计算，是指边缘设备通过 D2D 的方式，相互成为其他设备的边缘计算设备。每个设备均可以将计算卸载到其他设备上，同时也可以承接来自其他设备的计算请求。

D2D 边缘计算通常适用于缺少基础设施或者部署基础设施十分昂贵的场景，例如车联网场景、战场作战场景等。一方面，缺少边缘基础设施导致整个 D2D 边缘计算网络的资源相对受限。另一方面，各设备又可能产生计算量十分巨大的任务需求，仅靠单一设备难以完成。D2D 边缘计算架构是一种纯分布式架构，边和端的界限变得十分模糊，每个设备既可以看作端设备也可以看作边缘设备。这使得传统架构中的接入、路由、寻址、协同、分配等技术无法直接应用，面临的系统挑战也较多。例如在智能化单兵作战的场景中，每个士兵可以看作一个边缘节点，遇到紧急情况的士兵产生的计算任务需要由其邻近的多个士兵协同进行运算，如对抗环境的实时目标识别等。若按照传统的任务卸载和处理方式选择一个身边的设备进行协同运算，资源受限的特点极可能导致任务运算无法达到指标要求，从而延误军情战机。D2D 架构虽然相对简单，但由于缺少全局信息，节点间缺少稳定的通信链路及物理拓扑，D2D 边缘计算的各项关键技术（如计算卸载、服务管理等）更加需要根据场景来指定。此外，D2D 边缘计算架构相比于传统架构还需要解决邻居服务发现、服务定价等问题。

2.2.6　AIoT 架构

如前文所讲，边缘计算既可以看作云计算向场景的延展，又可以看作物联网能力的提升。从物联网能力提升的角度，边缘计算直接推动了 AIoT 架构——"人工智能＋物联网（AI+IoT）"的产生。顾名思义，AIoT 是物联网与人工智能的结合，而在系统层面，人工智能的能力是通过边缘计算来提供的。图 2-7 显示了腾讯所提出的 AIoT 的系统架构，考虑到物联网设备的多样性，其终端设备端单独具备一个设备适配层，用于进行异构设备之间的数据转换、无线适配与多数据通道管理。在设备适配层上运行物联网操作系统，并通过网关接入模块接入边缘设备——AIoT 智能网关。边缘设备通过 IoT 组件镜像模块管理设备及匹配规则，以处理物联网设备的计算请求。在边缘设备上运行的计算服务、通信及安全等规则是通过云中心进行更新和管理的。

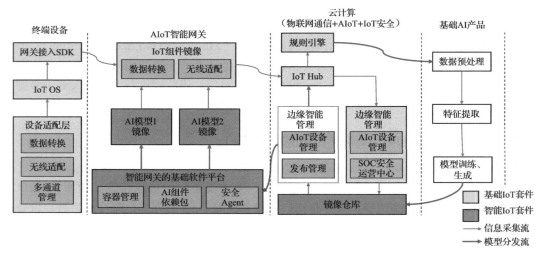

图 2-7 AIoT 整体系统架构（以腾讯 IoT EIDP 为例）

与一般的边缘计算架构相比，AIoT 架构中并不强调边缘之间的组网和协同，而是更多地规范前端设备管理、服务管理以及各类基础 AI 产品及加速技术。目前多个云计算服务商都发布了 AIoT 产品及技术，如腾讯 IoT EIDP、阿里 AliOS Things、小米 AIoT、用友 YonBIP 等。这些架构中，除了对物联网前端设备的计算及产品形态产生影响，同时也有望催生一个新型的产业——边缘计算模型的开发与交易。开发者及研究人员研发各类边缘服务，既能够适应各类前端应用的需求，也能够高效地运行在不同厂商的边缘服务器（边缘网关）终端之上。

2.3 软件计算架构

软件架构的作用是将边缘计算架构中的各个实体有机组合起来，并最终将硬件计算资源转化为各类计算服务提供给边缘计算前端用户和开发者。按照云计算服务模式，由软件架构提供的计算服务可以分为 IaaS、PaaS、SaaS 以及更细粒度的 FaaS。在边缘计算中，边缘资源同样会转化为这几种形式为前端设备提供服务。考虑到边缘系统架构的特点，实现边缘计算服务的软件架构与云计算相比有所不同。

2.3.1 一般边缘计算软件架构

边缘计算的软件系统架构是将上述介绍的边缘计算中各类实体硬件有机组织起来，从而以便捷、高效的方式为前端设备提供计算服务。前端用户通过各类通信标准（移动蜂窝网络、蓝牙 /Wi-Fi/ZigBee 个域网、NB-IoT/LoRa 广域网等）接入边缘网络后，会被分配到各边缘服务器上进行运算。对于多数两层或三层的边缘计算硬件架构，运行其上的软件架构是类似的，主要包含基础设施层和平台管理层（如图 2-8 所示）。其中基础设施层直接负责各类硬件资源和设备的组织与虚拟化，为应用提供通用、统一的资源使用和分配方法。而平台管理层则是在物理资源之上，提供 IaaS、PaaS 和 SaaS 的服务实现。

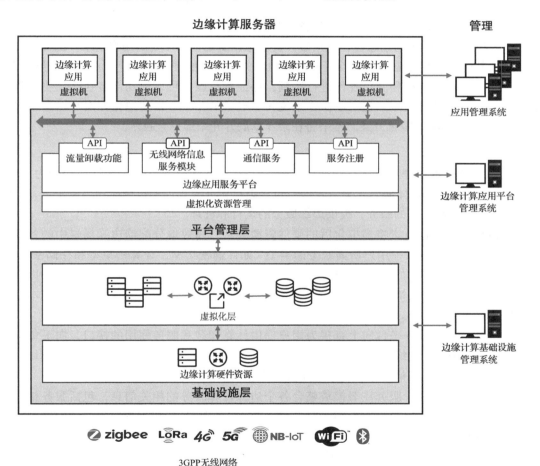

图 2-8　边缘计算的一般软件系统架构图

1. 基础设施层

基础设施层主要分为硬件资源和虚拟层两部分，在这两部分基础上，边缘计算基础设施管理系统能够整合所有的硬件资源形成一个稳定、通用的运行环境，使得上层的边缘服务可以在这个环境中被部署、执行和管理。

硬件资源指各边缘服务器上配备的计算资源、存储资源和网络资源。通用服务器有较好的性能，价格相对低廉。存储硬件提供存储能力，存储节点可以是网络附加存储（Network Attached Storage）和存储区域网络（Storage Area Network）等存储方式。网络通信资源则包括交换机和路由器等设备。这些硬件资源根据采用的硬件架构不同会有不同的配置，一般部署在网络接入设备以及用户驻地网络等，通过虚拟层为边缘服务提供处理、存储和数据传输功能。

考虑到边缘服务对硬件需求的多样性，在通用硬件上直接实现各类边缘计算服务几乎是不可能的，而配置大量异构的硬件设备也会带来难以承受的硬件和维护成本。此外，考虑到用户的移动性和需求的动态性，专用硬件资源难以满足动态多变的用户请求。因此，在边缘计算的基础设施层，需要对硬件资源进行抽象，在真实的硬件之上建立虚拟化网络资源，对边缘服务所需的软件和底层硬件进行解耦，保证各类服务可以成功部署在底层物理资源上。虚拟化的典型解决方案包括以操作系统为中心的 Hypervisor 虚拟化方案和以应用程序为中心的 Container 虚拟化方案。本书将在第 5 章展开介绍虚拟化技术。

2. 平台管理层

边缘计算平台管理层建立在虚拟化资源之上，将硬件资源、平台和软件转变为 IaaS、PaaS 和 SaaS 服务。具体而言，平台管理层包含虚拟化资源管理和边缘应用服务平台，将网络中的资源分配给不同的服务，提供边缘服务的运行和管理。

虚拟化资源管理负责将虚拟化后的硬件资源灵活、高效地分配给边缘场景中的各个服务用户。根据边缘场景中用户所需服务的类型（如传输密集型、计算密集型和存储密集型）将资源按需分配给不同的应用，同时考虑用户移动性、需求变化以及网络环境等多种因素来灵活调度资源。资源的恰当分配直接影响边缘服务器的资源利用率，这是控制边缘成本、优化用户体验的关键环节。

边缘计算应用服务平台向上直接为用户提供计算卸载和服务使用的接口，向下负责注册、管理边缘服务。边缘应用服务平台通过一系列中间件实现，通常包括通信服务模块、服务注册模块、无线网络信息服务模块以及流量卸载模块。

- ❑ 服务注册模块：服务注册模块整合各个边缘计算服务的相关信息，包括服务相关接口、版本信息和服务状态（可用性）等。前端应用程序可以根据计算任务的需求特点选择调用相应的服务。
- ❑ 通信服务模块：通信服务模块负责通过事先定义好的 API（Application Programming Interface），建立运行在虚拟机上的应用程序与边缘应用服务平台之间的相互通信，以支持平台管理层为应用程序生命周期提供相关支持，如应用程序所需的资源、最大容忍延迟等。
- ❑ 流量卸载模块：该模块通过监测、分析无线网络和用户信息，对用户请求和数据流量进行优先级排序。该优先级主要用于边缘服务器对前端用户的信道资源分配以及边缘网络中的链路资源分配。
- □ 无线网络信息服务模块：无线网络信息服务模块负责记录无线网络的实时状态以及用户端设备的相关信息。无线网络实时状态包括蜂窝网小区 ID、小区当前负载、上行和下行可用带宽等，用户端设备信息包括用户位置、用户吞吐量、用户相关服务质量、已建立的无线连接等。考虑到边缘网络中的前端任务卸载直接受到网络状况的影响，无线网络信息服务对网络状态的刻画有助于用户做出最恰当的计算卸载决策，节省通信与计算资源。

2.3.2　多接入边缘计算架构

2016 年，欧洲电信标准化协会（European Telecommunications Standards Institute，ETSI）将边缘网络的称谓由移动边缘计算更名为多接入边缘计算。在多接入边缘计算架构中，用户可以在接入不同网络的情况下共享边缘资源，也可以通过切换不同的接入方式提高边缘计算的服务质量。ETSI 给出的多接入边缘计算架构如图 2-9 所示。

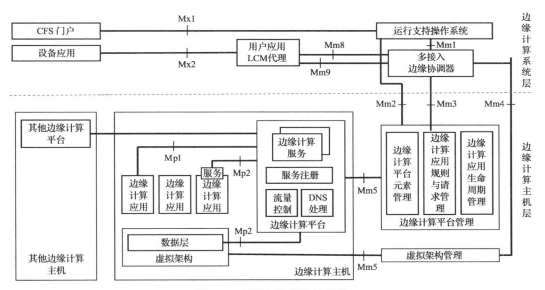

图 2-9　多接入边缘计算架构

与一般边缘计算架构类似，多接入边缘计算架构同样包含基础设施层和平台管理层。其中基础设施层着重强调各个边缘服务器通过相互之间的链接构成边缘服务网络，通过大量、密集的边缘服务器形成的网络整体为前端的海量用户提供服务。平台管理层从应用程序的生命周期出发，为边缘服务提供基本功能集合并制定应用程序管理规则，在多接入的场景中着重强调服务授权、流量规则、解决冲突和 DNS 配置等方案。

与一般边缘计算架构不同的是，多接入边缘计算架构单独剥离了多接入边缘协调器（Multi-Access Edge Orchestrator）。该模块作为多接入边缘网络框架中的核心模块之一，负责服务器组网、管理及分配硬件资源、边缘服务实例的部署、协调边缘用户请求的服务路径、卸载任务在多边缘服务器中的分配等。具体包括以下功能：

①管理终端用户卸载决策。此模块作为多接入网络核心模块，负责调度用户请求。主要从两个方面协调用户的请求：

❑ 通过服务部署与请求调度来应对用户请求。当用户请求某一特定服务的时候，协调器须将请求路由到相应的服务器上。由于多接入场景存在多个可选的服务器，因此需要根据服务评价指标（如最大容忍的卸载端到端时延）灵活地协调所有用户的请求。用户的卸载端到端时延包括无线传输时延、边缘服务器网内传输时延和服务器处理时延。因此协调策略可分为三个部分：无线接入节点、边缘服务网内路由和处理器处理时序。通过协调各请求的接入节点可有效缓解拥塞的通信链路，降低无线传输时延；通过协调请求的边缘网内路由，可有效缓解拥塞链路和路由器转发时间；通过协调处理器处理时序，可按照各请求的最早、最晚截止时间，尽量满足多用户请求。

❑ 通过资源分配方案迎合用户请求。考虑到边缘用户的移动性和多变性，一成不变的服务部署方案很难迎合边缘网络的这一特点。因此除了协调用户的请求来迎合边缘网络资源，我们也需要主动调整边缘网络的资源来满足用户多变的请求。具体来说，通过用户请求的分布来合理部署多个服务实例，以缓解通信时延和处理时延，通过扩容或者新建应用实例来满足不断增长变化的用户需求。

②管理部署的边缘计算主机，维护计算、存储、传输资源以及服务器间拓扑结构。

③管理边缘网络所提供的服务。检查软件包的完整性和真实性等相关要求，并在必要时对其进行调整以符合系统要求。

除了与边缘网络直接相关的架构设计，边缘计算的范式对传统计算模式的关键技术均具有重要影响，在编程模型、操作系统、网络管理、服务管理等方面引领了一系列技术创新。

2.3.3 AIoT 软件架构

考虑到当前 AIoT 主要面向市场产品的落地，其中的边缘网关更多的是基于上述一般架构针对场景的定制化产品落地，技术重点强调在边缘网关与应用平台两个关键部分。如图 2-10 所示，以腾讯 IoT EIDP[1] 为例展示了典型的 AIoT 技术架构。其中边缘网关直接面向前端的物联网设备应用提供各类服务，这些服务通常由虚拟化引擎（如 Docker）提供，包括服务发现、协议转换、AI 中间件、云端连接服务及具体的服务实例化容器。应用平台部分根据开发及市场需求分为应用与模型发布平台、应用与模型分发平台。其中应用与模型发布平台面向边缘模型和服务的开发者，提供 Docker 管理、应用管理、可视化配置应用、应用发布等。而应用与模型分发平台则可以看作面向各个边缘网关终端的应用与模型市场，除了模型及应用镜像仓库之外，设备管理、应用管理、网络代理、认证授权等也是应用与模型分发平台的重要模块。

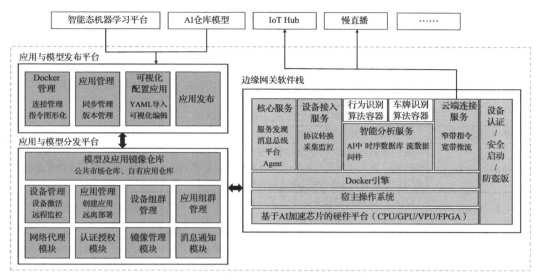

图 2-10　腾讯 IoT EIDP 平台软件架构

2.3.4　卫星边缘计算架构

微电子技术的蓬勃发展，使得微型卫星成为可能。从传统的重达 500 千克的地球观察者 1 号卫星（EO-1），到现在的仅重几千克、体积在 10 厘米级的立方体卫星，卫星的设备成本及发射成本在一路下降，这使得卫星的大规模部署成为可能。从星链计划[3]到黑杰克计划[4]，低轨卫星星座逐渐展示出其在军事、民用领域的重大潜力，获得政府、企业、学术界各方的广泛关注和研究。伴随着云计算、边缘计算相关技术的发展，低轨卫星星座也需要具备多星协同、自主运行、能力开放的在轨边缘计算能力。

不同于地面上的边缘计算架构，运行在低轨道上的卫星时刻处在与地球的相对运动之中，这使得任何一个单一的低轨卫星都不足以给地面上的前端设备提供稳定的边缘计算能力。因此，直接将前面介绍的边缘系统架构用于卫星边缘计算时无法正常运转。这就要求对边缘计算的系统架构做出调整，使其能够适应低轨卫星的系统特点。

目前国内外已针对低轨星座在轨计算的研究开展了一系列工作。如 DARPA 的黑杰克计划，期望在 550km 轨道上建立 80 ～ 100 个卫星节点的低轨星座，能够协同、自主地进行任务运算，而运维仅需要一个 2 人小组，其归功于其中的 PitBoss 系统（类似于中控平台）管理卫星轨道、服务管理、任务调度等核心模块，实现低轨星座的自主运行。欧洲宇航局也提出了 OS-SAT 计划，期望利用市面已有的设备建立低成本、高可用的低轨卫星计算系统，并面向第三方开放。英国企业 Exodus Orbitals 也提出了一项在轨运算服务计划[5]，并期望在 2021 年将计算能力开放给普通开发者。此外，卡内基 – 梅隆大学也提出了 Orbital Edge Computing 项目，面向典型的卫星遥感任务，提出了初步的星座协同运算方案，并开发了全系统仿真。表 2-2 展示了在轨卫星边缘计算近年相关项目的基本情况和预期进度。

表 2-2　在轨卫星边缘计算

机构	方案	进度
美国国防高级研究计划局（DARPA）	黑杰克： ①协同、自主的任务运算 ② 550km 轨道，80～100 个节点，2 人团队运维 ③服务数字孪生、实时任务处理 ④ PitBoss 供应商 SEAKR，暂未透露系统细节	2020 年发射首批卫星
欧洲宇航局	OPS-SAT：面向第三方用户开放开发和计算能力	2019 年第四季度发射
Exodus Orbitals	面向普通开发者，共享访问、卫星主机。用户可上传代码，未来计划将卫星的飞控也开放给开发者（注：或可用于躲避打击），并可通过地面控制中心	预计 2022 年开放给开发者
卡内基 - 梅隆大学	OEC：面向遥感任务，多卫星协同识别图像中有效数据回传。针对图像场景考虑了图片切割	已完成全系统仿真[①]
电子科技大学	星河工程：构建一个由低轨 AI 卫星组成的天基网络系统，并提供实时覆盖全球的任意人、物的通信和高速网络接入服务、厘米级的位置和导航增强服务、高时空分辨率的对地观测和影像服务	2020 年已发射首颗 6G 太赫兹 AI 卫星"电子科技大学号"
NASA+ 微软 +HPE	用在轨运算替代空间站部分功能，相比传统的太空用计算器大幅提升计算性能并降低空地传输延迟	2021 年发射将 Spaceborne Computer-2 至太空
IBM	IBM Cloud Satellite 用卫星边缘计算进一步增强 IBM 云计算的可用性和安全性	已完成产品设计

①仿真系统地址为 http://qaanaaq.andrew.cmu.edu:8080/。

当前关于卫星边缘计算架构的研究，主要针对卫星与地面的相对移动、卫星本身的能源不稳定等特点。为应对这些问题，多个机构提出了不同的技术路线，并开展了前沿探索。本节将主要介绍计算卫星流水线技术以及动态星团组网技术。

1. 计算卫星流水线技术

地面图像处理是在轨卫星边缘计算的主要任务场景之一。由于低轨卫星的覆盖范围相比同步卫星较小，且存在卫星与地面之间的相对运动，使得在轨计算的图像采集难以使用传统同步卫星现有的技术。对于同一颗卫星，在不同时刻，其所覆盖的地面区域是不同的，这意味着：

①对于每一颗卫星而言，其面向区域的计算任务是伴随着轨道运动在发生周期性变化。

②对每一个区域而言，其计算任务在不同时刻会在不同的卫星上执行。

理想状态中，如果各颗卫星能够及时处理其对应区域的图像处理任务，则多颗卫星伴随轨道移动可以实现轨道图像处理任务的覆盖和及时响应。然而，考虑到低轨微型卫星处理能力十分受限，当其移动到新的区域时（即接收到新的任务时），虽然能够顺利采集图像，但旧区域的任务极可能仍未完成，从而来不及处理新进入区域的计算任务。

为解决此问题，卡内基 - 梅隆大学提出计算卫星流水线（Computational Nanosatellite Pipeline，CNP）技术，将多颗卫星组织起来，共同处理单一卫星无法完成或来不及完成的图像处理任务。CNP 技术的基本思想是根据任务特点控制卫星阵型及任务分配，将采集到的图像任务切割并分配到多颗卫星上进行并发运算，从而将多颗卫星有机组织起来。如图 2-11 所示，运用 CNP 技术，图像首先被分割为多个块（tile），这些块被分配到多颗卫星上进行并发运算，之后运算结果再汇聚或发回地面。

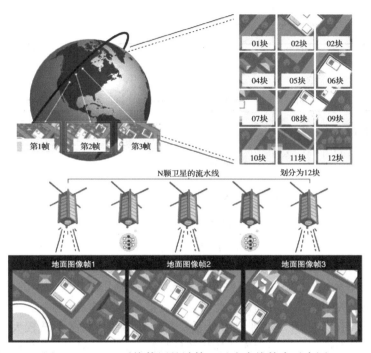

图 2-11　OEC 系统使用的计算卫星流水线技术示意图

除任务分割外，CNP 技术根据任务需求对卫星阵型进行调整，可分为帧距阵型和紧凑阵型。在帧距阵型中，每颗卫星相距的空间刚好使得各自采摄的图像相邻一帧距离（如图 2-11 中的第 1、3、5 颗卫星）。在紧凑阵型中，卫星之间的距离尽可能被缩短，能够支持算力的集中，处理实时性要求较高的任务。根据卫星阵型和任务分割策略的不同组合，CNP 技术提供四种运算模式：帧距块并发、紧凑块并发、帧距帧并发、紧凑帧并发。

①帧距块并发。CNP 技术中相邻的两颗卫星之间保持帧距，即两颗卫星拍摄的地面图像是正好相邻的两帧。每台设备均拍摄地面图像，形成连续的区域，并处理其中一部分图像块数据，如图 2-12a 所示。

②紧凑块并发。紧凑是指相邻卫星之间保持尽可能短的距离，每颗卫星并行处理不同的图像块数据，如图 2-12b 所示。

③帧距帧并发。相邻两颗卫星保持帧距，每颗卫星处理各自的图像帧，从而在整体上完成连续区域的图像处理，如图 2-12c 所示。

④紧凑帧并发。相邻卫星之间保持尽可能短的距离，每颗卫星处理不同的帧图像数据，如图 2-12d 所示。

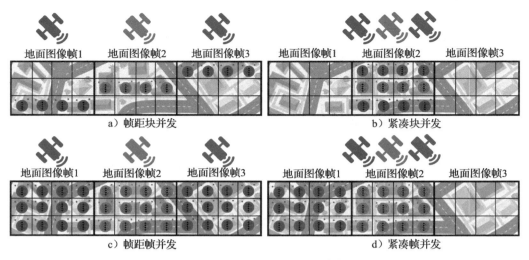

图 2-12　CNP 技术的四种运算模式

　　显然，这四种运算模式是为了应对不同的应用场景。帧距块并发和帧距帧并发两种模式用于单位图像的计算负载相对稀疏的情况，允许卫星之间相邻一定的距离以增加对地面区域的覆盖。当每帧图像仅需要处理关键信息时，采用块并发的方式。当每帧图像需要完整处理时，则使用帧并发的方式。紧凑块并发和紧凑帧并发则用于单位图像的计算负载较密集、单一卫星无法完成关键帧处理的场景。此时，通过将多颗卫星紧凑排列，能够集中算力完成一帧图像中的计算任务处理。如图 2-12 所示，当单帧的图像任务负载较大时，多颗卫星通过块并发的方式集中处理。当遇到连续帧任务负载较大时，则利用帧并发的方式进行处理。

　　由 CNP 技术可以看到，卫星边缘计算相比一般场景的边缘计算，对边缘服务器的移动性和任务分割具有更高的要求，也更接近于 D2D 和高移动性的泛在边缘场景。

2. 动态星团组网技术

　　低轨卫星与地面之间的相对移动不仅影响到任务与卫星间的匹配关系，同时也影响到卫星与地面之间的数据传输链路。对于地面上的固定位置，一颗卫星在其上方的过顶时间通常在 10 分钟到半小时不等，这意味着计算任务需要在这段延迟之内完成。虽然 CNP 技术可以加速任务处理，但对于复杂度较高的任务而言，在确定其计算量之前依然难以保证任务在时限内处理完成。

　　与 CNP 技术形成互补的另一种方式是"动态星团组网架构"，通过考虑计算任务特点、轨道信息以及各卫星节点上的负载，动态地选择一部分卫星形成"星团"来完成一批计算任务。如图 2-13 所示，星团中包含三种角色的卫星节点：协调节点、汇聚节点以及运算子网。其中运算子网是共同形成星团的卫星集合，这些卫星相互协作共同完成批量的计算任务。协调节点是直接与地面设备通信的节点，接收来自地面前端设备的计算请求，判断该请求对应的计算任务，并分发给计算子网中的卫星节点进行协同处理。待计算任务处理完成之后，各卫星将计算结果传输给汇聚节点返回地面。不同于协调节点在接收请求时自然确定，汇聚节点是由协调节点收到计算请求后，根据轨道移动模型和估计计算延迟来选定的。选定的汇聚节点需要在任务完成的时刻移动到地面前端设备的上方，从而保证任务完成后能够第一时间将计算结果返回。不同于传统的集群管理方法，动态星团组网中各卫星节点的相对位置、卫星与前端设备的相对位置均处于随时变化的状态。这对多边缘卫星协同、底层寻址、数据可靠传输等方面均提出了较高要求。

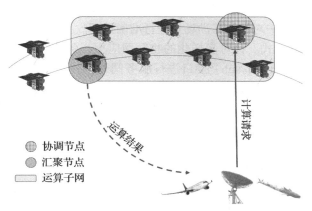

图 2-13　动态星团组网架构

　　卫星边缘计算是一种较为新颖的边缘计算场景，可以视作一种特殊的泛在移动场景。其中边缘服务器（低轨卫星节点）与前端设备之间、边缘服务器相互之间均存在相对移动，这一移动性是伴随着轨道具有周期性的。如果将卫星边缘计算中移动的周期性这一条件放宽，则接近于一般意义的泛在移动边缘场景，对系统架构、底层协议、计算模型等方面会有更高的要求。

2.3.5　编程模型

　　边缘计算的普及有望将几乎所有的智能设备带入类云环境中，前端设备不需要携带计算和存储资源，可以通过远程通信使用边缘设备上的计算与存储资源。考虑到边缘设备以及边缘服务的多样性，急需提出新的编程模型以支持各类设备接入边缘网络和边缘服务的快速开发迭代。

　　当前多个机构提出了用于"物联网＋边缘计算"场景的编程模型，如微软 Azure IoT Edge、AWS Greengrass、EdgeX、百度 OpenEdge 等。这些边缘框架普遍沿用了传统编程模型，边缘服务开发者在开发过程中需要明确定义数据来源、数据格式、边缘服务接口、边缘服务地址等。这样的编程模型在边缘计算的环境中面临以下几方面的挑战，有可能严重阻碍边缘服务及相关应用的快速开发迭代。

　　①边缘服务访问的局限性。在基于云的计算框架中，各服务组件需要预先运行在云中心设备或其他参与软件周期的设备上，从而允许开发者应用通过网络进行调用。但在边缘场景当中，边缘资源往往仅有特定区域或特定用户能够访问。而服务开发者通常无法得知具体服务的访问区域和访问权限信息，导致开发边缘服务时需要大量的服务查找及状态分支逻辑，甚至导致服务在实际场景中不可用。

　　②边缘资源的多样性。不同于通用云服务器，按照当前对边缘计算的设想，边缘设备

可以是任意形式，其配备的资源类型、资源数量、通信方式甚至硬件架构均可能存在较大差异。这导致边缘服务和应用开发者几乎不可能在开发过程中明确指定边缘资源及相应资源的调用方式。

③边缘场景的高度动态性。考虑到边缘计算场景中的移动性，边缘设备、边缘资源均可能处于不稳定的服务状态，如在车联网场景中，高速移动的车辆与边缘服务网络之间链路的不稳定将直接导致边缘服务无法使用。而现有编程方式通常不考虑服务稳定性和可用性，开发者也难以在开发过程中对各类移动场景进行准确处理。

④固化的边缘服务方式。针对多样化的物联网应用，各边缘服务之间多采用基于主题的发布/订阅（topic-based pub/sub）接口进行服务间通信，并且需要手动定义服务间的路由。然而在边缘场景中，由于移动性、业务需求等因素，边缘服务时常会面临迁移、负载波动等问题，这使得预先定义好的服务组合在真实环境中极有可能无法正常运转。

为解决上述问题，促进边缘计算生态和产业的快速发展，当前研究界与科研界在编程模式方面展开了一系列前沿探索，如图 2-14 所示。如 NEC 公司欧洲实验室与日本方案创新部门提出的 Fog Function（FogFunc），旨在用 Serverless 思想建立一个轻量级、动态的事件驱动编程模型。维也纳工业大学同样基于 Serverless 技术提出"设备无关边缘计算（Deviceless Edge Computing）"，在开发者与边缘设施之间建立一个抽象管理层，用于建立自动化的资源配置与应用管理过程。弗吉尼亚理工大学提出了微服务编排语言（Microservice Orchestration LanguagE，MOLE）。MOLE 是一种声明式领域特定语言（Declarative domain-Specific Language，DSL），开发者仅关心如何根据业务定制微服务声明（Declarative Specifications of Microservices）即可，编译器会根据微服务声明产生与平台无关的执行计划，该执行计划进一步由 MOLE Runtime 在可用的边缘设备上执行。

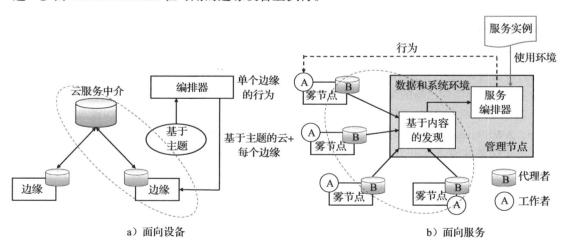

图 2-14　面向服务的编程模型

图 2-15 展示了使用 MOLE 方式的开发及调用过程，开发者根据业务需求设计服务组合脚本，规定服务间的逻辑流程。组合脚本进入编译器后，首先会被提取微服务及相应的微服

务结构图，形成微服务执行序列。边缘网关在接收到编译完成后的序列后，按照执行图组织本地的计算资源，并根据前端用户的服务请求完成微服务的调用过程。

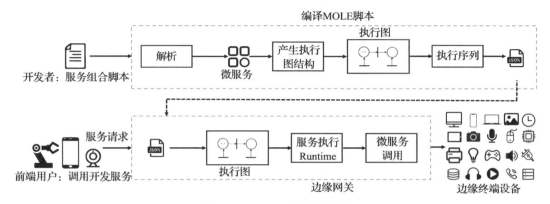

图 2-15　MOLE 架构示意图

可以看到，面向边缘环境编程模型的核心思想是将前端应用的多样性、边缘设备和资源的多样性隐藏起来，让开发者只需要关心其核心的服务组合与编排，不需要了解底层设备标准及开发流程，从而极大地简化开发过程，加速边缘服务与应用生态的发展。

2.4　边缘计算操作系统与开源框架

操作系统对任何领域来说都是基础中的基础，边缘计算也不例外。在进行了各种各样的边缘计算系统与概念的尝试后，多个机构开始整合、抽象边缘场景中的共性问题，并提出面向边缘计算的操作系统和开源框架。不同于个人计算机语境中的操作系统，边缘计算中的操作系统主要是打通云、边、端之间的业务流程，并且将各方资源整合并提供开放接口供开发者及用户使用。相比云计算操作系统，边缘操作系统与框架主要面临以下三方面挑战。

1. 高度异构性
边缘场景不仅仅是面向的设备具有海量、异构的特点，其所使用的数据与服务通信技术、服务依赖环境、编程语言、数据格式、计算需求、业务模型与逻辑等诸多方面均存在巨大差异，这使得边缘框架很难像云计算一样全部使用标准化协议。具体而言，边缘框架需要能够整合上百种设备通信协议、服务通信协议，支持 x86、ARM 及大量定制化嵌入式架构，能够运行在不同的操作系统上（Windows、各版本 Linux、嵌入式 OS 如 FreeRTOS 等）。

2. 边缘数据分析处理
边缘计算的一大优势是可以缩短物联网前端业务的数据生命周期，让之前需要到云中心的计算请求在边缘侧就能完成，从而节省带宽与计算资源。然而，由于边缘设备资源受限、服务异构的特点，使得运行在边缘上的数据处理服务需要满足以下几方面的要求。

①高资源利用率：当前面向云中心的计算服务以及相应的管理工具通常具有大而全的

特点。如果直接在边缘端复用这些工具，其运行效率将十分受限。因此需要针对边缘场景提出定制化的服务与管理实现方式，或者至少需要对各类服务框架进行裁剪。

②能够快速地进行服务的切换，应对前端各类异构的计算请求。尤其是在移动计算的场景中，不仅单个用户请求会随时间变化，连接到边缘服务器的用户群体也会随时间变化，这要求边缘服务器能够快速地响应和切换数据处理服务。

③要支持毫秒级端到端的系统响应。与云计算相比，边缘计算的一大优势就是具有极低的通信延迟。

3. 商业模式驱动的边缘优化

当前具有代表性的边缘操作系统及开源框架如表 2-3 所示。值得一提的是，这些框架大多沿用了本章开头介绍的一般边缘计算框架，在此基础上针对不同的典型场景做出改进，并最终形成边缘操作系统。本节我们主要介绍由 Linux 基金会发起的 EdgeX Foundry，以及 Intel 公司与 WindRiver 共同发起的 StarlingX 项目。

表 2-3　边缘操作系统及开源框架

项目名称	发布年份	机构	定位	技术特点
EdgeX Foundry	2017 年	Linux 基金会	为工业物联网边缘计算场景提供通用框架	1. 中立于任何供应商 2. 面向算力有限的边缘设备（如树莓派） 3. 独立于云运行 4. 跨硬件平台
StarlingX	2018 年	Intel+Wind River	电信及边缘设施的资源管理	1. 支持云 – 边 – 端协同 2. 支持容器编排
AWS IoT	2015 年	亚马逊	将各类智能设备接入亚马逊云服务	1. 支持含 LoRa 在内的异构物联网设备 2. 支持云 – 边 – 端协同 3. 支持 MQTT 协议
Azure IoT Hub	2010 年	微软	将任意智能设备接入 Azure 云	1. 支持云 – 边 – 端协同 2. 支持 Serverless 3. 敏捷 IoT 开发
CORD	2016 年	Open Networking Foundation	在本地实现完整的云计算环境	1. 融合 SDN、NFV 和云 2. 本地云
KubeEdge	2020 年	华为	提供端到端边缘架构及管理	1. 支持云 – 边 – 端协同 2. 支持 K8S 管理
K3S	2018 年	Google	轻量级的 K8S	1. 独立于云运行 2. 支持 K8S 管理
Baetyl（原 OpenEdge）	2019 年	百度	加速丰富边缘计算的生态，缩短开发周期	1. 支持云 – 边 – 端协同 2. 跨硬件平台

2.4.1　EdgeX Foundry

EdgeX Foundry 是由 Linux 基金会发起的开源项目（简称 EdgeX），主要面向通用工业物联网的应用场景，侧重于对海量异构的前端设备进行管理。如图 2-16 所示，EdgeX 提供了设备接入、边缘数据传输等场景的实现，而在云边协同、基于云的服务与应用管理等方面未做出规范。这使得用户可以针对物联网应用场景来方便地实现基于 EdgeX 的边缘系统，并且在边缘系统上建立自己的服务管理与应用生态。

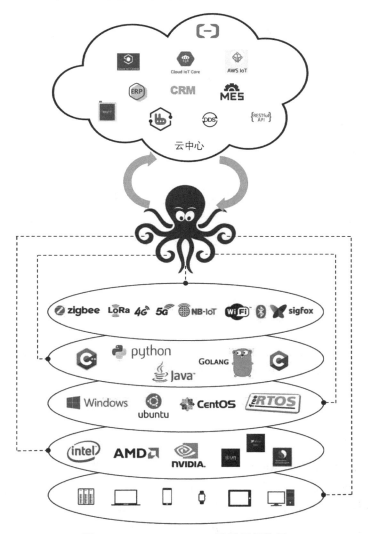

图 2-16　EdgeX Foundry 的愿景架构图

　　EdgeX 的性能目标是在树莓派 3 及性能相仿平台（1GB 内存、64 位 CPU、32GB 以上存储空间）上稳定运行边缘服务。这相较于云计算中心配置的资源（几千台到十几万台服务器不等）可以说是天壤之别。虽然 EdgeX 架构依然有可能用到云中心的算力和存储，但相当部分的前端物联网需求可以直接在 EdgeX 网关上完成，而这些需求通常具有计算量不大，但是数量巨大、类型多样的特点，将这些计算请求在边缘设备上处理能够为主干网节省大量的带宽、存储和计算资源。图 2-17 显示了 EdgeX 的主要模块和体系结构，包括设备服务、核心服务、支持服务、输出服务四个抽象层，并且在这四层之上，具有设备和系统管理、安全层。其中设备服务层负责将各类异构设备接入到 EdgeX 系统中，对接各类前端物联网设备的通信与数据协议。核心服务层则提供相应的开发质量和服务注册等关键模块，管理用户的核心数据，并直接控制前端设备。支持服务层包括规则引擎、调度、警告和通知、日志等服务。输出服务层是将上述过程打包分发给用户，提供用户注册、分发等功能。

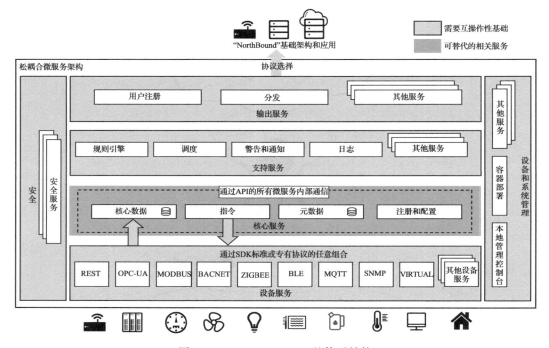

图 2-17　EdgeX Foundry 的体系结构

2.4.2　StarlingX

StarlingX 是由 Intel 和 WindRiver 开源的边缘计算框架，提供了一个包括基于 OpenStack 平台及面向电信云的 VIM 在内的软件栈，提供了自动化的服务打包、编译和安装配置工具。在计算实现、网络与存储等基础能力方面，StarlingX 沿用 OpenStack 的核心服务。在此基础上，实现编译设备上的自动化虚拟机配置与管理，并形成边缘间协同、云边协同等边缘网络核心功能。

与 EdgeX Foundry 相比，StarlingX 更多强调边缘层的服务管理、边缘设备间协同与云边协同等功能，两者在功能定位上是相互补充的关系。对于具体的应用场景而言，我们完全可以采用 EdgeX 管理前端设备，采用 StarlingX 管理边、云端的计算服务。

2.4.3　其他开源框架

除上述介绍的 EdgeX 与 StarlingX 外，还有其他机构提出的边缘操作系统与开源框架，如亚马逊提出的 AWS IoT（Greengrass），微软提出的 Azure IoT Hub，AT&T 提出的 CORD（Central Office Re-architectured as a Datacenter），华为提出的 KubeEdge，Arduino 提出的 Arduino IoT Cloud，谷歌提出的 K3S，百度提出的 OpenEdge，以及国产边缘操作系统 HopeEdge、Intewell-H 等。本书将在后续章节展开介绍当前的开源框架原理及其技术特点。

2.4.4　融合边缘的前端物联网操作系统

对于前端物联网设备而言，当前主流的嵌入式操作系统并不具备直接接入边缘的能力，这使得在开发边缘应用的过程中需要单独针对前端设备平台实现不同的边缘协同过程，特别是计算卸载与边 – 端协同的过程。为此，学术界与工业界提出了一系列融合边缘计算的前端操作系统，如 AliOS Things、TencentOS Tiny、Huawei LiteOS、Contiki 等。

本节以 AliOS Things 为例介绍面向边缘场景的物联网前端操作系统。AliOS Things 面向异构的物联网设备，支持多种 CPU 架构，包括 ARM、C-Sky、MIPS、RISCV、rl78、rx600、xtensa 等。AliOS Things 认证的芯片和模组数量有 200 多，认证的传感器数量有 100 多。通过整合底层的各类异构设备，并无缝地将其接入到云和边缘服务，AliOS Things 可以将前端设备与边缘层有序连接起来。AliOS Things 适配了分层架构和组件架构。所有的模块都以组件的形式存在，通过 menuconfig 配置界面进行配置，应用程序可以很方便地选择需要的组件。

通过上述的介绍可以发现，当前的边缘计算操作系统与开源框架正处于"百花齐放"的时期，各路人马从不同的角度出发，开始在前端设备接入、通用的边缘操作系统，以及服务管理等方面展开了有益的探索。

习题

参考文献

边缘接入技术

本章将重点介绍各类前端设备在发起请求之前，接入边缘计算的相关技术，涉及各类无线通信标准、传输机制、多接入策略等内容。本章内容涉及部分通信背景知识，读者可根据需要精读、略读或跳读后续章节。

边缘计算的服务主体是各种异构的终端设备。不同于传统的云计算技术，边缘计算中的终端节点在接入边缘网络时，需要考虑更多具体的应用场景需求、终端设备的异构性以及边缘设备的部署情况等，因此边缘计算中终端设备的接入面临着较多挑战。

①应用场景的多样性、终端设备和边缘设备的异构性对无线数据传输技术提出了挑战。

随着物联网技术的发展，越来越多的物联网终端设备被用来采集或检测环境数据。由于实际环境的多样性，不同类型的终端设备可能被部署到不同的场景，如楼房密集的城市区域、空旷的田野区域等。另一方面，由于边缘设备也存在异构性，其计算、存储能力和部署位置也并不相同，在这种情况下，不同场景中的终端设备往往会根据不同的需求以不同的方式接入到边缘网络。例如，在智慧家居的场景中短距离的数据传输往往采用 Wi-Fi 来实现，而在空旷偏远的郊区场景下，采用远距离的低功耗通信接入方式可以降低传统多跳传感器网络的开销和人工维护的难度。为不同的应用场景选择合适的无线传输技术，可以很大程度上提高边缘接入的效率与可靠性。

②数量庞大的终端设备与有限的无线资源之间的冲突。

物联网技术令终端设备（如各种传感器等）呈现爆炸式增长，大量的终端设备都需要接入边缘网络，可以预见，有限的无线资源将会成为影响边缘接入的主要瓶颈之一，因此边缘接入的可靠性会受到很大的影响。另外，其他的实际问题（如终端设备的移动性）也会影响边缘接入的可靠性。因此，如何利用有限的无线资源支持更多终端设备的可靠边缘接入成为非常重要的研究问题。

③物联网设备往往具有较高的移动性。

设备的移动性会对可靠的数据传输带来巨大的影响：从无线信号传输来说，信号可能会被移动性产生的多普勒频移以及多径效应所改变，导致数据难以解码，造成数据传输的失败；另一方面，设备移动到距离基站更远的位置，导致信号功率减弱，数据更难以被检测和解析；更进一步，设备的移动性会使其到达多个基站的覆盖范围之下，在移动轨迹中经过多个不同的基站，涉及基站或接入点的切换问题，接入点的切换会关系到移动中的设备能否可靠地保持高效的数据传输。

本章将从无线传输机制、多接入网以及可靠的数据传输等几方面，介绍现有架构中的实现方式或研究方案。

3.1　无线传输机制

无线传输机制是前端设备接入边缘计算网络的核心环节，终端设备一般是低功耗、低速率且能量受限的（在面向物联网的边缘计算系统中尤为明显），同时终端设备总是通过无线连接进行任务卸载，任务数据的传输效率成为了影响边缘计算整体性能的一大因素。终端设备使用的无线传输机制直接决定了该场景下任务数据的传输效率。根据构建的网络系统类型，可以将这些传输机制分为以下几类，如图 3-1 所示。

①无线局域网（Wireless Local Area Network，WLAN）传输机制：无线局域网传输机制主要基于 IEEE 802.11 标准，目前主流的协议为 Wi-Fi。

②无线个域网（Wireless Personal Area Network，WPAN）传输机制：无线个域网传输机制主要基于 IEEE 802.15.1 标准和

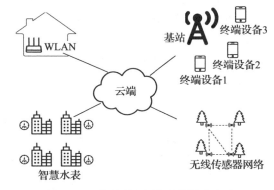

图 3-1　不同场景中的无线接入方式

IEEE 802.15.4 标准。其中 IEEE 802.15.1 标准中主要的协议为蓝牙（Bluetooth），基于 IEEE 802.15.4 标准的协议主要有 WirelessHART、ISA 1000.11 和 ZigBee 等。由这些协议构成的网络也称为低速无线个域网，主要工作在 2.4GHz 频段。

③移动蜂窝网络传输机制：采用蜂窝无线组网方式，主要特征是终端具有较高的移动性，可以灵活地跨本地网络进行自动漫游。主要技术包括 3G、4G 和 5G 等。

④低功耗广域网（Low-Power Wide-Area Network，LPWAN）传输机制：低功耗广域网传输机制主要包括 LTE-M、LoRa、Sigfox、NB-IoT 等通信技术。

3.1.1　无线局域网传输机制

无线局域网是一种利用无线技术进行数据传输的系统，该技术的出现能够弥补有线

局域网络的不足，以达到网络延伸的目的。Wi-Fi 是目前使用最为广泛的一种无线局域网协议，多应用于智慧家居等室内的边缘计算场景，目前由 IEEE 802.11 工作组进行维护和更新。

至 2020 年，Wi-Fi 已经更新至 IEEE 802.11ax 标准，即 Wi-Fi 6 协议。最早的 Wi-Fi 协议（IEEE 802.11 标准）由 1997 年正式出版，主要包含了跳频（Frequency Hopping）和直接序列扩频（Direct Sequence）两种模式，支持 1Mbps 和 2Mbps 两种速率。随后，在 IEEE 802.11 标准的基础上，IEEE 802.11b 标准在物理层增加了高速直接序列扩频（High-Rate Direct Sequence，HR/DSSS）模式，提供 5.5Mbps 和 11Mbps 两种新的速率。2000 年新推出的 IEEE 802.11a 首次引入正交频分复用（Orthogonal Frequency Division Multiplexing，OFDM）技术。2003 年推出的 IEEE 802.11g 标准运行在 2.4GHz 频段上，并加上了一些协议兼容性的设计。为了改善 IEEE 802.11a 标准和 IEEE 802.11g 标准在网络流量上的不足，IEEE 802.11n 标准（Wi-Fi4 协议）增加了多输入多输出（Multi-Input Multi-Output，MIMO）技术，使得最大传输速率提高至 450Mbps。2014 年 IEEE 802.11ac（Wi-Fi5 协议）标准更进一步引入了多用户多输入多输出（Multi-User Multi-Input Multi-Output，MU-MIMO）技术，并提供了 5GHz 频段运行的支持。在 IEEE 802.11ac 标准中，只存在下行 MU-MIMO，不支持上行 MU-MIMO。IEEE 802.11ax 标准（即 Wi-Fi6 协议）上下行都需要支持 MU-MIMO。

Wi-Fi6 标准不仅向下兼容此前的 IEEE 802.11a/b/g/n/ac 标准，还支持从 1GHz 到 6GHz 的所有 ISM 频段。此外，IEEE 802.11ax 标准还参考了 LTE 中正交频分多址（Orthogonal Frequency-Division Multiple Access，OFDMA）的使用，可以让多个用户通过不同子载波资源同时接入信道，提高信道的利用率。在 Wi-Fi6 协议中的关键技术包括：

①正交频分多址技术，使用大量正交的子载波传输信息，从而使得多个 Wi-Fi 终端可以同时并行传输，减少信道的冲突，在提升传输效率的同时降低能耗。

②多用户多输入多输出技术，依靠波束赋形和多用户分集，使得路由器可以利用多根天线同时和多个终端通信，极大地扩充了网络总吞吐量和容量，提高了网络传输速度。此外，正交频分复用、信道绑定等技术也在 Wi-Fi 通信中起到了关键作用。

作为最为广泛使用的无线广域网协议，Wi-Fi 在边缘计算的任务卸载方面具有巨大潜力。Wi-Fi 接入点往往被较为密集地部署在室内，可以提供高速的数据传输服务，因此终端设备上复杂的计算任务可以被快速地卸载到边缘服务器上，以实现低延时的边缘计算任务卸载。例如在智能家居场景、智能设备会与智能网关使用 Wi-Fi 连接。当智能设备产生计算任务时，例如语音识别或图像识别，可以将计算任务（请求或数据）通过 Wi-Fi 传输至智能网关，以此降低自身能耗并提高计算效率。

3.1.2　无线个域网传输机制

无线个域网主要基于 IEEE 802.15.1 标准和 IEEE 802.15.4 标准，被广泛应用于工业物联网场景。基于 IEEE 802.15.1 标准的协议主要有蓝牙等，被广泛使用于智能手环、智能眼镜等智能穿戴设备上。IEEE 802.15.4 只定义了物理层和媒体接入层子层的规范。基于 IEEE

802.15.4 标准，通过定义上层规范产生了许多协议，例如 ZigBee、WirelessHART 和 ISA 100 等，这些协议也被广泛运用于自动控制和传感器网络等应用。无线个域网可以被用于基于可穿戴设备等短距离的边缘计算场景，例如人体健康大数据监测。

1. 蓝牙

蓝牙是一种用于短距离无线通信的技术，由爱立信（Ericsson）、诺基亚（Nokia）、东芝（Toshiba）、国际商用机器公司（IBM）和英特尔（Intel）成立的蓝牙特别兴趣小组（Special Interest Group）于 1998 年提出。随着蓝牙技术不断得到行业的认可和推广，该特别兴趣小组不断壮大，现已成为由超过 36 000 家公司组成的全球技术联盟，即蓝牙技术联盟（Bluetooth Special Interest Group），同时蓝牙技术标准也得到了不断更新和升级，至 2020 年已经发展到蓝牙 5.2 版本。

如图 3-2 所示，蓝牙 1.0 版本于 1999 年推出，为两个蓝牙设备提供相互连接和通信的服务，确定蓝牙设备的工作频段为 2.4GHz 频段。2001 年蓝牙 1.1 版本推出，并被正式列入 IEEE 802.15.1 标准，由 IEEE 802.15.1 标准定义蓝牙的物理层和媒体访问控制层。随后，蓝牙 2.0 版本提供了支持多种蓝牙设备运行的能力，并且支持双工的工作模式，可以在传输音频的同时进行文件传输，大幅度提高了数据传输率。蓝牙 2.1 版本在此基础上又增加了省电功能，降低了蓝牙设备的功耗。蓝牙 3.0 版本引入 AMP（Generic Alternate MAC/PHY）技术并兼容了 IEEE 802.11 标准，允许蓝牙协议栈针对任一任务动态地选择所使用的射频技术，更进一步提高了数据传输率并降低了设备功耗。

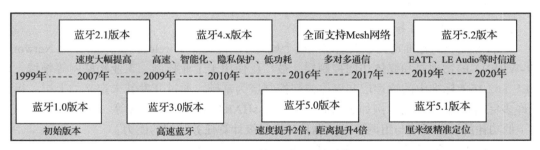

图 3-2　蓝牙标准演进时间轴

为了满足更多种类的低功耗物联网设备的通信需求，2010 年提出的蓝牙 4.0 版本是迄今为止第一个蓝牙综合协议规范。它提出了低功耗蓝牙、传统蓝牙和高速蓝牙三种模式，在传输距离、响应速度和安全性方面均得到了大幅提高，能耗得到进一步降低。蓝牙 4.1 版本更进一步为蓝牙技术在物联网领域的发展铺平了道路。支持蓝牙 4.1 版本的蓝牙设备可以在扩展设备和中心设备间切换，从而能实现设备之间的自主收发数据，例如使用蓝牙的智能手环和智能手表能直接进行数据交换，而不需要手机或者电脑等第三方的帮助。蓝牙 4.2 版本可以看作蓝牙拥抱物联网的一个里程碑版本，在 4.1 版本的基础上改善了传输速率，加强了隐私保护，并且支持另一个无线个域网协议——6LoWPAN 协议，支持蓝牙 4.2 版本的蓝牙设备可以通过 6LoWPAN 协议，利用 IPv6 地址接入互联网，使得蓝牙智能设备能够更加便捷地接入互联网。

蓝牙 5.0 版本针对物联网设备的需求进一步进行了优化，以求更好地为智能家居场景服务。在低功耗模式下其理论传输速率达到 2Mbps，理论有效传输距离可达 300 米，且支持室内导航定位，结合 Wi-Fi 定位精度可达 1 米以内。蓝牙 5.1 版本进一步强化了定位功能，使用波达角（Angle of Arival，AoA）和发射角（Angle of Departure，AoD）精确计算蓝牙信号波的到达方向，可以实现厘米级的定位精度。蓝牙 5.2 版本引入了增强型 ATT 协议（Enhanced Attribute Protocol）、低功耗音频蓝牙（Low Energy Audio）和低功耗同步信道（Low Energy Isochronous Channels），进一步降低蓝牙在音频传输方面的能耗。

低功耗蓝牙（Bluetooth Low Energy，BLE）由蓝牙特别兴趣小组提出，其目标场景包括医疗保健、数据安全和家庭娱乐等。该规范于 2009 年 12 月被集成到蓝牙 4.0 版本中。与经典蓝牙相比，BLE 旨在保障通信质量和通信范围的同时显著降低功耗和成本，包括 iOS、Android、Windows Phone 和 BlackBerry 在内的移动操作系统以及 MacOS、Linux、Windows 8 和 Windows 10 等主机系统都支持低功耗蓝牙。

BLE 与经典蓝牙技术在相同的频谱范围（2.400 ~ 2.4835GHz ISM 频段）内运行，但使用不同的信道集。BLE 具有 40 个 2MHz 信道，而不是经典蓝牙的 79 个 1MHz 信道，在信道内，数据使用高斯频移调制进行传输，类似于经典蓝牙的基本方案，比特率是 1Mbps（在蓝牙 5.0 版本中为 2Mbps），最大发射功率是 10 毫瓦（在蓝牙 5.0 版本中为 100 毫瓦）。BLE 使用跳频来解决窄带干扰问题，并使用分层数据结构来定义信息交换结构，从而支持大量设备同时接入边缘计算系统当中。

2. IEEE 802.15.4 标准

IEEE 802.15.4 标准定义了低速率无线个域网（Low Rate Wireless Personal Area Network，LR-WPAN）的物理层和媒体访问控制层，被广泛使用于工业控制、工业物联网等领域。以 IEEE 802.15.4 标准中的物理层和媒体访问控制层为基础，通过开发其未定义的上层，得到了许多完备的通信规范，例如 ZigBee、WirelessHART 和 ISA100.11a 等。这些通信规范服务于低功耗的设备通信与组网要求，也具备轻量级计算任务卸载的能力。

LR-WPAN 是一种简单的低成本通信网络，可在功率有限且吞吐量要求宽松的应用中实现无线连接。LR-WPAN 的主要特点是易于安装，具有可靠的数据传输、极低的成本以及较长的电池寿命，同时可以保持简单灵活的协议。IEEE 802.15.4 标准网络主要包含两种不同的设备类型：全功能设备（Full Function Device，FFD）和简化功能设备（Reduced Function Device，RFD）。FFD 是一种能够充当个人局域网（Personal Area Network，PAN）协调器的设备，协调器是 PAN 的控制器，负责网络中的基本功能控制。RFD 无法充当 PAN 协调器的设备，适用于极其简单的应用，例如电灯开关或无源红外传感器，不需要发送大量数据，一次只与一个 FFD 相关联，因此 RFD 可以通过最少的资源和存储容量来实现。

低功耗的无线信号传播不存在定义明确的覆盖区域，因为传播特性是动态且不确定的，位置或方向的微小变化通常会导致通信链路的信号强度或质量出现巨大差异。无论设备是静止的还是移动的，这些影响都会存在，因为环境中移动的物体本身就会影响信号的传播。

因此，为简化标准，IEEE 802.15.4 标准的体系结构是由多个层来定义的，每一层负责 IEEE 802.15.4 标准的一部分，并为更高层提供服务。多层之间的接口用于定义 IEEE 802.15.4 标准中描述的逻辑链接。LR-WPAN 设备至少包括射频（Radio Frequency，RF）收发器及其低级控制机制以及 MAC 层，该 MAC 层为所有类型的传输提供对物理信道的访问接入控制。

IEEE 802.15.4 标准有以下几个主要特点：可选择 250kbps、40kbps 和 20kbps 的数据速率；两种寻址方式为 16 位和 64 位 IEEE 寻址；支持关键延迟设备；CSMA/CA 信道接入；自主组建网络；确保传输可靠性的全握手协议；确保低功耗的电源管理；2.4GHz ISM 频段中的 16 个信道，915MHz 频段中的 10 个信道和 868MHz 频段中的 1 个信道。

① ZigBee 是基于 IEEE 802.15.4 标准规范的一组高级通信协议，用于低功耗数字无线通信创建的小型个域网络，例如家庭自动化、医疗设备数据收集和其他低功耗低带宽需求、需要无线连接的小型项目等，包括家庭能源监控、交通管理系统以及其他需要短距离、低速率、无线数据传输的场景。ZigBee 的低功耗取决于功率输出和环境特性，其传输距离通常在视线范围（10～100 米）内。ZigBee 设备可以通过自组织网络层层转发的方式将数据传递到更远的设备上，从而实现远距离的数据传输。ZigBee 通常用于需要较长电池寿命和安全网络的低数据速率场景中，通常采用低占比的间歇性数据传输。

② WirelessHART[4] 使用与 Wi-Fi 相同的 2.4GHz 频段作为多种无线通信技术的传输介质。但 WirelessHART 使用平面网状网络，其中所有无线设备组成一个网络，WirelessHART 网络架构如图 3-3 所示。每个参与的基站同时充当信号源和中继器，发送端向其最近的邻居

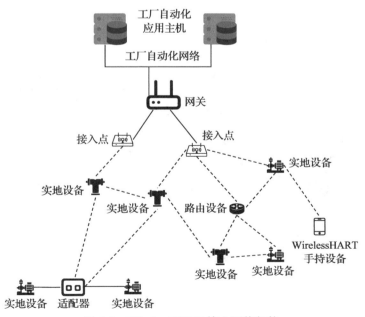

图 3-3　WirelessHART 接入网络架构

设备发送一条消息，后者将消息继续传递，直到该消息到达基站和目的接收端为止。另外，WirelessHART 在初始化阶段设置备用路由，如果由于障碍物或接收器故障而无法在特定的路径上发送消息，消息则会自动传递到备用路由。因此，除了扩展网络范围外，扁平网状网络还提供了冗余的通信路径以提高可靠性。无线网络中的通信与时分多址技术（Time Divided Multiple Access，TDMA）进行协调，TDMA 在 10 毫秒的时间内同步网络中的参与设备，以建立可靠、无冲突的网络。为了避免干扰，WirelessHART 还使用跳频扩频（Frequency Hopping Spread Spectrum，FHSS），并行使用 IEEE 802.15.4 标准中定义的所有 15 个信道，在这些信道之间进行跳频传输，以避免与其他无线通信系统发生冲突。

③ ISA100.11a 标准是国际自动化协会 ISA[1] 开发的标准。ISA 是一家位于美国的非营利组织，由约 2 万名自动化专业人员组成。ISA100.11a 标准旨在成为无线工业工厂（包括过程自动化和工厂自动化等）的一部分，包括灵活性、支持多种协议、使用开放标准、支持多种应用、可靠性、确定性以及安全性。ISA100.11a 标准定义了协议堆栈、系统管理和安全功能，可在低功率、低速率无线网络（当前为 IEEE 802.15.4 标准）上使用。ISA100.11a 标准网络的架构如图 3-4 所示。ISA100.11a 标准的网络和传输层基于 6LoWPAN、IPv6 和 UDP 标准，数据链路层则是 ISA100.11a 标准独有的不兼容的 IEEE 802.15.4 MAC 形式。数据链路层实现了图形路由、跳频和时隙时域多址访问功能。ISA100.11a 标准网络和 WirelessHART 都具有以下特性：网格和星形拓扑，无路由的传感器节点，通过网关连接到网络，数据完整性、隐私、真实性和延迟保护，与其他无线网络共存以及应对干扰时的鲁棒性。

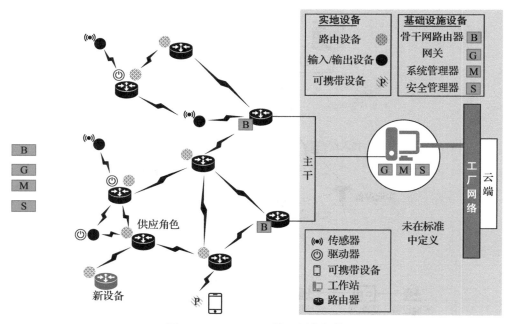

图 3-4　ISA100.11a 接入网络架构

3. IEEE 802.15.4e 标准

IEEE 802.15.4 MAC 协议的性能已经在大量的工作中被全面地研究，其局限性和不足之处主要包括以下几点：

①无限延迟。

由于 IEEE 802.15.4 MAC 协议基于随机访问方法 CSMA-CA（Carrier-Sense Multiple Access with Collision Avoidance）算法，因此无法保证数据在给定时间限制内到达目的端。这使得 IEEE 802.15.4 标准不适合要求低延迟和确定性延迟的应用场景（例如工业和医疗应用）。

②通信可靠性较低。

IEEE 802.15.4 MAC 采用的 CSMA-CA 和周期性信标的同步机制导致数据的传输率很低，即使网络中节点的数量不多时，也难以适用于某些对延迟和可靠性要求较高的关键应用场景，而当大量节点开始同时传输时，通信的可靠性会进一步降低。

③没有针对干扰与多径衰减的保护措施。

干扰和多径衰减是非常普遍的现象，与其他无线网络技术（例如 ISA 100.11a 和 WirelessHART）不同，IEEE 802.15.4 MAC 采用单信道方法，并且没有内置的跳频机制来抵抗干扰和多径衰落。因此，其网络经常发生不稳定甚至崩溃的情况，这使得 IEEE 802.15.4 标准不适合用于关键应用场景。

为了解决上述局限性，IEEE 设计了 IEEE 802.15.4e[6]，其目的是定义一种低功耗多跳的 MAC 协议，以满足嵌入式工业应用的新兴需求。具体来说，IEEE 802.15.4e 标准通过引入两种不同的 MAC 强化类型，即支持特定应用领域的 MAC 行为和与应用领域无关的常规功能改进。IEEE 802.1.5.4e 标准借鉴了工业应用现有标准（例如 WirelessHART 和 ISA 100.11.a）中的许多想法，包括时隙访问、多信道通信和跳频技术等。

IEEE 802.1.5.4e 标准定义的 MAC 行为模式主要包括：

①射频识别闪烁 BLINK，适用于物体和人脸识别、位置和跟踪等应用。

②异步多信道自适应（Asynchronous Multi-Channel Adaptation，AMCA）主要针对需要大规模部署的应用领域，例如流程自动化等。

③确定性同步多信道扩展（Deterministic and Synchronous Multi-channel Extension，DSME）主要支持有严格的时效性和可靠性要求的工业与商业应用。

④低延迟确定性网络（Low Latency Deterministic Network，LLDN）适用于对延迟要求极低的应用，例如工厂自动化。

⑤时隙信道跳频（Time-Slotted Channel Hopping，TSCH）针对流程自动化等应用领域。

通用的与特定应用领域无关的功能增强主要包含：

①低能耗。此机制旨在以延迟换取能量效率，它允许设备以非常低的占空比 Duty Cycle 工作（设备处于激活状态的时间占周期时间的比例，例如 1% 或更低）。这对于实现物联网的应用极为重要，因为此前多数网络协议都假定网络节点始终处于打开状态，能量消耗较高。

②信息元素（Information Element，IE）。信息元素的概念已经存在于 IEEE 802.15.4 标准中，这是在 MAC 层交换信息的可扩展机制。

③强化信标（Enhanced Beacon，EB）。强化信标是 IEEE 802.15.4 标准信标帧的扩展，并提供了更强的灵活性，它们允许通过相关的信息元素创建特定于应用程序的信标，并在 DSME 和 TSCH 模式下使用。

④多用途框架。该机制提供了一种灵活的帧格式，可以处理许多 MAC 操作。

⑤ MAC 性能指标。可向网络和上层提供有关信道质量的反馈，以便做出适当的决策。

⑥快速关联。IEEE 802.15.4 标准通过低占空比高延迟的方式降低能量消耗，而对于延迟优先于能效的时间紧迫的应用程序，FastA 机制令设备可以在更短的时间内进行关联。

3.1.3 无线广域网传输机制

无线广域网传输机制主要包括移动通信蜂窝网络（包括 4G/5G/6G）和低功耗广域网传输技术（如 NB-IoT/LoRa/Sigfox 等）。这些技术可以支持公里级的无线通信，将城市范围的大量前端设备方便地接入网络当中。

1. 4G LTE（Long Term Evolution）

4G LTE 是 3GPP 开发的第四代移动通信技术（长期演进）的缩写。LTE 是 4G 的一种特殊类型，旨在为智能手机、平板电脑、笔记本电脑和无线热点等移动设备提供快速的移动互联网体验（比 3G 速度快 10 倍），使移动设备上的互联网体验与家用计算机上的互联网体验相同。在 2008 年，国际电信联盟要求所有使用 4G 的服务都必须遵守设定的速度和连接标准，这使得 3G 和 4G 之间在服务和功能方面的差距巨大。4G LTE 与超移动宽带和 WiMax（IEEE 802.16 标准）一样，是几种竞争的 4G 标准之一，全球有超过 800 家运营商支持 LTE 的使用，有超过 40 亿的用户。

在电信领域，LTE 是基于移动设备和数据终端的无线宽带通信的标准，基于 GSM/EDGE 和 UMTS/HSPA 技术，使用不同的无线通信接口以及核心网络的改进来提高容量和速度。LTE 分为两种双工模式，分别为 FDD-LTE 和 TDD-LTE，LTE 具有以下特点。

①通信速度：下行峰值速率达到 100Mbps，上行达到 50Mbps。

②频谱效率：下行链路为 5bps/Hz（3～4 倍于 R6 HSDPA），上行链路为 2.5bps/Hz。

③频带分配：支持 1.25MHz、1.6MHz、2.5MHz、5MHz、10MHz、15MHz、20MHz 七种不同的带宽，支持对称和非对称的频谱分配。

4G LTE 关键技术包括以下方面。

① OFDM 调制技术：其原理是将高速数据流通过串并变换，分配到传输速率相对较低的若干个相互正交的子信道中进行传输，可以减轻由无线信道的多径时延扩展对系统造成的影响。OFDM 符号之间还可以插入保护间隔，令保护间隔大于无线信道的最大时延扩展，这样就可以最大限度地消除由于多径带来的符号间干扰（Inter-Symbol Interference，ISI），而且一般都采用循环前缀作为保护间隔，从而可以避免由于多径带来的信道间

干扰。

②MIMO 技术：MIMO 是一种使用多个发射和接收天线来扩大无线链路容量，以利用多径传播的无线通信技术，如今已被提及并用于许多新技术中。

根据 GS MEC 011 规范，接入网络将前端流量导入到边缘计算应用程序中[7]，具体可通过以下集中模式处理流量：

①Breakout 模式。会话连接将重定向到边缘计算应用程序，该应用程序可以本地托管在边缘计算平台或远程服务器上。典型应用包括本地 CDN、视频游戏、媒体内容服务以及企业 LAN。

②串联模式。会话保持与原始网络服务器的连接，而所有流量都会经过边缘计算应用程序。

③Tap 模式。指定的流量将被复制并转发到 Tap 边缘计算应用程序，例如在部署虚拟网络探针或安全应用程序时。

④独立模式。不需要流量分流功能，但仍在边缘计算平台上注册了边缘计算应用程序并会接收 DNS、无线网络信息服务（Radio Network Information Service，RNIS）等其他边缘计算服务。

将 4G LTE 用作边缘计算的部署，主要面临着以下几方面的挑战：

①移动性管理。终端设备在边缘网络内部的移动会直接影响到服务连续性。以保持服务的连续性，边缘计算设备需要了解底层网络中终端设备在多接入点之间的切换情况。一种解决方案是通过分组数据网关（Packet Data Network GateWay，PGW）更新边缘计算中终端设备的上下文，通常使用 3GPP 标准中的 S1 切换和服务网关（Serving GateWay，SGW）重定位来支持边缘计算中的移动性管理。边缘计算的应用程序负责在应用级别进行同步并维护会话。

②安全性。边缘计算提供服务环境和云计算功能，用于在移动网络边缘托管应用程序。在某些部署模型中，边缘计算的应用程序在某些网络功能相同的物理平台上运行。第三方应用程序不受运营商直接控制，因此存在这些应用程序耗尽网络功能所需资源的风险。另外，边缘计算还存在应用程序设计不当的风险，这些应用程序可能是恶意软件，存在令黑客渗透到边缘计算平台的风险，从而影响平台上运行的各种网络功能。

③计费问题。边缘计算需要支持离线计费和在线计费，流量通过边缘计算应用程序，然后再流向中心网络，而 3GPP 功能负责计费。相反，对于在边缘计算应用程序处终止或中断到外部网络的流量，需要考虑替代解决方案以提供必要的计费支持。

④识别特定用户。流量路由是边缘计算平台基本功能的一部分，通过应用可配置的流量规则来启用，例如平台将加密的用户流量分流到本地网络，这样的业务路由使用户直接享受快速宽带连接，而无须通过高延迟的传输网络穿越移动核心网络。

考虑以上挑战，5G 技术的出现为边缘计算的接入提供了全新的选项。

2. 5G NR（New Radio）

第五代移动通信技术是最新一代蜂窝移动通信技术。5G NR 是基于 OFDM 的全新空口（基站和移动终端之间的无线传输规范）设计的全球性 5G 标准，用于实现超低时延、高可靠性的无线通信。5G 技术相比于 4G，拥有更高的数据传输速率（最高可达 10Gbps，是 4G 的一百倍）、带宽、吞吐率和更低的传输时延（低于 1 毫秒），并且可以提供更大的网络容量和更多的设备连接数目。

3GPP 公布的 5G 网络标准提出整个网络标准分两个阶段：2018 年 6 月完成的 R15 5G 标准，该阶段实现独立组网的 5G 标准，支持增强移动宽带和低时延高可靠的物联网，完成网络接口协议；2019 年 12 月的 R16 5G 标准，完成满足国际电信联盟要求的完整的 5G 标准。

回顾 5G 的发展历程，主要包括以下几点：

❑ 2018 年 3 月，在印度召开的 3GPP 第 79 次全会决定，R15 还将新增一个版本，即 R15 Late Drop。

❑ 2018 年 12 月，在 3GPP RAN 第 82 次全会上，3GPP 决定将 R15 Late Drop 版本的冻结时间推迟到 2019 年 3 月，ASN.1 完成时间顺延至 2019 年 6 月，同时 R16 的冻结时间也将相应推迟至 2020 年 3 月，均比原计划推迟了 3 个月，从而预留更多的时间以确保 3GPP 各种工作组之间充分协调，保证网络与终端、芯片之间更完善的兼容性等。

世界各国都在加紧 5G 技术的开发与研究。韩国是第一个启动 5G 商用的国家，在运营商投放、网络覆盖率、用户使用率、5G 频谱可用性和监管生态系统这五项指标表现良好。2020 年初，中国三大运营商都披露了如表 3-1 所示的 2020 年 5G 投资计划。中国于 2019 年 11 月 1 日正式实现 5G 商用，各大通信运营商也纷纷出台了 5G 套餐，随之各大手机厂商也推出了各自的 5G 手机。但是，5G 网络的基站覆盖还远远达不到要求，只有少部分城市的少部分区域才覆盖了 5G 信号，离 5G 的大规模使用还有一段路要走。2020 年 4 月，日本三大电信运营商正式对外推出了 5G 网络商用服务，意味着日本正式进入 5G 时代。日本企业主要致力于日本 5G 通信网络建设，日本内务和通信省于 2020 年 6 月宣布，到 2023 年底将5G 基站数量增加到 21 万个，为初始计划的 3 倍。其他国家如美国、英国、瑞士等国也在近些年开启了 5G 的商用。

表 3-1 国内运营商的 5G 规划

三大运营商 2020 年 5G 计划				
运营商	5G 资本开支	5G 基站数量	5G 覆盖范围	5G 部署方式
中国移动	1000 亿元	25 万个	覆盖全国所有地级市（含）以上城市	加快向 SA 演进，坚持云网一体发展
中国电信	453 亿元	25 万个	覆盖全国所有地级市（含）以上城市	5G SA 商用能力处于行业领先地位，5G+公有云 +MEC 融合最大化 5G 技术价值
中国联通	350 亿元	25 万个	覆盖全国所有地级市（含）以上城市	年中商用 5G SA 网络，推进"云网边端业"高度协同
合计	1803 亿元	75 万个	—	—

5G 网络的典型架构如图 3-5 所示，该架构由应用程序云服务器、软件定义网络（Software Defined Network，SDN）控制器、基于 SDN 的 C-RAN、传输网络和核心网络组成。应用程序云服务器提供各种服务，例如网络管理和性能监视器等[11]。SDN 控制器为目标网络元素提供集中控制服务。基于 SDN 的 C-RAN 由大规模的基带资源池（Base-Band Unit，BBU）、光纤无线系统（Radio over Fiber，RoF）和分布式无线接入点（Remote Access Point，RAP）和轻型 RAP（Light RAP，LRAP）组成。BBU 提供了集中化的，远超单个基站能力的基带信号处理能力。RAP 实现信令覆盖，而 LRAP 在更小范围内实现数据传输。RAP 和 LRAP 通过 RoF 系统连接 BBU，RoF 系统实现 RAP/LRAP 和 BBU 之间的智能连接，SDN 控制器为每个 RAP/LRAP 到 BBU 连接和 BBU 池管理（包括网络 RAT 和版本）提供动态带宽调整。基于 SDN 的传输网络实现了灵活的回程网络管理、每个 RAN 与核心网络连接的动态传输带宽调整以及路由选择。基于 SDN 的核心网络由统一控制实体（Unified Control Entity，UCE）和统一数据网关（Unified Data Gateway，UDG）组成。UCE 实现了统一的控制功能，该功能集成了移动性管理实体（Mobility Management Entity，MME）、服务网关控制平面（Service GateWay Control，SGW-C）和分组数据网络网关控制平面（Packet Data Network GateWay Control，PGW-C）。UCE 与 SDN 控制器一起管理用户平面信道的通用分组无线服务（General Packet Radio Service，GPRS）信道协议。UDG 实现了数据转发功能，该功能集成了服务网关数据平面（Service GateWay Data，SGW-D）和分组数据网络网关数据平面（Packet Data Network Gateway Data，PGW-D）。

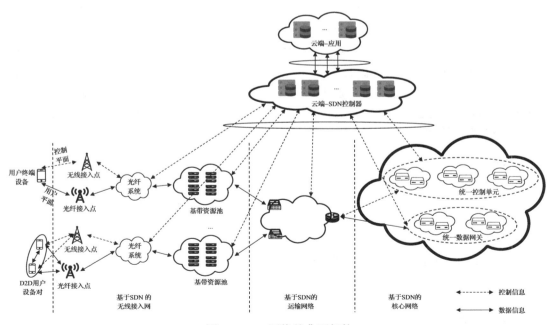

图 3-5　5G 网络的典型架构

5G 主要采用的技术手段包括：5G 通信采用的通信波段为毫米波，频率在 30GHz 到

300GHz 波段内，频宽最高可达 800MHz，更高的频率和频宽意味着更高的数据传输速率。在此基础上，再采用 OFDM 技术和 MIMO 技术，可以使 5G 设备在多个信道使用多条天线组成的天线阵列同时发送和接收数据，更加提升了数据传输速率。同时，5G 设备还采用了波束赋形技术，可以使 5G 基站能利用天线阵列控制所产生的无线信号的方向，再通过选路算法选择信号到达无线设备的最佳路径，从而减少到达无线设备信号的衰落。SDN 与网络功能虚拟化（Network Function Virtualization，NFV）技术也在 5G 网络中扮演了重要角色，利用数据分离、软件化、虚拟化概念，为 5G 移动通信网络提供技术支撑。除此之外，5G 还使用了滤波组多载波（Filter Bank Multi-Carrier，FBM）、非正交多址接入（Non-Orthogonal Multiple Access，NOMA）、大规模 MIMO（3D/Massive MIMO）、超带宽频谱、超密集异构网络（Ultra-dense Hetnets）、网络切片等技术。

5G 的发展方向和挑战：由于毫米波辐射范围小，且绕射能力弱，很容易被障碍物遮挡，导致 5G 网络的蜂窝范围相比 4G 网络要小很多，需要更多的基站覆盖大小相同的区域。因此，如何使用更少的 5G 基站服务更大的范围成为一个挑战。同时，考虑到超密集网络下，将会有海量的设备接入 5G 网络，如何使一个基站服务尽可能多的设备也成为一个巨大挑战。具体地，需要考虑更快速的路由算法以保证设备移动时仍能具有较高的链路质量，同时也需要考虑性能更高的消除信号干扰的机制，以保障数据传输不被干扰或者能尽快从干扰信号中恢复出原始数据。

基于虚拟化平台，边缘计算被欧洲 5G PPP 研究机构认可为 5G 网络的关键新兴技术之一[9]。除了定义更先进的空中接口技术外，5G 网络还将利用更多的可编程方法进行软件联网，并在电信基础设施、功能和应用程序中广泛使用虚拟化技术。因此，边缘计算是实现向 5G 演进的关键技术和架构，因为它有助于推动移动宽带网络向可编程环境的转变，并有助于在预期的整体性、时延、可扩展性方面满足 5G 的严格要求。边缘计算的特点是低延迟、高带宽以及对无线网络信息和位置感知的实时洞察力，所有这些都可以为移动运营商、应用程序和内容提供商创造机会，使其能够在各自的业务模型中扮演互补的角色，并使他们能够更好地提供移动宽带体验。

3. 6G 前沿技术

随着第一批全套 5G 标准的完成，5G 无线网络的商业化部署已于 2019 年开始。5G 无线网络标志着一个真正的数字社会的开始，并在时延、速率、移动性和连接设备的数量方面取得了重大突破。回顾移动通信的发展，从最初的概念研究到商业部署大约需要十年时间，而其随后的使用至少还要持续 10 年。当上一代移动网络进入商业阶段时，下一代将会开始概念研究。由于 5G 尚处于商业化的初期阶段，现在正是对 5G 后续产品进行研究的合适时机。

在过去的几年中，一些国家发布了发展 6G 的战略计划。2018 年，芬兰宣布了 6Genesis 旗舰计划，该计划为期 8 年，总金额为 2.9 亿美元，用于开发完整的 6G 生态系统。英国和德国政府已经投资了一些潜在的 6G 技术，例如量子技术。美国也开始研究基于太赫兹的 6G 移动网络。中国工业和信息技术部部长正式宣布开始致力于 6G 的发展。新颖的服务要求和规模的增长是无线网络发展的原动力。新兴应用程序的快速发展导致移动数据流量的不断增长。根据国际电信联盟 ITU 的预测，到 2030 年，全球移动数据流量将达到 5ZB。即将到来的应用程序（例如电子医疗保健和自动驾驶）对延迟和吞吐量的要求更加严格，预计将在十年左右超过 5G 网络的能力。为解决该问题，6G 网络的主要技术目标将是：超高数据速率（高达 1Tbps）和超低延迟、资源受限设备的高能效、无处不在的全球网络覆盖、整个网络之间的可信和智能连接[10]。

目前前沿研究中，关于 6G 网络比较有前景的关键技术大致有以下几项：

（1）太赫兹通信

THz 频段是微波频段和光学频段之间的光谱频段，频率范围从 0.1THz 到 10THz[31]。除了丰富的未开发频谱资源外，还有许多特征促使 THz 频段可以用于未来的通信网络。

①太赫兹通信系统有望在太赫兹频谱中支持 100Gbps 或更高级别的数据速率，而毫米波频带内只有 9GHz 带宽。

②由于太窄的波束和太短的脉冲持续时间极大地限制了窃听的可能性，太赫兹波可以实现安全的通信。

③太赫兹波能够以很小的衰减穿透某些材料，适用于某些特殊场景例如跨障碍物的通信等。因此，太赫兹波在超高速无线通信和空间通信中具有广阔的应用前景，全球监管机构和标准机构已经在尝试加快太赫兹频谱新通信技术的开发。

（2）可见光通信

光学无线通信（Optical Wireless Communication，OWC）被认为是基于 RF 的移动通信的补充技术，其频率范围包括红外、可见光和紫外光谱。由于 LED 的技术进步和广泛使用，可见光光谱（430 ～ 790THz）是 OWC 最有希望的光谱。与旧式照明技术不同的是，LED 最引人注目的特性之一是它可以快速地切换到不同的光强级别，这使数据能够以多种方式编码在发射的可见光中。可见光通信（Visible Light Communication，VLC）充分利用了 LED 的优势，实现了高速数据通信。与经典的无线通信技术相比，短距离通信（可达几米）的 VLC 具有许多优势。

①可见光谱提供了超高带宽（THz），并且该光谱是免费的。

②可见光是 VLC 的传播媒介，无法穿透不透明的障碍物，这意味着网络信息的传输仅限于一栋大楼之内，大楼外的接收器将无法接收信号，保证了信息传输的安全性并减少了小区间的干扰，小区间干扰在高频射频通信中非常严重。

③ VLC 利用照明源作为基站，不需要无线射频通信中所需的昂贵的基站建设和维护成本。

④ VLC 不会产生电磁辐射，并且不受外部电磁干扰的影响。因此，它适用于对电磁辐射敏感的特殊情况，例如飞机和医院等。

（3）量子通信

量子通信（Quantum Communication，QC）是另一个具有无条件安全性的有前途的通信范例[32]。量子通信与经典的二进制通信之间的根本区别在于是否可以在现场检测到信号窃听。该信息使用光子或粒子以量子状态进行编码，并且由于纠缠粒子的相关性和不可分割的定律，无法在不对数据进行篡改的情况下进行访问或复制。此外，由于量子位的叠加性质，

QC 可以提高数据速率。经过数十年的探索，QC 产生了许多分支：量子密钥分发、量子隐形传态、量子秘密共享和量子安全直接通信。

（4）区块链技术

区块链是基于分布式账本的数据库，可以在没有集中式控制器的情况下安全地注册和更新交易[34]考虑到 6G 将会把越来越多的数据带入网络中，防篡改和匿名性等区块链的固有功能使其成为各种应用的理想选择。区块链被认为是未来移动通信技术的下一场革命，它使整个网络实体能够安全地访问关键数据，并且在所有相关实体之间共享了不可篡改的分布式账本，从而保证了整个通信过程中更强的安全性。除了安全性外，区块链在资源协调和网络访问方面存在多种优势。

①基于区块链的分散控制机制可以在网络实体之间建立直接的通信链接，从而降低了管理成本。

②代替集中式数据库，将区块链集成到频谱共享系统中可以提高频谱效率。

③区块链通过提供统一的身份验证、授权机制以及计费系统，促进了由不同运营商开发的各个系统的集成。

3.1.4　低功耗广域网传输机制

低功耗广域网（Low Power Wide Area Network，LPWAN）是物联网的核心组成网络之一。并且，由于其覆盖的物联网业务连接需求规模大，网络覆盖范围广，市场潜力巨大，受到全球各运营商和通信设备提供商的广泛关注。LPWAN 作为物联网设备的通信技术，自然成为边缘计算的接入手段之一，其特征主要包括。

①低功耗：连接 LPWAN 的物联网终端设备通常仅使用电池供电或者从环境中获得能量，因此一般能耗较低并且运行时间更久。

②覆盖范围广：LPWAN 一般可以达到 3 ～ 20 千米的通信距离，因此一个网关就可以覆盖数十甚至数百平方千米的终端设备。

③低成本：由于低功耗的特征，连接 LPWAN 的物联网终端设备往往要求能工作 5 到 10 年，从而降低了维护成本。并且由于覆盖范围广，少量的网关即可覆盖很大一片区域，因此也降低了部署网络的基础设施成本。

目前，各种国际组织和公司相继推出了多种用于 LPWAN 的物联网通信技术，如 LTE-M、LoRa、Sigfox、NB-IoT 等。根据所使用的频段是否为授权频段，可将这些通信技术分为两类。

使用授权频段的通信技术：LTE-M 和 NB-IoT 等。此类技术主要由 3GPP 主导的通信运营商和通信设备提供商投入建设和运营，并且设备在授权频段内通信，干扰小，可靠性高，但由于需要额外给通信运营商付费，部署和使用的成本也相对较高。

使用非授权频段的通信技术：Sigfox 和 LoRa 等。此类技术主要为私有技术，部分开源。

工作于授权频段的 LPWAN 技术主要优势在于网络通信基础设施完善，干扰少，缺点是需要协调通信运营商办理并且缴纳额外的流量费用。工作于无须授权频段的 LPWAN 技术则支持自行搭建网络，也更适合内部局域网的搭建。

1. LoRa

长距离通信技术（Long Range，LoRa）是 Semtech 公司提出和推广的一类 LPWAN 通信技术。LoRa 由于其开源性，是目前 LPWAN 技术中被广泛研究的一种通信技术。LoRa 使用 ISM（Industrial，Scientific，and Medical bands）频段，通信距离最远可达数千米。LoRa 采用 CSS（Chirp Spread Spectrum）技术调制信号，对无线干扰、多普勒效应和多径效应有较强的鲁棒性，因此相比其他的 LPWAN 技术，LoRa 可以支持网络中的许多设备同时传输。

2015 年 3 月 LoRa 联盟（LoRa Alliance）宣布成立。该联盟由 Semtech 公司牵头，是一个开放的非营性组织，旨在推动 LoRa 技术标准的建立以及 LoRa 技术的商用和推广。LoRa 联盟目前全球成员超过 500 家，其中也包括阿里、腾讯等许多中国企业。

2016 年 1 月 28 日，为建立中国 LoRa 应用合作生态圈，推动 LoRa 产业链在中国应用和发展，中国 LoRa 应用联盟成立。该联盟是在 LoRa 联盟支持下，由中兴通信发起，各行业物联网应用创新主体广泛参与、合作共建的技术联盟，是一个跨行业、跨部门的全国性组织。目前，CLAA 成员超过 90 家，涵盖了网络、芯片、模组、终端、应用等产业链各环节，将进一步推动 LoRa 技术在中国各行各业的创新应用，加快 LoRa 网络相关产业在中国的落地和发展。

LoRa 信号在频谱图上表示为从起始频率线性增大，增大到信道上界再反转到信道下界继续增大，直到扫过整个信道的信号，也叫作一个 Chirp。图 3-6 为一个 LoRa 数据包在频域上的显示。LoRa 信号根据有效载荷的数据确定信号增大的起始频率，同时，根据所选的扩频因子（Spreading Factor，SF）不同，频率增加的速率也不同，因此相应单个符号的传输时间也不同，图 3-6 分别显示了不同信道、不同扩频因子下的 LoRa 信号。扩频因子最大为 12、最小为 7，可以看到，扩频因子越大，数据传输速率越

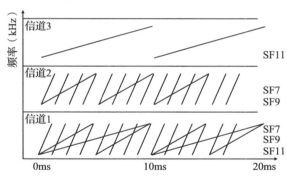

图 3-6　LoRa 信号在频域上的显示

低，传输距离越远。不同扩频因子的 LoRa 信号之间具有伪正交的特性。

LoRa 通信具有远距离、低功耗、低数据率的特点。

①远距离：LoRa 宣称可以达到数十公里的通信距离。实验测得，在传播路径没有明显遮挡的情况下，采用最大的扩频因子可以达到 10 公里左右的通信范围，最小的扩频因子也能达到 5 ～ 7 公里的通信范围，且 SF 越大，对信号干扰的鲁棒性越强。但是 LoRa 信号受环境影响较大，在建筑物密集的区域或者遮蔽较多的区域中，信号强度衰减很快，通信距离会急剧缩减到 1 ～ 2 公里内。

②低功耗：实验测得 LoRa 设备射频芯片发送功率约 150 毫瓦，接收功率约 50 毫瓦。在使用容量为 2 安的电池供电时，最长续航时间约为 4 年 6 个月。但是 LoRa 设备的功率与

其选择的通信参数密切相关，包括 SF 和发送功率。SF 和发送功率越大，能耗越高。实验测得，选用最大的 SF 和最高的发送功率，用容量为 2 安的电池供电时，最长续航时间约为 1年 5 个月。

③低数据传输率和高信道容量：LoRa 参数设置 SF 为 7，带宽为 500kHz，达到的最大数据传输率为 27kbps。另外，由于选用不同扩频因子的 LoRa 信号之间具有伪正交性，即便两个 LoRa 设备同时发送，只要扩频因子不同，仍有很大概率能成功解码。因此，LoRa 网关允许单个信道内可以有更多的终端设备同时工作。

LoRaWAN 协议是 LoRa 联盟推出的 LoRa MAC 层协议。LoRaWAN 采用星型的网络架构，通过一个 LoRa 网关和若干 LoRa 发送终端设备，可以轻易地部署一个覆盖范围达数公里的 LoRa 组网。LoRaWAN 包括三种通信模式：Class A（All end-devices）、Class B（Beacon）和 Class C（Continuous）。Class A 是 LoRaWAN 强制要求所有 LoRa 终端设备必须支持的通信模式，Class B 和 Class C 是可额外选择的通信模式。三种模式工作流程如图 3-7所示。

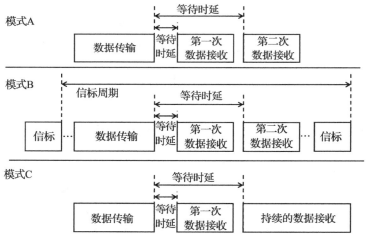

图 3-7　LoRaWAN 协议的三种模式

在 Class A 模式下，终端设备只在有数据需要处理或发送的时候才从休眠模式中醒来，并且一切通信都只能由发送终端设备主动发起，网关一直处于侦听模式。当发送终端设备进行一次发送（TX），等待时间 T_（RX_DELAY1）后初始化一个接收窗口 RX1，若 RX1 内发送终端设备未收到任何数据，则会在 T_（RX_DELAY2）时间后再初始化一个接收窗口RX2，继续等待接收数据，窗口关闭后则进入睡眠模式。网关可在此窗口时间内向终端设备发送数据。

模式 Class B 为需要双向交互的应用设计。在 Class A 的基础上增加了可以由网关主动唤醒发送终端设备的机制，网关每隔 T_Beacon 时间会发送一个信标 Beacon 来主动唤醒终端设备，在两个 Beacon 之间，终端设备的通信模式和 Class A 相同。通过 Class B 主动唤醒节点的方式，网关可以定期开启终端设备的下载和上传功能。相比 Class A，Class B 降低了数据的传输时延，但也增加了终端设备的能耗。

模式 Class C 用于时延要求高的应用，发送终端设备在发送完成之后会立即初始化接收窗口，若未收到任何数据，则会一直开启随后的 RX2 窗口持续侦听信道，用于接收网关返回的数据。

虽然 LoRa 声称能达到数十公里的覆盖范围和数十年的设备寿命，但是在实地部署时，LoRa 网络性能往往达不到其声称的性能[14]。主要原因有两点：

①信号遮蔽和衰减效应。虽然 LoRa 信号具有较好的信号敏感度，但是当 LoRa 信号传播路径上具有遮挡时，LoRa 信号将会很快衰减，大大减少传输距离，从而减小网络的覆盖范围。对一些位于遮蔽地区的节点，往往需要采用大的 SF 和传输功率才能保证与网关的数据传输，极大地增加了这些节点的能耗。

②信号冲突。由于 LoRa 采取星型网络结构组网，所有节点连接同一网关，且 LoRaWAN 协议基于 ALOHA 协议，没有冲突避免或解决机制，不同 SF 的 LoRa 信号也只具有伪正交性，所以 LoRa 网络中信号冲突不可避免。信号冲突导致的重传不仅降低了网络吞吐量，也大大降低了节点使用寿命。

现有的研究基于以上两点原因提出了各自的解决方案。针对 LoRa 信号遮蔽和衰减的问题，研究工作[15]提出了一个快速进行 LoRa 链路信道质量估计的模型，通过遥感地图快速得到信号传播路径的地物特征，并根据这些特征建立信号衰减模型，从而能在网络实地部署前得到任意两点间的信号衰减，为 LoRa 网关和节点的部署提供指导。研究工作[16-17]提供了将 LoRa 网络的星型架构转化为网状架构的思路，可以有效对抗信号衰减，提高网络覆盖范围。

针对信号冲突的问题，一些工作致力于冲突避免，例如文献[18-19]提出了 LoRa 网络的参数分配问题，以此减小节点间的冲突概率。研究工作[20-22]针对 LoRaWAN 没有冲突避免机制的缺陷，重新设计了 MAC 层协议，引入时分复用的机制，通过对每个节点的传输时间片和信道进行调度，减少冲突。还有一些工作致力于冲突解决，从冲突的信号中恢复原始数据，例如研究工作[23-26]。另外，其他的机制也能有效地提高 LoRa 网络的性能，例如使用反向散射技术能在不增加额外能耗的情况下提升网络吞吐量，研究工作[27]设计了一个 LoRa 的反向散射系统，其中带有散射标签的 LoRa 节点可以调制并散射环境中的 LoRa 信号，实现不需要电池便能发送自身数据。研究工作[28]提出了 LoRa 网络中节点的能量均衡机制，防止网络中的部分节点因为高能耗的参数设定而过早耗尽能量无法工作，从而延长了整个网络的使用寿命。研究工作[29]提出了交错 LoRa Chirp 的信号调制和解调方式，通过是否对原始 Chirp 进行交错处理暗示该 Chirp 传输了额外的一位 1 或 0，这样对每一个 Chirp 可以额外多传输一位，提高了节点的数据传输率和网络吞吐量。研究工作[30]提出了一种可以在低于奈奎斯特采样率的情况下解调 LoRa 信号的方法，通过降低节点接收信号时的信道采样率减少节点解调下行链路数据的能耗，从而延长节点寿命。

2. Sigfox

Sigfox 技术由 Sigfox 公司发起，该公司成立于 2009 年，总部位于法国，是全球第一家提供低功耗广域物联网技术的公司。Sigfox 使用二进制相移键控（Binary Phase-Shift Keying，BPSK）方式，在 868MHz 和 902MHz 频段上工作。

Sigfox 是一种窄带（或超窄带）技术，使用二进制相移键控的标准无线通信传输方法，它采用非常窄的频谱并改变载波无线通信波的相位以对数据进行编码，允许接收器仅在一小片频谱中接收信号，从而降低噪声的干扰。Sigfox 需要廉价的无线终端和相对复杂的基站来管理网络。Sigfox 支持双向通信功能，从终端到基站的通信性能相对较高，但其从基站到终端的数据传输容量受到限制，并且费用也高，这是因为终端设备上的接收器灵敏度要远低于性能强大的基站。

截至 2017 年底，Sigfox 已在超过 36 个国家 / 地区开展业务（其中 17 个国家 / 地区全覆盖）。

通过使用超窄带调制，Sigfox 可以在公共可用频段的 200kHz 中进行操作，以交换无线射频消息。每个消息的带宽为 100Hz，并以每秒 100 或 600 比特的数据速率传输。因此，可以达到长距离传输，同时对噪声具有较强的鲁棒性。

Sigfox 工作在窄带 BPSK 调制，上行速率为 100bps，上行数据包有效载荷最大为 12 字节，下行数据包有效载荷为 8 字节，单个数据包最大为 26 字节。同时，Sigfox 还通过限制设备通信的占空比来进一步降低设备的能耗。

Sigfox 网络架构如图 3-8 所示，Sigfox 节点通过无线信道与 Sigfox 基站相连，基站将数据返回给 Sigfox 云服务器，而使用 Sigfox 服务的应用服务器则从 Sigfox 云服务器获取所需信息或者下达命令。

Sigfox 已在全球范围内部署自己的基站。根据 Sigfox 的官网数据，截至 2020 年 7 月，Sigfox 已在全球 70 个国家 / 地区部署了 Sigfox 网络，覆盖了全球近 500 万平方千米的面积和 11 亿人口，中国台湾和中国香港地区也有 Sigfox 网络的部署。

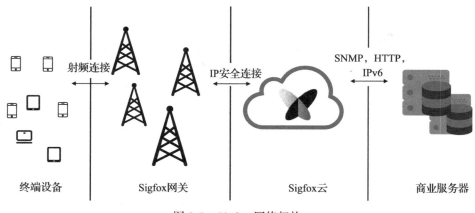

图 3-8　Sigfox 网络架构

3. NB-IoT

窄带物联网（Narrow Band Internet of Things，NB-IoT）是由 3GPP 制订的 LPWAN 无线标

准，目的是提供更远的服务范围，此标准在 2016 年 6 月的 3GPP Release 13（LTE Advanced Pro）文件中提出，其他的 3GPP 物联网技术包括有 eMTC（增强型机器类通信）及 EC-GSM-IoT。

NB-IoT 的上行和下行链路采取不同的调制解调方式。其上行链路采用的单载波频分多址（Single-carrier Frequency-Division Multiple Access，SC-FDMA）是 LTE 上行链路的主流技术。下行链路使用的 OFDMA 也是 LTE 中采用的通信技术。因此，只需要稍做调整，NB-IoT 可直接使用现有的 LTE 网络基础设施，并且部署于现有的 LTE 网络，甚至 GSM 网络和 UMTS 网络。另外，NB-IoT 还可根据运营商的不同需求，支持三种灵活的频段部署，如图 3-9 所示。

①独立部署（Standalone Operation）：NB-IoT 可以独立部署于单独的频段内，例如对 GSM 频段的重复利用。GSM 的信道带宽为 200kHz，刚好可以容纳 NB-IoT 的 180kHz 的带宽，并且可以在信道两边各留下 10kHz 的保护带。

②保护带部署（Guard Band Operation）：NB-IoT 部署在 LTE 边缘的无用频段中，利用 LTE 信道边缘的保护频段中未被使用的带宽资源（180kHz），进行 NB-IoT 设备的通信，但是由于该部署模式占用了保护频段，需要解决信号干扰等问题。

③带内部署（Inband Operation）：NB-IoT 部署在 LTE 的频段内，与 LTE 共用频段，直接利用 LTE 载波中的物理资源块（Physical Resource Block，PRB）。同样地，带内部署也需要考虑 NB-IoT 信号和现有的 LTE 信号共存的问题。

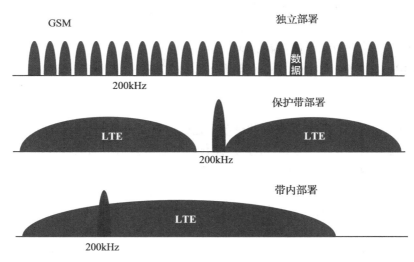

图 3-9　NB-IoT 的三种部署模式

为了满足 LPWAN 网络低功耗的要求，NB-IoT 终端设备还具有三种不同能耗的工作模式：

①不连续接收（Discontinuous Reception，DRX）模式。

该模式为传统技术模式。在每个 DRX 周期（常见的 DRX 周期为 1.28 秒或 2.56 秒）内，在该模式下工作的终端设备都会监听一次信道，以检测是否有下行数据到达。由于 DRX 周期一般较短，对物联网平台来说终端设备一直处于在线状态，物联网平台的下行数据随时可达终端设备。该模式下端到端时延较低，适用于对实时性要求较高的业务，但同时能耗也较高。

②增强型不连续接收（extended DRX，eDRX）模式。

该模式是基于 DRX 的拓展模式，是由 3GPP Rel.13 引入的技术，主要通过延长原来 DRX 周期的时间、减少终端设备的 DRX 频次来节省能耗。此外，在该模式下的每个 eDRX 周期（eDRX 周期为 20.48 秒到 2.92 小时），终端设备只有在设置的寻呼时间窗口（Paging Time Window，PTW）内，才接收物联网平台的下行数据，其余时间处于休眠状态，不接收下行数据。物联网平台只能根据终端设备是否处于休眠状态缓存消息或者立即下发消息。相比于 DRX 模式，eDRX 模式的下行链路数据传输时延稍大，但能耗也更低，适用于无须频繁发送数据，但要快速响应的应用场景。

③功率节省模式（Power Saving Mode，PSM）模式。

该模式可以最大限度地降低终端设备的能耗。处于该模式下的终端设备不与网络有任何交互，近似于休眠状态。此时若物联网平台需要发送下行数据至终端设备，必须等待终端设备离开 PSM 状态进入连接状态。终端设备退出 PSM 状态需要满足以下条件：终端设备主动上报数据；位置更新（Tracking Area Update，TAU）周期到达，终端设备上报位置信息。因此，对于该模式下的终端设备，物联网平台只能在该设备主动上传数据时，才能进行数据下发。此模式只适用于对实时性要求极低的应用场景。

NB-IoT 的主要优势：

①使用的频段位于 2G 通信频段，可以直接在现有通信基础设施上升级兼容 NB-IoT 通信。

②使用授权频段，干扰少，可靠性高。

③快速部署，基础设施由运营商提供。

由于 NB-IoT 在物联网应用上的优势以及我国基站的广泛覆盖，NB-IoT 已在我国产生了诸多实际的应用案例，在多种应用场景中带来了实际的效益。

①共享单车。

华为和中国移动提供支持的摩拜共享单车是全球第一个基于 NB-IoT 900M 的共享单车业务，这也标志着共享单车 NB-IoT 应用产品化。其后华为与中国电信合作，为 ofo 共享单车项目提供了基于 NB-IoT 的智能车锁，可保证用户任何地方都能正常开锁，解决了车锁功耗高、电池使用寿命短的问题，电池使用寿命可以达到 2 ～ 3 年，该技术的推广可以更有效地管理共享单车，并引入新的商业模式。

②智能烟雾检测。

在实际应用中按照消防要求，烟雾传感器的安装分布密集，不方便走线，并且施工成本高，耗电量大，维护成本高。中国电信与骐俊物联在厦门市海沧区投放的智能独立烟感报警系统以 NB-IoT 低功耗广域网无线传输为核心，为存在监管难度的小微场所提供一体化的智能火灾报警物联网管理措施。

③智能抄表。

深圳水务通过与华为、中国电信合作，在水务管理与服务中通过 NB-IoT 智慧水表提供的高精度、大规模的动态水务数据，实现更加精准高效的水务管理与调度，降低管理成本，有效提升水务服务的质量与效率。

其他许多应用案例，如智慧照明、智慧泊车等都有采用基于 NB-IoT 技术的解决方案，从而提供灵活、工作时间长的物联网服务。作为边缘接入技术而言，虽然其传输速率不理想，但考虑到其低功耗、可靠、可复用移动基站等特点，仍不失为一种很有竞争力的接入方案。

3.1.5　新型无线传输机制

除了上述几种常见的无线传输机制，近些年来，一些其他的无线传输机制被提出并应用于终端设备接入边缘网络。通常来讲，区别于传统的无线传输机制，这些传输机制往往在某方面（如安全性等）具有较为突出的性能。

1. VLC

有限的无线频谱资源限制了对更强的连接性和更高容量的不断增长的需求。接入移动网络的设备数量的增加是移动数据流量急剧增加的主要原因，随之而来的在线社交服务的发展进一步提高了移动数据流量。除了无线通信中的频谱不足问题外，还存在无线干扰的问题，例如在飞机上使用手机会干扰通信和导航系统，也会对地面系统塔造成破坏；另外，在某些需要非常低时延要求的无线通信系统中（例如在车辆通信、安全系统中），由于带宽限制，不适合使用射频通信；其次，由于射频波很容易穿透墙壁，因此存在数据的安全问题；射频通信存在功率效率低下的问题，因为其需要单独部署射频通信的基础设施。为了克服射频通信系统的缺点，VLC 技术是一种较为可行的替代方案。

VLC 系统采用可见光的频谱进行通信，包含了 380 纳米至 750 纳米的频谱，对应于 430THz 至 790THz 的电磁波频谱，如图 3-10 所示[59]。由于其具有较大的带宽，射频通信中的低带宽问题

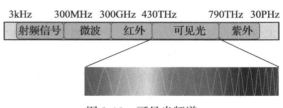

图 3-10　可见光频谱

可以由 VLC 技术解决。VLC 接收器仅在信号与发送器位于同一房间的情况下才接收信号，VLC 光源房间外的接收器将无法接收信号，因此，它可以抵抗射频通信系统中存在的安全问题。由于可见光源既可用于照明也可用于通信，节省了射频通信所需的额外功率。考虑到上述优点，VLC 由于具有非授权通道、高带宽和低功耗的特性，因此是较有发展前途的技术之一。

可见光通信的潜在应用包括 Li-Fi、车对车通信、室内机器人以及水下通信等。Li-Fi 使用可见光进行通信，以提供高达 10Gbps 的高速网络连接。VLC 也可用于车辆通信中，提供变道警告、碰撞前感知和交通信号违规警告等服务，以避免发生交通事故。由于 VLC 具有较高的带宽，可以提供低延迟的通信以保证安全，另外，由于道路上本身存在的车灯和交通信号，使得 VLC 系统的部署安装更为便捷。VLC 还可以在对电磁波敏感的领域，例如飞机和医院中使用，在这些场景中无线射频信号会产生相互干扰。VLC 也可用于通过照明信息提供识别服务。例如，在房间中使用不同的照明来提供房间编号识别和有关建筑物的其他信息。

目前有几个因素促使人们越来越关注 VLC 技术[60]。其中，最主要的是发光二极管 LED 的普及，由于其价格低廉，LED 已成为 VLC 的主要媒介。LED 是一种使用电致发光半导体以产生光的设备，更具体地说，LED 由部分能够传导电流的材料制成。光线以可见光谱发射，该光谱从低频到高频变化，对应于特定的颜色。如今，LED 的数量呈指数级增长，其主要原因是能效高、耐用性好和成本低，且 LED 灯泡可以将光聚焦在单个方向上。因此，LED 被用于各种设备，例如智能手机、车辆、视频屏幕、标牌等。这项技术的使用为行业带来了许多好处，而未来的住宅照明将会完全基于 LED。

随着对 VLC 系统日益增长的兴趣，近年来出现了新的机会和技术。研究人员考虑将 VLC 与其他现有技术（例如 Wi-Fi）进行结合，通过 VLC 提高 Wi-Fi（例如 WLAN 和 4G）的性能。最近已经有许多工作集中在混合系统的开发上，将 Wi-Fi 和 VLC 集成在一起。在这种情况下，像 PLi-Fi 这样的产品应运而生，并受到了学术界的关注[1]。PLi-Fi 是一种混合系统，该体系结构通过使用电力线通信（Power Line Communication，PLC）将 Wi-Fi 和 VLC 技术结合在一起。

前沿研究探索了在智能手机利用 VLC 的特殊应用[3]。具体来说，信息可以被编码为图像流并在智能手机屏幕上播放，而智能手机可以使用相机记录图像，然后解码视频流。与射频技术相比，屏幕摄像机的方向和距离可以轻松控制，从而保护了通信的私密性和安全性，并潜在地简化或避免了烦琐的认证过程，这通常是诸如蓝牙和 Wi-Fi 之类的无线通信所必需的。该技术将信息编码为专门设计的 2D 彩色条形码，如图 3-11 所示，处理环境中的动态图像并实现智能手机之间的实时条形码流解码。与流行的静态二维码相比，它可以通过商店或博物馆中大量的 LCD（Liquid-Crystal Display）显示屏，轻松为顾客提供更多的信息（例如优惠券小册子和地图）。

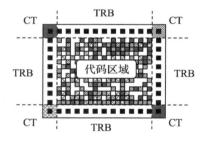

CT：Corner Tracer（角落定位）
TRB：Timing Reference Blocks（时间参考模块）

图 3-11　基于 VLC 的二维码

此外，在未来的无线技术中，尤其是在 5G/6G 环境中，VLC 的实现方式也可能成为一个新的研究问题。智能手机、平板电脑和物联网设备的使用越来越多，要求当今的技术不断发展并适应未来日益增长的应用需求。为此，近年来的研究尝试在 5G 中集成 VLC[44-45]，研究工作发现当前 VLC 技术的大部分需求都属于室内场景，在这种情况下，可以使用预先存在的基础结构来实现 VLC 系统。智能手机已成为人们生活中越来越不可或缺的部分，因此，一些研究正在努力使用摄像头和外部 LED[46]将 VLC 与智能手机集成在一起。由于智能手机已经配备了摄像头，因此面临的挑战是在不对硬件进行任何修改的情况下适应设备，以将其集成到 VLC 系统中[47]。

2. RFID

物联网允许嵌入式对象实现互联和互操作性，射频识别（Radio-Frequency Identification，

RFID）是物联网中的关键技术之一，可以通过无线通信自动识别对象，也可以作为物联网终端设备接入边缘网络[48]。通常，RFID 系统包括标签 Tag、读取器 Reader 和后端系统，如图 3-12 所示。

标签由天线、耦合组件和微芯片组成。每个标签都带有唯一标识符。由于标签采用了反向散射方法，因此可以响应读取器的请求。读取器通过广播查询命令来初始化标识过程。收到查询命令后，附近的标签以其 ID 响应读取器。因此，RFID 可以在有遮挡的情况下识别多个物体，并轻松地将物理世界映射到网络世界。根据电源模式，RFID 标签可以分为无源或有源标签。体积小、成本低的无源标签没有板载电源，其工作能量来自读取器传输的连续波。因此，传输距离

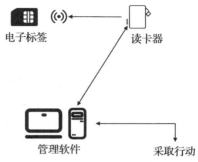

图 3-12　RFID 实现架构

非常有限。相反，有源标签具有内部电池，可为微芯片提供能量并确保标签和读取器之间的通信，因此其潜在的传输范围可以达到几百米。但是，由于需要定期更换电池，因此生产成本高并且使用寿命短。

无源 RFID 通信的概念基于逆调制或反向散射原理，其中不带电池（或任何内部电源）的 RFID 标签从 RFID 读取器的传输中接收能量，并使用相同的能量发送回复。标签通过从读取器/天线传播的电磁波接收能量，一旦波到达标签，能量就会通过标签的内部天线传播，并激活芯片或集成电路（Integrated Circuit，IC)，剩余的能量由芯片的数据调制，并以电磁波的形式通过标签的天线流回读取器的天线。发射器以给定的频率和恒定的幅度辐射电磁波，该波既是标签的能源，也是发送目标而使用的逆调制波的支撑，接收者（处于接收模式的读取器）对信息进行解调，然后将其发送到数据库。实际上，RFID 芯片集成了多个基本模块，其中整流器能够将 RF 读取器信号转换为直流电，以流入芯片内的所有其他电路。

因此，基于目标应用，RFID 驱动了许多物联网应用的发展，并存在许多不同形状和大小的标签。例如，通过准确跟踪物品的有效期或是否存在泄漏，RFID 可以帮助减少包装和冷藏操作中的浪费和能源消耗[1]。随着将 RFID 集成到物联网系统的未来发展趋势，读取器的格式不一定是固定设备，移动读取器甚至电池供电的无线传感器节点都可以用作读取器设备。因此，能源效率是评估 RFID 系统整体性能的重要指标[49]。节能的 RFID 协议可以延长读取器和标签的使用寿命，并促进绿色 RFID 及其预期的各种应用的增长。为了实现这一目标，读取器需要采用一种节能的防冲突算法，以优化标签心率估计，自适应地调制发射功率水平并减少标签碰撞和窃听等。

另外，许多前沿工作也在研究基于反向散射技术开发新的应用场景，从结合其他无线通信技术到增强 RFID 本身的能力等，如下所示。

① VLC 技术终端设备无法负担上行链路传输中 LED 的高功耗。实际上，早期基于 VLC 的移动系统已经将 BLE 用于从设备到 LED 的上行链路通信，但这会导致额外的成本和系统复杂性。结合反向散射技术的 VLC 系统可以很好地解决这个问题，使用反射器向后

散射入射光，并使用 LCD 隔离开关对其进行调制，其基本结构如图 3-13 所示[39]。整个系统由位于照明基础设施的读取器 ViReader 和集成在终端设备中的标签 ViTag 组成。ViTag 包含光传感器、逆反射镜面、透明 LCD 快门、太阳能电池板和控制电路，而 ViReader 则是典型 VLC 设备。对于下行链路，ViReader 中的 LED 以高频率（例如 1MHz，以避免人为察觉的闪烁）打开和关闭，从而将照

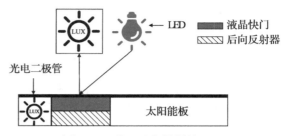

图 3-13　基于反向散射的 VLC

明光变成通信载体。该系统使用某种调制方法来承载信息位，并且光信号由 ViTag 上的光传感器捕捉并在其中解码。上行链路通过反射来利用相同的载波，ViTag 使用回射器反射来自光源的光，并通过重新调制该回射链接来进一步携带信息位，太阳能 MCU 通过电子方式控制顶部 LCD 快门的状态（通过 / 遮挡），从而实现基于 OOK 调制的逆向通信，然后调制的反射光载波被 ViReader 上的光电二极管拾取，并进一步解调和解码。

②计算型 RFID（CRFID）是一种新兴技术，其传感和计算能力被添加到了传统的 RFID 标签中[38]。由于无源 RFID 标签使用从附近 RFID 读取器的传输中收集到的能量来运行和传输标识符，其不需要电池或长期储能，使它们在商业环境中被广泛使用。使用附加传感和计算功能的 CRFID 可实现更广泛的传感应用，包括冷链监控、访问控制、桥梁和飞机的嵌入式监控、手势界面、活动识别和非侵入式生理监控等。这些应用程序和其他应用程序都依赖于小型的、工作寿命长的节点，这些节点可以以接近"智能尘埃"的原始视觉方式，超出传感器节点的范围并嵌入物理环境中。节点的能量限制了其可以执行的计算量，因为必须以低速率从远处的读取器传输的信号中获取能量。此外，与传感器网络节点相比，为了保持物理尺寸小和快速上电，CRFID 的能量存储量很小。例如，WISP[35] 原型标签的储能器比常用的 Telos 传感器的电池小八个数量级。这意味着 CRFID 通常会每秒多次耗尽电量和充电。相比传感器网络，CRFID 运行时必须采取短期措施，以匹配毫秒为单位测量的寿命。

3.1.6　总结

在能源供应问题没有得到根本解决之前，低功耗的通信技术将长期存在，并且是物联网系统的主流技术之一。在这样的背景下，作为接入边缘计算的手段，选择的余地较小，想要同时满足高速率和低功耗，几乎是不可能的。但根据具体场景和技术特点的不同，依然需要选择恰当的边缘接入技术，提升边缘计算效率的同时尽量少地引入传输能耗。

3.2　无线接入的通信服务协议

随着物联网设备数量的持续增加，终端设备之间、终端设备与边缘设备之间的通信对物联网和边缘计算系统的效率及可靠性有十分重要的影响。物联网通信协议分为两大类：负

责子网内设备间的组网及通信的接入协议，以及负责设备通过互联网进行数据交换及通信的通信协议。不同的物联网通信协议具有不同的性能、数据速率、覆盖范围、功率和内存，而且每一种协议都有各自的优点和缺点。有些通信协议只适合小型家用电器，也有些通信协议则可以用于大型智慧城市项目。

前文介绍的无线通信技术（如 Wi-Fi、LPWAN 等）是从物理层或数据链路层协议的层面出发，实现不同的无线网络性能以满足各类物联网应用的需求。

可以看出，网络层想要达到统一的接入协议几乎是不可能完成的任务。因此，需要在应用层建立对数据和服务的统一通信机制，来建立通用场景中的物联网设备间、物联网设备与边缘设备之间的高效数据传递。本小节从应用层协议出发，介绍物联网边缘计算系统中几种不同的通信服务协议。

3.2.1　MQTT

MQTT（Message Queue Telemerty Transport）是 IBM 开发的一种即时通信的二进制协议，主要用于服务器和那些低功耗的物联网设备之间的通信。它位于 TCP 协议的上层，除了提供"发布 – 订阅"这一基本功能外，也提供一些其他特性，例如不同的消息投递保障，通过存储最后一个被确认接收的消息来实现重连后的消息恢复。MQTT 非常轻量级，从设计和实现层面都适合用于不稳定的网络环境中。

MQTT 协议定义了两种实体类型：消息代理和客户端。消息代理作为服务器从客户端接收消息，然后将这些消息路由到相关的目标客户端。客户端连接到消息代理，与消息代理进行交互，并发送和接收消息，该连接可以是简单的 TCP/IP 连接，也可以是用于发送敏感消息的加密 TLS 连接。客户端可以是物联网的终端设备，也可以是服务器上处理数据的应用程序。客户端通过将某个主题的消息发送给消息代理，消息代理将消息转发给所有订阅该主题的客户端。因为 MQTT 消息是按主题进行组织的，所以应用程序开发人员能灵活地指定某些客户端只能与某些消息交互。

例如，物联网设备在"sensor_data"主题范围内发布采集的传感器数据，并订阅"config_change"主题，边缘的数据处理应用程序会订阅"sensor_data"主题，时刻关注物联网设备传来的最新数据并处理，管理控制台应用程序接收系统管理员的命令来调整传感器的配置（比如灵敏度和采样频率），并将这些更改发布到"config_change"主题。如此，物联网设备能够及时接收到配置的改动并作出相应修改。可以看出，这种异步传输的特性非常适用于动态、泛在的物联网边缘计算的场景。

3.2.2　AMQP

AMQP（Advanced Message Queuing Protocol）是一个提供统一消息服务的应用层标准高级消息队列协议，是应用层协议的一个开放标准，为面向消息的中间件设计。基于此协议的客户端与消息中间件可传递消息，并不受开发语言等条件的限制。AMQP 使得遵从该规范的客户端应用和消息中间件服务器的全功能互操作成为可能。AMQP 消息队列主要有以下几种应用场景：异步处理、跨系统的异步通信、应用解耦、死信队列、分布式事务、流量缓冲以及日志处理等。

AMQP 可以实现一种在全行业广泛使用的标准消息中间件技术，以便降低企业和系统集成的开销，并且向大众提供工业级的集成服务。它令消息中间件的能力最终被网络本身所具有，并且通过消息中间件的广泛使用发展出一系列有用的应用程序。AMQP 定义的网络协议和代理服务主要包括一套确定的消息交换功能（高级消息交换协议模型），以及一个网络线级协议（数据传输格式），客户端应用可以通过这些协议与消息代理和 AMQP 模型进行交互通信。

AMQP 主要包含以下几种元素：向交换器发布消息的生产者、从消息队列中消费消息的消费者、用于保存消息并发送给消费者的消息队列、每个消息被投入到的消息载体队列、携带具体传输内容的消息、接收生产者发送的消息并转发给消息队列的交换器、交换器进行消息投递所依据的路由关键字、用作不同用户的权限分离的虚拟主机、AMQP 的服务端 Broker、网络连接、连接管理器、信道以及把交换器和消息队列按照路由规则绑定起来的绑定器。

AMQP 实现通信的步骤如图 3-14 所示。

①建立连接。由生产者和消费者分别连接到 Broker 的物理节点上。

②建立消息信道。信道是建立在连接之上的，一个连接可以建立多个信道，生产者连接虚拟主机建立信道，消费者连接到相应的消息队列上建立信道。

③发送消息。由生产者发送消息到 Broker 中的交换器。

④路由转发。交换器收到消息后，根据一定的路由策略，将消息转发到相应的消息队列中去。

⑤消息接收。消费者会监听相应的消息队列，一旦队列中有可以消费的消息，就将消息发送给消费者端。

⑥消息确认。当消费者完成某一条消息的处理之后，需要发送一条 ACK 消息给对应的消息队列。消息队列收到 ACK 信息后，才会认为消息处理成功，并将消息从队列中移除；如果在对应的信道断开后，消息队列没有收到这条消息的 ACK 信息，该消息将被发送给另外的信道。

至此一个消息的发送接收流程就走完了。消息的确认机制提高了通信的可靠性。

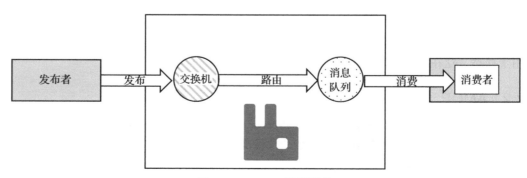

图 3-14　AMQP 协议架构

3.2.3　Kafka

Kafka 是一个高吞吐量的发布－订阅消息系统和流处理平台，类似于服务器集群中的日志系统，在企业开发中有广泛的应用。Kafka 以主题的形式为消息流提供了持久消息存储，Kafka 中的每一个消息都包含一个键、值以及时间戳，采用的是一种傻瓜代理／智能消费的模式，Kafka 只记录未读消息，并相应地为所有的消息保留一定的时间窗口，同时，消费者各自负责记录自身读取消息的实际位置。因此，通过适合的客户端代码，Kafka 可以以非常小的代价支持大量的消费者和数据。如图 3-15 所示，Kafka 本身需要借助外部服务（如 ZooKeeper）来实现各类具体功能。

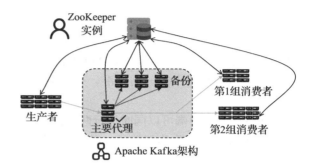

图 3-15　Kafka 协议架构

Kafka 的主要特性如下：

①通过 O（1）的磁盘数据结构提供消息的持久化，这种结构即使对于 TB 量级的消息存储也能够保持长时间的稳定性能。

②高吞吐量，即使是非常普通的硬件 Kafka，也可以支持每秒数百万的消息。

③支持通过 Kafka 服务器和消费机集群来分区消息。

④支持 Hadoop 并行数据加载。

Kafka 本身包含消息代理，这也是其最受欢迎的部分，因此也常用于流式处理。除此之外，Kafka 也引入了 Kafka Streams，作为 Spark、Beam、Google Cloud Data Flow 和 Spring Cloud Data Flow 等流平台备选方案。Kafka 的主要应用场景包含网站行为跟踪、日志聚合、流式处理以及事件溯源等。消息路由是其经典应用场景之一，其中，以下消息路由场景最适宜 Kafka：

①某个流不需要复杂的路由且至少包含一次按分区的顺序路由。

②当应用需要访问流的历史记录，至少包含一次按分区的顺序路由，与其他传统的消息中间件不同，Kafka 提供更持久的消息存储，客户端可以根据需要进行事件回溯。

③流式处理。

④事件溯源。

3.2.4　STOMP

STOMP（Streaming Text Oriented Messaging Protocol）是面向流文本的消息传输协议。作为 WebSocket 通信标准，STOMP 提供一个可互操作的连接格式，允许客户端与任意 STOMP 消息代理（Broker）进行交互。协议简单且易于实现，几乎所有的编程语言都有 STOMP 的客户端实现。尽管如此，STOMP 在消息大小和处理速度方面并无优势。由于在许多"发布－订阅"架构中，信息交换是基于文本的，所以许多协议选择简单地将整个信息转化为文本，从而降低复杂性并提高了可读性，当然带来的代价就是需要在消息接收后执行额外的计算任务。

通常来讲，由于 HTTP 是一个单工的协议，服务器不能主动发送消息给客户端，导致 HTTP 在处理实时性要求高的应用时效率不高。为了提高效率，使用全双工的 WebSocket 协议可以让服务器主动推送消息，但由于 WebSocket 协议是底层协议而不是应用层协议，未对有效载荷的格式进行规范，导致我们需要自己定义消息体格式、解析消息体，实现成本高，而通过将 WebSocket 协议与 STOMP 协议结合则可以有效解决上述问题。具体地，相比于 HTTP 协议，全双工的 WebSocket 协议中服务器与客户端都可以发送消息，且消息体更轻量。相比于 WebSocket，STOMP 不需要自己规定消息的格式以及对消息的格式做解析，由于 STOMP 是一个统一的标准，有很多库与厂商都对 STOMP 协议进行了支持，成本低，扩展性高。

STOMP 客户端可以同时运行两种模式：作为生产者，通过 SEND 框架将消息发送给服务器的某个服务；作为消费者，通过订阅制定一个目标服务，通过消息框架，从服务器接收消息。

STOMP 协议的结构与 HTTP 结构相似，由三部分组成：命令、header、消息体。命令与 header 使用 UTF-8 格式，命令主要包括 SEND、SUBSCRIBE、MESSAGE、CONNECT、CONNECTED 等；header 类似 HTTP，有 content-length、content-type 等；消息体与 HTTP 相似，可以是二进制也可以是文本。

STOMP 建立连接时和 HTTP、WebSocket 类似，首先要确认双方都支持 STOMP 协议，通过建立连接来确认；由于 STOMP 连接是一个长连接，协议定义了发送心跳来监测 STOMP 连接是否存活：在 CONNECT 命令消息中加入心跳 header 来建立连接就开启了心跳，如果在建立连接时没有心跳 header，默认当作不发心跳，也不接收其他用户发送的心跳。

3.3 可靠的数据传输

边缘计算需要终端节点将其任务卸载到边缘服务器进行分析处理。终端节点通过无线网络和边缘设备进行通信与数据传输。终端设备的边缘接入是完成计算卸载的基础之一，因此保证边缘接入的可靠性是边缘计算中最重要的研究问题之一。具体地，由于在边缘计算的架构下产生的一系列独特的性质与挑战，边缘接入中可靠的数据传输也需要考虑不同的场景、面对不同类型的问题。以下将从不同方面介绍边缘接入中可靠的数据传输面临的问题与相关技术。

3.3.1 考虑移动性的可靠数据传输

边缘计算场景中，许多前端设备都具有移动性的特点，如应用较广泛的手机、平板电脑与笔记本电脑等移动设备，又如在物联网应用中的各类低功耗传感器节点，也可能因应用场景而被部署到移动物体（例如动物、车辆）上，从而具备移动性。这些前端设备的移动性会对可靠的数据传输带来巨大的影响，从无线信号传输来说，信号可能会被移动性产生的多普勒频移以及多径效应所改变而难以解码，造成数据传输的失败，另一方面，设备的移动带来的接入点切换问题也会对数据传输造成影响。具体地，本节从不同的无线传输技术来分析移动性带来的影响以及现有技术的解决方案。

1. 蜂窝网络

对蜂窝网络而言，移动性如何影响基站的切换速率和停留时间是一个经典问题。切换率定义为单位时间的预期切换数，与网络通信的开销和可靠性直接相关。显然，对于大范围、低移动性的区域，切换速率会相对低一些，而对于较小的或是设备移动性高的区域，设备往往需要进行更为频繁的基站切换。基站切换过慢会导致终端设备难以与最可靠的基站进行通信，降低数据传输的可靠性。因此，通过增加频谱和空间复用来增加蜂窝网络的容量是提升可靠性的重要手段。

为了探索移动性在蜂窝网络中的作用，首先需要对移动性进行建模。研究工作 [1] 利用随机游走（Random Waypoint，RWP）移动性模型。在此模型中，移动用户在有限域 A 中移动。每个用户随机在 A 中选择目的地点，并按均匀分布选择移动速度。然后，用户沿直线（其长度称为过渡长度）移动，以特定的速度从当前地点移动到新选择的地点，并在每个地点都重复此过程。用户可以在移动到下一个地点之前具有随机的停留时间。在这种经典的 RWP 移动性模型中，固定的空间节点分布会集中在有限域 A 的中心附近，因此，如果实际情况下终端设备均匀地分布在网络中，可能会与模型计算结果不符 [51]。另一个问题为经典 RWP 移动模型中的跃迁长度与有限域 A 的大小相同，在很多场景中这与实际明显不符 [52]。为了解决上述问题，研究工作 [1] 提出了在整个平面上定义的 RWP 移动性模型。在该模型中，移动设备在每个地点选择不同的移动模式：

①随机选择移动方向，服从在 ［0，2π］ 的均匀分布。

②随机选择过渡长度，可选随机分布方式。

③随机选择移动速度，可选随机分布方式。然后，移动设备以选定的速度移动到下一个地点。

但是，人类运动具有非常复杂的时间和空间相关性，其性质尚未得到充分理解 [53]，因此现有的机动性模型很难做到与实际情况完全相符。

2. Wi-Fi

大量的移动通信对蜂窝网络容量造成极大的压力，影响无线数据传输的效率和可靠性。一个可行的解决方案是部署无处不在的 Wi-Fi 接入点进行持续通信，来缓解蜂窝网络的压力。在人口密集的城市地区，可能根本不需要 Wi-Fi 和蜂窝网络之间的漫游：因为 Wi-Fi 始终可用，而且提供了更高的带宽和更小的能耗 [54]。

针对设备的移动性，研究人员已经提出了许多解决方案来协调多个 Wi-Fi 接入点之间的切换 [55]，但是，Wi-Fi 接入点的实际部署是由多个接入点共同覆盖一个区域，甚至这些接入点可能是由不同的运营商提供，因此在 Wi-Fi 中，接入点的切换更加频繁。Wi-Fi 中考虑移动性的技术多基于快速的接入点切换的概念：当移动的终端设备离开一个接入点的覆盖区域时，它应该迅速地找到另一个接入点并进行关联，以此来保证数据传输的可靠性，如图 3-16 所示。关于优化快速切换的大量研究包括预先扫描、重新使用 IP 地址、通过背板协议同步 AP 等[56]。

3. 无线传感器网络

由于无线传感器节点通常是小型便携式设备，可以轻松地耦合到诸如车辆或人员之类的移动实体，因此在不缩短网络寿命的前提下，许多应用程序更需要移动性支持。由于存在为高移动性环境明确设计的协议和功能，可以使用速度和移动模式的模型来优化方案选择[57]。因此，需要仔细分析和研究无线传感器网络中节点移动性模型的特征[58]，但是，现实中的设备移动方式

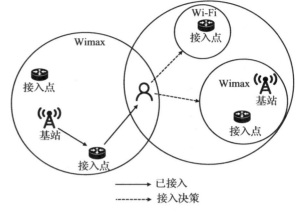

图 3-16　Wi-Fi 的基站切换

因功能而异。设备移动的周期性和随机性增加了建模的难度，必须在移动性模型的复杂性与其模式的实际方面之间进行权衡。最主要的移动性特征如图 3-17 所示，主要包括移动性检测、移动性模式、移动性类型和移动性模型。

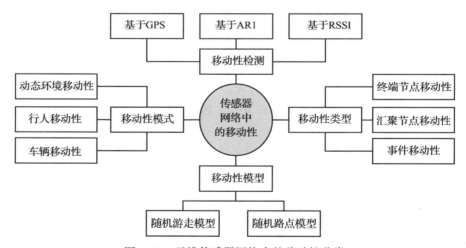

图 3-17　无线传感器网络中的移动性分类

无线传感器网络场景下，移动性的 MAC 协议的最新研究进展已经全面地考虑移动性的网络行为，并给出了接近最佳性能的解决方案。这些协议根据其访问方法分为四类：

①基于时隙调度的协议。

动态拓扑中建立和维护时隙调度所需的流量和内存较高，因此需要细粒度的时间同步，以使其更加节能。因此，时隙化的调度协议不适用于大规模动态无线网络的实际解决方案。

②基于活动 / 休眠行为的协议。

与基于时隙的调度协议不同，它不会为各个节点预先分配信道，而是按需分配公共信道，在节点密度、拓扑或流量负载不断变化的情况下运行更为灵活。这些特性有助于处理移动性并增加移动节点在信道中传输数据包的机会。但是随着移动性的提高，竞争和重传的可能性越来越高，能耗非常大。

③混合调度协议。

它比基于活动 / 休眠行为的协议或基于时隙调度的协议更为节能，但是，在混合调度协议中，由于两种操作模式之间的转换，控制包的开销和等待时间很高。

④前同步码采样协议。

前同步码采样协议对于拓扑更改具有鲁棒性，因为它们不需要事先的拓扑信息和时间同步，发送方和接收方可以完全解耦，并且前同步码采样协议具有较低的复杂性和成本，消耗的能量更少。但是前同步采样的协议降低了信道可用性，从而增加了节点之间的竞争。

3.3.2　基于博弈的数据接入

随着终端设备数量的不断增加，越来越多的设备需要通过无线传输接入边缘网络，但无线带宽资源是有限的，因此大量的终端设备之间势必会产生对边缘资源的竞争。一方面，对终端设备自身而言，更倾向于采取对自己有利的无线资源分配与计算任务卸载策略；另一方面，由于边缘计算架构的分布式特性，终端设备之间不会相互通信，因此彼此之间并不了解其他设备的接入策略，从而导致终端设备"自私"地进行边缘接入，对整个终端网络中所有设备的无线数据传输产生影响，降低传输的可靠性，增加接入的时延。一种可行的方式是基于博弈论（Game theory）的方法对终端节点的接入进行合理的分配。博弈论描述了博弈中玩家的行为。在边缘接入过程中，可要求终端设备根据设备感知到的无线资源竞争情况来管理其网络行为模式，从而根据需要有效地完成多接入设备的任务。特别地针对低功耗的物联网设备，除了数据传输的可靠性，设备本身的能量消耗也是需要考虑的重要方面，同样可以通过博弈论的方法考虑节能的无线接入 [61]。

在博弈论中，将做出决定并执行动作的实体或个人称为玩家。根据博弈类型的不同，玩家对其他玩家所采取的行动有不同程度的了解。在边缘计算接入场景中，博弈中的各参与玩家通常无法拥有关于其他玩家的全部信息。博弈中的一组玩家通常用 $N = \{1, 2, \cdots, i, \cdots, n\}$ 表示。动作是玩家在特定博弈中采取的行动，在边缘接入中，动作可能是移动终端设备对无线资源进行的竞争行为，例如对无线信道、传输时隙等。这组动作通常用 A_i 表示。策略是对玩家如何进行博弈的描述，是整个博弈中完整的行动计划。策略分为混合策略和纯策略两种。混合策略指给定情境中参与者所有可能动作的概率分布，而在纯策略中，参与者在给定情境中采取确定的动作。每个玩家采取的一套策略被表示为 S_i。例如，对于任何玩家 i，其策略表示为 $S_i = \{s_1, s_2, s_3, \cdots, s_m\}$。博弈结束时玩家获得的收益也称为奖励，与博弈中其他玩家的动作有关，收益取决于个人的行动以及竞争对手的行动，可以是负数或正数。每个玩家选择的策略相对应的一组收益主要由 $M = \{1, 2, \cdots\}$ 给出。博弈论中的另一个关键术语是纳什均衡（Nash Equilibrium，NE）。NE 是博弈的解决方案，定义为每个理性玩家的最佳策略组合，这些策略可以最大化自己的收益，并提供其他玩家选择的策略[62]。在达到 NE 时，没有玩家会偏离所选策略，因为这样的动作会减少该玩家的收益。当参与者的最佳策略同时发生时，获得的 NE 称为纯纳什均衡（Pure Strategy Nash Equilibrium，PSNE）。此外，如果在玩家策略的可能范围内存在概率分布，则 NE 被称为混合策略纳什均衡（Mixed Strategy Nash Equilibrium，MSNE）。

目前基于博弈论的无线数据传输，主要考虑终端设备之间的资源竞争问题。例如频谱敏感的无线网络中的干扰问题，可以通过允许网络节点动态更改信道得到解决[63]。为了深入了解动态信道变更的策略，研究工作［46］在多阶段非合作博弈论模型中将网络建模为自主参与者，假定网络是高度干扰的，即当两个或更多传输存在于单个信道上时，它们将不能成功地传输数据。每个终端设备都在寻求最大限度地减少寻找空闲信道的时间。博弈论分析反映了彼此不信任的、独立的、理性的、自私的决策者的动机和选择。他们在不受信任的环境中分析了合适的博弈论解决方案，并将结果与最佳决策进行了比较，这些决策将使受信任环境中所有共存网络的预期收益最大化。

3.4　多接入边缘网络与超密集网络

多接入边缘网络指的是用户可以在接入不同的网络的情况下，共享边缘服务器的计算和存储资源。随着新型应用的不断涌现，边缘设备的不断增多，思科公司在"思科虚拟指数"中预测，2014 ~ 2024 年期间全球移动数据量将增加 10 倍。在频谱资源匮乏的情况下，一项有效且长期的解决方案是增加现有的频谱利用率，从而显著提高网络的容量，并且缩短终端用户与接入节点的距离，改善链路的质量。超密集网络概念在这一背景下应运而生，其基本思想是通过密集部署功率较小（覆盖范围较小）的服务节点，使得边缘服务节点更加靠近边缘用户。因此，超密集网络引入了一种与传统蜂窝网不同的覆盖环境，其中任何给定的用户可能处于非常靠近多个小蜂窝的位置。移动边缘计算随着超密集网络的出现也进入了崭新的一页，欧洲电信标准化协会将 MEC 的概念由移动边缘计算更名为多接入边缘计算。除了名字变更之外，欧洲电信标准协会还将进一步尝试把多个边缘服务器部署于不同的网络中（包括 LTE、5G 网络以及 Wi-Fi 技术的网络），用户可以在接入不同网络的情况下共享边缘资源，同时也意味着用户可以通过切换不同的接入方式提高边缘计算的服务质量。接下来我们将介绍多接入边缘计算网络架构。

如图 3-18 所示，多接入网络架构分为以下几个部分。

1. 边缘计算主机

边缘计算主机为边缘应用程序提供计算、存储和网络资源，并通过虚拟化技术为用户提供定制化的服务。多接入网络架构着重强调边缘服务器通过相互之间的连接构成的边缘服务器网络，可以通过相互之间的通信共同为边缘用户提供服务。

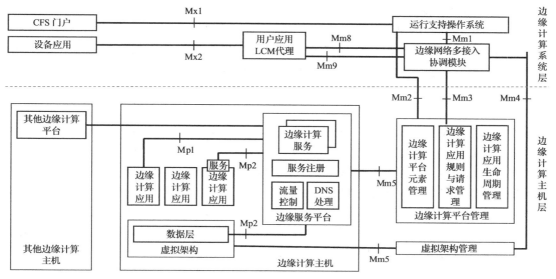

图 3-18　多接入边缘计算网络架构

2. 边缘服务平台

边缘应用程序运行在由边缘服务器提供的虚拟机上。边缘应用程序可以与边缘服务平台进行交互，以提供应用程序生命周期的相关支持，如应用程序所需资源、最大容忍延迟等。边缘平台在特定的虚拟化基础架构上为边缘服务提供基本功能集合，并制定应用程序管理规则，包括服务授权、流量规则、DNS 配置和相关解决冲突的方案。

3. 边缘网络多接入协调模块

考虑到多接入网络中多服务器分布于边缘网络中，该架构增加了一个核心模块负责边缘网络的多接入控制，具体功能如下：

①管理已部署的边缘服务器，可用的计算、存储、传输资源及其拓扑结构。

②管理边缘网络所提供的服务。检查软件包的完整性和真实性和相关要求，并根据系统要求对其进行调整。保留已装入软件包的记录并向虚拟化管理器申请所需资源。

③管理终端用户卸载决策。边缘网络多接入协调模块作为多接入网络核心模块，负责调度用户请求。主要从两个方面协调用户的请求：

a）通过服务部署方案协调用户请求。当用户请求某一特定服务的时候，管理器将请求路由至相应的服务器上，但由于存在多个可选的服务器，因此需要根据服务最大容忍的卸载端到端时延灵活协调所有用户的请求。用户的卸载端到端时延包括无线传输时延，边缘服务器网格内传输时延和服务器处理时延。因此协调策略可分为三个部分：无线接入节点，边缘服务网内路由和处理器处理时序。通过协调各请求的接入节点可有效缓解拥塞的通信链路，降低无线传输时延。通过协调请求的边缘网内路由，可有效缓解拥塞链路和路由器转发时间。通过协调处理器处理时序，可按照各请求的最早最晚截止时间，尽量满足多用户请求。

b）通过资源分配方案迎合用户请求。考虑到边缘用户的移动性和多变性，一成不变的服务部署方案很难始终保持良好的服务质量。因此除了协调用户的请求来适应边缘网络资源，我们也需要主动调整边缘网络的资源来满足用户多变的请求。具体地，通过用户请求的分布部署合理部署多个服务实例，扩容或新建应用实例来满足激增的用户需求，从而缓解通信时延和处理时延。

综上所述，边缘网络多接入协调模块作为多接入网络架构中的核心框架，主要负责管理硬件资源并合理分配至各服务、在边缘网络中安排服务部署实例数量和位置、协调边缘用户请求通过最合理的无线链路、以及将任务卸载至边缘网络中最恰当的服务器。

接入网络是边缘计算过程的第一步，在很多系统场景中（特别是低功耗设备），接入过程的延迟甚至能够占到整个系统性能的主要部分。接入过程一方面具有大量异构的通信方式可供选择，另一方面，即便对于给定的通信方式，多接入场景中不同的接入点也会直接影响到接入效率。因此，当前接入技术仍然处在百花齐放的阶段，对于各类物联网、移动网络系统需要根据具体的应用需求采用恰当的接入技术和接入策略。

习题

参考文献

第 4 章 _Chapter 4_

计算任务卸载

本章的基本框架如图 4-1 所示，通过上一章介绍的各种边缘用户接入的方式，边缘用户可以通过各种方式将任务传递至边缘网络进行处理，这一过程即为计算卸载，即将用户的计算任务卸载到边缘服务器上。在本章中我们将介绍边缘计算任务的卸载策略。具体来说，我们将在 4.1 节中介绍边缘计算任务卸载概念，随后对任务卸载的三个步骤（任务上传、任务处理和结果返回）展开介绍，并探讨边缘任务卸载的评价标准。我们将在 4.2 节中介绍两种卸载方式，即 0-1 卸载和部分卸载，在 4.3 和 4.4 节中详细讨论这两种卸载方式在不同场景和不同边缘架构下的具体应用。4.5 节将介绍实现边缘卸载的相关开源工具。最后，4.6 节是边缘计算任务卸载的展望与挑战。

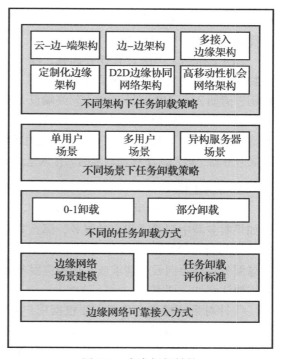

图 4-1 本章框架结构

4.1 任务卸载概述

边缘计算的核心是将用户任务转移至边缘服务器，降低用户时延和终端设备能耗。在本节中，我们将首先向读者简要介绍终端用户任务卸载策略，接着给出评价任务卸载策略的指标。

4.1.1 任务卸载概念与步骤

本节我们将首先介绍什么是任务卸载，然后对任务卸载中的三个关键步骤进行详细阐述。由 ETSI、ECC 等组织发布的边缘计算标准文件可知，边缘计算的核心思想是将计算平台的相应功能从网络核心侧（云端）移动至网络接入侧为用户提供近距离服务，以减少终端用户时延，增强用户体验[1-2]。此定义给出了边缘计算的基本框架，即在网络边缘侧部署具有一定计算能力的节点就近为用户提供服务。用户通过将计算任务卸载至边缘服务器来完成各类运算任务。在本章中我们将暂且忽略边缘网络中服务部署、资源分配等系统过程，重点放在用户的任务卸载策略，即如何通过合理的规划边缘计算用户的卸载方案（如确定用户服务在边缘网络执行的位置、所分配资源的大小以及路由至计算资源的路径选择），提高用户服务体验。

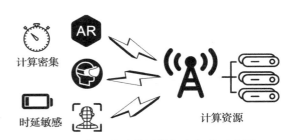

图 4-2 典型的边缘计算任务卸载示意图

图 4-2 描述了边缘计算任务卸载，随着物联网技术的发展，出现了大量的新型应用，诸如 AR、VR 等[3]，考虑到终端设备能耗以及计算资源的限制，终端设备需要将计算密集型、延迟敏感型任务卸载至边缘服务器进行处理，通常情况下为了方便数据通信，边缘服务器一般部署于移动蜂窝网的接入基站附近[4]。任务卸载一般分为三个主要的步骤。

1. 任务上传

此阶段中用户利用可靠无线传输技术，将任务通过移动接入点卸载至边缘服务器。此时如果服务器中部署了相应的服务，那么只需要上传任务的输入，如 AR 应用中，终端设备所采集的图片[6]等。如果服务器中只是提供了计算环境而没有部署相应的服务，那么此时边缘服务器需要向云端请求或上传相应服务的代码以便在服务器上进行部署。在任务上传阶段需要注意如下两点：

①针对系统场景，我们需要根据用户服务的特点选择合适的通信技术，如当用户数量远多于接入节点数量时，采用正交频分复用技术 OFDM[7]。又如当低功耗物联网设备距离基站侧较远的情况下，可以利用 LoRa[8] 等线性调频技术增大传输距离，并且根据距离的远近调整扩频因子。

②随着超密集网络（Ultra-Dense Network，UDN）概念的提出[9]，用户附近可能存在多个可选的接入节点，此时需要协调不同用户的上传策略（接入节点选择、用户通信时序安

排）以减少任务上传延迟。

2. 任务处理

当任务到达服务器，服务器根据所到达任务的计算复杂度、所需的用户服务要求分配合理的资源以及处理时序。如图 4-2 所示的只是单服务器的情况，在多个服务器组成的边缘网络中，还需要考虑任务在多服务器之间的协同处理。

3. 结果返回

当任务在边缘服务器执行完成后，通过用户接入节点返还任务结果至终端用户处。值得注意的是以下两点：

①任务回传的数据量往往远小于任务上传的数据量，比如在视频监控场景中，摄像头将采集到的图像上传至边缘网络进行分析处理，其返回的结果往往只是一个是否需要报警的指令。

②在移动场景中，用户接入的边缘服务器和接受返回结果的服务器往往不是同一个节点，需要根据用户的移动轨迹，将结果路由至相应的回传节点[10]。

我们将从边缘用户卸载的角度出发，重点讨论任务卸载过程，包括不同的任务卸载方式、不同场景下的任务卸载决策以及不同架构下的任务卸载策略。在后续章节我们会根据本章所讨论的卸载策略，进一步讨论边缘网络如何部署相应的服务、分配合理的资源以满足用户的计算需求。因此在本章中，我们假定边缘服务运营商已经完成了边缘服务器、边缘服务类型的部署，重点讨论用户如何根据部署的结果，合理规划自己的卸载策略。

4.1.2　计算卸载的时延模型

由前述边缘计算的介绍可知：

①边缘计算的核心思想是辅助终端设备以低能耗、低时延的方式处理复杂的计算任务。

②边缘计算中的任务卸载主要是由任务传输和任务处理两部分构成。

可见，计算卸载的效率将直接影响到边缘系统的整体性能表现，而任务传输和任务处理又直接影响到计算卸载的延迟。在介绍计算卸载的策略及优化方法之前，本小节将首先介绍任务传输和任务处理中时延和能耗等关键指标的建模，并讨论用于评价边缘计算策略优劣的衡量标准。

1. 任务传输时延分析

本小节将分析任务的可靠传输方式，无线传输策略对于边缘计算的重要性，归纳不同传输方式的特点，最后给出边缘场景中无线传输时延和能耗的一般表达方式。在云计算网络中，关于任务的传输时延一般主要考虑用户到核心云之间的路由器"跳数（数据在网络中经历转发的次数）"，因为相较于任务在接入端的无线传输时延，路由器的存储转发时延占主导地位[11]。不仅如此，由于云计算通常为大覆盖范围的用户提供服务，其在前端传输侧用户之间的干扰相对较小。但是在边缘计算中，由于用户与边缘服务器之间往往就是"一跳"的距离（直接相连），并且边缘服务器通过接入节点为同一区域内的用户提供服务，信道之间的干扰显著，因此无线信道的准确建模对于制定边缘计算卸载策略至关重要。无线信道的可靠接入方式已在第 3 章做了详细的描述，这里简要归纳一下，如表 4-1 所示。

表 4-1 无线信道可靠接入方式

	最大覆盖范围	工作频段	数据率
NFC	10cm	13.56MHz	106kbps，212kbps，414kbps
RFID	3m	LF: 120kHz ～ 134kHz HF: 13.56MHz UHF: 850MHz ～ 960MHz	Low（LF） ≀ High（UHF）
蓝牙	100m	2.4GHz	22Mbps
Wi-Fi	100m	2.4GHz、5GHz	135Mbps
GSM	10km	900MHz ～ 1800MHz	14.4kbps
3G	10km	1.92GHz ～ 1.98GHz	2Mbps
LTE	100km	TDD: 1850MHz ～ 3800MHz FDD: 700MHz ～ 2600MHz	DL: 300Mbps UL: 75Mbps

表 4-1 中，不同的接入技术在覆盖范围、工作频段以及传输数据率有所差异，用户可以根据任务的实际需求、用户所在位置选择合适的传输技术。例如，当 Wi-Fi 信道拥挤时，用户需要获得低延迟的服务时，可以选择 4GLTE 等避免信道竞争；而当用户考虑任务传输的流量成本时，可以选择 Wi-Fi 或者蓝牙等免费接入方式，但是由于此种接入方式覆盖范围有限，用户可以采用延迟卸载策略（卸载任务产生后并不立即对任务进行上传，而是当检测到附近有相关接入方式时才进行任务卸载）。

影响信道质量的主要因素为以下三点：多径衰减、信噪比和同频干扰。针对不同场景采用不同的传输方式可以降低这三点主要因素对于数据的影响，从而保证数据的可靠传输。由于边缘环境的多样性，几乎不可能将所有场景进行分类并对其进行建模，因此一般采用香农公式去预估信道理论的可靠传输速率[12]。

任务上传速率：
$$R_j = B\log_2\left(1 + \frac{q_j g_j}{N + \Sigma_i q_i g_i}\right) \tag{4-1}$$

上式中 B 代表用户所分配的带宽，N 代表环境底噪，q 代表用户发射功率，g 代表信道增益。该公式给出了在特定场景中，采用最合适的调制技术、编码方式所能达到的可靠传输速率上界。由该公式可知，在任务卸载过程中，无线传输速率会随着竞争用户数的增加而指数级增长，可以通过提高传输带宽、设备发射功率来提高数据传输速率。一般情况下，用户可传输的带宽根据所选通信方式已经基本确定，因此增强信号发生功率是提高数据传输速率的有效途径，但是在多用户场景下，此种方法会对同频的其他用户造成干扰，因此在多用户情况下，需要协调各用户的频带选择以及发射功率来提高边缘卸载系统的整体效率。而且增加发射功率会提高边缘设备的能耗。

任务卸载能耗：
$$E_t = q* \frac{\text{Input}}{R} \tag{4-2}$$

式中 Input 表述任务卸载需要上传的数据量，$\dfrac{Input}{R}$ 表示任务卸载所需时间。当服务器缓存了相应的服务，此时只需要该服务的输入参数，而当服务器只是提供计算资源时，Input 还应包括相应的服务代码段。

2. 任务处理时延分析

当任务传输至边缘网络后，接下来我们将介绍任务在边缘网络中的任务处理建模。在边缘网络中，边缘用户数量往往高于服务器数量，导致服务中资源的竞争不可避免。不同的用户将共享服务器中的 CPU、高速缓存以及主存等资源，所分配资源的大小直接影响到服务处理时间。对于任务处理时间的分析，下文将针对不同场景展开讨论。

（1）单个任务的处理时间建模

当单个任务卸载至边缘服务器，边缘服务器所需处理时间可以表示为

$$T = \frac{C}{R} \tag{4-3}$$

其中 C 表示处理该任务需要的 CPU 周期数（体现任务复杂程度），R 为边缘服务器分配给用户的计算资源，表示单位时间占用 CPU 的周期数。值得注意的是：

①在一些情况下，用户可以主动降低服务的复杂程度来降低任务处理时间。如在 AR 应用中，当边缘资源竞争激烈的情况下，可以采用复杂度较低的对象检测算法（如 TinyYolo、Deepmom 等）[13]，虽然这会降低对象检测的精度，但是可以在用户容许的最大时延情况下返回 AR 识别结果。

②服务器通过合理分配处理器资源，能够保证更多用户的服务质量。

（2）用户持续请求的处理时延

式（4-3）给出了单个任务的处理时间，在实际情况下，用户会持续不断地向边缘网络提出边缘计算的请求，而当有多个任务时，部分任务将涉及任务等待处理的时间。如 AR 应用中，当终端设备采集的图像发生变化，需要持续将更新的图片上传至边缘服务器进行处理。通常情况下，我们假设两个连续的任务到达时间间隔彼此独立，并且到达时间服从泊松分布[12]。在此场景中任务依次进入边缘服务器，并且假设当时间足够长时，服务器排队队列并不会无限长。这里需要特别说明此假设的合理性：

①从前文的分析中可以看出，用户数量的增多会使得无线传输时延指数级增长，所以用户队列不会无限增加，因为服务器处理速率会远远高于用户到达的速率；

②从下一节的分析中，我们也可以得知，当用户请求强度明显高于服务器处理能力时，用户将不会采用此种达不到服务质量要求的卸载策略。因此我们可以认为边缘服务器排队的队列不是无限长的。

综上，我们可以将用户对于边缘服务器的持续请求规约到排队论模型 M/M/1，其中第一个 M 表示用户到达的强度服从泊松分布，第二个 M 表示任务处理时间服从负指数分布，"1"表示该排队系统中只有一个服务器[15]。任务卸载至网络后在服务器处逗留时间（即排队时间与处理时间）的均值为

$$T_e = \frac{1}{\mu - \lambda} \tag{4-4}$$

其中，λ 表示用户请求强度（泊松分布的均值），μ 表示服务处理时间的均值，虽然假设用户服务依次进入服务器进行处理，可以保证单个任务对于服务器的所有资源（CPU、内存、高速缓存等）都是独占的，但是任务本身计算量的波动会造成服务处理时间的波动，比如在图像识别中，不同分辨率大小的图片，在处理时间上存在差异[16]。又如在语音识别中，即使截取相同长度的语音文件，因为其有效长度的差异也会造成处理时间的波动。在式（4-4）中我们假定任务处理时间服从最常见的负指数分布，当然不同的服务可以服从不同的分布，甚至处理时间就是一个常数，我们可以用 M/G/1 模型进行建模，其中 G 表示任务处理时间服从任意分布。

（3）多服务竞争情况下的处理时延

虽然通过资源分割这种分区域的方式或者依靠排队论这种分时的方法，可以很好地刻画多服务竞争下的处理时延，但这两种方法不可避免地造成资源的浪费，并且没有考虑到资源间的有效复用[17]。为了解决上述问题，应首先分析多服务竞争情况下的瓶颈资源类型及位置，不同的瓶颈资源会影响不同的关键指标，最后根据不同的关键指标进行处理时间的预测。

①瓶颈资源分析。

如图 4-3 所示，当数据包到达网卡后（NIC）通过 PCIe 总线传入主存中，如果架构支持数据直接输入输出技术（DDIO），则直接将数据包传输到高速缓存（LLC），相应的网络服务将在多级高速缓存或者主存中寻找数据包进行处理，最后数据包处理结果将通过NIC 回传。研究工作［17］的研究结果表明竞争主要存在以下方面：首先是第三级高速缓存。由于多核中各 CPU 独占一二级缓存而共享三级缓存，因此引发竞争的核心点首先位于三级缓存中。具体地，竞争的大小与其占有三级缓存的大小有关，并且与竞争者

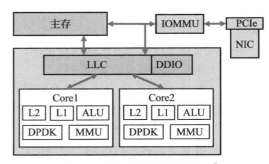

图 4-3　服务器竞争资源分析[○]

访问三级缓存的频率相关。其次是输入输出时 DDIO 资源竞争。再者是主存与三级缓存之间传输资源的竞争。当确定了三级缓存为竞争的核心因素后，可通过为每一个服务划分固定的区域，将这一核心因素的竞争降到最低。此处，与三级缓存相连的两个 I/O 主线（DDIO、主存与三级缓存中的传输主线），也对服务最终的处理时间产生影响。以上两点竞争与用户占有带宽的大小和竞争者访问频率直接相关。

②竞争关键指标。

上面我们找到了影响服务时间的三个"瓶颈"位置，分别是三级缓存、DDIO 以及主存

○　MMU 为内存管理单元，IO 为输入输出，DPDK 为数据平面开发套件，DDIO 为数据直接 IO，LLC 为第三级缓存，ALU 为算法逻辑单元，L1 为一级缓存，L2 为二级缓存，NIC 为网卡。

带宽资源。接下来我们将介绍这三者之间竞争的量化分析[17]，针对两个 x86 架构的处理器 IntelXeon E5-2620 v4（Broadwell）和 IntelXeonSilver 4110（Skylake），利用英特尔 PCM 框架实时监控与资源利用率相关的各个参数进行实验分析，在这两种架构下分别装载不同的网卡：Broadwell XL710-40Gbps NIC 和 Mellanox MT 2700-100Gbps。在此设置下运行了大量的边缘应用进行实验测量，如图像识别、语音识别等。

该工作通过 PCM 框架一共监视了约 600 多个参数，并且从众多的"噪声"参数中筛选出与竞争相关的参数，如表 4-2 ～表 4-4 所示。

表 4-2　三级缓存竞争相关参数

指标	相关度
三级缓存命中率	0.98
三级缓存占有率	0.87
三级缓存未命中率	0.79
本地 NUMA 带宽	0.76
二级缓存未命中率	0.36
远端 NUMA 带宽	0.13

表 4-3　DDIO 竞争相关参数

指标	相关度
写主存频率	0.90
读主存频率	0.88
三级缓存占有率	0.88
三级缓存访问率	0.76
三级缓存命中率	0.40
NUMA 带宽	0.20

表 4-4　主存竞争相关参数

指标	相关度
读主存频率	0.81
写主存频率	0.81
NUMA 带宽	0.80
三级缓存未命中率	0.79
三级缓存占用率	0.77
三级缓存命中率	0.67

通过数据可以从 PCM 框架中的 600 余个参数聚焦到以上几个参数。如表 4-2 ～表 4-4 所示，三级缓存的竞争主要与三级缓存占有率、三级缓存访问率（命中率 / 未命中率）有关系，而主存的相关竞争主要和读写主存频率以及三级缓存未命中率有关系。

③不同关键指标下处理时间的预测。

通过上述分析找出了竞争中涉及的核心参数，随后可以根据这些核心参数及其相关度，挖掘上述指标与用户最终性能指标的关系，建立深度学习框架，通过训练找出核心参数与最终服务时间的关系，当新的请求到来时，通过当前核心参数的值以及请求的类型，可以预测服务处理的时间。

综上我们分析了三种常用的处理时间建模方法，虽然前两种方法较为直观，并且容易求解，但相比于第三种方法资源利用率并不高。在边缘场景的实际应用中根据情况进行灵活选择。

4.1.3　边缘计算任务卸载评价指标

在详细分析了边缘计算任务卸载的工作流程（任务传输过程和任务执行过程）后，本节将根据上述的延迟分析，讨论如何评价一个边缘卸载策略，并以此为指导合理地制定边缘卸载策略。本章从用户角度出发，分析边缘卸载的评价指标，并将在第 7 章从边缘网络运营商的角度考虑边缘卸载系统的相关评价方法。

相比于传统云计算，边缘计算的重要优势之一是降低的网络传输延迟，能够支持实时性高的应用；此外，通过快速的响应能够降低物联网系统的功耗，为物联网系统赋能。从用户角度出发，边缘计算卸载的指标则是考虑任务时延和终端设备能耗。这里需要再次强调的是，卸载策略要解答三方面问题：任务在什么时间卸载，任务通过怎样的方式进行卸载，任务卸载至哪个边缘服务器。本节主要讨论对卸载策略的评价，关于卸载策略的具体设计、优化与执行将在后续章节讨论。

1. 服务时延和设备能耗

对于服务时延的评价主要通过对比本地处理时延、卸载至边缘的任务处理时延和云端处理时延。如果边缘处理时延更优，则我们可以认为此时的边缘卸载策略是成功的。在确定将任务卸载至边缘网络后，依然可以调整不同的无线接入方式、边缘网络中的服务器，按照时延为标准进行相应的调整。

对于能耗的评价通过对比本地能耗和任务卸载所需要的能耗进行，当卸载方案能够减少能耗时，可以认为该卸载策略是有必要的。值得注意的是，任务卸载产生的能耗只存在于任务传输消耗的能量。如前所述，终端设备的能耗与任务传输时间、终端设备发射功率有关。因此通过灵活调整卸载任务时的接入节点，有机会进一步降低设备发射功率或者提高传输码率，从而降低传输功耗。

在低功耗物联网场景中，存在着大量延迟敏感型、计算密集型任务。此类任务需要同时考虑上述两个参数，但是这两个参数往往又存在相互影响、相互制约的关系，比如终端设备为了节省传输能耗，可能会降低通信设备发射功率，从而导致所传输信息抗干扰能力变弱，数据误码率变高，重传次数增加，最终增大了无线通信的时延。为了解决这种多条件相互制约的问题，一种可行的解决方案是将其中之一作为优化目标，而另一个作为限制条件。比如在能耗满足的情况下尽量降低任务的时延，或者在满足服务截止时间的情况下，节省设备的能量开销。

2. 用户体验质量

除了上述两个边缘计算中的客观评价指标，对于特定的应用也有针对性较强的体验评价指标对卸载策略进行评价。例如在流视频应用中，视频的播放体验可以作为衡量边缘卸载策略优劣的依据：视频帧率、视频卡顿次数以及视频初始加载时间等。其中视频帧率与边缘服务的转码效率有关，视频卡顿次数与边缘网络分配给该服务的带宽有关。视频初始加载时间与任务传输时延以及视频请求码率有关。因此，可以通过合理分配网络带宽、转码效率来提高用户 QoE[19]。又比如在 AR 场景中，我们可以通过用户 QoA（Quality of Augmentation）来评价边缘卸载策略的好坏。其中 QoA 主要由图像中的物体定位精度和识别精度决定，这取决于边缘网络所加载的服务类型，当任务卸载至加载了精度较高的图像识别算法（Yolo 和 SSD 等）时[20]，用户 QoA 会显著提高，但相应的服务处理时延就会增加。

此外用户的 QoE 还体现在用户所需支付的费用上，例如用户通过蜂窝网络进行任务卸载的费用通常会高于通过 Wi-Fi 网络进行任务卸载的费用，但是蜂窝网络覆盖范围较大，在一般高动态场景中可用性较高。在后文中我们也会讨论一种面向用户体验的延迟卸载策略来优化此目标。

本节通过分析边缘计算中的任务传输和任务处理这两个核心环节的建模，分析探讨了边缘卸载策略优劣的评价标准，在后文中我们将根据此标准评价不同卸载方式、不同场景以及不同架构下的卸载策略。

4.2　任务卸载方式

在对边缘计算任务卸载过程进行了系统建模，并对卸载策略给出了相关评价标准后。本节我们将依据此任务卸载标准，介绍两种最基本的卸载方式：0-1 卸载和部分卸载。本节我们将先阐述这两个基本概念，在后面的章节继续介绍这两种卸载方式在不同框架和不同场景中的具体卸载策略。

4.2.1　0-1 卸载

0-1 卸载是指要卸载的任务只能作为一个整体，要么完整地在本地执行，要么完整地卸载到边缘侧执行。其中，"0"表示任务在本地执行，"1"表示在边缘网络执行，其切换依据上节提出的边缘卸载评价标准进行。具体地，当本地计算时延（能耗）低于边缘卸载时延（能耗）时，任务在本地执行，反之则需要将任务卸载至边缘执行。在边缘计算早期的研究中，计算任务通常由一个三元组进行表示，即 < 任务输入大小；任务截止时间；计算复杂度 >：

- ❑ 任务输入大小直接影响到任务上传所需时间，该参数由边缘服务器是否部署了相应服务来判断是否需要上传服务相关的程序代码段并加载至边缘服务器。
- ❑ 任务截止时间代表用户所能容忍的最大时延，其中又可分为硬截止时间（Hard Deadline）和软截止时间（Soft Deadline），即是否允许部分任务在截止时间后完成而不会造成不可接受的损失。
- ❑ 计算复杂度通常使用任务所需要 CPU 处理的周期数来表示。边缘用户通过任务复杂度来估计并比较本地和边缘执行的开销，从而做出合理的卸载策略。其中开销重点考虑两类：时延开销和能量开销。其中能量开销包括本地传输数据造成的能耗开销（设备发射功率乘以所需传输数据的时间），时间开销指的是服务从发起到完成的端到端的时延（传输时间、边缘网络处理时间）。

在 0-1 卸载中，一个关注的重点是判断能否通过卸载决策降低开销。伴随着边缘用户数和服务器的增多，这种决策变得更加灵活，但决策复杂度显著提高。灵活性主要体现在用户有更多的卸载目标，可以通过对比不同的目标服务器的收益，选择最优的策略。而用户之间的竞争则增加了决策的复杂度：

①当用户数大于服务器数量时，不同用户不可避免地需要共享服务器的计算资源，使得计算时间增加。

②在同一通信范围内的不同用户，相互间会造成一定的通信干扰，增加了数据传输的时间，不仅增加了端到端的时延，边缘设备传输的能耗也会相应增加。

③边缘环境的动态变化导致难以设计中心式的卸载策略。不仅如此，每个用户很难了解其他用户的卸载策略，也就无法估计通信时间、传输时间和总能量开销。如此不完备的信息，导致用户无法做出精准的卸载策略。因此，多用户计算卸载只能采用分布式的架构，但

如何设计高效快速的分布式卸载决策（快速收敛与收敛精度）成为当前研究的难点和热点。

虽然 0-1 卸载在多用户多服务器场景下复杂度有所增加，但是由于其只考虑任务整体的卸载策略，处理代价相对较小。

4.2.2 部分卸载

与 0-1 卸载相对的是部分卸载，是该方式将任务划分为多个子任务进行并行化处理，降低任务完成时间。不仅如此，通过任务的细分可以有针对性地卸载一部分子任务以减少任务卸载时的能量开销。部分卸载可以从两个方面进行理解，即数据分解和任务分解。数据分解是将任务的输入数据进行拆分，并且将拆分后的输入数据卸载到多个边缘服务器进行处理，此方式可以看作多个数据块的 0-1 卸载的组合。需要特别注意的是，输入数据之间可能存在相关性，相关性的解决方案与下文讨论的任务分解中相关性类似。本小节将重点考虑任务分解，随着物联网中新型应用的不断涌现，任务的复杂度也在不断提高，通常一个任务可以拆分为多个子任务。子任务之间的关系可以是串行，也可以是并行，子任务之间构成了一个复杂的拓扑，形成一个有向无环图（Directed Acyclic Graph，DAG）。

如图 4-4 所示的物体识别应用，物联网终端设备摄像头首先采集图像，然后传入图像预处理模块进行降噪等处理后，传送至两个并行的应用：形状识别和材质识别，最后传入基于神经网络的分类框架中进行物体识别。图示的 DAG 中圆圈代表子任务，圆圈中的数字代表子任务处理所需时间，有向的箭头代表子任务之间的依赖关系（如图像特征提取需要图像预处理的结果到达其所在的服务器中才可以运行），子任务之间依赖关系的大小可由它们之间所需传递数据量的大小来衡量。我们可以根据子任务的特点以及网络环境更加细粒度地规划卸载策略，其基本思路仍然从时延和能耗两方面进行考虑。比如，可以将一些计算密集型的子任务卸载到边缘执行，以缩短任务执行时间（比如图 4-4 中的分类器，因为涉及计算密集型的深度学习任务，又由于在边缘中，相较于本地可以收集到更多的图像进行模型训练，所以此分类器在边缘执行识别精度也会更高）；将一些需要与本地数据交互频繁且计算量不大的子任务在本地执行，以减少频繁交互数据带来的能量开销；将一些可并行的子任务同时卸载

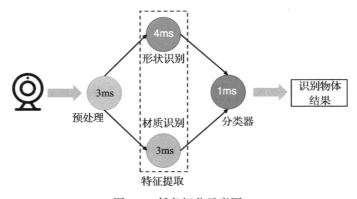

图 4-4　任务切分示意图

到多个边缘服务器并行处理（如图 4-4 中物体的形状识别和材质识别模块可上传至不同的服务器并行处理，再将结果分别传输至深度学习分类器），以缩短应用整体的时延。这里的并行执行可以是不同边缘服务器的并行执行，也可以是本地处理器和边缘服务器的并行执行，在一些特殊情况下某些子任务只能在本地进行处理，将不进行任务卸载。部分卸载相较于0-1 卸载，能够更好地利用任务自身的并发性降低服务整体时间和终端设备能耗。但是策略的设计需要克服更多的挑战，具体包括以下几点。

①子任务划分。

需要分析任务的特点并将任务合理地划分为多个子任务。从上面的分析中可能会得出这样一个结论：任务划分越细，粒度越小，更能灵活部署子任务，并充分利用边缘的计算资源。但是任务划分会不可避免地造成冗余，划分粒度越细，冗余程序段越多，子任务之间的数据交互也就越频繁，这会造成计算和通信时间的增加，因此如何划分子任务成为该问题的第一个挑战。具体来讲，如何利用可用的边缘计算资源和任务的特点进行任务划分。比如，当边缘服务器较多，且计算能力相近（该参数与处理器处理能力和当前处理器负载相关）的情况下，可将任务切分为大小相近且可以并行执行的任务；当计算能力差异较大时，可以根据子任务的预估完成时间，切分成若干并行的子任务，使得这些并行子任务之间不存在明显的瓶颈任务。与 0-1 卸载策略所遇困境一样，如何估计子任务的完成时间也存在很大的难度，即设备无法获悉周围设备的切分和卸载策略，从而无法正确估计传输时间和处理时间。这部分内容我们将在不同场景中的卸载策略进行详细介绍。

②依赖关系约束。

如何将一系列相互关联的子任务卸载至边缘服务器。我们首先应该对子任务构成的 DAG 图进行分析，确定每个子任务的优先级，通过具体子任务的计算量、后继任务的个数、计算量、通信时间来综合判定子任务的优先级，如图 4-4 所示预处理模块的优先级相比其他子任务都较高，因为其距离出口节点较远；而材质识别模块的优先级低于形状识别模块子任务的优先级，因为其处理时间小于形状识别模块，而且他们后继节点相同。优先级越高的任务我们在资源分配策略中越优先考虑，为其分配更优的计算资源。在子任务构成的有向无环图中，后继任务依赖于前序任务的完成结果，也就是说一个任务能够开始执行有三个必要条件：

- 所有前序任务都已经执行完；
- 前序任务的结果已经传输至待执行子任务的服务器；
- 待执行任务所在的服务器可供该任务调度执行，即相关处理器有空闲时序供子任务处理。

综上考虑以上三点限制条件才能合理规划出每个子任务的卸载策略，包括哪些子任务在什么时间卸载至哪个目标服务器，以及在服务器中子任务执行的时序。这类子任务卸载问题已经被多篇工作证明为 NP 难问题[⊖]，一般的解决思路为：首先分析任务子图，确定一条关键路径（该路径所需的执行和传输时间最长，路径上的节点一般拥有较多的后继节点），

⊖　NP 难问题是对一类复杂问题的描述，这类问题的解未必在多项式时间内可验证（可简单理解为解的搜索空间过于庞大）。

然后尽量将资源分配给关键路径上的子任务。但是此种方法也有不合理之处，因为要判断一个任务的优先级需要知道任务的执行时间，而此参数在任务卸载之前无法获得，因此此方法只给出了一个粗略的估计，更加合理的方法还仍待学术界进一步探索。

③多用户子任务卸载策略。

不同用户的资源竞争使得计算资源与传输资源受到影响，每个子任务需要的处理时间、子任务之间交互数据的时间因此也受到影响，在评价每个用户 DAG 子图中各个子任务的权重（优先级）时，需要综合考虑所有用户子任务的优先级，因此如何协调资源成为提高多用户边缘系统效率的关键。其中如果采用中心式架构，可以利用边缘计算中计算能力强的节点作为架构中的控制器，收集各用户请求（子任务输入大小、子任务计算量、子任务之间依赖性、任务截止时间等），服务器计算能力及当前状态，边缘网络拓扑结构及带宽大小。综合以上几点，中心式的规划子任务卸载策略，包括子任务上传的接入节点、子任务所卸载服务器、子任务在服务器中的计算时序。通过集中处理所有用户请求，中心式算法往往能够充分利用边缘资源实现很高的卸载效率，使得所有用户延迟、能耗最小化。但是由于需要实时收集到所有设备的信息才能对卸载策略进行规划，在高动态的边缘网络中做到这一点几乎是不可能的。因此中心式的方法也只停留在了学术研究阶段，现阶段急需提出分布式的方法解决多用户多子任务的卸载问题，针对此问题我们将在具体场景中继续深入讨论其分布式算法。

以上提出的三点挑战是紧密耦合的关系，通常无法通过"一一击破"的方式解决部分任务卸载问题。任务切分方式不仅受到自身特点以及边缘可用资源的影响，还受到卸载策略所能分配得到的边缘资源情况的影响，而要制定高效的卸载策略又需要合理的任务切分方法。在多用户场景下，每个用户的任务切分方式和卸载策略还受到其他用户的制约，使得问题变得更加错综复杂。由此可见，部分卸载策略虽然更适用于大型应用，且其以更细的粒度卸载子任务以达到资源更高效的利用；但是因其策略维度较高（不仅需要考虑 0-1 卸载策略中的诸多问题，还需要对任务进行针对性的切分、卸载），所以策略生成复杂度较高，其适用场景和实际性能表现还需要学术界和工业界的进一步探索。

4.2.3　任务切分技术及实例分析

前面我们简要介绍了任务部分卸载方式，接下来我们将讨论其两个核心的步骤：任务切分和子任务卸载。我们首先讨论任务切分技术及实例。

1. 任务切分技术

顾名思义，任务切分是指将一个较大的任务拆分为多个子任务，以便于更细粒度的任务卸载。在任务切分过程中，为了保证后续卸载步骤的顺利进行，对任务的切分需要保证程序和功能的完整性。下面介绍两个典型的任务切分技术：CloneCloud 和 MAUI。

（1）CloneCloud

CloneCloud 是应用于边缘系统中的任务切分技术之一。CloneCloud 使用静态分析和动态分析的组合，以精细的粒度自动对目标任务进行分块，同时优化了计算和通信所需要的时间和能耗。在运行时，通过将线程从选定位置的移动设备中迁移到边缘网络的克隆区，对分区的其余部分执行分块，然后将迁移的线程重新集成回移动设备，来实现任务的分块。

CloneCloud 中的分块机制旨在选择任务哪些部分保留在移动设备上，以及哪些部分迁移到边缘网络中。分块机制的输出是一个分块结果，以此来决定任务分块的执行点。给定一组执行条件（如网络特性、CPU 速度和能耗），分块机制会产生一个分块结果，该分块结果针对总执行时间或移动设备上消耗的能量进行了优化。分块机制可以针对不同的执行条件和目标功能多次运行，从而生成分块数据库。在运行时，分布式执行机制从数据库中选择一个分块结果，通过在调用之前对可执行文件进行少量快速地修改来实现分块操作。分块程序使用静态分析来合理选择需要在代码中放置的迁移点和重新集成点。为简化复杂的迁移点选择，CloneCloud 限制了迁移点和重新集成点为方法的入口点和出口点，并且只允许在应用程序方法的边界进行迁移，不允许在核心系统库方法的边界进行迁移。此限制利用静态分析器、动态查探器简化了分块后的任务在运行时的实现。其中，静态分析器会根据约束标识出应用程序可执行文件的合理的分块结果，动态查探器使用一组输入对移动设备和边缘网络克隆上的可执行输入文件进行配置，并返回一组可执行的配置文件，为不同分区下的应用程序构成成本模型。优化求解器则使用前面步骤导出的成本模型，在静态分析器给出的分块方案中找到一个将目标函数最小化的分块方案。在运行时，所选分块将驱动应用程序的执行。

（2）MAUI

MAUI 是一种可感知能量的细粒度移动端代码卸载系统，能够将计算请求代码进行细粒度拆分后卸载到边缘服务器上。它通过细粒度的代码卸载最大限度地节省了能源，同时最大限度地减少了对应用程序的更改。MAUI 利用代码可移植性来创建智能手机应用程序的两个版本，其中一个版本在智能手机上本地运行，另一个版本在边缘网络中远程运行。托管代码使 MAUI 可以忽略当今移动设备和服务器之间指令集体系结构的差异。MAUI 使用反射和类型安全性自动识别远程方法，并仅提取那些远程方法所需的程序状态。MAUI 描述了应用程序的每种方法，并将其序列化以确定其网络传输成本。

MAUI 将网络和 CPU 成本与无线连接性（例如其带宽和等待时间）的测量结果结合在一起，以构建代码卸载问题的线性公式。此解决方案规定了如何在运行时对应用程序进行分块，以在当前联网条件下最大限度地节省能源。由于序列化可以在运行时完成，因此 MAUI 的应用程序配置文件会连续运行，以提供每种方法成本的最新估算。这种连续的分析使 MAUI 的程序分区方案具有很高的动态性。代码可移植性、序列化、反射和类型安全性的结合使 MAUI 可以提供动态且细粒度的代码卸载，并实现编程人员负担的最小化。

MAUI 的目标是最大限度地利用智能手机等设备的代码卸载优势。MAUI 提供了一个编程环境，开发人员可以在其中标记希望远程执行的应用片段。每次调用方法并使用远程服务器时，MAUI 都会使用其优化框架来决定是否应卸载该方法。一旦卸载的方法终止，MAUI 就会收集分析信息，这些信息可用于更好地预测在未来调用该方法时是否需要卸载。如果断开连接，MAUI 将在本地智能手机上恢复运行该方法；在这种情况下，应用程序只会带来很小的能耗代价，即将控件和程序状态传输到服务器的成本。MAUI 会检测应用程序的每种方法，以确定卸载它的成本（例如需要为远程执行转移的状态数量）以及卸载它的收益（例如由于卸载而节省的 CPU 计算周期数）。此外，MAUI 不断测量与边缘网络的网络连接性，以估计其带宽和延迟。所有这些变量都用于提出优化问题，其解决方案则指明了哪些方法应分流至边缘网络，哪些方法应继续在智能手机上本地执行。

2. 任务切分实例

本部分我们将介绍应用程序的具体切分方法，因为不同场景中的不同应用切分方式不同，因此我们以用途较为广泛的矩阵计算为例，介绍基础应用切分方式。矩阵计算是数值代数中的基本问题，许多场景中的计算都很大程度上依赖于矩阵计算，如图像处理、信号处理以及机器学习相关应用等[21]。

如图 4-5 所示，我们将讨论矩阵运算中运算量较大的乘法运算 $y = Ax$。矩阵乘法的运算结构相对简单，但其运算量较大，n 阶矩阵乘法串行计算的复杂度为 $O(2n^3-n^2)$，因此高阶矩阵计算很难在资源受限的终端设备上执行，通常需要将其卸载到边缘网络进行计算。

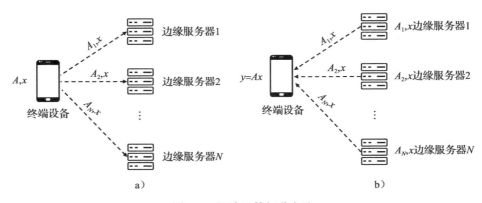

图 4-5　矩阵运算切分方法

我们假设终端设备需要计算一个维度较大的矩阵乘法运算，如图 4-5a 所示，设备将矩阵 A 切分为多个小的子矩阵 A_1，A_2，$\cdots$，A_N，每个子矩阵连同向量 x 一并卸载至边缘网络服务器组中进行处理，每个服务器通过计算后再将结果返回给终端设备，如图 4-5b 所示。我们通过下面的场景来说明如何进行任务切分：边缘网络由三个服务器组成，终端设备需要将一个 6 行的矩阵 A 切分后分别卸载至不同的服务器执行。我们假设服务器 1 计算一行需要 1 个单位时间，而服务器 2、3 分别需要 2 个和 10 个单位时间来进行一行的矩阵运算。如果我们采用平均的方式切分矩阵 A，每个服务器将负责处理 2 行矩阵的运算，相应的完成时间为 2、4、20 个单位时间。因为终端设备需要收集所有的运算结果才可以得到最终答案，因此任务完成时间为 max（2，4，20）= 20。从上面分析可以看出服务器 3 在该场景中是一个性能瓶颈，因此我们需要通过调整切分和卸载策略使得每个服务器之间充分协同以消除该性能瓶颈。一个合理的解决方案是将矩阵切分为 2 行和 4 行，并且只利用服务器 1、2 进行计算，最终完成时间仅需 4 个单位时间。

这样的分配方式是基于单用户多服务器的场景，即这三个服务器仅服务于该终端用户。但是在多用户情况下存在用户的竞争，使得各个用户很难精准地了解服务器的计算速度。因此需要设计一种反馈机制实时调整卸载策略，即从接受任务返回时间推断出服务器处理能力以及当前无线网络的时延变化，从而及时发现瓶颈服务器，调整任务切分策略，最终提高矩阵运算的效率。

4.2.4 子任务卸载策略

当任务按照自身的属性以及边缘网络的特点，将任务切分为合适的子任务后，下一步将考虑子任务的卸载策略，依照 4.2.1 节提到的卸载方法，我们用一个例子更加直观地描述子任务卸载策略。

如图 4-6 所示为车载导航的子任务卸载策略示意图，用户在导航设备中输入目的地址，导航设备通过采集用户当前所在的地理位置，传入两个并行的子任务：分析可选路径信息以及预测附近交通状况信息，最后通过以上两者信息输出最终规划路径返回给用户。图 4-6a 为车载导航任务的 DAG 图例，图中圆圈表示各个子任务：读取 GPS 信息、可选路径分析、交通状况预测以及最终路径输出。圆圈中数字表示服务本地处理时间分别为：1ms、3ms、4ms、1ms，图中有向线段表示子任务之间的依赖关系。

从图 4-6a 可以看出如果该任务在本地执行所需要的时间是 9ms，而如果我们采用 0-1 卸载策略如图 4-6d 所示，需要首先上传并加载各个子任务于边缘网络，然后在边缘网络顺序执行，最终将任务返还给终端导航设备。这里我们假设边缘服务器处理速度是本地处理速度的两倍，因此总时间等于上传并加载任务时间（4ms）+ 任务边缘服务器处理时间（6ms）+ 任务回传时间（1ms）=11ms，相比于本地处理时间还慢 2ms。根据边缘卸载评价标准（时延），该任务在边缘运算中收益为负，因此用户会选择本地处理该任务。

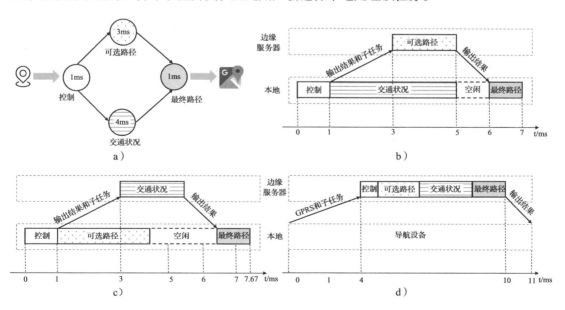

图 4-6 子任务卸载策略

但是如果我们考虑任务的部分卸载策略将交通状况预测子任务上传到边缘服务器中，如图 4-6c 所示，GPS 定位服务将本地处理结果并行地发送至边缘服务器的交通预测模块和本地路径规划模块，此时需要将 GPS 信息和交通预测模块上传到边缘网络，其所需时间为 2ms（因为在此种情况下只用上传一个子任务，因此通信时间大幅缩短），当交通预测模块运行完成后将任务返回给本地（时间节点为 7.67ms），此时路径规划模块已经于 4ms 时完成任务，但是终端设备只有获得两个并行任务结果后才能规划出最终的路径，最后通过路径规划模块和交通预测模块的并行计算，最终将时延缩短为 7.67ms。

当我们选择不同的子任务上传时可能得到不同的收益，如图 4-6b 所示，此时我们上传子任务路径规划模块时，因为其处理时间相比于交通预测子任务时间较短，可以利用这样的时间差传输结果，使得两个子任务并行效果更加明显，本地设备空闲的时间从 2ms 进一步缩短至 1ms，因此可以充分利用处理器资源缩短任务整体的执行时间。综合图 4-6 可见，三种策略各有优势。下面根据边缘卸载策略评价方式进行逐一讨论。

如果从时延的角度上考虑上述问题，图 4-6b 中的方案时延最短，用户响应性最佳。从终端设备能耗的角度上考虑上述问题，图 4-6d 将所有子任务都卸载至边缘，如果其端到端时延在截止时间之内的情况下节省了最多的本地计算资源。如果从能耗和时延进行综合考虑，图 4-6c 应该为最优策略，此策略将交通预测子任务卸载到边缘，虽然并行效果并不如图 b 所示的策略，但是由于边缘服务器能够收集到更多关于交通的信息，所以预测精度应该会更高，用户体验也就会更优。

综上，从用户的实际情况出发，不同的评价标准会导致不同的用户体验。我们通过这个例子了解了部分任务卸载策略，但是这只是一个简单的 DAG 图，并且是在单用户单服务器这样简单的场景中，我们甚至可以通过穷举的方式得到最优的卸载策略。在实际情况中，问题通常会复杂得多，我们从这个例子出发，进一步探讨求解这类问题的一般方法：首先分析任务 DAG 拓扑结构，分析不同子任务卸载策略可能得到的潜在收益，以及复杂拓扑的情况下多个子任务的卸载策略组合的优劣，如图 4-6b、c 所示。然后在多用户情况下协调不同用户的卸载策略，特别是 CPU 时序的调度、子任务上传的时机这一类细粒度问题。这部分的讨论我们将在下一节中继续深入。

4.3 不同场景下任务卸载策略研究

上节我们从用户任务的角度出发，讨论了两种不同的任务卸载方式：0-1 卸载和部分卸载，接下来我们将具体讨论这两种卸载方式在不同场景下的应用，包括单用户边缘网络系统、多用户边缘网络系统以及异构网络系统。

4.3.1 单用户边缘网络场景

本节我们将研究一种相对简单的边缘网络场景，即单用户场景。虽然此类场景只针对边缘网络中一种理想的无竞争状态，但是它给后续的研究奠定了基础，我们将在此场景中讨论不同的用户卸载方式：0-1 卸载和部分卸载。

1. 单用户场景中的 0-1 卸载方式

在单用户边缘网络系统中，卸载策略的重点仍然是从边缘卸载标准（服务时延、设备能耗以及用户 QoE）出发，讨论任务是否"值得"卸载至边缘网络，并且找到"最佳"的边缘服务器。由于在这类问题中不存在多用户的无线传输竞争，传输速率通常为给定的值。在此场景中，该类问题的整体解决思路与云计算中的卸载问题相类似，但是其中也存在一些重要细节上的差异。普渡大学的科研工作中给出了任务卸载的一般指导原则[22]，即如果本地处理时延大于任务上传时间和任务在边缘处理时间之和时，用户选择将任务上传至边缘服务器处理，反之则在本地处理。其中还会考虑能量的开销，包括本地处理或无线传输能量开销限制，如图 4-7所示。

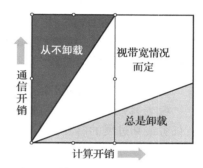

图 4-7　单用户边缘网络卸载策略

图中横坐标表示服务计算的复杂程度，纵坐标表示无线信道的质量，坐标内区域表示任务可能的卸载决策，随着计算开销的增大，用户从能耗和时延角度出发更倾向于将任务卸载至边缘网络，而当无线信道质量恶化时，无法保证用户的时延，这时用户更愿意在本地进行任务处理。图中白色的部分所描述的情况介于上述两者情况之间，其主要取决于用户所能分配到的带宽大小，具体为

$$\frac{\omega}{f_m} > \frac{d}{B} + \frac{\omega}{f_s} \tag{4-5}$$

其中 ω 表示任务的复杂程度（任务需要多少个 CPU 运算周期），f_m 表示移动设备的处理能力，d 表示需要上传的数据量大小，f_s 表示边缘服务器处理能力，此时数据传输的时间只与用户所能传输的带宽和需要传输的数据量有关，无须考虑如香农公式介绍的多用户信道竞争问题；其又与云计算相异，无须考虑网络内部路由器转发时间，如式（4-5）以用户时延为标准描述了计算卸载的必要条件，即本地处理时间大于任务传输时延与边缘计算时间之和。如果从用户能耗的角度出发，判断边缘计算方式为

$$p_m * \frac{\omega}{f_m} > p_t * \frac{d}{B} + p_i * \frac{\omega}{f_s} \tag{4-6}$$

其中 p_m 表示单位时间本地处理能耗，m 代表特定的终端设备，p_t 表示单位时间本地传输能耗，p_i 表示维持终端设备的最低能量开销（此时任务在边缘处理，终端设备只需要随时监听等待任务的回传）。

上述工作虽然给出了边缘卸载的一般性指导原则，但并没有考虑到无线信道的时变性。

时变的无线信道质量不仅取决于环境噪声，还取决于其他干扰终端设备的发射功率。在真实环境中，无线网络状况随时可能发生变化。因此，为应对这些时变因素，可以采用实时调整用户发射功率的机制。此外，还可以通过采用 DVFS（动态电压频率调整）技术调整 CPU 主频来控制能耗的开销。新加坡南洋理工大学针对这一问题做了进一步研究[23]，其目的是将执行具有软实时要求的任务的能量开销最小化：即以能量效率作为优化目标，将时延要求作为限制条件，这里的任务软实时要求表示为要求任务以一定概率在规定时间内处理完成。该工作一方面使用 DVFS 技术动态优化了本地执行能量的消耗，在网络传输状况不佳的情况下，通过加大 CPU 主频来提高本地处理效率。另一方面通过数据传输时序调度，最大限度地减少了任务传输的能耗。

2. 单用户场景中的部分卸载方式

随着移动应用复杂度的增高，我们可以将任务分为较小的子任务进行并行处理。受并行任务最新进展的启发，学术界提出了部分任务卸载策略来进一步优化边缘计算的性能。该工作将任务分为数个相互关联的子任务，然后综合考虑信道质量、传输功耗、边缘服务器的运算能力和子任务之间的依赖情况，来决定各个子任务是否需要上传，并在能量开销一定的情况下最小化任务执行时间。这类问题与前面的工作相比计算复杂度更高，所以往往只能提出局部最优算法。其中研究 [24] 通过综合考虑本地计算速度、任务上传速度来合理调度任务卸载比例，最终达到时延最短的目的。此工作研究的任务切分策略只是针对数据的切分，因此任务卸载的比例可以随意调整，并不受用户任务结构的影响。随后在一项改进工作 eDors 中，任务切分不再是数据的切分而是任务块的切分。该策略有效地降低了能耗和处理时延，并且保证了各子任务之间的依赖关系。eDors 将部分卸载问题分为了三个部分：卸载策略、本地处理器频率控制以及传输能耗控制，在研究中发现卸载策略不仅与子任务本身特点有关，还与其最晚结束的前驱子任务有关。

4.3.2 多用户边缘网络场景

随着边缘用户数量的增多，用户将不会拥有专门的信道和服务器为其提供服务，所以多个用户将会竞争有限的传输资源以及计算资源，不合理的规划将会大大降低信道的质量，并且加剧对计算资源的竞争，从而增大任务端到端时延。正如网络接入部分所提到的。为解决此问题，多用户场景边缘计算研究的切入点一般分为两个方面：传输资源与计算资源联合调度、边缘服务器任务调度。与云计算相比，边缘服务器拥有更少的计算资源。因此，设计多用户边缘计算系统的一个关键问题是如何将有限的无线传输资源和计算资源合理地分配给多个用户，以实现系统设计的优化目标（如最小化端到端时延或者最低的能量开销）。

为了解决这一问题，一般可采用分布式和集中式两种方案。对于集中式的资源管理，中心控制器负责收集所有必要的信息（包括用户数量、任务大小和所需处理资源以及信道和计算资源等相关信息），并结合这些信息计算出最优的策略，然后将该策略下发至每个用户，用户依照此策略进行任务卸载。这类问题可以规约到整数线性规划问题，大部分可以证明为 NP 难问题，因此研究者都会针对特定的场景或限制条件提出高效的启发式算法来辅助计算。香港大学团队对于这一问题展开了研究，针对不同任务量、不同本地处理能力的用户，如何通过时分复用的方式共享一个边缘服务器，该研究通过将该问题构建为一个凸问题，以此方便优化所有终端设备的开销[25]。解决该问题的关键点是通过设定一定的阈值来控制每个设备卸载的任务量，以及其所分配的边缘服务器的计算时间。具体来说，首先通过用户信道的状况和本地计算能耗作为输入得到该用户服务的优先级，如果其优先级高于某一给定阈值，则将任务全部卸载至边缘服务器；如果低于某一阈值，则执行部分卸载（这里的部分卸载仍然指的是对数据的切分），在研究中还发现此种卸载方法不限于时分复用，还可以扩展到正交频分复用等。此框架只能在中心式的网络架构下才能实现，比如阈值的设定需要中心控制器收集所有用户的请求，再根据服务器计算能力、无线信道的实时状况来确定，并依赖于中心控制器统一的转发给各个终端用户进行卸载策略的执行。

随着用户数量的增加，集中式的管理使得中心控制器不堪重负，并且中心式算法需要收集到所有相关数据才能做出正确的决策，而由于边缘场景中的高动态性很难保证信息的时效性。中心式算法由于需要考虑的体量过大，会大大增加边缘系统卸载的时延。考虑当一个用户提出需求后，它需要等待中心控制器收集到此刻所有有关于其他用户的请求、信道状况和可用资源后，才开始规划卸载策略，并且此规划算法在多用户情况下是 NP 难问题，从而导致卸载策略的计算时间相对较长。这里的中心式卸载策略规划时间将会占据服务端到端时延很大的比例，当然此处很多研究通过优化中心式算法提高卸载策略规划时间，但是这无疑会降低卸载规则的精度。

因此，分布式卸载策略作为一个极具前景的方向受到了学术界的高度关注。完全信息静态博弈为分布式卸载提供了很好的思路，每一个用户根据前一时刻其他用户的决策，在本次迭代过程中做出自己的决策，在每一轮迭代过程中，只允许一个用户进行策略的更新，采用这种方法可以在短时间内收敛到一个理想的结果。考虑到博弈论研究已经比较成熟，该类工作主要将任务卸载问题规约到完全信息博弈，并且利用公式理论推导出算法的收敛度以及收敛结果与最优解的比较。相比于中心式的策略，分布式策略的制定在用户侧进行规划，因此省去了控制器收集数据处理复杂以及大规模卸载决策的时间。虽然精度会有所下降，但是可以通过多轮迭代的方式不断补偿，以提高精度。这里我们举一个部分卸载的例子进行说明分布式博弈的方法在多用户场景中的应用，如图 4-8 所示。

场景描述。我们假定在一个边缘场景中有三个用户，其 DAG 如图 4-8a 所示。用户 1 的 DAG 表示为空白填充，用户 2 的 DAG 表示为水平填充，用户 3 的 DAG 表示为均匀灰色填充。每个圆圈表示 DAG 中包含的不同子任务，圆圈中的数字为子任务编号。三个用户需要将子任务卸载至两个边缘服务器进行处理，在多用户场景下，我们考虑将所有用户的平均处理时间作为优化目标，并且采用分布式的方法进行任务卸载。此问题基于的假设是任务切分已经处理完成，子任务不可再细分，并且多任务的处理时间相互不可抢占。考虑到边缘设备低功耗的特点，假设其在任务卸载过程中只能连接到一个边缘服务器。

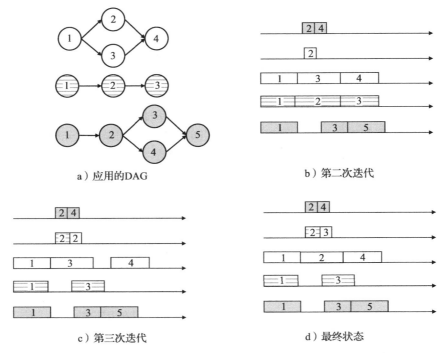

a）应用的DAG   b）第二次迭代

c）第三次迭代   d）最终状态

图 4-8　多用户分布式卸载策略

博弈过程。博弈过程简述如下：在首次博弈迭代中，所有用户将在本地执行自己的任务，并且服务器广播各自计算能力，用户通过计算能力信息以及当前信道的质量给出部分任务卸载策略，并且预估通过边缘卸载带来的潜在性能提升（边缘卸载时间与本地执行时间的差值）。第一次迭代后所有用户可以采用经典的一致性协议[26]交互信息，并且选出提升能力最大的用户策略。如图 4-8b 所示，在第二次迭代中，通过对比发现如果用户 3 利用边缘服务器进行卸载，那么将会得到最大的性能提升，因此用户 3 将卸载子任务 2 和 4 至边缘服务器进行处理。在第二次迭代后，边缘服务器广播其卸载结果（包括服务器的负载、子任务所占时序以及当前服务器接收端的信道质量）至终端设备处，边缘用户又利用此信息做进一步卸载预估，此时用户 1 在相互协调中将子任务 2 卸载至边缘服务器（因为经过判断该卸载能够得到性能提升），通过这样的迭代，所有的用户都利用了可选的边缘服务器时序将相应的子任务进行卸载，以得到服务的提升，如图 4-8 所示。此时迭代并不会就此终止，而是继续调整边缘服务器的计算时序安排和用户的卸载策略，从而进一步提高收益。在最终迭代中用户 1 调整卸载策略，因为在现有的资源利用率下卸载子任务 3 收益更大。通过这样的迭代，在其他环境参数和用户不变的情况下，当所有用户都不能通过单方面的改变策略使得卸载时间进一步降低时，系统会趋于收敛。分布式算法的收敛时间可能成为解决该问题的瓶颈，但是这里需要做以下说明：

①从算法结构上我们可以看出，每一次只有当卸载计算能力有提升的时候才会进行策

略更新，也就是说多个用户的平均延迟总是在向好的趋势发展，因此在系统没有到达收敛时间之前，服务仍在运行并且时延随着迭代次数在一步一步减少。

②在系统迭代的后期可能出现系统震荡的情况，卸载策略每次迭代的改动可能较大，但收益却有限。这样会导致边缘系统中的服务频繁变动，甚至变动的时延会抵消收益。为应对这种情况，可以通过设计一个卸载策略更新的条件阈值：只有当用户提高的收益大于这个阈值的时候，才进行卸载策略的更新。

③在每步迭代的时候，我们可以并行更新不同用户服务器选择策略。如在第一步时，用户3 和用户 1 可以同时提出更新请求，因为他们卸载到不同的服务器，相互之间不会造成影响。

通过以上方法可以提高分布式算法的收敛速度。分布式算法的又一个优势是可以很灵活地应对边缘网络的动态变化，比如当有用户新加入网络时，不用像中心式算法那样重新调整所有用户的策略以追求整体的最优。在分布式网络中，当有用户新加入边缘网络时，加入其他边缘用户的迭代过程即可，并且其最开始在本地执行，因此其预估的边缘计算收益相较于网络中原有用户较大，可以更快地利用边缘网络进行辅助计算。

4.3.3　异构服务器边缘网络场景

为了适应无处不在的边缘计算需求，发表在 2013 年在无线通信期刊中的工作提出了异构边缘系统的概念[27]。异构边缘网络主要体现两方面特点：

①服务器计算能力，服务器网络中包括一个中央云服务器和多个计算能力相异的边缘服务器。

②接入边缘网络方式的异构性，包括宏站的接入、小型蜂窝网的接入、室分基站的接入、Wi-Fi 节点的接入、中继节点的接入，不同的接入方式其传输时延和计算时延又会不同。

如通过室分基站的接入方式可以有效避开因多用户竞争而过度拥塞的网络，但是在室分基站处所部署的计算资源会小于宏站接入时所访问到的计算资源。因此在异构网络场景中如何确定卸载策略、接入方式、终端设备能耗控制等问题成为提升边缘网络效率的关键。

1. 卸载策略

在异构网络或多层次的云 – 端网络中，0-1 卸载策略强调的是按需分配，将需求计算量大且延迟敏感的服务卸载到处理能力更强的边缘服务器中，并且服务器的位置应该尽量靠近用户所连接的接入节点；将延迟不敏感的服务卸载至云端处理或卸载至处理能力相对较弱的边缘服务器进行处理。在任务部分卸载策略中，我们会按照异构服务器处理能力的特点、服务器之间通信的特点，合理切分任务，再将相应的子任务卸载至异构网络中进行相应的处理。

2. 接入控制策略

网络的接入控制策略为了确保新接入的网络请求不会违反现有连接 SLA 服务等级协议。接入控制算法策略可使用多种标准来接受或者拒绝连接，例如发射功率、吞吐量以及 QoS 要求等。接入控制算法的设计目标是最大限度地减少"拒绝"和"接受"。"拒绝"会导致新接入请求不必要的连接阻塞，"接受"会导致已有请求服务质量的下降。在异构边缘网络中，对于某一特定接入方式的控制算法不仅需要实时检测当前连接方式的状态，而且还需要跟踪其他接入方式的状态。这样做的目的首先是为了确保有足够的资源用于切换，因为切换接入连接比新建接入连接更敏感，并且应该具有更高的优先级；从用户的角度考虑，接入连接的断开也是不希望发生的。考虑到终端设备可能在卸载数据传输期间漫游到其他小区（Cell），接入控制技术需要确保在这种情况下满足所需的服务质量要求。其次，接入控制过程中应该考虑新建接入连接对相邻小区造成的传输干扰。在接入控制策略的辅助下，用户可以根据自身任务的特点选择合适的接入方式访问边缘计算资源，目标是最大化所有终端设备的平均传输速率或者使得最小传输速率最大化。

3. 终端设备能耗控制

异构的边缘网络通过不同种类的无线接入方式之间的协作为用户提供服务。边缘网络通过对多个小区进行功率控制，以降低小区间干扰，实现最大的吞吐量，并满足终端用户的需求。在异构边缘网络中，无线链路会相互干扰，不同类型的通信频带通常相互重叠。因此在选择边缘接入方式的时候，需要注意在具体场景下，针对接入节点的工作方式调整终端设备卸载策略。

在实际情况中通常不存在同构的边缘计算网络，因为在多用户场景中，边缘服务器的计算资源和接入资源都是时变的，因此边缘网络中的服务器计算资源和可用的接入资源都是异构的。

如图 4-9 所示，我们再次考虑上一小节介绍的矩阵计算卸载的例子，一个终端用户将矩阵运算分为 N 部分，分别卸载至 N 个边缘服务器，但由于边缘服务器不是用户专有的，因此需要通过实时与用户反馈计算信息，用户才可以据此实时调整卸载策略。在此场景中，终端用户将任务卸载至边缘服务器后会收到两个 ACK 信息：

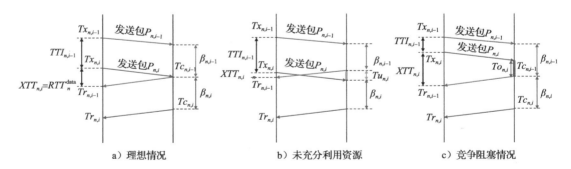

a）理想情况　　　　　b）未充分利用资源　　　　　c）竞争阻塞情况

图 4-9　异构网络中的任务卸载策略

①计算请求已收到的确认信息。

②计算结果的返回。

我们定义包 $P_{n,\,i-1}$ 和 $P_{n,\,i}$ 从终端发往服务器 n 的数据时间间隔是 $TTI_{n,\,i}$，该协议的目标是调整 $TTI_{n,\,i}$ 的值来降低任务完成时间和增加边缘服务器的效率。图 4-9 中 $Tx_{n,\,i}$ 表示终端设备传送数据包 $p_{n,\,i}$ 至边缘服务器的时间点，$Tc_{n,\,i}$ 表示服务器 n 完成数据包的时间点，$Tr_{n,\,i}$

表示相应的数据包已经返回至用户处的时间点。初始状态下我们假设发送第一个数据包 $p_{n,1}$ 的时间 $Tx_{n,1}=0$。

我们考虑三种情况：理想情况、未充分利用资源的状态、竞争阻塞的情况。首先，图 4-9a 所示的是一种理想情况，终端请求数据包的间隔等于终端处理的时间，此时边缘服务器中所有周期都被占用，并且等待队列中不存在待处理的任务。图 4-9b 所示的情况是当数据包传送的时间间隔大于处理器处理数据包的时间间隔。此时虽然任务队列中仍然为空，但是可以观察到服务器的时序并没有得到充分的利用。而如图 4-9c 所示，终端用户传送时间明显小于服务器处理时间，计算请求会因为服务器中排队队列的等待请求数量超出上界而被丢弃。

从上述例子可以看出，当计算请求的数据包发送间隔等于服务器处理时间时，可以达到卸载最理想的状况（最优的系统资源利用率和最低的用户时延）。因此，可考虑通过判断异构服务器的处理时延调整请求发送的间隔优化卸载过程。但是在实际情况中，考虑到多用户边缘场景的动态性造成服务器的异构性是无法预知的。通常需要额外传输通信的往返时间和无线信道状况等信息，以辅助估计服务器的处理能力。一种自适应的思路是在初始阶段，当前一个数据包的确认信息收到后再转发下一个数据包，通过初始阶段估计服务器大致的处理能力，然后按照估计值慢慢缩小数据包的发送时间间隔，当排队队列的长度开始增大的时候，再动态增加计算请求数据包的发送间隔。以上介绍了用户和服务器之间的协调卸载处理过程，在多异构服务器处理情况下，用户通过同样的方式学习到服务器处理能力的优劣，可以将矩阵切分为不同的部分，按照发包间隔的长短，处理大小不同的数据包。

4.4　不同架构下任务卸载策略研究

前面我们介绍了不同场景下的任务卸载策略，接下来我们将介绍不同边缘网络架构下的任务卸载策略的异同，包括云 – 边 – 端架构、边 – 边架构、多接入边缘架构、定制化边缘架构以及 D2D 网络和用户高速移动网络架构下的边缘卸载策略。其中卸载方式同样考虑 0-1 卸载和部分卸载，对于卸载策略的介绍参照 4.1.2 节。

4.4.1　云 – 边 – 端架构中的卸载策略

云 – 边 – 端架构是当前主流的边缘计算架构之一，其优势在于前端用户可以同时运用边缘和云的资源。本节我们将梳理云 – 边 – 端架构下的任务卸载特点。云 – 边 – 端架构一般可分为三层：

①云服务中心网络。计算资源充分，任务处理时间短。

②边缘网络。离终端用户近，任务处理能力稍弱于云服务中心，数据上传和回传时间短。

③终端用户设备。资源受限，需要将计算密集型任务卸载至边缘或者云端进行处理。

云与边缘的通信一般通过高速光纤连接，其时延一般考虑路由过程的"跳数"。边缘与终端用户之间的通信通过无线传输实现，其影响因素一般考虑无线环境的底噪和同频段上的干扰。

在 0-1 卸载方式下，此三层架构中我们需要根据各层的计算能力、层间的传输能力，设定一定的阈值，以指导云或者边的卸载决策。当边缘计算能力能够满足用户的计算需求时，通常优先将计算任务卸载至边缘进行计算，因为边缘计算可以很好地保护用户隐私，并且边缘处理可以很好地缓解云端的计算和传输压力。当边缘资源无法满足所有请求的情况下，对于大量延迟敏感型的用户请求，可能会出现服务质量下降或者被迫舍弃部分任务的情况，此时则按照服务的优先级舍弃部分任务以缓解边缘网络以及云端拥塞。

在部分卸载策略下，同样按照上述规则，由于需要考虑整个 DAG 在云 – 边 – 端网络中的部署，需将一些与本地交互频繁的子任务部署在边缘网络中，以缩短两者交互的时间。而将一些计算复杂的任务部署于云端，如图像识别中的深度学习模块，利用云端的大数据和强算力进行建模识别，能够有效提高识别精度。

4.4.2 边 – 边架构中的卸载策略

随着边缘资源计算能力的不断提高，基本可以满足边缘用户对于延迟敏感型任务的需求，边 – 边架构主要针对延迟敏感型任务提出，弱化了云服务的概念，而将重点放在了边缘服务网络和终端设备上。边 – 边架构并不能简单地看作云 – 边 – 端架构的"阉割版本"，它有其独特的设计特点和需要解决的诸多挑战。

1. 边 – 边架构着重于"边 – 端"的协同

如前所述，随着边缘应用复杂度的提高，任务可以划分为许多子模块，我们可以将这些子模块分为两个部分：一部分为计算密集型的任务，该任务卸载至边缘服务器；另一部分与本地数据交互密切的任务，该任务在本地执行。上述两部分可以实现一定程度上的并行，边 – 端的此种互动使得设备根据边缘可用的计算资源，协调需要卸载的任务模块。

2. 边 – 边架构着重于"边 – 边"的协同

在边 – 边架构中服务器与服务器之间相互连接，构成了边缘服务网络。终端用户通过无线接入节点访问边缘网络中所有的服务器（与云 – 边 – 端网络不同的是，该网络只能访问接入节点处的服务器），因此边缘服务的端到端时延包括：上行链路时延、边缘网络的传输时延、处理时延以及下行链路时延。因此在终端设备卸载时，不仅需要考虑云 – 边 – 端硬件架构中的问题，还需要考虑服务器在边缘网络中部署的位置，以及边缘网络中边缘服务器之间的传输时延。

下面我们以多媒体物联网在"边 – 边"边缘网络架构下的具体实现为例，介绍边 – 边架构，如图 4-10 所示。

多媒体物联网系统（Multimedia Internet-of-Things Systems）作为一种新兴的物联网模式，集成了图像处理、计算机视觉和相应的网络功能。其已广泛用于监控系统中，可自动进行场景分析和事件识别。

现阶段多媒体物联网系统中的监控识别有两种主要的范式：

①视频块在摄像头节点处处理。

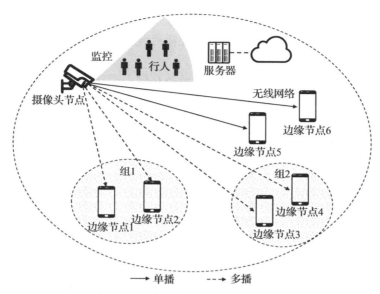

图 4-10　多媒体物联网边 – 边架构

②视频块传输到远程云服务器处理。

但是研究工作［29］中测量结果表明，以上两种范式均将导致明显的延迟。原因在于摄像节点的有限计算资源在本地处理视频时会造成过高的计算延迟，而原始视频块向云服务器传递时会因为网络带宽有限而导致拥塞和延迟。因此这两个范式都不能满足延迟敏感型的视频处理和分析的要求。通过边缘计算技术，可以将延迟敏感的检测任务卸载至附近多个具有冗余计算和通信能力的节点处理。图像检测任务可以分为多个子任务，并且由多个边缘节点进行处理。从宏观角度出发，实际情况下，边缘节点的数量大于图像检测的子任务个数，如果将一个子任务分配给一个边缘节点，则其余边缘节点的冗余计算资源将得不到充分利用。

在针对延迟敏感型视频监控的边缘计算框架中，我们考虑如图 4-10 所示的情况，其中摄像头节点将捕获的视频序列分割为多个视频子任务，并且压缩这些视频子任务（以视频块的形式），然后通过 D2D 通信方式将监控任务传输至附近的边缘节点进行预处理。最后通过LTE 等通信技术将预处理结果上传至计算能力强大的云服务器，以进行视频的进一步分析。其中各个关键组件的功能介绍如下。

①视频采集节点：视频采集节点一般是固定在路灯顶部等高处的静态摄像设备，可以调用视频任务，将视频任务划分为较小的子任务（视频块），在传输之前可以对视频进一步压缩，以较快的速率完成任务的上传。

②边缘节点组：由附近具有冗余计算能力和通信能力的移动设备组成，协助视频子任务的预处理，例如图像特征检测和提取。边缘节点之间通过协作的方式完成整个视频检测任务。

③云服务器：从边缘计算节点收集处理结果并执行进一步的视频分析，通常由边缘节

点中计算能力较强的节点或者专门的边缘服务器组成。

其中在边缘网络中子任务传输过程中，需要注意两点：

①通信模式。

在边缘网络任务分发过程中，因为大量设备在同一范围内进行通信，因此考虑采用正交频分多址的 D2D 通信模式进行通信，而云服务器与边缘计算节点之间的通信采用高速蜂窝网技术（如 4GLTE、5G/6G 等），通过频谱复用的方式支持多用户的并行传输。在用户特定的频段内，采用时分复用的方法，在视频块传输过程中将时间平均划分为多个时隙，每个时隙持续几毫秒，也就是说，视频块在用户专有频段内一个接一个地传输到边缘节点。

②检测精确度和服务时延的关系。

在此例中，卸载的优化目标不仅需要考虑服务的时延，还应该考虑监控视频的检测精度。这两个优化目标是相互制约的，为了提高服务时延，需要对视频进行压缩以减少传输时延。但同时，由于视频图像帧率的下降，图像识别精度很难达到要求。若通过降低计算时间来缩短服务总时间，比如采用图像识别中较快的算法时，图像识别精度同样达不到要求，因此必须采用相关的协议解决这两者的关系。具体地，摄像头将采集到的图像相关参数以及相应服务要求（识别精度）发送给边缘计算节点，边缘计算节点根据其计算能力和通信能力的大小，反馈给图像采集设备以指导其采用恰当的压缩比例和帧率进行发送，并且为此请求分配特定的传输接收窗口，分配相应的计算资源和恰当的图像识别算法。当终端图像采集设备收到该调整策略后，发送所要求的压缩比和帧率的图片至计算节点。终端设备通过此方法与多个计算节点通信，以完成特定时间内的图片识别任务，通过这样的方法还可以确定需要卸载的计算节点数，不会浪费节点资源。

4.4.3　多接入边缘架构中的计算卸载

ETSI 在 2019 年 1 月将移动边缘计算扩展为多接入边缘计算，将移动边缘计算的接入方式从蜂窝网扩展至其他无线接入网络（如 Wi-Fi、LoRa 等）。随着超密集网络的出现，终端设备在同一地点存在多个接入边缘网络的选择，通过增加终端设备接入边缘网络的方式，比如高速连接的 LTE 网络、传输范围更大的 LoRa 网络以及可广泛部署且成本廉价的 Wi-Fi 网络，在缓解无线传输侧通信压力的同时，也提高了服务器部署的灵活性。因为多接入边缘架构和以上提到的架构的主要不同是接入方式的差异，因此本小节重点讨论用户如何根据所在位置（室内 / 室外）、服务特点和服务需求，在卸载过程中选择合适的接入方式（Wi-Fi 或者不同速率和费用的蜂窝网络），从而提高用户体验。

接下来通过一个简单的场景来分析用户在多接入网络中的卸载策略。在此场景中用户频繁地进入或者离开 Wi-Fi 的覆盖范围，用户进入 Wi-Fi 覆盖区域的时间点以及在该范围内的平均逗留时间取决于用户的移动性（行人或者车辆）、环境（农村或者城市）和接入点的密度。在用户移动过程中假设移动蜂窝网一直可用，用户进入 Wi-Fi 覆盖范围内后，可以选择性接入 Wi-Fi 网络。在此场景中，有两种典型的卸载策略：

①实时卸载策略。

这种策略一般是默认状态下的配置，当用户所在位置没有 Wi-Fi 节点可以接入时，用户将通过蜂窝数据网络上传任务。当用户终端打开 Wi-Fi 功能并处于 Wi-Fi 覆盖范围内时，客户端将自动切换为 Wi-Fi 模式进行任务卸载，因为 Wi-Fi 的接入成本通常较低。

②延迟卸载策略。

当用户所在位置只有蜂窝网可用时（没有可用的 Wi-Fi 接入方式），通过预测用户轨迹，判断其即将到达的 Wi-Fi 覆盖区域，可根据用户卸载成本，选择不立即卸载任务，而是当用户进入 Wi-Fi 覆盖范围后进行延迟卸载。当然在此种情况下，用户轨迹的预测可能存在不准确的情况，导致卸载超时。因此，可以考虑设定时间阈值，如果到截止时间仍未检测到 Wi-Fi 接入节点，则将数据通过移动蜂窝网络进行卸载。

韩国蔚山大学团队对上述两种接入策略在韩国城市范围内进行了测量研究，并且对其中的一些问题首次给出了定量的结果。在其研究中，招募了 97 名 iPhone 用户，并且装载了测试所用的应用程序。在两个半星期的时间内，该程序一直在后台运行并记录每个用户连接 Wi-Fi 的位置、连接时间和持续时间，以及 Wi-Fi 热点与智能手机端的数据传输速率，然后定期将记录的数据上传到相关服务器。这些数据用于对各种数据流量和 Wi-Fi 部署方案的卸载策略进行跟踪仿真。研究发现用户 70% 的时间处于 Wi-Fi 覆盖范围内（用户活跃时间，早上 9 点至凌晨，用户有 63% 的时间在 Wi-Fi 覆盖范围内），在 Wi-Fi 环境下的平均逗留时间为两小时，离开 Wi-Fi 覆盖范围的平均时间为 40 分钟。关于计算卸载过程的几点观察如下：

①实时卸载策略占总数据流量的 65%。当将用户的时延控制在 100s 之内，采用延迟卸载所实现的收益微不足道（约为 2% ～ 3%），也就说只有 2% ～ 3% 的服务会在 100s 内通过延迟卸载完成，从而降低用户开销。为增大延迟卸载的收益，必须增大服务所能容忍的最大时延，当延迟增大到大约 30 分钟的时候，延迟卸载收益将提高到 29%。

②在无线传输能耗方面，当采用较短延迟限制条件时（100s），能够节省的能耗仅为 3%，但是当延迟限制条件扩大到 1 小时，可实现的节能增益将提高到 20% 左右。

4.4.4　定制化边缘架构中的计算卸载

从第 2 章介绍的定制化网络架构可以看出，定制化的边缘服务按照服务特定的应用需求，部署特定的服务于边缘网络中，用户在卸载过程中，只需将相应的服务请求和输入参数上传至边缘网络的定制化服务中（而不是当用户请求时，边缘网络再加载相应所需的服务，并分配特定的资源），通过定制化的服务降低了服务响应时间。但是考虑到边缘网络资源的有限性和边缘用户请求的多样性，如果为每一种类型的服务都定制化部署足够的资源显然是不现实的，而且即使资源充足，该方法需要为每个服务预留专有的计算资源和存储资源，当边缘网络需求动态变化的时候，很容易造成资源的浪费。

因此在定制化的边缘网络中，有限的资源和定制化的服务数量之间的关系成为急需解决的首要矛盾。如前文所述，现有边缘硬件资源通过网络功能虚拟化技术进行分配。具体地，根据用户的实时需求放缩所分配的网络资源。当新需求到达时，若现有网络功能不足以支持用户需求，需要在边缘网络中新建一个同样的虚拟网络功能提供服务。虚拟化网路的一个重要概念是服务功能链（Service Function Chain，SFC），SFC 通过将一连串虚拟化后的网络功能有序地连接起来实现一个复杂的网络功能，为用户提供服务，因此当用户的请求通过无线接入节点到达边缘网络后，首先被路由至服务链中的初始网络功能所在的位置，再顺序通过服务链中虚拟网络功能，最后通过无线节点回传给用户。其中用户所占用的资源不再是服务器的计算资源，还包括虚拟网络功能之间传输的带宽资源。

任务卸载的决策包括两部分：网络中虚拟网络功能的选择和网络功能之间的路由选择。在定制化的边缘网络中，卸载优化目标除任务的时延和终端设备的能耗外，还包括如何在有限的资源下，实现尽可能多的定制化服务（网络功能虚拟化技术仅提出了解决上述问题的框架，具体优化方式还需要优化算法进行解决）。在请求到达的时候，尽可能复用现有的网络功能，以减少新建网络功能的开销。但同时，上述目标的实现极具挑战，因为虚拟网络功能的复用和优化任务的实现是两个相互制约的问题。考虑多用户的边缘网络场景，用户分散于边缘网络各处，为了降低每个用户的时延，应当在用户位置附近建立服务链为用户提供服务，在这种情况下，很难做到网络功能的复用。另一方面，如果专注于复用尽可能多的已启动的虚拟网络功能，则可能会为服务链选择更长的路径，增加边缘计算中网络内部的传输时延，具体如图 4-11 所示。

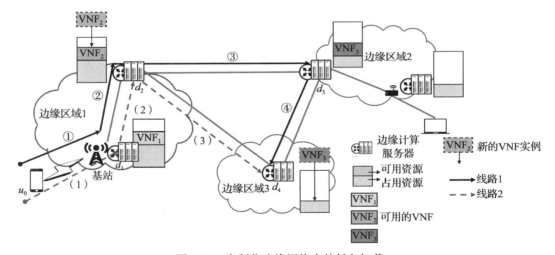

图 4-11　定制化边缘网络中的任务卸载

用户请求从基站所在的 d_1 位置到达，结果从图中边缘区域 3 处回传至用户。用户的请求需要通过虚拟网络功能 VNF_1、VNF_2、VNF_3 进行处理，当我们选择最短路径如图 4-11 中的虚线所示，我们需要新建网络功能 VNF_3 于 d_2 或者 d_3 处，这样会造成额外的系统资源开销。如果为了节约系统资源，去复用已有网络功能时，我们会选择图 4-11 中实线所示的路由转发请求，此时虽然降低了系统资源的开销，但是增大了网内的传输开销。

在定制化的边缘网络中，计算卸载所面临的核心问题是如何在确保用户端到端时延的前提下提高边缘网络的利用率。为了解决上述问题,华中科技大学团队将上述虚拟网络功能部署 / 复用问题建模为一个优化问题[28],旨在通过保证服务延迟和带宽资源的情况下将边缘网络的资源开销降到最低。该工作将原始问题分为两个子问题:服务路径选择和 VNF 部署与复用。同时设计了这两个子问题的近似优化解决方案:

①一种带有约束条件的深度有限搜索算法(CDFSA),用于导出所有可选的路径集合。

②基于路径的贪心算法,用于部署虚拟网络功能以尽可能多复用现有虚拟网络功能,并且推导出了所提出算法的性能界限。

不同于典型的云 – 边 – 端结构,定制化网络中的卸载对象没有明显的界限,不存在优先到边或者云这样的宏观策略,需要"具体问题具体分析"。但万变不离其宗的是,优化目标是一致的,即在保障用户体验的前提下,提升资源利用率,让有限的边缘网络资源服务更多的前端用户。

4.4.5　用户高移动性网络场景中的计算卸载

边缘计算在初代标准文件中被定义为移动边缘计算,可见终端用户的移动性是边缘网络的基本特征,接下来我们将首先回顾高移动场景中接入策略及其影响,之后介绍高移动场景中任务卸载策略。在本节末,我们沿着移动性概念延伸介绍利用移动用户形成的自组织机会边缘卸载网络。

1. 高移动场景中用户接入

移动蜂窝网络是为网络访问提供广域移动性管理的最大无线基础架构,它已经为数十亿用户提供了服务,并有望为数万亿的物联网设备提供服务。现有的移动蜂窝网络接入方式已经成功地支持了数十亿移动用户接入边缘网络,但这些用户处于移动性较低的水平。随着客户端速度的显著提高以及 5G 通信速率的不断提升(例如 6GHz 以下和 20GHz 以上的毫米波),学术界开始研究现有的移动性管理是否仍然适应极端移动性场景,例如高铁、高速公路、无人机等。与传统的静态和低移动性场景相比,极端移动性场景的室外环境用户端设备的移动速度更快,例如复兴号高铁的速度可以高达 350km/h。许多极端移动性场景需要随时随地地接入互联网,常见的面向普通移动用户的解决方案是利用移动网络接入,例如 4G、5G 等。

对高速铁路的 4GLTE 网络的经验研究表明,超高的移动性会造成边缘接入系统运行非常不稳定。平均而言,基站之间的切换每 11 到 20 秒发生一次。在这样的条件下,与静态或低移动性场景不同,切换失败和策略冲突的发生频率极高:网络故障率取决于列车速度,范围在 5.2% 到 12.5% 之间,策略冲突每 194 ～ 1090s 发生一次。两者都对移动网络的可靠性提出挑战。在 5G 网络中,考虑到其通信覆盖范围进一步缩小,若采用与 4G 相同的移动性管理设计,则不仅在超高移动性的场景中更多地遇到频繁的基站切换以及更密集的小型小区部署问题,在更一般的移动条件下也同样会遇到这些挑战。不少研究指出,4G/5G 在极端移动性场景下不可靠的关键原因在于其控制策略是基于无线信号强度的设计的:4G/5G 移动性管理以无线信号强度为输入，依靠客户端反馈来触发，并根据目标确定策略。尽管在静态和低移动性方面可以正常运转，但该设计对极端移动性中的多普勒频移等问题引起的剧烈无线动态变化敏感。这样的动态变化涉及了移动性管理的所有阶段，并导致反馈缓慢等问题，从而导致决策时错过了良好的候选区域。

面对这一问题，一种有效的解决思路提出更可靠的高移动性管理（Reliable Extreme Mobility，REM）。其核心思想是：与无线信号强度相比，客户端移动更加具有可预测性和鲁棒性，因此适合于驱动移动性管理。因此，REM 转向了基于客户端移动的移动性管理。REM 是延迟多普勒域中的信令覆盖，它利用正交时频空调制（OTFS）提取客户端的移动参数和信道的多径参数，为了降低对客户端反馈延迟的要求，REM 设计了一种新颖的基于交叉的估计方法来进行并行化测量，通过使用奇异值分解（SVD）扩展 OTFS 来实现。OTFS 是延迟多普勒域中的一种调制方式。直观地讲，OTFS 将信息与多径几何结构耦合，在延迟多普勒域中调制信号，并在所有可用的载波频率和时隙之间复用信号。通过充分利用时频分集，信号可以通过相似的信道进行传输，且方差较小，对于多普勒频移具有较高的鲁棒性，且不易遭受丢包或误码的影响。REM 进一步通过一种新颖的基于调度的 OTFS 来稳定信令，将其信令传输路径（例如，测量反馈、切换命令、参考信号）和模块（触发、决策、执行）放在延迟多普勒域中进行管理，这样的做法无须更改现有的 4G/5G 设计，不会影响基于 OFDM 的数据传输。为此，REM 利用了延迟多普勒域中 OTFS 的最新进展，在 OFDM 上构建了信令覆盖，通过自适应调度拓展了 OTFS，以实现 OTFS 信令和 OFDM 数据的共存，并使用它来减轻因信令丢失或误码而造成的故障，如图 4-12 所示。

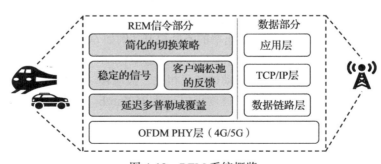

图 4-12　REM 系统概览

如何实现信令与 OFDM 数据的共存是一个棘手的问题，为了解决这个问题，我们注意到 4G/5G 信令流量在设计上总是优先安排在调度和交付中。在成功执行信令过程前，可能无法正确传送或处理数据流量。因此，当存在未传送的信令流量时，无论是否有数据在等待，基站都将始终调度无线电资源并交付信令流量。REM 利用此易于使用的功能为基于 OTFS 的信令传输分配子网格。它将基于 OTFS 的信令和基于 OFDM 的数据解耦以实现共存，而无须更改 4G/5G 设计或增加频谱成本。与现阶段的解决方案相比，REM 消除了策略冲突，最大限度地减少了故障。即使在极端移动性的情况下，REM 也可以实现与静态和低性情况相当的故障率。同时，REM 在没有影响数据传输的前提下保留了信令流量和延迟的边际开销。

REM 的出现使得高移动场景中的不确定性被降低，用户有了更稳定的边缘网络接入，从而为任务卸载做了良好的铺垫。但同时也要注意到，由于高移动性状态，接入点仍然会面临频繁切换的问题，从而对任务卸载的可靠性和任务处理效率造成进一步影响。

2. 高移动场景中任务卸载策略

在介绍完高速移动场景中的网络接入问题后，接下来我们将研究任务卸载策略。用户的高移动性从两个方面对任务卸载产生影响。首先用户的移动性导致边缘服务器工作负载随时发生变化，不同时刻接入节点所连接的用户数也有所不同。此时需要根据用户服务的特点，合理协调用户接入方式，并且利用服务器之间协同实现服务器的负载均衡，以达到边缘网络的高效利用。其次，由于用户的高移动性，当边缘服务器处理任务的时间大于用户离开服务器覆盖范围的时间时，用户将通过不同的接入节点上传和接收任务，其会涉及边缘网络内的通信开销和计算资源分配问题。具体地，当不考虑任务移动性时，任务总是利用用户所直连的服务器进行处理；而当用户在边缘网络中移动时，则可以利用用户移动轨迹附近的服务器进行卸载计算，移动场景描述如图 4-13 所示。

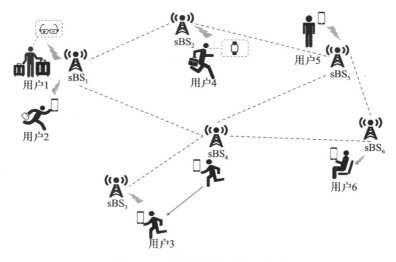

图 4-13　高移动场景中任务卸载

在边缘网络中往往包含多个小型基站（small Base Station，sBS），每一个基站覆盖特定的区域，每一个小型基站绑定的边缘服务器为用户提供服务。移动用户分散于边缘网络之中，并且需要边缘网络辅助处理计算密集型任务。如图 4-13 下方用户所示，在任务执行期间，移动用户可能从一个小型基站移动至另一个小型基站。例如，基于 AR 室内导航应用，需要加载室内地图并监视用户轨迹。诸如购物券、虚拟路标之类的 AR 信息需要加载并显示在用户的设备中。为了降低用户移动性对边缘网络中任务卸载的整体影响，该例子的重点放在卸载任务的分配方法上（即用户通过其接入点上传任务，但该任务会交由用户路径上的其他边缘服务器来处理，以减少任务处理时间）。

考虑到用户在多个小基站之间漫游，AR 任务的计算结果将通过用户移动路径中的不同小基站传递给用户。在这种情况下，通常需要进行任务规划，根据用户位置和任务特点在最合适的边缘服务器中执行。为了满足服务延迟敏感的特点，所选服务器通常需要靠近用户的位置（用户位置实时更新）以减少任务传输时延，并且分配足够的资源减少处理时延。直观上讲，当任务计算量小并且该任务可以在小基站覆盖范围的驻留时间内处理完该任务，任务应该立即卸载至直连基站的服务器中进行处理，然后将其任务结果返回给移动用户。当任务繁重且无法在用户停留期间完成时，则可以考虑将任务分为许多子任务，将这些子任务沿用户轨迹或网络结构卸载至多个边缘服务器中，建立多个子任务的并行处理。而用户则可以一直沿路径接收任务结果，而无须停留等待任务执行或者传输。这样的方法与选择一个特定的小基站来执行任务相比，可以降低任务延迟。

当移动网络中存在多个用户沿着不同的轨迹卸载其任务时，因为资源的竞争需要进行建模求解，但此优化问题很容易规约到 0-1 装箱问题（当不考虑用户移动性，将用户请求装入固定大小的服务器中，不同的放置策略用户收益不同，最终目标需要达到用户收益的最大化）。0-1 装箱问题是 NP 难问题，本节通过图示的例子来介绍一种典型的启发式算法。

该例中，携带不同任务的用户在一个由三个基站组成的边缘网络中漫游，用户在其移动过程中将计算密集型任务通过基站卸载至边缘网络中的服务器执行。表 4-5 展示了不同用户移动轨迹对应的上传数据大小、任务上传 / 结果回传时间、任务 / 结果边缘网络内部传输时间、服务器处理时间以及本地处理时间。当边缘网络中的边缘服务器收到边缘用户的请求之后，将任务分配给网络中不同的服务器（包括自身）进行计算以实现最低的延迟。如果服务器分配了多个任务进行处理，为避免冲突，服务器对每个任务进行排序，排列的标准按照其执行时间的升序进行排列，即优先处理任务复杂度较低的任务。如果在分配过程中，所有边缘卸载时间（任务上传时间，任务边缘网络内传输时间，任务处理时间，任务结果回传时间之和）大于本地执行时间，则该任务会在本地执行任务。任务 $T_0 \sim T_4$ 具体的分配过程如图 4-14 所示。

表 4-5　不同用户轨迹情况下的任务执行时间

任务	路径	任务上传 大小 /MB	上传 / 下载 时间 /s	任务 / 结果网 内传输时间 /s	服务器 处理时间 /s	本地执行 时间 /s
T_0	sBS_0, sBS_1, sBS_2	25	2.5&0.5	0.25&0.05	10	100
T_1	sBS_1, sBS_2	25	3.0&0.6	0.30&0.06	8	80
T_2	sBS_2, sBS_1, sBS_0	25	3.0&0.6	0.30&0.06	5	50
T_3	sBS_1, sBS_2	25	2.0&0.4	0.20&0.04	9	90
T_4	sBS_0, sBS_1	25	1.5&0.3	0.15&0.03	4	40

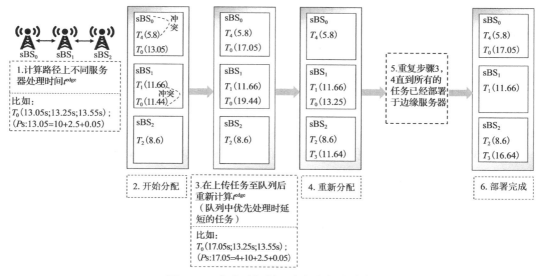

图 4-14 高移动场景下多任务卸载案例

①服务延迟计算。首先边缘网络中心控制器计算每个用户在其路径上的所有服务器卸载总时延，如任务 T_0 在其路径上的所有三个服务器时延分别是 13.05s、13.25s 和 13.55s（13.05s=10s+2.5s+0.5s+0.05s）。

②服务部署。将任务分配给卸载任务总时延最低的服务器（考虑路径上的传输延迟），比如将任务 T_0 卸载至边缘服务器 sBS_0 处。

③服务延迟更新。在第一步中，如果多个服务卸载至同一服务器进行处理，任务之间会竞争处理器的计算资源，如 T_0 和 T_4 之间会竞争服务器 sBS_0 的资源，T_1 和 T_3 同理。在该情况下，处理器的排队时间将会更新至总服务时间中，具体将服务器处理时间较短的任务排在队列前面，比如由于任务 T_0 的时间大于任务 T_4 的处理时间，因此任务 T_0 的总时间应该加上排队所花费的时间（排队时间为前面任务的边缘服务器处理时间），总时间为 4s+13.05s=17.05s。

④部署策略更新。当排队时延更新后，调整服务的部署策略进一步优化时延，如将任务 T_0 重新分配至边缘服务器 sBS_1 处，服务时延从 17.05s 下降至 13.25s。

⑤重复 3、4 两个步骤，直到系统收敛。此时所有服务都不能通过改变服务器选择进一步优化服务总时间。

可见，高移动场景中的任务卸载不仅需要考虑"是否卸载"这一决策过程，还需要综合考虑到卸载决策和任务执行过程。通过将移动性信息嵌入到决策过程和任务分配、执行的过程，才有望减少移动性对用户体验（卸载任务完整的执行周期）的负面影响。

3. 泛在移动环境的自组织边缘网络卸载

在近几年中，机会网络作为移动自组织网络的自然演进，在学术界和工业界受到越来越多的关注。在机会网络中，移动节点在移动中有一定概率进行无线通信，移动节点正是利用了该机会去分享彼此的计算资源以获得服务。机会网络以人为中心，所研究的设备一般依附于人，因此机会网络遵循人类接触的方式。机会网络与社交网络紧密结合，可以利用人际关系建立更有效且可信赖的协议。分析指出，全球有 33 亿人使用手机，占全世界人口的一半多。假设在某一时间有 20 亿部手机同时处于打开状态，那么任意给定时间内，全球存在 10 亿次接触的潜力。据保守估计，每部手机的处理器可以得到 100MIPS 的性能指标和 200kbps 的通信速率。利用这些机会有可能执行大约 10^{25} 个任务，每秒交换 1PB 的数据。如果考虑当今在嵌入式系统（例如智慧车联网、智慧家庭以及智慧医疗等）中使用的 100 亿个 ARM 处理器，则估计值会更高。机会网络的边缘卸载场景，如图 4-15 所示。

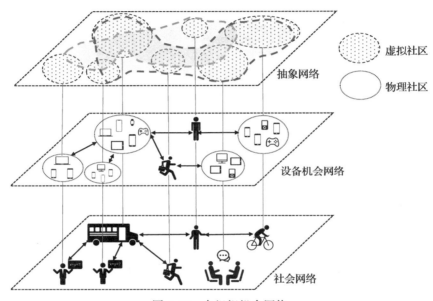

图 4-15　自组织机会网络

以人为中心是普适计算愿景的核心，而传统的有线和无线的网络体系结构则迫使通信模式遵循网络工程的范式。例如，会议中的两个参与者之间通过电子邮件交换信息至少需要部署两个邮件服务器（假定参与者来自不同机构）。这种以工程为中心的通信范例是集中管理的主干网中的运行模式。自组织机会网络则摆脱了这种低效的方式，可以建立设备间的直接联系。但是新的挑战随之而来：

①移动的无规律性给机会计算带来了巨大的挑战。对于移动性的准确预测成为机会计算的重要条件之一。

②机会计算可以利用边缘环境中的所有可用资源提供分布式计算平台。为实现机会计算，中间件服务必须避免过高断开连接和延迟，并管理异构计算资源、服务和数据，以便为应用程序提供系统的统一视图。

在这样的环境中进行计算卸载，其不确定性则进一步增加。因为对于每一个设备而言，其他设备具备哪些处理能力、运行哪些边缘服务、产生怎样的计算请求均是事先不知道的，这使得在卸载之前就需要额外的开销来同步这些基础信息。不仅如此，由于泛在移动环境的高度动态性，卸载过程还需要对潜在的卸载对象的可靠性作出评估，并且在具有多个潜在可用服务器时，需要考虑多服务器协作的任务卸载过程。

4.4.6　分布式 D2D 网络中的计算卸载

分布式 D2D 网络可以视作上述自组织边缘网络的进一步扩展，强调的是用户设备之间建立直接的任务卸载和协作关系（即 Device-to-Device 本意）。这一概念与另一重要概念——雾计算十分类似。相比于传统的云 – 边 – 端架构或者边 – 边架构的边缘计算，D2D 边缘网络与雾计算更多强调潜在的边缘设备的庞大数据和普遍存在的特点，如两台智能手机即可以作为相互的 D2D 边缘服务器来处理对方的计算请求。

在本小节中，我们将首先回顾什么是 D2D 边缘网络，然后详细介绍 D2D 边缘网络中任务卸载所面临的挑战和可行的解决方案。

1. 分布式 D2D 边缘网络回顾

分布式 D2D 边缘网络最显著的特点就是去中心化，这里没有哪个设备只扮演用户或者边缘服务器，而是同时扮演两方面角色，既可以将计算任务卸载给别的设备，又可以接受别的设备卸载过来的计算任务。通过 D2D 边缘网络，可以将大量用户的计算负载分散到计算能力较弱且分布零散的泛在边缘设备上，提升整体的计算能力。

考虑到终端任务的服务质量要求的不同，分布式 D2D 边缘网络中终端任务的卸载策略也有差异：对于延迟敏感性型任务，一般卸载至更靠近源节点的位置进行处理；对于非延迟敏感且计算量要求不大的任务，一般卸载至网络汇聚层附近的节点进行处理；对于非延迟敏感性任务且计算需求较大的任务，一般卸载至传统云计算平台进行处理。

虽然云边端架构可以解决许多 D2D 边缘计算无法处理的计算密集型任务，但是 D2D 边缘计算仍有其不可替代性。当前全球的无线设备数量已经超过 86 亿，预计到 2022 年将增长到 123 亿。尽管在物联网环境中存在某些专用于处理这些计算密集型应用的设备，但是为了保障用户的体验质量或应对不断增长的计算需求，在专用设备之外仍需要更多的计算资源。考虑到传统边缘计算要求部署服务器，不但成本较高而且难以应对时变的计算请求，若能够整合环境中普遍存在的 D2D 设备，则有望从根本上满足不断增长的计算请求。D2D 边缘网络的主要特点包括如下几点：

①随着边缘需求动态性的提高，固定位置的边缘服务器很难跟上高度动态化的用户需求，造成资源浪费或无法满足用户需求的情况。而在 D2D 网络中，计算需求会随着用户数量增加而增多，但是相应的来自终端设备额外的计算能力也会相应提升。反之亦然。

②利用固定服务器提供边缘计算会降低数据交互的效率。由于固定服务器一般通过覆盖能力强的基站进行数据传输，同一覆盖范围内频谱资源有限，当覆盖范围内用户数量增多时传输速率会降低。另外，由于基站覆盖范围大，终端设备一般距离边缘服务器较远，因此，传输能耗也将会相应增加。而在 D2D 网络中，设备间的近距离通信不仅充分复用了频谱资源，同时降低了数据交互所需能耗。

虽然 D2D 边缘计算更加灵活，但是在任务卸载策略上面临着一系列挑战：

①由于终端设备处理能力远低于服务器的处理能力，因此在 D2D 场景中，可以考虑将一些计算密集型任务分配给网络中其他终端设备进行处理。先将应用程序分为多个可并行的模块，再卸载至不同设备进行并行处理，提高整体任务的完成时间，并且需要考虑在能量消耗方面体现相对的公平性。

②在固定服务器场景中，任务卸载一般会采用中心式的卸载策略，如采用软件定义网络相关技术，用中心式控制器收集所有用户的信息（需要卸载的任务、链路质量、现有计算资源等）后，利用优化算法协调各设备的卸载策略，其包括卸载位置（通过协调所有设备的策略以避免过度竞争）、卸载时间（根据任务截止时间确定所卸载服务器的时序安排）、卸载方式（确定任务卸载接入边缘网络的方式）。但以上方法在 D2D 场景中存在以下几点不足：

❑ 中心式的卸载策略算法可规约到 NP 完全问题（装箱问题），在大规模网络中可用性不高。

❑ 由于设备的多样性，很难统一标准。

❑ 集中控制器存在单点故障的风险，如果采用多控制器的方式又存在信息不同步等问题。

❑ 由于边缘网络的高动态性（移动性、需求的多变性），集中式算法很难适应这种变化。

因此在 D2D 场景中一般采用分布式的卸载策略，终端设备通过相互之间的信息交流和传递收集其他用户的策略，在本地做出最优的策略，该策略只需要考虑自己所需的服务质量，通过各用户之间的相互博弈，进行有限次迭代，系统最终就会达到均衡状态。

分布式策略有如下优势：

①分布式策略不需要控制器集中分析处理，减小了信息传递的时延。

②由于分布式策略采用本地规划方式，即使其中一些设备出现故障，系统可照常运行。

③分布式算法虽然可能存在较高的收敛时间，但是收敛时间只是表示系统达到稳定的时间，但从收敛过程中来看，设备的服务质量会随着迭代过程逐步提高。

④当有新用户加入时，其只会影响到部分终端设备的决策，很难扩散并影响到整个网络。

2. D2D 边缘网络中的任务卸载

从前面的描述可知在 D2D 网络中，为了充分利用网络中的计算资源，终端设备使用分布式的边缘设备并行协作地执行用户所需服务，通过并行化处理方法将计算任务分配给不同的设备，计算时延大大降低。为了最大化降低服务处理时延，首先需要根据边缘计算节点的计算能力对用户服务任务进行最佳分配。其次我们需要研究 D2D 网络中无线网络的最佳调度问题。值得注意的是只有当这两个优化调度问题合理协调时，D2D 网络才能高效运行（传输速率小于处理速率会造成边缘资源的浪费，反之则会造成任务等待时间过长甚至被丢弃）。因此我们先给出最佳的通信调度应该满足的一般性结构特征；然后在给定的具有这些属性的通信策略下，如何进行计算负载的分配（任务的切分）；最后根据负载的分配，再反过来调整网络中的通信策略。

（1）最佳通信调度所应该满足的一般性结构特征

①非抢占式通信调度策略是最佳的。

在 D2D 网络中，用户卸载的优化目标是系统中所有服务完成时间最短，因此抢占正在进行的任务传输过程是不合理的，其会带来额外的通信开销。并且在最佳的通信调度中，通信传输时序安排和任务计算是协同的，因此在 D2D 网络卸载中非抢占式通信调度策略通常是最佳的。

②在所有用户上传任务之后才进行任务结果回传。

此特性规定任意用户处理结果回传的时间点，不应该早于任意用户任务上传的时间点，从后面的例子可以看出通过这样的方式可以使可用处理时间最大化。

③所有用户上传任务的时间（结果回传时间）之间不应该有空闲的时间片。

此特性规定前向通信时间（任务上传时间）和后向通信时间（任务结果回传时间）应该尽快完成以最大化节点用于处理任务的时间。但是在最后的前向通信与最初的后向通信之间是可以有时间间隔的。

（2）在满足最佳通信调度特征情况下的计算负载分配方法

如图 4-16 所示，终端用户将任务切分为三部分卸载至不同的设备进行计算，其通信调度满足了下述三点特性。

①因为物联网中的低功耗设备在同一时间只能建立一个通信连接，因此设备的各通信时段没有重叠，并且按序进行没有抢占。

②当任务的三部分都完成了上传后，才可以进行任务结果的回传。

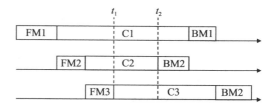

图 4-16　分布式 D2D 边缘网络中的计算卸载

③在前向传输结束前（FM3 结束时间点 t_1），保证了通信的连续性；在后向传输开始后（BM2 开始时间点 t_2），同样保证了通信的不间断性。

通过以上三点特征，保证了计算时间的最大化利用。

在满足了最佳传输特性后，我们来讨论最优的计算分配策略，分为以下三种情况：

①首先尽可能多地将计算工作负载分配给计算节点，以便可以在最后的前向通信结束前完成所有负载的计算（即图中所示的 t_1 时间点前），此时前向通信结束时间点等于后向通信开始的时间点，那么此时通信过程和计算过程可以完美地并行协同，则可以找到最佳的计算分配方式。

②如果所有的任务都在后向任务开始传输后才能完成（计算负载在 t_2 时间点后），通信过程和计算过程将无法并行。

③在第三种情况下（计算负载在 t_1 和 t_2 之间的），我们将剩余的计算负载根据计算节点的计算能力进行分配，最终使得整体时间最短。从这个算法策略中我们可以看出，在通信调度策略确定的情况下，即通信开销确定的前提下（三个前向传输时延加上三个后向传输时延），尽可能地减少了节点的空闲计算周期，最大限度降低了算法延迟。

为此，此算法先将计算任务分配至所有计算节点最后一次前向通信时间点（t_1）之前，此时服务的总体时延与通信开销时延相同。如果计算负载不能够在 t_1 时间前完成，则我们将剩余负载部署于第一个后向通信（所有的计算节点）开始后的时间，如果在此时间段中任务可以执行完毕，则服务的总体时延与通信开销时延相同，达到最优状态。最后，如果在 t_1 时间前和 t_2 时间后，计算负载还有剩余的情况下，需要将负载按照节点处理能力的比例部署于 t_1 和 t_2 之间，其目的是最小化时间段 t_2-t_1。

（3）最优的通信时序策略

在前面的部分中，我们在任意给定的通信调度策略中，给出了计算负载的分配方案，因此我们在本部分中将试图寻找最优的通信时序，以进一步缩短服务的端到端时延。分为以下几个部分进行讨论：

①当计算节点计算能力相同，但是通信延迟不同的情况。

在此种情况下，最优的传输时序安排应该按照通信延迟降序排列。如图 4-17 所示的是后向传输时序示意图（前向传输时序示意图与后向传输时序是镜像对称的，因此此处仅分析后向传输特点），其中 M 代表通信开销，C 代表计算开销，如果将传输时延最大的 M_1 节点，安排在第一位传输，则 C_2 和 C_3 可以有更多的时间进行处理，同样在前向传输时，将延迟最短的节点安排在前面进行任务卸载，可以有更多的时间进行处理。这样的编排方式可以使得 t_1 时刻前和 t_2 时刻后留有最大的任务处理时间，尽量使得计算时间与传输时间并行。

②节点间传输时延相等，但节点计算能力不同的情况。

在此情况下各节点通信的时序顺序按照节点计算能力升序进行排列。即在后向传输时，计算能力最弱的节点先进行传输，如图 4-17 所示，将计算能力最强的 C_1 节点安排至最后传输，使有尽可能多的

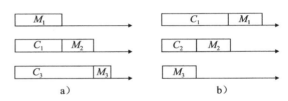

图 4-17　分布式 D2D 边缘网络中通信时序策略

时间进行处理，提高整体效率。同样在前向输出时，将其安排在首位进行传输。此策略最大限度地利用了高计算能力的节点。

③节点计算能力和传输能力都不同的情况。

此种情况较为复杂，当然我们可以通过穷举法不断调整各节点传输的时序，但此种方法计算复杂度为 $O(n!)$，在大规模计算节点的情况下规划策略时间过高。因此这里需要设计启发式算法减小策略规划时间。具体地，我们通过遍历 n 个节点中的前 k 个节点的传输时序，找到前 k 个通信节点的最优通信时序，其余节点的顺序可以随意调整。通过调整 k 值的大小可以得到不同的近似比与策略规划时间。

（4）卸载节点数的选择

在前面的讨论中，假设每个临近节点都用于执行分布式算法，但是在实际情况中可能存在资源浪费的情况，因为当任务计算时间小于前向和后向传输时延时，某些节点将没有任何负载，但是考虑没有负载的节点时，又需要加上其通信的开销。因此，需要去掉多余的"无用"计算节点。首先考虑计算能力相同或者通信时间相同的情况，所有节点按照计算能力的升序或者通信时间的降序进行排列后，依次去掉计算能力最弱的或者通信时间最长的节点，如果总的

服务处理时间不变，则在卸载节点集合中去掉该节点，直到得到最小的子集，其子集元素的个数就是卸载节点最优的个数。在一般的情况下，情况更加复杂，相应的计算复杂度也会提高。此时我们采用与上面相反的启发式算法，首先将任务卸载至通信质量最好，计算能力最强的节点，即按照计算时间／通信时间的方法对计算节点进行排序，然后依次添加节点，如果服务时间有所降低，则将节点加入卸载节点集合中，以此类推，最终得到卸载子集。

4.5 开源工具概述

计算卸载是边缘计算中的核心环节，甚至是最重要的环节，受到了工业界和学术界的广泛研究。本节将介绍当前具有代表性的边缘计算开源系统，这些系统均支持计算卸载的实现或仿真。而具体的计算卸载策略，通常并未明确定义，需要用户根据实际的场景需求自行定义实现。本节介绍的开源工具包括 Slacker、EdgeCloudSim、EdgeX Froundry、Apache Edgent、KubeEdge 等。

4.5.1 Slacker

容器虽然具有轻量化的优势，但是大多数情况下需要先将镜像拉取后才能运行，导致容器启动开销过大。研究工作使用容器测试基准 HelloBench 对 57 种不同的容器化应用程序的启动时间进行测试后，发现拷贝数据的时间占整个启动时间的 76%，而拷贝到的数据中仅有 6.4% 对于启动是有用的。

Slacker 是一个针对容器快速启动优化的新型 Docker 存储驱动。Slacker 基于集中存储，在所有工作者进程和注册表之间共享。

Slacker 架构设计如图 4-18 所示。Slacker 架构基于中心化的 NFS 存储，并由所有的 Docker 工作者进程和注册表共享。操作容器时容器内大部分数据都是不需要的，因此工作者进程可以根据需求从共享存储中惰性拉取数据，从而最小化启动延迟。

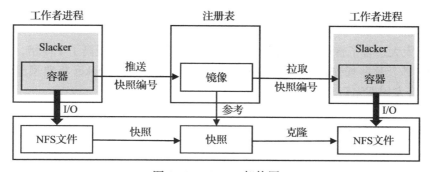

图 4-18 Slacker 架构图

通常情况下，大部分工作都在灰色框中，即 Slacker 存储插件。工作者和注册表分别在共享的 Tintri VMstore 服务器上将容器和图像分别表示为文件和快照。

　　Slacker 将所有容器数据存储在所有工作者共享的 NFS 服务器上，以避免在未使用的数据上浪费 I/O 资源。在 Slacker 中每个容器的数据都表示为单个 NFS 文件，并将每个 NFS 文件格式化为一个 Ext4 文件系统，如图 4-19a 所示。图 4-19b 是 Docker 默认使用的存储驱动（AUFS）。两者最主要的区别是 Slacker 中 Ext4 由网络磁盘（NFS 存储服务器）支持，利用其快照与克隆功能降低 Docker 操作成本，并且可以惰性拉取镜像数据。而 AUFS 由本地磁盘支持，必须在容器启动前将所有数据拷贝到本地磁盘。

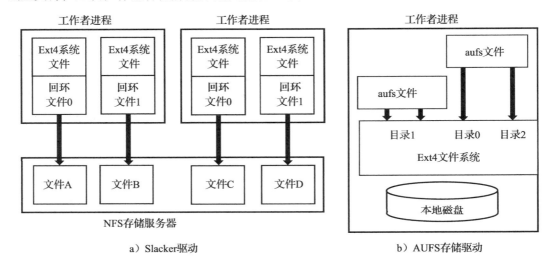

图 4-19　驱动栈示意图

　　Slacker 快速启动具有用于可伸缩 Web 服务，集成测试和分布式应用程序的交互式开发的功能。Slacker 填补了两个解决方案之间的空白。容器本质上是轻量级的，但是当前的管理系统（例如 Docker 和 Borg）在分发映像时非常慢。相比之下，虚拟机本质上是重量级的，但是已经对虚拟机映像的多部署进行了彻底的研究和优化。Slacker 为容器提供了高效的部署，从 VM 映像管理中借鉴了思想，例如惰性传播，并引入了新的特定于 Docker 的优化，例如惰性克隆。

　　Slacker 大大改善了普通 Docker 操作的性能。镜像推送速度提高了 153 倍，拉取速度提高了 72 倍。涉及这些操作的常见 Docker 用例提升非常明显，Slacker 将典型部署周期缩短至 20%，将开发周期缩短至 5%。

4.5.2　EdgeCloudSim

　　EdgeCloudSim 是基于 CloudSim 的一种边缘计算仿真工具。CloudSim 是最流行的云计算简化仿真工具之一。从边缘计算的角度来看，CloudSim 的主要缺点是：

　　①缺乏动态 WLAN 和 WAN 通信模型。

　　②缺乏对移动节点以及移动性的支持。

　　③缺乏实际的边缘类型负载生成器模型。

EdgeCloudSim 基于 CloudSim，但在后者的基础上添加了相当多的功能，因此可以满足边缘计算中的特定需求，并支持必要的边缘网络功能。EdgeCloudSim 涵盖了如图 4-20 所示的整个功能空间。

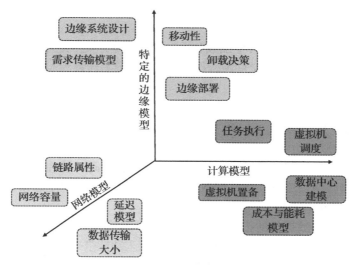

图 4-20　边缘计算的仿真建模

EdgeCloudSim 提供了一种模块化架构，可为各种关键功能提供支持，如图 4-21 所示。

当前的 EdgeCloudSim 版本具有五个可用的主要模块：核心仿真模块、网络模块、负载生成器模块、移动性模块和边缘协调模块。模块间存在关联，主要由移动性模块和负载生成器模块为其他模块提供数据输入。并且为了简化快速原型开发工作，EdgeCloudSim 为每个模块提供默认实现，用户可以轻松地对这些实现模型进行拓展。

① 移动性模块。

移动性模块管控各个边缘服务器和客

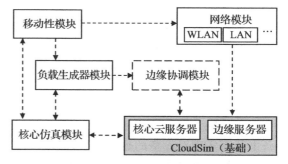

图 4-21　EdgeCloudSim 模块之间的关系图

户的位置。位置信息使用坐标 (x, y) 来表示。位于不同位置的用户可能会选择不同的边缘服务器进行任务卸载。移动性模块的默认实现是一个游牧移动模型，不同的服务器具有不同的坐标以及优先级，优先级高的服务器所服务的客户会在该服务器内停留较长时间。

② 负载生成器模块。

负责根据配置信息控制客户任务的生成。在默认设置中，客户会随机选择任务参数，以泊松分布生成任务。

③ 网络模块。

用于计算 WLAN 和 WAN 中任务上传和下载的传输时延。传输时延的大小与配置的网络带宽、任务量大小、选择同一边缘服务器的用户数量等参数相关。

④边缘协调模块。

边缘协调模块是系统的决策者。它使用从其他模块收集的信息来判断系统的卸载策略、任务执行的位置并为任务分配相应的虚拟机。

⑤核心仿真模块。

核心仿真模块负责从配置文件中加载和运行边缘计算方案。此外，它提供了一种日志记录机制，可以将模拟结果保存到文件中，得到的结果很容易转换为 MATLAB 图表等形式。

4.5.3　EdgeX Foundry

EdgeX Foundry 是一款位于网络边缘，并独立于供应商的开源软件平台。EdgeX Foundry 面向工业物联网边缘计算开发，与日常工作的设备、传感器、执行器以及其他物联网对象等物理设备进行交互，为设备提供即插即用功能的同时管理上述设备。EdgeX 平台鼓励快速增长的物联网供应商社区共同致力于建立互操作组件的生态系统，以减少不确定性，加速市场化并促进其发展。

随着物联网设备和数据量的指数级增长，物联网设备对于边缘计算应用的需求越发迫切。但物联网的软硬件和接入方式的多样性给数据接入功能带来困难，影响了边缘计算应用的部署。EdgeX Foundry 主要针对物联网器件的互操作性问题，简化和标准化工业物联网边缘计算的架构。

EdgeX Foundry 中的开源微服务由 4 个服务层和 2 个底层增强系统服务构成。服务层分别为：核心服务层、支持服务层、出口服务层、设备服务层。

安全基础设施和系统管理是两个底层增强系统服务，前者负责保障保护 EdgeX Foundry 所管理设备的数据与命令的安全，后者负责安装、更新、开始、停止、监控 EdgeX Foundry 的微服务、BIOS 固件、操作系统以及其他相关软件。

4.5.4　Apache Edgent

Apache Edgent 是一种针对边缘设备的开源编程模型和运行环境，可以被部署到边缘设备上从而实现对设备的数据和事件进行分析。相比于以往常用的将传感器中所有数据传输至中央数据分析引擎的方式，使用 Apache Edgent 能够在减少传输到分析服务器的数据量的同时，减少需要存储的数据量。

Apache Edgent 是由 API 驱动并且实现了模块化，可以与供应商、开源数据以及诸如 Apache Kafka、Apache Spark 和 Apache Storm 等分析解决方案结合使用的开源工具，如图 4-22 所示。

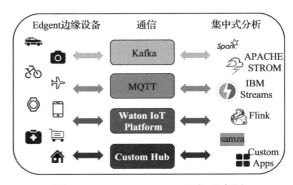

图 4-22　Apache Edgent 运行示意图

Apache Edgent 运行在资源有限的边缘计算节点内，并且能够与多种后端服务对接。边缘设备资源受限，而数据分析框架运行在远端分布式服务器集群，数据上传至云端将引入很大的数据传输延迟。Apache Edgent 的设计思路与边缘计算的初衷吻合，将 Edgent 部署在网关层，同时连接下层的边缘设备和上层的云端服务，在靠近设备的位置收集、处理设备数据，并在必要的时间将数据进一步上传至云端。Edgent 使系统从发送连续的琐碎数据流转变为仅发送必要且有意义的数据。当通信成本很高时（例如，使用蜂窝网络传输数据或带宽受限时），这一点尤其重要。

以下三个用例描述 Apache Edgent 的主要使用场景：

①物联网：分析分布式边缘设备和移动设备中的数据，从而降低数据传输成本，并提供本地反馈。

②嵌入在应用程序服务器实例中：从而达到实时分析应用程序服务器错误日志的同时，不影响网络流量的目的。

③服务器机房：在不影响网络流量或带宽受限的情况下，实时分析机器运行状况。

4.5.5　KubeEdge

KubeEdge 是一个开源系统，用于将容器化应用程序编排功能扩展到边缘的主机。KubeEdge 基于 Kubernetes 构建，并为网络、应用程序部署以及云与边缘之间的数据同步提供基本架构支持，同时支持 MQTT，并允许开发人员编写自定义逻辑并在边缘网络上启用资源受限的设备进行通信。此外 KubeEdge 完全兼容 K8S 的 API，可以使用 K8S API 原语管理边缘节点和设备。

KubeEdge 包含 Cloud 和 Edge 两个部分。KubeEdge 的核心架构构建在云和边缘部分，且都与 Kubernetes 保持一致的接口，如图 4-23 所示。

云端包含以下关键组件。

❑ CloudHub：负责启用边缘与控制器之间的通信，CloudHub 监听云端变化、缓存消息并向 EdgeHub 发送消息，是 Controller 和 Edge 端之间的中间接口。CloudHub 同时支持基于 WebSocket 的连接以及 QUIC 协议访问。

❑ EdgeController：Kubernetes API 服务器和 Edgecore 之间的桥梁，负责管理边缘节点和 Pod 的元数据，以便可以将数据定向到特定的边缘节点。

❑ DeviceController：一种扩展的 Kubernetes 控制器，负责管理设备，以便边缘和云之间的设备元数据 / 状态数据能够同步。

边缘端包括以下关键组件：

❑ EdgeHub：EdgeHub 可以使用 WebSocket 或 QUIC 协议连接到 CloudHub，负责与位于云端的 CloudHub 组件进行交互，包括同步云端资源更新、向云端报告边缘端设备和主机的状态改变。

❑ Edged：管理节点生命周期的边缘节点模块，帮助用户在边缘节点上部署容器化的工作负载或应用程序。

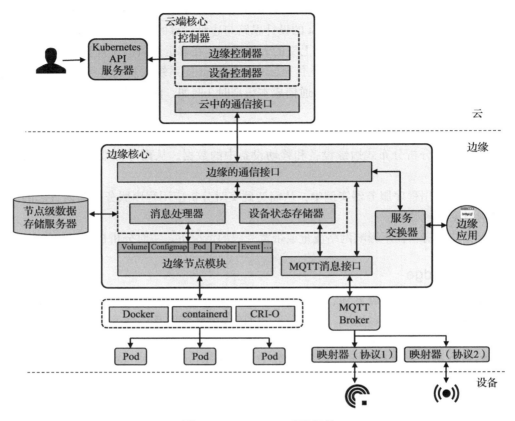

图 4-23　KubeEdge 系统架构

❏ EventBus：一个与 MQTT 服务器（mosquitto）交互的 MQTT 客户端，是发送 / 接收有
关 MQTT 消息的接口。

❏ ServiceBus：一个与 HTTP 服务器（REST）进行交互的 HTTP 客户端，为云组件提供
HTTP 客户端功能，以访问在边缘运行的 HTTP 服务器。

❏ DeviceTwin：负责存储设备状态并将设备状态同步到云端，同时为应用程序提供查询
接口。

❏ MetaManager：Edged 和 EdgeHub 之间的消息处理器，同时 MetaManager 还负责轻量
级数据库（SQLite）中的元数据存储 / 检索。

KubeEdge 在边缘端的业务逻辑使得大量数据可以在本地处理，以提升响应速度并降低
边缘与云端之间对网络带宽的需求。同时所使用的 Kubernetes 与容器的组合大大提高了用
户创建部署应用的效率，简化了开发过程。机器学习、图像识别等复杂应用程序可以轻易部
署到边缘。

　　上述开源工具并非针对卸载过程，而是包括了接入、卸载、服务管理编排等诸多功能。计算卸载作为边缘系统的核心部件，被嵌入了上述各类系统当中。如果读者需要验证不同的卸载策略，研究特定策略的表现，可以在考虑使用上述工具的基础上，自行定义卸载策略（仿真工具可能无法明确展现卸载任务的传输过程），以进行定制化的系统实现或仿真。

4.6　边缘卸载策略展望与挑战

　　本节我们将从以下几个方面介绍现阶段边缘卸载所面临的挑战和未来的展望。

4.6.1　资源协同调度的挑战与展望

　　在边缘计算中，虽然在基站附近部署了具有一定处理能力的服务器，但是面对服务复杂性的提高、数量的增多、动态性的提高，边缘计算面临着越来越多的挑战。随着 AR/VR 等应用以及图像处理计算量的激增，并且其处理时延要求已接近毫秒级，单个边缘服务器很难在规定时间内完成相应任务以满足用户的 QoE。面对这样的挑战，可以采用云 - 边协同、多个边缘服务器之间的协同以及用户 - 边缘协同。

　　在云 - 边协同架构中，其核心思想是将一部分延迟非敏感且计算开销过大的任务卸载至云端，从而缓解边缘网络的压力，其解决的难点在于如何协调边缘资源和云资源，并且对于服务需求的准确刻画，以及将服务准确卸载至相应位置。

　　多个服务器之间的协同与用户 - 边缘服务器的协同，其核心思想为将一个复杂的任务切分为多个子任务，再将各子任务卸载至恰当的服务器进行处理。其难点分为两个部分：任务切分和子任务卸载。其中需要根据可用的资源（包括可用的边缘服务器和终端设备本地处理能力）研究任务的切分方案，并且在切分过程中，尽量保证子任务之间的依赖关系较小，充分利用子任务在多个服务器上的并行处理。子任务的卸载与传统的任务卸载不同之处在于，除了需要考虑任务大小和可用边缘资源的时空分布，还需要重点考虑子任务之间的依赖性：后序子任务需要等待前序任务的处理结果才能开始处理；相关子任务之间需要频繁的数据交换，因此卸载策略需要考虑两个子任务的通信时延。

　　当考虑任务依赖性后，原本已是 NP- 难问题的子任务卸载问题变得更加的复杂，现阶段学术界一般将一个复杂的任务结构图用有向无环图 DAG 进行表示，其中图中的节点表示子任务，而边表示子任务之间的依赖关系，边的权重表示子任务之间通信的强度。通过把任务抽象为图，上述的子任务卸载问题一般采用两步的方法进行求解：首先根据子任务大小，DAG 中所处位置以及子任务之间的关系分析子任务的优先级，再根据子任务的优先级从高到低的顺序将子任务卸载至合适的服务器中，并安排恰当的时序。

　　在更加灵活的 D2D 网络中资源协同面领着与边缘计算中同样的问题。但是考虑到 D2D 计算节点的异构性，首要需要解决的挑战是异构节点之间的通信问题。现阶段虽然有大量工作研究跨技术通信问题，但是其中缺少了重要的环节：跨技术的邻居发现以及双向的跨技术通信，因为在终端设备通信之前需要邻居发现技术作为支撑，现阶段邻居发现大部分只针对同一制式的通信技术。又因为任务卸载需要上传任务以及回传结果，所以通信方式必须是双向的，而这一点也是现阶段研究的挑战之一。在 D2D 任务卸载中，考虑到节点一般为能源受限的设备，卸载策略中应着重对任务能耗进行建模，以确保任务的顺利执行；其次从系统层面上除了考虑负载均衡，还需要考虑能耗的公平性。

4.6.2　用户移动性管理的挑战与展望

终端用户的移动性是边缘系统的固有特征，例如利用 AR 技术辅助用户参观博物馆以增加用户的体验等。在这些应用程序中，用户的移动轨迹为边缘服务器提供了位置和个人偏好等信息，以提高处理用户的计算请求效率。另一方面，由于以下原因，移动性对于实现高效的边缘计算也提出了重大挑战。首先，边缘接入网络通常由多个宏站、室分基站和 Wi-Fi 接入节点组成。因此，用户的移动使得任务在小覆盖范围的边缘服务器之间进行频繁的切换，由于系统配置和用户 – 服务器关联策略的多样性，该操作非常复杂。接下来，在不同小区之间移动用户将遭受严重的同频干扰，这将大大降低通信效率。最后，频繁地切换会增加计算延迟，从而降低用户体验。传统的异构蜂窝网络已经对移动性管理进行了广泛的研究。在这些工作中，根据用户的移动速度等信息，通过连通性概率或链接可靠性来模拟用户的移动性。基于这样的模型，已经提出了动态移动性管理以实现高数据传输速率和低误码率。但是，这些策略不能直接应用于移动用户的边缘系统，因为它们忽略了边缘服务器上的计算资源对切换策略的影响。大多数现有工作都集中在优化可感知移动性的服务器选择上。但是，为了获得更好的用户体验，应该同时考虑移动设备的漫游技术和边缘服务的调度策略。这引出了一组新的研究方向：

①基于用户移动轨迹的任务卸载预处理。

对于用户移动轨迹的预测现在已有很成熟的方法了，但是在边缘网络的任务卸载中，为了降低边缘网络用于用户轨迹预测的计算负担，用户的移动性不需要精确预测用户的路线，而是利用用户轨迹的统计信息，预测出用户离开现有服务器覆盖范围的时间和即将进入的服务器覆盖区域，并且在新的覆盖服务器中预留足够的资源以供任务的无缝切换。

② D2D 边缘计算中的用户移动性管理。

在 D2D 边缘计算中，终端用户的计算任务将卸载到周围具有冗余计算和通信资源的节点中，与边缘网络不同的是，此处服务节点和用户节点都是移动的，因此需要同时考虑两者移动的相对位置关系。具体地，用户节点卸载任务至边缘服务节点时，应该根据对任务完成时间的估计，以及完成时间点用户 – 服务节点的相对位置做出合理的卸载策略，以避免由于通信连接的丢失，而无法获得计算结果从而浪费了计算资源。其中因为终端用户低功耗的特点，无法收集并分析自身乃至其他用户的轨迹，导致典型的云 – 边 – 端架构中的卸载策略无法正常运转。该场景中的卸载策略需要更多的结合时变环境的自适应算法。

习题

参考文献

虚拟化技术

在边缘计算中，广泛的应用场景导致了边缘服务器类型以及用户类型的多样化，进而产生了更加复杂多样的边缘服务。不同类型的用户在不同的场景下会向边缘服务器卸载不同的计算任务和数据。这就导致边缘计算服务在真实落地部署时面临着以下问题。从隐私问题角度考虑，这些用户卸载的计算任务必须相互之间不可见，相互透明，互不干扰，不能产生数据泄露的安全性问题。从边缘服务器运行环境角度考虑，不同种类的边缘服务运行时所依赖的环境各不相同，要想保证各边缘服务正常运行，那么不同边缘服务所依赖的执行环境之间不能发生冲突。另外，从边缘服务器资源利用的角度考虑，由于大多边缘服务器的计算资源要远远小于传统的云服务器，因此需要更加有效地管理和利用边缘设备的有限资源，使其发挥最大作用。

借助虚拟化技术能够很好地解决上述几个问题，使得用户所卸载的计算任务能够在相对独立可控的环境中正常运行，同时提高边缘服务器的资源利用效率。

图 5-1 展示本章的结构框，本章将以此介绍虚拟化技术的发展历史、分类

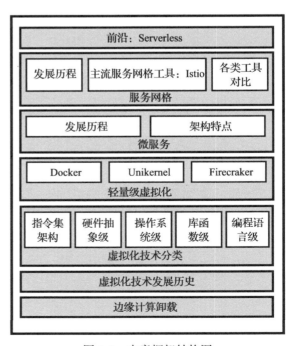

图 5-1 本章框架结构图

以及主要的轻量级虚拟化技术，然后进一步介绍建立在虚拟化技术上的微服务、服务网格以及无服务器计算。

5.1　虚拟化技术概述

虚拟化技术是一种资源管理技术，是云计算的核心技术之一，为云计算提供了灵活且强大的资源管理能力。通过虚拟化技术，云计算服务商可以将现有的各类硬件计算资源映射为资源池，将 CPU、内存、网络、I/O 及磁盘等资源进行抽象转换，实现资源的离散化，确保资源环境的隔离性，实现用户程序对资源的即取即用，以便更高效地进行资源配置，进而为海量用户提供服务。此外，虚拟化技术也为用户提供了相互隔离的运行环境，使得多个用户服务在同一物理机器上运行时，彼此之间不会感觉到对方的存在。总体来说，虚拟化不仅降低了云计算工作开支与部署成本，使云计算的硬件资源得到更加高效的利用，同时，对用户来说，用户服务可以在一个相对隔离的环境中运行，数据安全性得以保证，且不会影响其他用户的服务。

和云计算一样，边缘计算也需要使用有限的资源为边缘用户服务，因此也具有服务器资源管理需求。为了方便边缘计算服务提供商对用户卸载任务的管理，虚拟化技术作为云计算的核心支撑技术，自然成了边缘计算核心支撑技术之一。

虚拟化的概念较为广泛，针对真实物理机的不同硬件资源进行虚拟化，可衍生出诸如存储虚拟化、网络虚拟化、内存虚拟化等概念。在本章中，我们主要讨论服务器虚拟化（Server Virtualization），即通过虚拟化技术模拟出一个完整的系统或者可执行环境。

5.2　虚拟化技术发展历史

虚拟化的概念最早可追溯到 20 世纪 60 年代。在计算机刚诞生时，由于硬件工艺的限制，一台计算机的体积极为庞大，价格也非常昂贵，一个拥有几百名员工的大型科研机构可能只有一台计算机，如图 5-2 所示。如果一个科学家需要进行任务计算，他需要提前写好程序，然后把程序代码交给计算机操作员，操作员逐个输入程序，再串行地执行程序。显然，这样的操作方式效率很低，程序和数据的输入会占据较多时间，导致计算机很多时间都处于空闲状态，计算资源不能够被充分利用。后来科学家们产生了允许多个用户同时操作计算机的想法，英国计算机教授克里斯托弗·斯特雷奇在 1956 年 6 月的国际信息处理大会（International Conference on Information Processing）上发表论文《大型高速计算机中的时间共享》（Time Sharing in Large Fast Computer）[1]，首次提出了虚拟化的概念，推动了当时计算机设计理念的发展。

20 世纪 60 年代早期，超级计算机 Atlas 横空出世，如图 5-3 所示，作为当时世界上最强的计算机，Atlas 利用了分时、多程序设计和共享外围设备控制等概念，并引入了名为 Supervisor 的底层资源管理组件。Supervisor 组件将操作系统进程与负责执行用户程序的组件隔离开来，管理着诸如处理时间这类的关键计算机资源，并为用户程序指令提供和管理执行环境。从本质上说，这与之后的虚拟机管理器功能非常相似。

图 5-2　ENIAC 计算机[2]

图 5-3　利用了分时、多程序设计和共享外围设备控制的 Atlas 计算机[3]

　　20 世纪 60 年代中期，IBM 开展的 M44/44X 项目设计了一个与 Atlas 相似的架构，在这个架构中首次提及了虚拟机的概念，该项目包括一台 IBM 7044（M44）科学计算机和几台使用硬件和软件、虚拟内存、多程序设计模拟出来的 7044 虚拟机（44X），并且证明了虚拟机的运算效率与很多其他的传统方式同样高效，如图 5-4 所示。随后又继续研发出了 CP-40 计算机，这是史上第一台基于完全虚拟化硬件的虚拟机操作系统平台，后续被改进为 CP-67，1965 年左右基于 CP-67 研发出了 S/360-67 和 S/370，通过虚拟机监视器模拟抽象真实物理机的硬件资源，支持多用户同时使用一台计算机。

　　1974 年，Popek 和 Goldberg 教授提出了当时虚拟化的三个条件：等价性、可控性和高效性。等价性是指运行在虚拟机中的程序应当与运行在物理机上相同程序具有完全一致的行为，可控性是指虚拟机监视器能够完全控制物理机的系统资源，高效性是指虚拟机中大部分指令应在没有虚拟机监视器的干预下执行[5]。

　　1979 年，在 UNIX V7 的研发过程中，增加了一个名为 chroot 的系统调用，该系统调用

图 5-4　IBM7044[4]

可以改变当前用户运行进程的工作目录，实现了一种类似于文件系统层的虚拟化和隔离[6]。

　　1988 年，Insignia Solutions 公司推出了名为 SoftPC 的软件模拟器，SoftPC 使得用户可以在 UNIX Workstation 上运行 DOS 应用[7]。

　　随着 SoftPC 的发布，各类虚拟化产品和技术也开始相继出现，如图 5-5 所示。1998 年，VMware[8] 推出了自家的第一代产品，并在 1999 年开始销售 VMware Workstation，在 2001 年，VMware 公司又推出了 ESX 和 GSX。2000 年，FreeBSD Jails[9] 问世，它是一个功能较为完整的操作系统级虚拟化技术，允许将一个 Free BSD 系统隔离为多个小型系统。2001 年，Linux Vserver[10] 发布，并被写入 Linux 内核。在 2001 年，Fabrice Bellard 还发布了采用动态二进制翻译技术的开源虚拟化软件 QEMU（Quick Emulator）[11]，QEMU 在今天仍然非常受欢迎。2003 年，第一个开源的 x86 虚拟化项目 XEN[12] 发布。2005 年发布了开源软件 OpenVZ[13]，可以在单个物理服务器上创建多个相互独立的虚拟服务器。2007 年，发布了开源的与 Linux 内核集成的 KVM[14]，仅在 Linux 系统上提供虚拟化，且需要硬件支持。2008 年，轻量级虚拟化技术 Linux Containers（LXC）[15] 发布，LXC 可以直接运行在 Linux 内核上，不需要相关内核补丁。2013年，开源的 Docker 容器技术[16] 发布，使得轻量级虚拟化技术更上一层楼，Docker 在今天已经是最受市场欢迎的虚拟化技术。

图 5-5　各类虚拟化技术

5.3　虚拟化技术分类

　　在虚拟化的发展历程中，涌现了众多虚拟化技术。这些技术根据目标功能的需求不同，对计算机资源的虚拟化程度也不尽相同。同时这些技术在虚拟化具体的实现方式以及实现结构方面也有差别。接下来，本节将从不同的角度对虚拟化技术的类别进行简要介绍。

　　我们大致可以将计算机系统结构自底向上分为五个抽象层，分别为：硬件抽象层、指令集抽象层、操作系统抽象层、库函数抽象层以及应用程序抽象层。虚拟化技术本质上是为上层架构或应用分配管理底层的资源，使得上层架构只对已分配的底层资源可见，从而实现资源的相互隔离。所以根据虚拟化技术所应用到计算机系统中的五个层次的不同，可将虚拟化技术分为硬件抽象级虚拟化、指令架构级虚拟化、操作系统级虚拟化、编程语言级虚拟化以及库函数级虚拟化[18]。

5.3.1 指令架构级虚拟化

在虚拟化中，实际的物理主机一般称为宿主机（Host Machine），而通过虚拟化技术虚拟出来的目标系统一般称为客户机（Guest Machine）。

指令集体系结构级别的虚拟化通过完全在中间件（仿真器或虚拟机监视器）中模拟目标指令集体系结构来实现。典型的计算机由处理器、内存芯片、总线、硬盘驱动器、磁盘控制器、计时器以及多个 I/O 设备等组成。中间件尝试通过将宿主机上的客户机所发出的指令转换为一组宿主机能够执行的指令序列，然后在宿主机的物理硬件资源上执行这些指令序列。这些指令包括典型的处理器指令（如 x86 平台上的 add、sub、jmp 指令）以及特定的 I/O 指令（如 IN/OUT）。为了能够使客户机系统能够像真实的物理机一样正常运行，指令架构级虚拟化必须能够模拟真实计算机中的所有操作，包括读取 ROM 芯片、重启、开机等[19]。

指令架构级虚拟化在直观性和健壮性方面表现较好，只要在宿主机平台和客户机平台存在完成相同任务的等价指令序列，中间软件就能够将客户机操作系统平台的指令转换为宿主机平台的指令进行执行。所以当客户机平台的指令集体系结构发生变化时，该技术就可以轻松适应，并不要求客户机和宿主机平台之间强制绑定在一起。通过指令架构级虚拟化，可以在诸如 x86、Sparc、Alpha 等平台上创建基于 x86 的虚拟机。

但是，跨平台的支持以及指令架构的可移植性是以性能为代价的。由于客户机发出的每条指令都需要用中间软件进行翻译解释，这类操作会导致较大的性能损失。

基于指令架构级的虚拟化包括 Bochs[17]、QEMU 等经典虚拟化技术，由于这些技术基本是用来实现不同平台指令集之间的指令仿真，所以也经常被称为仿真器。

1. Bochs

Bochs 是一个能够模拟一个完整的英特尔 x86 架构计算机的软件程序，Bochs 能够对 Intel x86 的 CPU、通用输入输出设备以及自定义 BIOS 进行仿真。通过编译后，Bochs 可对不同的 Intel x86 架构的 CPU 进行仿真，涵盖了从早期的 386 CPU 到 x86-64 Intel 和 AMD CPU 中的众多处理器，甚至还支持目前还未上市的多款处理器。Bochs 会转译客户机从开机到重启的每一条指令，并具有所有标准计算机外设的设备模型，包括键盘、鼠标、VGA 卡、显示器、磁盘、计时器以及网卡等。由于 Bochs 模拟了整个计算机环境，客户机上的用户或应用程序会认为自己运行在真实物理机上，这使得在不做任何改动的情况下，就可借助 Bochs 搭载在宿主机上的客户机运行各类操作系统，比如 Windows 各版本系统、Linux 各版本系统以及 BSD 各版本系统。

Bochs 采用 C++ 编写实现，设计初衷是能够在诸如 x86、PPC、Alpha、Sun 以及 MIPS 等多个不同平台上运行，无论宿主机平台是什么，Bochs 都会模拟出 x86 平台的软硬件。也就是说 Bochs 并不依赖于宿主机的指令架构。但是因为 Bochs 要对每条 x86 指令都进行仿真，并且为了达到客户机到宿主机指令行为的高精度仿真，Bochs 要为每条需要仿真的 x86 指令执行许多其他指令以达到转译的目的。这会带来巨大的开销，导致客户机的运行速度比真实物理机慢很多倍，这也是指令架构级虚拟化技术共有的弊端[20]。

2. QEMU

QEMU 全称 Quick Emulator，是一个使用了动态翻译器的快速处理器仿真软件，QEMU 支持 User-mode（用户模式）和 System-mode（系统模式）这两种模式，在用户模式中，QEMU 可以在一个 CPU 上运行针对另一个 CPU 编译好的 Linux 程序，可以利用这个模式实现交叉编译或者交叉调试的功能。在系统模式中，QEMU 可以在宿主机上模拟出一个完整的操作系统（其中包含处理器以及其他的外围设备）。与 Bochs 仅针对 x86 体系架构不同，QEMU 支持模拟包括 x86、ARM、PowerPC 和 Sparc 在内的许多不同的处理器体系结构。并且为了改善性能，提高客户机的速度，QEMU 采用了动态翻译的方法来提升指令集间转换的速度。在动态翻译中，QEMU 会将客户机上需要转换的代码翻译为宿主机能够识别的指令序列，其基本思想是将每一条目标指令分割为若干条更为简单的指令（微操作：micro operations）。每一个微操作都是一小段 C 语言代码的实现，并且这些 C 语言代码片段会在宿主机提前被 GCC 编译为 Object 文件（.o），编译中工具 dyngen 会将这些实现了微操作的 Object 文件作为输入，然后生成一个动态代码生成器。当需要翻译某个目标指令时，这个动态代码生成器会将相应的微操作组合起来，生成在宿主机上完成相应功能的函数，以此来实现指令集间的相互翻译转换[21]。

5.3.2　硬件抽象级虚拟化

硬件抽象级虚拟化是指通过虚拟机监视器将宿主机底层硬件中不同的处理器、内存、网络、I/O、磁盘等资源映射为客户机系统所能识别的资源，为运行在宿主机上的客户机提供统一抽象的资源访问接口，使得底层硬件对客户机操作系统以及宿主机操作系统均相对透明，客户机所能看到的底层硬件资源通过虚拟机监视器转换后与真实物理机资源没有区别。

利用硬件抽象级虚拟化技术，可将一台实际的物理宿主机虚拟化为一台或多台客户机，每个客户机都拥有分配好的虚拟硬件资源（如 CPU、内存等）。由于直接在硬件层面上进行虚拟化操作，每个客户机都拥有自己单独的内核，不同客户机之间并不共享宿主机的系统内核，这能够保证客户机间执行环境的相互独立。

在虚拟化的过程中，需要对计算机的硬件资源进行隔离以及虚拟化，这部分工作是由虚拟机监视器（Virtual Machine Monitor，VMM）[22] 来实现的。虚拟机监视器是一个系统软件，安装在宿主机上，管理着宿主机的真实物理资源，将 CPU、内存、磁盘、网络等视为资源池，并能够根据客户机对这些资源进行合理的隔离与分配，为虚拟机提供访问硬件资源接口。接下来介绍常见的硬件抽象级虚拟化技术。

1. 按照实现方式分类

在硬件抽象级虚拟化中，按照不同实现方式以及虚拟机监视器的不同实现结构，又可将其进一步分类，根据其不同的实现方式可将其分为全虚拟化技术和半虚拟化技术。其中全虚拟化技术又可进一步分为软件实现的全虚拟化技术和硬件辅助的全虚拟化技术。

（1）全虚拟化

全虚拟化是指不需要对目标客户机操作系统进行任何修改，就可通过虚拟机监视器在宿主机上实现虚拟化。虚拟机监视器会将宿主机的所有物理资源及设备进行初始化，并提供统一抽象接口供客户机系统使用，对于客户机操作系统来说，完全感知不到自己运行在虚拟机监视器上，会认为自己运行在真实物理机上并能够直接控制底层物理资源。

以 Intel x86 平台为例，如图 5-6 所示，在 Intel x86 架构中，将处理器的特权等级分为 Ring0、Ring1、Ring2、Ring3 四级，Ring0 的等级最高，Ring3 的等级最低。在一般的 Linux 系统中，常用的是其中的两个特权等级 Ring0 和 Ring3，其中内核态运行在 Ring0 中，用户态运行在 Ring3 中。

由于全虚拟化中的客户机系统感知不到自己是运行在虚拟机监视器上，所以客户机系统会不受约束的执行所有指令，而这些指令中通常会包括部分需要在内核态上执行的敏感指令或特权指令（如文件操作指令等）。然而客户机系统实际以用户态运行在宿主机上，并没有权限执行这样的指令。为了解决该问题，实现全虚拟化技术有两类技术路线：软件实现的全虚拟化和硬件辅助的全虚拟化[23]。

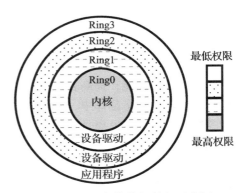

图 5-6　x86 架构特权等级示意图

①软件实现的全虚拟化。

在 x86 虚拟化技术发展早期，硬件厂商并没有在 CPU 等硬件层面上添加对虚拟化的支持，需要使用软件（虚拟机监视器）进行实现。一般来说，软件实现的全虚拟化主要应用特权解除和二进制翻译两种机制。

客户机系统处于用户态中，此时执行内核态指令会引发异常。在特权解除机制中，虚拟机监视器会监视捕捉客户机系统所产生的特权指令以及所触发的异常，然后将触发异常所对应特权指令虚拟化为有效的虚拟特权指令，其本质思想是利用用户态中的非特权指令来模拟出仅针对客户机系统有效的特权指令。但是这样的机制仅能捕获需要在内核态运行的特权代码，而部分在用户态运行的特权代码无法被转换（由于处理器设计之初，没有考虑支持虚拟化，存在部分特权指令运行在 Ring1 中，这部分指令不会产生异常并被虚拟机监视器捕获）。解决此问题的方法是使用二进制翻译机制。在二进制翻译机制中，虚拟机监视器会扫描客户机系统中的二进制代码，一旦发现其中存在运行在用户态上的特权指令的二进制代码时，就会将这些二进制代码进行修改转换，从而使得用户态上的特权代码也能被正常捕捉并转换[24]。

②硬件辅助的全虚拟化。

在软件辅助的全虚拟化中，因为在处理器硬件层面上本身不能够判断自己所执行的指令是来源于客户机系统还是宿主机系统，所以不能够决定这些指令应该引发的正确系统行为，从而需要借助虚拟机监视器这样的软件进行特权指令的捕捉及转化。但很显然这样的转换会导致系统运行的性能表现较差。

硬件辅助的全虚拟化需要具备虚拟化功能处理器的支持，该类处理器在设计生产时就引入了特权指令的判断标准，从而能够在处理器层面对客户机系统的指令进行虚拟化或模拟。

（2）半虚拟化

半虚拟化需要客户机操作系统协助的虚拟化，运行在虚拟机监视器上的客户机系统不是普通的操作系统，而是对内核进行针对性修改的特定操作系统。半虚拟化和全虚拟化一样，都是要解决在客户机系统中如何正常执行敏感指令或特权指令的问题，只不过二者提供的是两种不同的解决思路。不同于全虚拟化在虚拟机监视器或者硬件层面从二进制代码级来解决该问题，半虚拟化在客户机操作系统上从源代码级来解决该问题。半虚拟化主要通过修改客户机系统中涉及特权指令的代码，使客户机操作系统主动去适应虚拟监视器以及宿主机操作系统，使得虚拟机监视器或宿主机系统不需要扫描捕捉即可判断出客户机的特权指令。

2. 按照 VMM 实现结构分类

按照虚拟机监视器的不同实现结构，又可将虚拟化技术分为以下三类：Hypervisor 模型、宿主（Hosted）模型、混合模型。

（1）Hypervisor 模型

在 Hypervisor 模型中，虚拟机监视器相当于完整的操作系统，能够对物理机的底层硬件资源（如 CPU、内存、网络、I/O 等）进行分配与管理。与传统的操作系统不同的是，虚拟机监视器还具备虚拟化的功能，能够创建虚拟环境，为虚拟环境分配资源，管理已创建好的虚拟环境，完成虚拟环境中客户机系统的任务。此类虚拟机监视器直接安装在硬件上，不需要宿主机的接入，可实现对物理硬件资源的直接调度与管理。如图 5-7 所示，Hypervisor 中的处理器管理代码模块 P（Processor）用于对物理机的 CPU 资源进行分配、隔离、管理，内存管理代码模块 M（Memory）用于对物理机的内存资源进行分配、隔离、管理，设备模型模块 DM（Device Model）用于对物理机的磁盘、网络、I/O 等设备进行管理及虚拟化，设备驱动模块 DR（Device dRiver）用于为物理机各类设备提供必要的驱动，以保证运行在虚拟机监视器上的客户机系统能够正常访问物理机的相关资源。

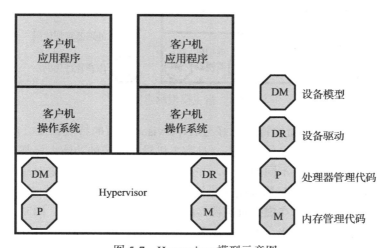

图 5-7　Hypervisor 模型示意图

基于 Hypervisor 模型的虚拟机监视器，由于对硬件资源具有直接管理和虚拟化的权限，所以相对高效，并且上层客户机系统的安全仅依赖于虚拟机监视器本身的安全。但是因为没有宿主机操作系统的接入，虚拟机监视器本身需要支持种类繁多的设备（磁盘、网络、I/O 等）以及这些设备所对应的驱动，这就意味着虚拟化技术的提供商需要耗费大量的精力用于设备驱动的开发。因此，部分提供商选择仅实现一些规范、常用的设备驱动以降低开发维护成本。

（2）宿主模型

在宿主模型中，虚拟机监视器的角色与 Hypervisor 模型中不同，虚拟机监视器会运行在物理机的宿主机系统上，相互配合实现客户机系统的虚拟化。在这个模式中，底层物理资源由宿主机系统直接管理，宿主机系统一般是较为通用的操作系统（如 Linux），能够提供对物理资源及各类设备较为完整的支持，但是这类系统本身可能并不具备虚拟化的功能。虚拟机监视器作为运行在宿主机系统中的一个独立内核模块（在部分实现中，还包括一些用户态进程用于虚拟化宿主机的各种设备），通过调用宿主机系统的硬件资源访问接口来实现处理器、I/O 和内存的虚拟化。在其上层创建出虚拟机以后，虚拟机监视器通常会把创建好的虚拟机当作宿主机系统中的一个进程进行管理调度。如图 5-8 所示，虚拟机监视器运行在宿主机操作系统上，主要负责内存和处理器的虚拟化，宿主机操作系统可提供现有的设备驱动以实现 I/O 等设备的虚拟化，而设备模型则放到宿主机操作系统的用户态空间进行管理。

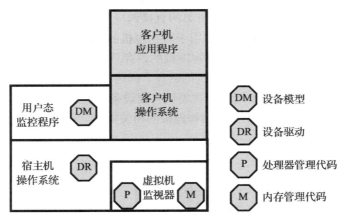

图 5-8　宿主模型示意图

宿主模型的虚拟机监视器的特点恰好与 Hypervisor 模型的特点相反。由于该模型下的虚拟机监视器是运行在宿主机操作系统上，且宿主机操作系统的功能大多都较为完备，在设计开发时就已经考虑到了大量不同的设备，并且对这些设备实现了与之对应的设备驱动。因此，虚拟机监视器厂商可以直接借助宿主机操作系统现有的设备驱动来实现设备的虚拟化，而无须耗费巨大的人力、物力在虚拟机监视器内部单独开发设备驱动，同时也使得虚拟机监视器的功能更加集中化和专一化，可以专注于 CPU、内存等物理资源的虚拟化。

但是基于宿主模型的虚拟机监视器也存在着一系列缺点。首先本质上宿主机的物理资源由宿主机操作系统进行直接管理，虚拟机监视器并不能直接访问这些资源，需要调用宿主机操作系统的底层服务以达到对物理资源虚拟化的目的，而这些宿主机系统的底层服务在设计之初并没有考虑对虚拟化的支持，导致基于该模型的虚拟机监视器的性能以及功能完整性会受到不同程度的影响。其次，由于该模型下的虚拟机监视器需要和宿主机操作系统相互配合以在上层虚拟化出客户机系统，所以上层的客户机系统的安全性会由虚拟机监视器和宿主机系统二者共同决定。如果宿主机操作系统本身存在着安全性问题，无论运行在之上的虚拟机监视器是否安全，虚拟化出来的上层客户机系统仍然存在着安全隐患。如果宿主机操作系统本身安全性较高，那么上层客户机系统的安全性就更加依赖于虚拟机监视器的安全性。

（3）混合模型

顾名思义，混合模型即 Hypervisor 模型和宿主模型的结合，如图 5-9 所示，在该模型下，和 Hypervisor 模型一样，虚拟机监视器位于最底层，直接应用于物理硬件资源上，拥有对底层物理资源的直接控制权。但是这类虚拟机监视器会交出对各类设备的管理与控制的大部分权限，这部分功能会由运行在特权虚拟机中的特权操作系统负责。在上层的客户机系统需要访问特定的设备资源时，虚拟机监视器只需将目标访问请求转发给特权操作系统即可。

基于混合模型的虚拟机监视器同时具备 Hypervisor 模型和宿主模型的优点，既能够直接控制处理器和内存资源以提升虚拟化效率，又可以借助特权操作系统中现有的设备驱动实现，减小了开发成本。从安全性角度来看，只要控制好特权操作系统的权限，客户机操作系统的安全性就只依赖于虚拟机监视器本身。

但是由于特权操作系统运行在虚拟机监视器上，当其他客户机操作系统向虚拟机监视器提交设备访问请求时，虚拟机监视器需要将该请求转发到特权操作系统以获取服务，此时需要在虚拟机监视器和特权操作系统之间进行上下文切换。如果客户机操作系统的设备访问需求（如 I/O 请求）较为频繁，密集的上下文切换所带来的开销会造成系统运行的性能下降。

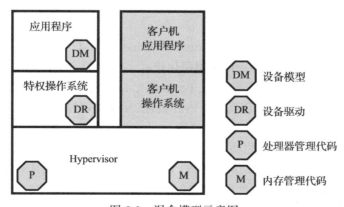

图 5-9　混合模型示意图

3. 经典硬件抽象级虚拟化技术

经典硬件抽象级虚拟化技术包括 KVM、XEN 以及 VMware Workstation 等。

（1）Xen

Xen 是一个开放源代码虚拟机监视器，起源于剑桥大学计算机实验室的一个研究项目，是半虚拟化（Para-Virtualization）技术的典型代表，属于混合模型。

Xen 组件如图 5-10 所示，主要包含三大部分：Hypervisor、Domain0、DomainU。Hypervisor 是 Xen 的管理程序，是一个运行在硬件与客户机操作系统之间的基础软件层，负责为上层虚拟化出的不同客户机操作系统进行 CPU、内存和中断的管理（不负责处理网络或 I/O 功能），是物理机引导程序加载完成后运行的第一个程序。DomainU 是运行在 Hypervisor 上的普通客户机操作系统。Domain0 或 Dom0 是 Xen 中的特权虚拟机，相当于混合模型中的特权操作系统，是一个内核经过修改的操作系统，本质上也是运行在 Hypervisor 上的一个客户机操作系统。与 DomainU 不同的是，Domain0 扮演着管理员的角色，负责与普通的客户机操作系统进行交互，处理网络或 I/O 请求，所有 DomainU 的正常运行都必须得到 Domain0 的支持。

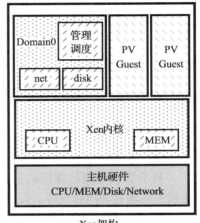

图 5-10　Xen 架构

相比较与 VMwareESX/ESXi 和微软的 Hyper-v，Xen 不仅支持 CISC x86/x86_64 CPU 架构，还支持 RISC 的 CPU 架构，比如 ARM。Xen 的优势主要在于半虚拟化，能够让虚拟机有效运行并且不需要对 I/O 进行仿真，从而实现了高性能。但是半虚拟化的缺点在于需要对系统内核进行修改，对于 Windows 这种封闭性操作系统，Xen 的半虚拟化技术就无法支持。为了解决该问题，在后续版本中 Xen 也加入了对全虚拟化技术的支持。

（2）KVM

基于内核的虚拟机（Kernel-based Virtual Machine，KVM）是一个基于 Linux 环境的开源虚拟化模块。KVM 属于硬件辅助的全虚拟化技术，在 2007 年被集成到 Linux 内核中，成为内核的一部分。KVM 目前已支持 x86、PowerPC、S/390、ARM 等平台。KVM 的思想是利用 Linux 内核中已经完善的进程调度、内存管理、I/O 管理等代码，通过 KVM 模块，客户机操作系统被实现为一个常规的 Linux 进程。

KVM 只是一个提供了虚拟化功能的内核插件，运行在内核空间，负责提供 CPU 和内存资源的虚拟化，以及客户机操作系统 I/O 请求的拦截。KVM 经常与 QEMU 配合使用，KVM 负责 CPU 和内存虚拟化，而 QEMU 负责对客户机操作系统的 I/O 设备（网络、磁盘等）进行模拟，如图 5-11 所示。

KVM 在 Linux 内核的用户模式和内核模式基础上增加了客户模式。Linux 本身运行于内核模式，主机进程运行在用户模式，虚拟机则运行于客户模式，通过 Linux 内核对主机进程和虚拟机进行统一管理。KVM 利用修改的 QEMU 实现对 BIOS、显卡、网络和磁盘控制器等硬件的仿真，同时 KVM 也引入了半虚拟化的设备驱动，通过虚拟机操作系统中的虚拟驱动和主机 Linux 内核中的物理驱动相配合，提高 I/O 设备的性能。KVM 的优点在于它是基于硬件辅助的虚拟化技术，Guest OS 可以不经过修改直接在虚拟机中运行。

（3）VMware Workstation

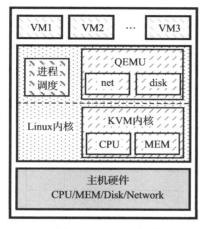

图 5-11　KVM 架构

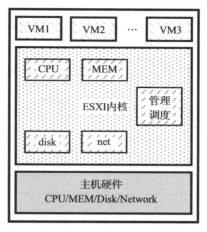

图 5-12　ESXI 架构

　　VMware Workstation 是 VMware 公司开发的一款桌面虚拟计算机软件，该软件允许用户同时创建运行多个 x86 虚拟机。运行 VMware Workstation 的计算机和操作系统被称为宿主机，在虚拟机中运行的操作系统实例被称为虚拟机客户。与仿真器类似，VMware Workstation 为客户操作系统提供完全虚拟化的硬件集，包括视频适配器、网络适配器以及硬盘适配器，并且把对 USB、串行和并行设备的访问传递到真实物理设备的驱动程序。由于与宿主机的真实硬件无关，虚拟机的实例对于各种计算机是高度可移植的，借助 VMware 的 VirtualCenter，甚至可以在移植过程中仍保持虚拟机运行。对于客户机 CPU 指令的处理，与 Bochs 通过软件模拟客户机微处理器的方式不同，VMware 使用了一种更加优化的方式，尽可能地直接运行程序代码。当不能直接运行时，动态地重构代码，这些被翻译过的代码被放入内存的空闲区间中，一般是在地址空间的尾部，这个区域可以随即被保护起来并通过分段机制标记为不可见。因此 VMware 比仿真器要更快，在运行高强度计算的应用程序时只有 3% ～ 5% 的性能损耗。但是由此带来的缺点是客户操作系统的指令代码必须和宿主机的 CPU 兼容，因此 VMware Workstation 不能用 x86 处理器运行 Mac 或者 PowerPC 软件。

5.3.3　操作系统级虚拟化

　　上一小节中所提到的硬件抽象级虚拟化技术在宿主机系统和客户机系统之间能够提供非常高的隔离能力，其虚拟化直接在硬件上进行，每个客户机都有自己单独的操作系统内核。

　　而操作系统级虚拟化工作在宿主机操作系统上，且宿主机的操作系统内核允许多个相互隔离的用户空间实例共同存在，这些相互隔离的用户空间实例也经常被称为容器。由于这种虚拟化技术是基于宿主机操作系统，所以在支持该特性的操作系统上，才能使用这项虚拟化技术。另一方面，由于这项功能由宿主机操作系统内核主动提供，所以这类虚拟化技术往往很高效。对于宿主机而言，可以感知到不同的宿主机同时运行在其之上，但是从客户机角度及其用户的角度出发，这些被隔离出来的用户空间实例或者容器拥有各自的文件系统、网络、相关依赖库等，和运行在真实物理机上没有什么区别。

通过操作系统级虚拟化技术虚拟化出来的客户机系统或执行环境一般也可称为容器，chroot、Linux Vserver、Open VZ、LXC、Docker 都属于操作系统级虚拟化技术，其部分特性对比如表 5-1 所示。

表 5-1　几类操作系统级虚拟化技术的部分特性对比

	写复制	磁盘配额	CPU配额	文件系统隔离	网络隔离	Root 权限隔离	I/O限制	内存限制	热迁移
chroot	×	×	×	不完全	×	×	×	×	×
Linux Vserver	√	√	√	√	不完全	不完全	√	√	×
openVZ	√	√	√	√	√	√	√	√	√
LXC	√	不完全	√	√	√	√	不完全	√	√
Docker	√	间接	√	√	√	√	√	√	×

（1）chroot

chroot 是 Linux 内核为了进一步提升系统安全性而引入的一个系统调用，chroot 可以将一个进程的根目录改变到文件系统中另一个指定位置，在该目录下的进程不能访问此目录外的文件系统，从而实现为不同进程或用户提供相互隔离的文件系统。借助 chroot，虚拟机能够限制进程或用户可访问资源的范围，大大增加系统的安全性。当某个用户登录系统后，该用户可见的根目录是通过 chroot 指定的新目录，而不是系统本身的根目录，可减小用户的误操作对整个操作系统带来的影响。其次，chroot 为不同的用户创建相对隔离的执行环境，可以方便开发人员进行开发调试工作。另外，利用 chroot 改根目录可以在无法启动或登录的系统上进行系统维护以及问题排查。

（2）Linux Vserver

Linux Vserver 是一种操作系统级虚拟化技术的开源实现，利用安全上下文、分段路由、chroot 等工具，直接在操作系统内核上进行虚拟化操作，创建出多个相互隔离的系统或执行环境，这些隔离出来的客户机系统或执行环境也被称为虚拟专用服务器。Linux Vserver 将对宿主机操作系统上的文件系统、CPU、网络、内存等资源进行分区。在 Linux Vserver 中，使用了 chroot 系统调用，用于指定不同客户机系统的根目录位置，从而实现相互之间文件系统的隔离。为了进一步保证客户机系统中的应用程序不能访问所指定目录外的文件系统，Linux Vserver 还采用了 chroot-barrier 等技术来防止客户机操作系统的文件访问越界。通过 Linux Vserver 虚拟化出的客户机系统可以拥有自己的用户和密码，由于能够很好地隔离不同账户，这些客户机系统通常用于托管 Web 服务、数据库服务等。

（3）OpenVZ

OpenVZ 是 SWsoft 公司开发的一种 Linux 下的开源虚拟化技术，能够在单个物理机上虚拟化出多个容器。OpenVZ 与 Linux-VServer 类似，通过借助一些工具或补丁对 Linux 内核进行修改，使其具有虚拟化、隔离、检查点、资源管理等功能，从而实现操作系统层面上的虚拟化。其中，检查点功能负责容器的备份与恢复，当宿主机上的某一个容器停止运行时，检查点功能模块会将该容器当前的状态保存在磁盘文件中，并支持在本机（或者其他物理机）上重启该容器，恢复其容器状态。其资源管理模块负责限制每个容器所能够使用的 CPU、内存、磁盘等物理资源，使不同容器之间互不干扰。资源管理模块主要包含以下三个部分：公平 CPU 调度、用户 Beancounters、两级磁盘配额。

在两级磁盘配额中的第一级分配中，OpenVZ 在宿主机上为虚拟化出的不同容器分配一部分磁盘配额，第二级分配是指容器拥有者在容器的内部为容器内的不同用户或用户组进行磁盘空间的再分配。

在 CPU 调度模块中，同样是通过两级的策略来实现调度的相对公平。在第一级 CPU 调度中，OpenVZ 以不同容器设置的 cpuunit 值（不同的 cpuunit 值代表在 CPU 总时间一定的情况下，实际获得的 CPU 时间的相对大小，如 cpuunit=2000 和 cpuunit=1000 两种设置下，前者获得的实际 CPU 时间会是后者的两倍）为依据，决定应该把当前 CPU 时间片分配给哪一个容器。在第二级中，容器中的进程管理模块会根据不同进程的优先级大小，确定将当前容器获得的实际 CPU 时间分配给哪个进程。

用户 Beancounters 是一组针对不同容器的计数器或限制参数，大约有 20 个相关参数共同覆盖容器内操作各个方面的限制，以保证每个容器都不会滥用宿主机的物理资源并且不会破坏其容器的资源。这些参数所控制的资源主要是内存和网络缓存等内核对象，每一种资源对象都会在 /proc/user_beancounters 文件中配置，主要有以下五个配置的参数：当前使用量、最大使用量、障碍、限制和失败计数器。障碍和限制分别理解为软限制和硬限制，失败计数器在每次某个资源到达限制值时会自动加一，容器的 root 用户可以查看这些参数来评估容器运行状态。

（4）LXC

LXC 全称 Linux Container，其源代码被集成在了 Linux 内核中。命名空间是 Linux 内核用来隔离内核资源的一种机制，Linux 系统在文件系统、PID、网络、用户、IPC 上都采用了命名空间机制，以实现不同物理资源的隔离。比如每一个文件系统命名空间都有自己独有的根目录和挂载点，这与 chroot 较为类似，但比 chroot 更强大。Linux 内核还提供控制组功能，该功能允许对 CPU、内存、I/O、网络等资源设置优先级并进行相应的限制。

LXC 利用 Linux 内核提供的命名空间和控制组功能实现在宿主机操作系统上隔离出互不干扰的容器。LXC 针对多种编程语言（如 Python、Go、Ruby、Lua 等）提供了 API 实现，可以直接无缝运行在现有 Linux 内核上，无须对其内核进行针对性修改。

（5）Docker

Docker 是如今被广泛使用的开源容器项目。Docker 最初来自 dotCloud 公司创始人 Solomon Hykes 在法国期间发起的一个公司内部项目，其基于 Go 语言，最初的实现是基于 LXC，从 0.7 版本以后开始去除 LXC，开始使用自行开发的 Libcontainer，从 1.11 开始，进一步演进使用 runC 和 Containerd。2013 年，Docker 项目开源，主要项目代码托管于 GitHub，至今仍在不停更新和维护。Docker 项目一经开源便广受关注，其母公司 dotCloud 也于 2013 年底改名 Docker。与其他操作系统级虚拟化技术或容器平台不一样，在 Docker 发展历程中形成了一个完整的生态系统，包括 Docker 镜像、分层的容器镜像构建模型、线上镜像仓库、本地镜像仓库、清晰的 REST API、命令行等。甚至针对多容器管理较为困难的问题，提出了名为 Docker Swarm 的容器集群管理工具。

Docker 底层的核心技术，除了 Linux 上的命名空间和控制组机制外，还包括 Union 文件系统和容器格式。

Docker 采用了 C/S 架构，包括客户端和服务器端，Docker 各组件如图 5-13 所示。客户端即 Docker Client，主要为用户提供一系列 Docker 命令，用于镜像和容器创建、分发、管理等。当接收到用户输入的 Docker 命令，Docker 将发送对应请求至 Docker 服务器。服务器端为 Docker 守护进程（Docker Daemon），负责按照客户端的命令，进行镜像的维护、分发和管理，以及容器的启动和终止等操作。客户端和服务器端既可以在同一台机器上，也可以位于不同的机器上，通过 Socket 或者 RESTful API 进行通信。

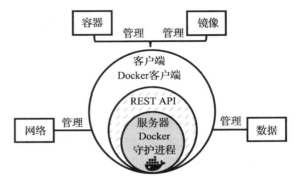

图 5-13　Docker 组件示意图

5.3.4　库函数级虚拟化

在计算机的发展长河里，诞生出了不同种类的操作系统，各个操作系统的设计和实现结构各不相同。为了方便用户和开发者使用，各个操作系统向外提供了访问操作系统基本功能的接口，比如文件、网络、时间等基本操作，极大地降低了开发者和用户的使用难度。然而，由于操作系统种类繁多，底层设计以及代码实现不同，向外暴露的接口名称以及所要求的接口规范也不尽相同，比如 Linux 系统与 Windows 系统所提供的接口就有很大不同，实现同样功能需求的代码在 Windows 下能够正常运行，但换到 Linux 环境下可能会运行出错。

库函数级虚拟化通过虚拟化操作系统的库函数接口，使得用户的应用程序不需要根据操作系统类型做针对性修改，即可直接运行在其他类别的操作系统中，极大提高了应用程序的兼容性以及可移植性。典型的库函数级虚拟化技术包括 Wine 和 WSL。

（1）Wine

Wine[26] 是一个能在多种 POSXI-compliant 操作系统上运行 Windows 应用的兼容层，是一个在 Linux 和 UNIX 之上的 Windows 3.x 和 Windows API 的实现。Wine 并不是 Windows 的模拟器或者虚拟机，它并没有实现对 CPU 或者其他硬件的模拟，而是通过 API 转换技术实现 Linux 对应到 Windows 中相对应的函数来调用动态链接库（DLL）以运行

Windows 程序。标准 Windows 架构包括 Windows 9x 架构和 Windows NT 架构，Wine 基本仿照了 Windows NT 的结构，用一个守护进程 Wineserver 代替了 Windows 内核提供相应服务。Winesever 的主要任务是实现 Windows 内核的基本功能和 X Windows System 的集成，提供进程间通信、进程同步和进程线程管理相关功能。但是由于 Wine 实际上并没有实现 Windows 内核的功能，只是通过建立一个代理层，提供 NTDLL 和 KERNEL32 功能，Wine 不支持运行原生 Windows 驱动程序。因此，只有在 UNIX 支持此设备或者 Wine 已实现在 Windows 驱动程序 API 和 UNIX 驱动程序的 UNIX 接口之间建立连接的代理代码，Wine 才能提供对该设备的访问[27]。

（2）WSL

WSL（Windows Subsystem for Linux）是一个在 Windows 10 上能运行原生 Linux 二进制可执行文件（ELF 格式）的兼容层，由微软和 Canonical 公司合作开发，目的是使纯正的 Ubuntu 14.04 "Trusty Tahr" 映像能下载和解压到用户本地计算机，并且映像内的工具和实用工具能在此子系统上原生运行。WSL 使用的资源少于完全虚拟化的机器，同时还允许用户在同一组文件上使用 Windows 应用程序和 Linux 工具。微软将 WSL 看作面向开发人员的工具，尤其是面向 Web 开发人员以及在开源项目上工作或者使用开源项目的人员，而不是面向桌面环境或者生产服务器。WSL 提供了一个由微软开发的 Linux 兼容的内核接口，可以在其上运行 GNU 用户控件，例如 Ubuntu、Debian、Kali Linux 和 SUSE Linux Enterprise Sever 等。WSL 不是将非原生功能包装到 Win32 系统调用中，而是利用 NT 内核执行程序将 Linux 程序作为特殊的、隔离的最小进程（Pico-Processes），作为专用系统连接到内核模式 "Pico-Provider"。具体来说，WSL 的组件包含：用户态会话管理服务——负责处理 Linux 实例的生命周期；Pico-Provider Driver——负责 "翻译" 系统调用，以模拟 Linux 内核；pico 进程——管理原生的用户态 Linux（比如 /bin/bash）。由于没有硬件仿真 / 虚拟化，WSL 直接使用主机文件系统（通过 VolFS 和 DrvFS）和硬件的某些部分，例如网络。虽然 WSL 的性能十分接近原生 Linux，比如 Ubuntu、Debian 或者其他 Linux 发行版，但是 WSL 并不能运行所有 Linux 软件，比如 32 位二进制文件。并且由于 WSL 并没有 "真正的" Linux 内核，因此也无法运行如设备驱动程序之类的内核模块[28]。

5.3.5　编程语言级虚拟化

在计算机中，需要执行的应用程序代码最后都会被转换为当前计算机所能够识别的机器指令序列。由于不同的计算机操作系统所能够识别的机器指令可能不同，同一份被编译好的机器指令系列无法正常运行在不同种类的操作系统中，需要根据不同的目标平台将应用程序代码编译为机器指令。编程语言级虚拟化一般会先将高级语言编译转换成一种中间格式，在目标平台运行时，这种中间格式的语言会被转译为目标平台所能够识别的机器指令序列，进而实现应用程序代码的跨操作系统平台执行。该类型的虚拟化技术较为经典的就是 Java 虚拟机（Java Virtual Machine，JVM）和通用语言基础架构（Common Language Infrastructure，CLI）。

（1）JVM

JVM[29]是一种用于计算设备的规范，它是一个虚构出来的计算机，通过在实际的计算机上仿真模拟各种计算机功能来实现。Java 虚拟机是 Java 平台的一部分，有自己完整的硬件架构，如处理器、堆栈等，还具有相应的指令系统。Java 虚拟机本质上就是一个程序，当它在命令行上启动的时候，就开始执行保存在某字节码文件中的指令。Java 语言的可移植性正是建立在 Java 虚拟机的基础上。任何平台只要装有针对该平台的 Java 虚拟机，字节码文件（.class）就可以在该平台上运行。Java 虚拟机主要有五大模块：类装载器子系统、运行时数据区、执行引擎、本地方法接口和垃圾收集模块。其中垃圾收集模块并不在 Java 虚拟机规范的要求中，但是由于现在计算机的内存资源都是有限的，大多数 JVM 的实现都是有垃圾收集的。任何人都可以在遵循 JVM 规范的前提下开发和提供 JVM 实现，目前业界有多种不同的 JVM 实现，包括 Oracle Hostpot JVM[30]和 IBM JVM[31]。Java 虚拟机并不是真实的物理机，它没有寄存器，指令集是使用 Java 栈来存储中间数据，这样做的目的就是为了保持 Java 虚拟机的指令集尽量的紧凑，同时也便于 Java 虚拟机在那些只有很少通用寄存器的平台上实现。这种基于栈的体系结构，也有助于运行时某些虚拟机实现的动态编译器和即时编译器的代码优化。

（2）CLI

CLI[32]是一个开放的技术规范，它由微软联合惠普、英特尔在 2000 年向 ECMA 提交。CLI 规定了如何在运行库中声明、使用、管理类型，同时也是运行库支持跨语言互操作的一个重要组成部分。该规范的目的是建立一个支持跨语言集成、类型安全和高性能代码执行的框架，提供一个支持完整实现多种编程语言的面向对象的模型，并且定义各种语言必须遵守的规则以确保用不同语言编写的对象能相互操作。CLI 包含通用类型系统（Common Type System，CTS）、元数据系统（Metadata）、通用语言规范（Common Language Specification，CLS）、虚拟执行系统（Virtual Execution System，VES）、通用中间语言（Common Intermediate Language，CIL）、框架（Framework）。适合 CLI 规范的程序都是编译成通用中间语言，之后在执行过程中被虚拟执行系统的即时编译技术编译为机器码从而执行。微软在 .NET 中所使用的通用语言运行平台（Common Language Runtime，CLR）[33]是 CLI 的实现版本，负责资源管理（内存分配和垃圾收集），并且保证应用和底层操作系统之间相互隔离。

5.4 轻量级虚拟化

不同于传统的通用云计算场景，在边缘计算系统下，边缘服务器的资源相较于云服务器较为受限，且运行服务的定制化程度较高，因此，需要尽可能降低与真实计算任务无关的其他系统资源开销，将边缘服务器中的有限资源集中在用户所卸载的计算任务上。本章前面内容已经提到，在用户将计算任务卸载到边缘服务器后，边缘服务器需要将这些计算任务放到虚拟环境（虚拟机或容器）中进行计算处理。然而，虚拟环境本身的正常运行也需要消耗系统资源，不同类型的虚拟化技术在维护虚拟化环境时所带来的系统资源开销也不同，对边缘服务器的性能也会造成不同程度的影响。并且由于用户所卸载的计算任务种类繁多，这些计算任务所依赖的虚拟执行环境下也不同，这就导致一个创建好的虚拟环境难以再次复用，需要频繁的更新创建虚拟环境以应对不同计算任务的需求，而虚拟环境创建需要耗费系统资源且会引入新的延迟。所以一个系统开销小、便于维护、能够快速创建启动的轻量级虚拟化技术在边缘计算的场景下是非常重要的。

5.4.1 虚拟机与容器

通过硬件抽象级虚拟化技术所虚拟化出来的客户机系统一般称为虚拟机，而通过操作系统级虚拟化技术所虚拟出来的客户机系统一般称为容器。

传统虚拟机（宿主模式）与容器的架构对比如图 5-14 所示，传统虚拟机需要虚拟机监视器，虚拟机监视器运行在宿主机系统上。虚拟机监视器可以在硬件层面上隔离相应的系统资源，不同的客户机拥有自己的系统，互相之间并不共享内核。

容器技术通过运行在宿主机系统上的容器引擎，借助 Linux 内核提供的资源隔离机制，实现不同容器之间的资源隔离。与虚拟机不同的是，各个容器之间共享宿主机系统的内核。

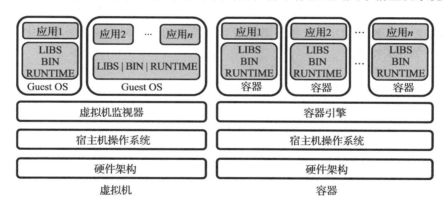

图 5-14　虚拟机与容器对比图

容器相比虚拟机的优势如下所示。

①启动时间：容器启动时间为毫秒级到秒级，虚拟机的启动时间为数十秒级到分钟级。

②磁盘和内存资源占用：容器一般为 MB 级，虚拟机一般为 GB 级。

③性能：容器的性能接近原生应用，而虚拟机因为额外的操作系统占用，性能一般弱于原生应用。

④系统支持量：单机可以支持上千个容器，而支持的虚拟机数目一般为十几个到几十个之间。

⑤更加轻量：容器只打包了必要的 Bin 和 Lib 库。

⑥部署（启动）更快：根据镜像文件的不同，容器完成部署的时间在毫秒级到秒级之间。

⑦更易移植：镜像文件一次构建，可以随时部署。

⑧管理更加弹性：容器的管理主要是镜像的管理，现有的多种开源管理平台（如

Kubernetes、Swam），可以提供更加弹性的管理能力。

虽然容器相比虚拟机有着许多优势，但是虚拟机也有一些容器无法取代的优势。虚拟机技术相比容器，具有以下优势。

①工作负载的迁移。

②虚拟机支持跨操作系统的虚拟化。

③安全性：虚拟机和容器都提供了不同程度的安全机制，虚拟机的隔离性属于系统级别的隔离，而容器属于进程间的隔离。此外，虚拟机的 root 权限和宿主主机的 root 权限是分离的，并且虚拟机的硬件隔离技术可以防止虚拟机突破和彼此交互，针对虚拟机的各种攻击都只会影响虚拟机本身，而不会影响宿主主机。而容器的租户 root 和宿主主机的 root 等同，容器的漏洞一旦被利用，则有可能造成对宿主主机的攻击。

④更强大的虚拟能力：相比容器，虚拟机拥有强大的跨平台虚拟能力，甚至能在计算机上运行安卓虚拟机。

相较于传统虚拟机而言，尽管容器技术的安全等级不如传统虚拟机，但是容器技术的轻量化，使其更适合应用于边缘计算这样的延时敏感且资源受限的场景。

在容器技术中，最受欢迎的项目是 Docker。Docker 是一个开源项目，其开源社区相当活跃，发展也十分迅速，Docker 也逐渐成了容器技术的代名词，在下一小节中将会进一步介绍 Docker 的相关特性。

5.4.2 Docker

Docker 是目前最为流行的容器工具，拥有强大的社区支持，并且是云原生技术的重要组成部分之一。虽然 Docker 最初是基于 LXC 开发的，但是如今 Docker 在容器的基础上，进行了进一步的封装，极大地简化了容器的创建和维护。

Docker 具有以下几个特点。

①轻量：Docker 镜像只包含启动 Docker 容器必要的文件，最大限度地节省磁盘空间，并且能够更快地上传和下载镜像。不同于虚拟机，一台宿主机上运行的多个 Docker 容器共享该宿主的操作系统内核，使得它们可以快速部署、启动。

②标准：Docker 容器基于开放式标准，能在所有主流的 Linux 版本、Windows 版本上保持一致性地运行。

③安全：Docker 不仅容器之间的运行相互隔离，还独立于底层的操作系统。单个 Docker 运行出现问题，既不会影响到系统上运行的其他 Docker，也不会危及系统本身。

Docker 基础组成包括镜像、容器、仓库三个部分。

①镜像（Image）：Docker 镜像封装了容器运行时所需的程序、库、资源、配置参数等数据，此外，也会包括程序运行时所需的参数，例如环境变量、用户、匿名卷等。Docker 镜像在构建时，是分层构建的，每一层构建在前一层的基础上。并且，每一层一旦构建完就不会再改变，后一层的任何改变都只发生在自己这层。镜像本质上是一个特殊的文件系统。正因为 Docker 镜像分层的特性，可以使用已有的镜像作为基础层构建新的镜像，这使得镜

像的制作、复用、更新更为容易。但是需要注意的是，由于镜像每一层数据构建之后，就再也不会改变，即便在后一层上删除前一层的文件，也只是将该文件标记为删除，实际该文件仍存在，因此构建镜像时，每一层都应该只添加必须包含的数据，以防镜像文件过于臃肿。

②容器（Container）：Docker 容器是 Docker 镜像一经启动成为的运行实体，其实质是宿主主机的进程。但是和直接在宿主主机执行的进程不同，容器运行拥有自己独立的命名空间。因此容器可以拥有自己的 root 文件系统、自己的网络配置、自己的进程空间，甚至自己的用户 ID 空间。这使得容器运行在一个较为封闭和隔离的环境里。每一个容器运行时，以镜像为基础层，在其上创建一个容器的存储层，用于存储容器运行的临时数据和变量。该容器存储层的生存周期和容器一样，因此，任何存储于容器存储层的数据都会随着容器的终止而被删除。若需要在容器终止后保留其运行结果或者文件，则需要使用数据卷（Data Volumn）。数据卷的生存周期独立于容器，容器终止，数据卷仍可以保留。因此可以使用数据卷保存容器终止后需要留存的数据。并且数据卷也可以在容器间共用，对数据卷的修改会立即生效，用于容器间共享数据。

③仓库（Repository）：仓库主要用于存储、管理和分发 Docker 镜像。当一个 Docker 镜像被构建完成，可以托管至仓库进行管理，这样当其他服务器需要使用这个镜像时，可以直接从仓库下载该镜像。Docker Registry 就是一个使用仓库进行 Docker 镜像存储、分发和管理的服务。一般来说，一个 Docker Registry 可以包括多个仓库，每个仓库只会存储一个应用或软件的不同版本的镜像，对于一个仓库中不同版本的镜像，可以进一步使用不同的标签（Tag）来标识，每一个标签对应一个镜像。需要访问时，则可以使用 < 仓库名 > : < 标签 > 的格式来指定所需版本的镜像。如果不给出标签，则默认选择最新的镜像，即以 latest 作为默认标签。以 Ubuntu 镜像为例，ubuntu:18.04 表示访问 Ubuntu 仓库，获取 18.04 版本的镜像。若不添加标签，则默认获取 ubuntu:latest 镜像，即最新版本的 Ubuntu 镜像。

Docker 作为一种虚拟化产品，其安全机制包括以下几点。

①内核命名空间：Docker 容器运行时，会在后台创建一个独立的命名空间和控制组集合。

②控制组：控制组负责资源的监视和限制。主要对容器使用的宿主主机的 CPU、内存等资源进行监视和限制，以防止容器之间相互竞争资源或者过度占用宿主主机的资源。

③服务端安全：目前 Linux 命名空间机制已经可以实现使用非 root 用户来运行全功能的容器，从而规避了容器和宿主主机之间共享文件系统而引起的安全问题。

④内核能力机制：能力机制是 Linux 内核一个强大的特性，可以提供细粒度的权限访问控制。Linux 内核自 2.2 版本起就支持能力机制，它将权限划分为更加细粒度的操作能力，既可以作用在进程上，也可以作用在文件上。

⑤其他安全机制：在内核中启用 GRSEC 和 PAX，这将增加很多编译和运行时的安全检查；通过地址随机化避免恶意探测等。使用一些有增强安全特性的容器模板，比如带 AppArmor 的模板和 Redhat 带 SELinux 策略的模板。这些模板提供了额外的安全特性。也可以根据用户需求自定义访问控制机制。

Docker 的整体架构及组成如图 5-15 所示，包括 Docker 守护进程、Docker 客户端、

Docker 仓库、镜像、容器等。在前面章节中已经提到，Docker 使用的是 C/S（client/server）架构，在 Docker 客户端中输入需要执行的 Docker 命令，这些命令接下来会被首先发送到运行在宿主机中的 Docker 守护进程中。Docker 守护进程接收到命令后，根据不同的命令执行构建、运行、分发等不同的功能。当 Docker 客户端输入 `docker run` 命令时，该命令首先传至 Docker 守护进程，然后守护进程根据命令去寻找对应的镜像（如 Ubuntu 镜像），最后将其启动为最终的容器。当 Docker 客户端输入命令 `docker pull` 时，同样先将该命令转发到守护进程，守护进程通过分析，到 Docker 仓库中下载对应的镜像（如 Nginx）到本地。

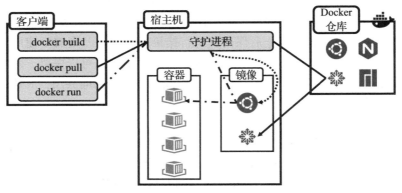

图 5-15　Docker 架构图

Docker 是虚拟化技术发展过程中划时代的开源项目，极大地发挥了计算虚拟化的潜力，提高了云计算应用管理和维护效率，降低了云计算应用开发的成本。并且 Docker 自身仍在快速发展过程中，随着工业界和学术界越来越多的使用 Docker 进行项目开发和管理，Docker 相关生态环境也在蓬勃发展。毫无疑问的是，在边缘计算这种新兴的计算模式发展过程中，Docker 将发挥出至关重要的力量。

5.4.3　Unikernel

随着越来越多的研究者着眼于轻量级虚拟化技术，一种叫作 Unikernel[34] 的微型操作系统架构逐渐进入研究人员的视野，借助 Unikernel 可以极大地减小客户机操作系统的大小，从而减小系统开销和启动时间。本节将对 Unikernel 进行简要介绍。

在介绍 Unikernel 之前，我们先简单介绍一下操作系统内核的种类。传统 Linux 系统内核会实现对底层硬件资源的抽象（比如将磁盘抽象为文件系统），将所有的系统功能服务（如文件操作、进程调度、内存分配、设备驱动等）全部集中到内核中来，这样的内核叫作宏内核或单内核（Monolithic Kernel）。在宏内核中不同的功能模块由于处在相同的系统位置，相互的消息通信效率高，但是其稳定性容易受到内核中的某一个模块的影响，一个模块出错就可能导致整个内核无法正常运行。

之后研究者相对于宏内核提出了微内核的概念（Micro Kernel）。微内核拥有比宏内核更少的功能模块，仅将必须在内核态运行的功能服务（比如进程调度、内存管理等）保留下来，把原本在宏内核中的其他功能服务（如文件、网络、I/O、设备驱动等）下放到用户态进行实现。用户态中实现的这些功能服务可通过进程间通信（Inter-Process Communication）模块与微内核进行通信。微内核由于包含了更少的模块，所以减小了资源消耗，节约内存空间，并能够减少内核出错的概率。但是由于将原本同在内核中实现的功能模块分别在内核态与用户态上实现，降低了模块间相互通信的效率，进而会影响整个系统的性能。通过将宏内核与微内核思想进行不同程度的结合，又出现了混合内核（Hybrid Kernel）的概念。

但是，尽管这样的内核设计有着很多优点，它们都需要对底层硬件进行抽象后，再通过相应的内核模块向外提供暴露底层硬件的抽象，应用程序无法直接访问底层硬件资源。所以后面又出现了 ExoKernel[35]的概念，ExoKernel 希望能够尽可能地减少系统对硬件资源的抽象层次，使得应用程序能够直接访问硬件资源，而 ExoKernel 仅负责保护和分配硬件资源，一旦资源被分配给某个应用程序，应用程序可以按照自己特定的方式对资源进行访问。但是如果每个应用程序都要重新实现对传统硬件资源的访问功能，不利于应用程序的开发，我们希望能够将现有操作系统对某一特定硬件资源访问的实现加入应用程序中，以降低使用难度。而利用 LibOS（Library Operating System）就可以帮助我们解决上述问题，LibOS 的思想是将传统操作系统所提供的各个内核服务分离开来并分别进行实现，然后以库文件的形式打包以供外部程序使用[36]。

Unikernel 就是利用 LibOS 所构建的具有专用、单地址空间的系统镜像。这也意味着 Unikernel 没有内核态和用户态之分，并且镜像内部所提供的功能服务也是单一且确定的。开发者选择应用程序正常运行所必需的内核函数库，然后将这些库文件与应用程序代码一起进行编译，形成最后的应用程序系统镜像，基于该镜像启动的系统只会运行我们编译的应用程序代码，不会有其他的功能，相当于一个只提供特定服务的操作系统。在部署阶段，Unikernel 镜像不需要中间操作系统即直接在裸机上运行，同时还能够作为客户机操作系统运行在 Xen 等虚拟机监视器上[37-38]。

在传统操作系统中，通用性是操作系统设计者所需要考虑的重要特性，然而通用性越好的操作系统越为庞大复杂。通用性好意味着需要对更多的特定功能或设备提供支持，如各类设备驱动、依赖等，随着这类支持的增多，操作系统也会越来越复杂。但是对于特定的应用来说，其中很多内容是不必要的，比如在云环境下，几乎不会用到 USB 驱动、声卡驱动。这些在特定环境下几乎不会使用的系统功能会消耗不必要的额外资源。Unikernel 相较于传统操作系统拥有安全性高、资源开销小、可优化程度高、启动速度快、运行效率高这五个优势。

①安全性高：Unikernel 镜像仅包含了当前应用程序所必需的系统内核模块的实现，整个系统镜像拥有更少的代码量，所暴露出来的攻击面也就越小，从而提升了系统的安全性。

②资源开销小：Unikernel 镜像由于移除了当前应用程序不需要的内核模块，最终的 Unikernel 镜像大小会比传统操作系统的镜像小很多（甚至小几个数量级）。

③可优化性高：在传统的操作系统里，我们对应用程序的优化是有限的，尤其是在我们的应用程序涉及大量的硬件资源访问时。因为传统的操作系统出于完备性、安全性、兼容性等多方面考虑，对底层硬件资源进行了抽象，然后向外提供硬件资源访问的接口。在访问

底层硬件资源，应用程序必须通过这层抽象出来的接口进行访问，这就导致开发者不能根据应用程序的特点对操作系统所提供的硬件抽象这一层进行针对性优化。然而，在 Unikernel 中，借助 LibOS 的思想，允许开发者对硬件资源访问根据应用程序特点进行针对性优化。相较于传统操作系统，Unikernel 的可优化性更高。

④启动速度快：Unikernel 中所包含的内核功能模块往往远小于传统操作系统，因此系统启动时所加载的功能服务也会大大减少，从而能够获得非常快速的启动时间（UniKernel 的启动时间一般能够控制在毫秒级）。

⑤运行效率高：Unikernel 的内存是单地址空间，因此没有用户态和内核态的区别，应用程序和内核功能在同一空间打包构建，减少了传统操作系统中用户态和内核态间的切换开销。

借助 Unikernel 的优势，将其运行在传统虚拟机监视器上，可以极大增加客户机系统的启动效率，降低其资源开销。但从结构上来说，使用 Unikernel 的虚拟机和传统的虚拟机基本相同，只是客户机操作系统变为了面向特定应用的精简操作系统而已。

因为 Unikernel 镜像只运行某一特定的应用程序，这要求开发人员不仅需要开发业务逻辑代码，还要选择所需的内核功能函数库与业务逻辑代码共同编译构建为 Unikernel 镜像，这个构建过程往往是非常复杂的，需要开发人员对系统底层或内核非常熟悉。为了简化 Unikernel 镜像的构建过程，陆续出现了 MirageOS[39]、HaLVM[40]、OSv[41] 等 Unikernel 镜像构建工具，但这些工具目前对多语言的支持并不是很好，对编程语言有一定的依赖性。

5.4.4 Firecraker

针对传统虚拟机较为笨重，资源消耗较多的问题，AWS（Amazon Web Services）开源了一种名为 Firecracker 的轻量级虚拟机监视器[42]，使得虚拟机同时具有轻量级和安全性高的特点，我们将在本节中对其进行简要介绍。

Firecracker 是基于 RUST 语言的一个虚拟机管理器，是专为高效安全的运行无服务器函数和容器而设计的开源虚拟化技术。Firecracker 采用与经典的 KVM-QEMU 相似的解决方案，使用 Linux 内核模块 KVM 进行 CPU 和内存资源的虚拟化，而 QEMU 则被 Firecracker 本身所代替。Firecracker 相较于 QEMU 更为轻量，仅由 5 万行 Rust 代码编写实现，而 QEMU 高达 140 万行代码。

在虚拟机运行过程中，始终需要一个类似于虚拟机监视器的中间层软件对虚拟机进行管理维护，虽然用户或应用程序感知不到虚拟机监视器的存在，但是虚拟机监视器的运行本身会给宿主机带来额外的资源开销（比如宿主机操作系统正常运行会消耗 100MB 内存，而维持其正常运行的虚拟机监视器会消耗 10MB 内存）。虚拟机监视器的资源消耗导致物理机不能达到其应有的客户机操作系统并发数，造成了极大的资源浪费。同时虚拟机监视器的启动以及初始化时延也会对用户的体验造成影响。

Firecracker 针对无服务场景设计，在这样的场景下运行的应用几乎不会涉及（如 USB、音频、视频等）传统操作系统所提供的基础功能。因此，在 Firecracker 设计实现过程中，不断地进行优化，去除冗余的功能特性，例如移除了对 BIOS 的支持、不支持启动任意的操作系统内核、不支持模拟传统设备或 PCI、不支持虚拟机迁移等。这一点与 Unikernel 的设计思想较为类似，但 Unikernel 是从宿主机操作系统角度进行优化裁剪，而 Firecracker 是从虚拟机监视器角度进行优化。在 Firecracker 上运行的虚拟机称为微虚拟机（MicroVM），MicroVM 和 Unikernel 类似是一种单进程虚拟机[43]。

Firecracker 的优势如下。

①安全性高：Firecracker 使用基于 KVM 的虚拟化技术，该虚拟化技术提供了比传统 VM 更高的安全性，确保了来自不同客户的工作负载可以在同一台计算机上安全地运行。Firecracker 还实现了一个最小的设备模型，该模型排除了所有不必要的功能，减小了攻击面。

②启动速度快：Firecracker 由于裁减了多余的功能特性，内核加载速度更快，客户机系统内核配置更简单，可以缩短虚拟机的启动时间。Firecracker 能够在 125 毫秒内启动用户空间或应用程序代码，并支持单主机每秒高达 150 个的 MicroVM 创建速率。

③资源开销小：每个 Firecracker 虚拟机正常运行所带来的额外内存开销小于 5MB，从而能够在每台服务器上高密度的开启虚拟机。Firecracker 还在每个 MicroVM 中都内置了一个速率限制器，使得能够在虚拟机之间进行高效的网络和存储资源共享。

5.4.5　总结

表 5-2 给出了传统虚拟机、容器、Unikernel 的相关性能参数以及部分特性对比，传统虚拟机的启动时间会耗费几秒甚至数十秒，其客户机系统镜像大小高达千兆级，所带来的额外内存开销大小是百兆级的。容器的启动时间在秒级，镜像大小从几十兆到几百兆不等，带来的额外内存开销在 5MB 左右。Unikernel 的启动时间最为优秀，可以达到 50 毫秒以内，其镜像大小缩减到 5MB 以内。Firecracker 启动时间在 100 毫秒左右，内存开销最小能够控制在 3MB 以内。

表 5-2　轻量级虚拟化技术特性对比表

	启动时间	镜像大小	内存开销	编程语言依赖
传统虚拟机	5 ～ 10 秒	≤ 1000MB	≤ 100MB	弱
容器	800 ～ 1000 微秒	≤ 50MB	≤ 5MB	弱
Unikernel	≤ 50 毫秒	≤ 5MB	≤ 8MB	强
Firecraker	≤ 100 毫秒	—	≤ 3MB	—

尽管以 Docker 为首的容器技术在启动时间、镜像大小方面不及 Unikernel 和 Firecraker，但是由于目前的 Unikernel 构建工具对编程语言具有较强的依赖性、Firecraker 的生产实践经验不足，Docker 仍是目前云环境和边缘环境下的首选虚拟化技术。

5.5　微服务

微服务是一种软件架构模式，其思想是将复杂的应用程序拆分为一系列耦合度较低的服务，各服务之间相互协调配合为用户提供服务。所拆分的不同服务运行在独立的进程中，服务间采用轻量级的通信机制进行交互。

5.5.1 服务架构的发展历程

早期互联网应用功能较为单一，开发使用的是单体架构，即将所有的功能打包放在一个 Web 应用中运行。例如利用 Tomcat 等作为服务容器部署一个或者多个实例，通过负载均衡将前端请求转发到不同的实例。单体架构的好处是显而易见的，由于所有功能都部署在同一个系统，应用借助 IDE 就可以完成开发和调试，在本地就可以启动完整的系统进行测试，同时，应用部署时只需要将系统打包拷贝至 Web 容器目录下运行即可。

随着互联网的发展，应用的规模不断变大，功能越发复杂，原有的单体结构逐渐暴露出来一些问题。首先，开发效率低，系统的每个成员都要部署一套完整的环境依赖，每次调试也要对整个系统进行编译，在后期这一过程需要大量时间。其次，拓展性差，单体结构应用中功能之间耦合性高，无法模块化实现技术框架升级，并且对一个功能点做出改动的影响难以评估，无法有效地组织测试，版本之间迭代周期长。由于每个开发人员都拥有项目的全部代码，对于项目的安全管理也存在风险。

为了解决这个问题，自然而然地想到了可以根据业务特点将系统中的不同模块拆分到不同的系统中，还可以将模块进一步拆分成多个，比如 Controller 层和 Service 层。面向服务的架构（Service Oriented Architecture，SOA）就是这样一个设计方法，它根据需求将系统拆分成多个服务组件，不同服务组件之间通过网络协议进行通信，每个服务组件只完成一个特定的功能，通过服务组件之间相互通信合作完成业务逻辑。这种松耦合的架构使得各服务在交互过程中无须考虑服务组件内部的实现细节以及具体部署的环境。相比于单体结构，SOA 服务之间的松耦合使得需求改变的时候不需要调整提供业务的接口，只需要调整业务流程或者修改某一个服务组件即可，大大缩短了开发和测试迭代的时间。同时，由于服务组件之间相互独立，基于 SOA 设计的系统可以进行分布式部署、组合和使用，提升了系统的伸缩性。

不过，由于 SOA 的系统之间需要进行远程通信，相关接口的开发增加了项目工作量。

随着互联网业务规模增长迅速，需求变更多且频繁，网络应用开发越发关注持续交付，传统的 SOA 不适合小型团队进行快速迭代，微服务架构便被提出。微服务架构是基于 SOA 演变而来，微服务架构可以被看作更细粒度的 SOA，将业务进行彻底的拆分，使其组件化、服务化，原有的单个业务系统被拆分成多个可以独立开发、设计、运行和运维的小型应用。不同于 SOA 中各服务间通常通过系统服务总线模块（Enterprise Service Bus，ESB）进行通信，微服务架构中的每个独立应用之间通过 Http API 相互通信。微服务架构具有和 SOA 相同的优点，可以部署在分布式服务器上，相互独立的应用也提升了系统的容错率和伸缩性。

5.5.2 微服务架构特点

微服务架构是一种特定的软件设计方法，以专注于单一责任和功能的小型功能区块为基础，利用模块化的方式组合出复杂的大型应用程序，各功能区块使用与语言无关的 API 集相互通信。微服务的概念在 2014 年，由 Martin Fowler 和 James Lewis 共同提出，这种开发方式是以开发一组由单一应用程序构成的小型服务的方式来开发一个应用系统。其中的每个小服务都具有自己独立的进程和轻量化处理，服务依照业务功能进行设计，不同的服务可以使用不同的编程语言与数据库实现，以全自动的方式部署。各个服务之间使用 Http API 互相通信，使用最小规模的集中管理。图 5-16 展示了传统单体架构与微服务架构的区别[44]。

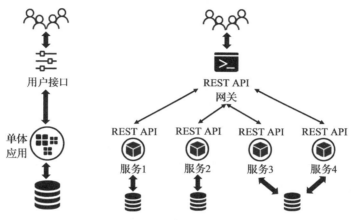

图 5-16　单体架构与微服务架构对比图

对于微服务架构风格目前并没有一个标准的定义，但是对于现有的被看作是微服务的应用开发架构，它们往往具有以下共同特点。

①通过服务组件化。

组件就是一个可以独立被替换或者升级的软件单元。微服务架构主要通过把软件整体拆分成多个服务来完成组件化。通过服务实现组件化相比于使用软件库，各服务可以独立部署，如果是通过软件库进行组件化，对于任意组件的修改都将影响到整个应用系统。通过服务拆分进行组件化的另一个优点在于显式的组件接口。通常对于显式接口的定义来自文档声明或者团队的编程习惯，避免客户端破坏组件的封装使组件间过度耦合。通过显式的远程调用机制，服务可以避免这种情况发生。这样使用服务也会有缺点。远程过程调用的开销要高于进程内调用，因此这些接口必须是粗粒度的，而这种接口通常使用起来比较困难。如果需要对组件的职责进行修改，当跨越进程边界时，这种改动会更难实现。

②围绕业务功能组织团队。

在将一个大型应用系统进行拆分时，一般根据技术不同将团队分为用户界面团队、数据库团队和服务器端团队。微服务则根据业务功能将系统分解为若干单独的小服务。这些服务包含用户界面、数据存储和对外的协作性操作。每一个服务开发团队都拥有软件开发的所有技术，跨越多个职能。

③做产品而不是做项目。

微服务的实现中，开发团队在产品的整个生命周期中都对这个产品负责。开发人员需要关注软件是如何在生产环境下运行，并和用户保持联系以提供支持服务。微服务中的软件系统不只是一个功能集合，而是一个持续的、关于回答软件如何帮助用户提升其业务功能的功能关系。

④智能端点与傻瓜管道。

当不同的进程之间需要通信时，SOA 使用企业服务总线（Enterprise Service Bus）来进行消息的路由、编制和转换。微服务则通过智能端点和傻瓜管道实现。微服务构建的应用，都是尽可能地实现高内聚和低耦合——它们都有自己的逻辑域，其工作方式和 UNIX 经典的过滤器一样——接受一个请求，使用合适的业务逻辑对请求进行处理产生一个响应。这些应用通过简单的 REST 风格协议进行编制，而不是使用一些复杂的协议，比如 WS- 编制。微服务最常用的两种协议一个是带有资源 API 的 HTTP 请求响应协议，另一个是轻量级的消息发送协议，通过一个轻量级的消息总线进行消息发送。

⑤去中心化治理。

中心化的治理方式，趋向于在单一技术平台上制定标准，而这种方法存在局限性，开发人员不能根据不同工作需求来选择不同的开发工具。微服务将应用系统拆分成多个单独的服务，开发者在构建每个服务时，就可以选择不同的技术栈。

⑥去中心化数据管理。

微服务中，应用系统中各个系统对客观世界构建的概念模型都可能不同。比如对于同一个事物，在不同的视角可能具有不同的属性；也有可能在其中一个视角中的事物，在另一个视角中并不存在。

⑦基础设施自动化。

微服务为了确保持续交付，要构建一套流水线，利用基础设施自动化实现自动化测试、自动化部署和自动化运维。

⑧容错设计。

因为微服务架构将单个服务和应用拆分成了多个组件，其发生故障的概率大大提升，因此，要确保应用系统能够容忍这些服务出现故障。系统要能够快速检测出故障，在可能的情况下自动恢复服务。微服务的应用通常利用应用程序的实时监控来检查"架构元素指标"（例如数据库每秒钟接收了多少请求）和"业务相关指标"（例如系统每分钟接收到多少订单）。当系统出现了问题，监控系统可以提供预警，方便开发团队后续进行调查和修复。

⑨演进式设计。

微服务架构的应用在设计时，通常采用演进式设计，并且将服务的分解视作一个额外的工具，让应用开发人员可以在不减少变化的情况下控制变化。通过"变化模式"驱动模块化的实现，把容易发生变化的功能和服务放到同一个模块，而那些很少发生变化的部分，分别放到不同的服务中。

5.5.3　微服务架构面临的挑战

在应用微服务的过程中，微服务相互之间要能够感知到对方的存在以及对方的具体位置，在相互访问调用时，还需要进行服务间身份或权限的认证，这就需要开发者提供服务发现和认证管理这两个最为基本的功能。在微服务规模增加时，为保证整个微服务系统正常运行，在服务治理层面还面临着包括负载均衡、熔断机制、灰度发布、故障恢复、分布式追踪等在内的诸多挑战，这对开发人员提出了较高的技术要求[45]。

为了降低微服务的开发难度，业界相继出现了一系列微服务开发框架，如 Spring Cloud、Dubbo 等。然而这样的开发框架要求开发人员在其基础上进行开发，原有的业务代码需要面向这类框架进行针对性修改才能正常工作。这些主流的微服务框架都对业务代码具有一定的侵入性，并且这类框架往往是仅支持有限类型的开发语言，导致原有业务逻辑代码的架构转型或技术升级替换成本较高。

业界急需一种在基础设施层解决负载均衡、熔断机制、灰度发布、故障恢复、分布式追踪等问题的方案，以尽可能降低对编程语言的依赖以及对原有业务逻辑代码的侵入性。

5.6　服务网格

为了解决微服务在实际部署时所面临的各类挑战，服务网格（Service Mesh）的概念逐渐走进行业的视野。服务网格的出现在微服务界意义重大，甚至有人把服务网格作为一个分界点将服务网格出现之前的阶段称为微服务 1.0 时代，将之后的阶段称为微服务 2.0 时代。服务网格能够很好地解决分布式应用或微服务中存在的诸多问题。

服务网格是用于处理服务间通信的基础设施层，负责在构成现代云原生应用的复杂服务拓扑上可靠的传递请求。在实际应用中，服务网格通常会以轻量级网络代理的形式进行实现，这些轻量级网络代理与应用程序代码部署在一起，并且对应用程序透明，应用程序感知不到代理的存在[46]。

以下我们将就服务网格的发展历程、主流服务网格的一般架构以及不同服务网格产品间的差异这三个方面来为大家进行介绍。

5.6.1　服务网格的发展历程

在早期计算机的网络交互中，人们希望部署在不同计算机上的两个服务能够直接通信，如图 5-17 所示，二者通过底层的网络栈直接建立网络会话进行通信。从 20世纪 50 年代开始，这种模式的通信方式及其变体被广泛使用，由于当时计算机非常稀少，不同计算机之间的连接都能够被精心设计和维护。

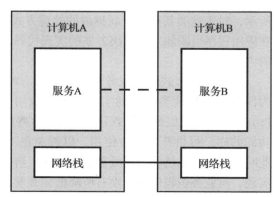

图 5-17　早期计算机交互方式

　　然而随着计算机越来越普及，计算机以及计算机之间的网络连接数迅速增长，在网络拓扑中源计算机节点和目的计算机节点之间会存在中间节点，此时计算机间的通信不再是直接建立连接，需要对数据包进行转发路由。同时传输的数据量也成倍增加，为了保证整个网络系统的正常运行，需要引入流量管理机制对整个网络的流量进行控制，防止位于网络拓扑上游的计算机发送过多的数据流量给下游的计算机而导致下游的计算机过载，从而导致丢包或传输超时。开发人员开始在应用程序代码里加入各自的流量管理模块，大量的网络逻辑和业务逻辑相互交叉，如图 5-18 所示。

　　之后随着 TCP/IP 等一系列网络标准的出现，如图 5-19 所示，类似于流量控制等问题的解决下沉到了网络栈中，成为操作系统底层功能的一部分，并向外提供接口供应用程序使用。因此应用程序的网络逻辑以及业务逻辑得以解耦，使得开发者能够专注于业务逻辑的开发。

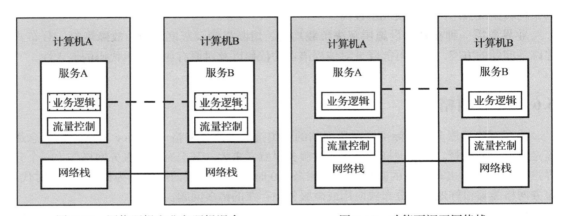

　　　　图 5-18　网络逻辑和业务逻辑混合　　　　　　图 5-19　功能下沉至网络栈

　　TCP/IP 等网络标准及工具的成功应用使得网络栈日益成熟，大部分网络传输中的问题得到了很好的解决。同时，有了更多的网络节点以及稳定的连接，为了更好地应对用户日益增长的应用需求，出现了不同的架构以及设计思想，如分布式代理、SOA、微服务等。这些新兴架构在带来诸多好处的同时也引入了新的挑战。以服务发现和熔断器为例，如图 5-20 所示，对于这类新问题、新挑战的处理方式与早期流量管理相类似，由开发人员自行解决，在应用程序里添加对应解决方案的实现代码，使得服务发现和熔断器的逻辑与真实的业务逻辑再次耦合。

　　但是在分布式或微服务规模较大时，对于类似服务发现、熔断器等逻辑机制的实现较为困难，并且这类机制的实现在不同应用之间难以实现复用，因此出现了 Finagel[48] 和 Proxygen[49] 类似的微服务开发框架。这些框架在内部提供了用于实现服务发现、熔断器等功能的库，可供开发人员使用，以避免在不同的服务内复写相似的逻辑。如图 5-21 所示，此时开发人员虽然仍需要处理服务发现、熔断器等机制，但由于是基于框架内现有的库进行实现，与业务逻辑的耦合度有所降低，开发难度也相对降低。

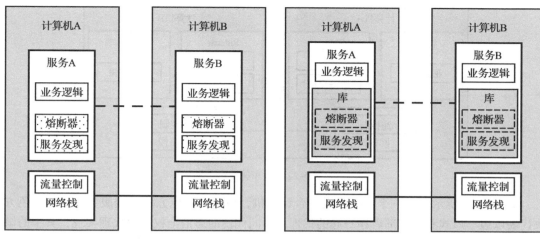

图 5-20　引入服务发现和熔断器等　　　　图 5-21　早期微服务开发框架

　　许多基于微服务架构的科技公司都曾基于上述的模式进行构建，如 Netflix、Twitter 等。但是随着应用程序本身业务逻辑日益复杂，尽管使用了类似于 Finagel 这样的框架来实现服务发现等机制，当业务逻辑代码体量很大时，将业务逻辑与框架进行整合，也会耗费巨大的精力。为了高效地进行开发、调试、维护，还需要开发人员耗费更多的精力去学习这些框架的内部原理。其次，基于 Finagel 或 Proxygen 这样的现有框架进行开发，存在着一定的兼容性问题。原因在于这些框架只支持有限的编程语言种类，且所要求的运行时依赖环境可能与业务逻辑的实现代码产生冲突，需要业务逻辑的代码主动去适应框架，而代码的复写、移植工作同样十分困难，这也与微服务"编程语言无关"的特性不符。另外，由于这些框架以库的形式提供给开发人员使用，当这些库需要更新升级时，必须将整个应用程序重新编译部署，效率低下。因此，迫切需要将这部分功能下沉、进一步解耦，使其与应用程序的语言、运行时环境等无关。

　　由此，边车模式应运而生。边车模式是分布式架构中的一种设计模式，通过将应用程序的组件部署到单独的进程或容器中以实现组件的隔离与封装。边车模式允许应用由不同的组件和技术构建而成。其中"边车"相当于一个主应用程序的附加程序，通过该应用程序来实现控制与逻辑的分离。

　　借助边车模式，可以将分布式、微服务中实现了服务发现、熔断器等的通信机制抽象为单独一层，作为一种代理，以实现进一步解耦。如图 5-22 所示，对于每一个服务，都将该代理以"边车"的形式与服务部署到一起，该代理负责接管服务的所有进出流量，服务之间的通信也通过代理作为中继来实现。当服务 A 向服务 B 发送数据时，服务 A 首先将数据发送给与服务 A 部署在一起的代理（"边车"），然后服务 A 的代理将数据转发给服务 B 的代理，最后交给服务 B。这种模式是与编程语言无关的，服务仅需专注于本身的业务逻辑，具体的通信由扮演边车角色的代理实现。当代理中的功能模块需要进行更新升级时，仅需重新编译代理，然后将其重新以边车的形式部署到服务旁即可，而原本的业务逻辑代码不需要进行重新编译，该模式很好地解决了上一个模式中所遇到的挑战。

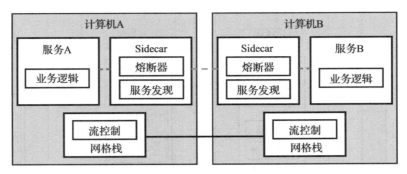

图 5-22　边车模式

　　如图 5-23 所示，每一个方框代表一台计算机，里面的灰色方块代表服务本身，黑色方块代表以边车形式和服务部署在一起的代理。不同代理的通信全权交由代理实现，其中的黑线为不同代理间通信所构成的网络拓扑连接，此时将图 5-23 中代表服务的灰色方块抽离出来，得到如图 5-24 所示的仅有代理构成的拓扑，这些代理也就形成了基本的服务网格。这些代理在服务网格中一般被称为数据平面。

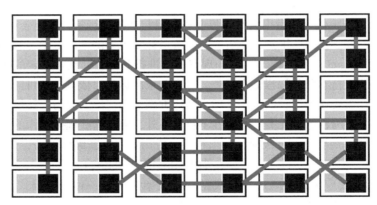

图 5-23　拓扑示意图

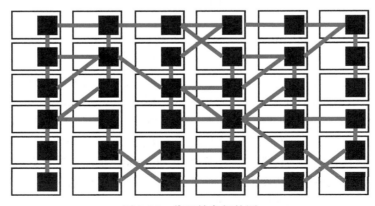

图 5-24　代理抽象拓扑图

　　此时不同服务的代理是单独工作的，为了对这些代理进行全局的运维、管理，演变出了控制平面，如图 5-25 所示。控制平面负责与代理构成的数据层面进行信息交互得到全局代理信息，从全局的角度看如图 5-26 所示，形成对不同代理的集中管理。

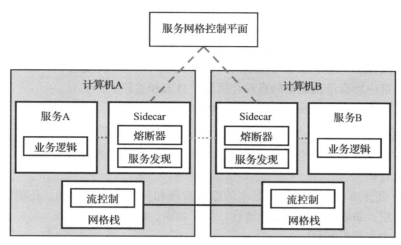

图 5-25　控制平面

　　这也就形成了目前主流服务网格工具的一般架构，目前的服务网格产品一般分为控制平面和数据平面。数据平面由拓扑中所有的边车代理组成，在代理中会有一组关于流量转移、路由、熔断等机制的规则，其作用是负责接管所对应服务的进出流量，并与控制平面相互协调进行高效的流量控制。控制平面负责与数据平面进行交互，集中管理、控制数据平面的代理规则，能够对各代理的运行规则进行可视化或更新操作。

5.6.2　服务网格工具：Istio

　　Istio[50] 是主流的、具有代表性的服务网格开源工具之一，本节将对 Istio 进行简要介绍，希望通过对 Istio 架构、特性的讲解使读者对服务网格有进一步的认识。

　　服务网格需要完成服务发现、负载均衡、故障恢复、度量和监控、访问控制、端到端认证等一系列功能以保证整个系统正常运行。

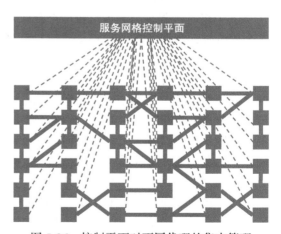

图 5-26　控制平面对不同代理的集中管理

然而随着微服务规模的增大，服务网格的复杂性也不断增加，对于服务网格的管理也变得越来越困难，Istio 提供了对整个服务网络的行为观察和操作控制能力，为微服务应用面临的各种需求及挑战提出了一套完整的解决方案。

Istio 能够在对现有服务代码进行轻微修改，甚至不做任何修改的情况下，为已部署的服务创建一个拥有负载均衡、身份认证、监控等功能的服务网络。Istio 通过在环境中添加具有特定功能的边车代理来拦截并接管微服务间的所有网络通信，并能够通过 Istio 的控制平面来对这些边车代理进行配置和管理，包括：

①针对 HTTP、gRPC、WebSocket 和 TCP 流量的自动负载均衡。

②借助丰富的路由规则、重试、故障转移和故障注入实现对流量行为的细粒度控制。

③支持访问控制、速率限制与配额的可插拔代理策略层和配置接口。

④针对集群内所有进出流量的自动化度量、日志和追踪。

⑤拥有基于强身份认证授权机制的集群内安全服务间通信。

1. 关键特性

Istio 具有流量管理、安全、可观察性、多平台支持四大关键特性[50]。

（1）流量管理

Istio 的流量管理功能除了提供基本的服务发现和负载均衡能力外，还能够对流量进行更细粒度地把控，如请求路由和流量转移、弹性功能、调试能力[46-51]。

①请求路由和流量转移。

Istio 为了细粒度地控制请求流量，在服务的标识中引入了服务版本信息（如 V1、V2）和部署环境信息（如 dev、staging、production 等），同时还允许开发人员自定义用于区分不同服务的标识信息。借助这些标识信息可以更为灵活地对请求流量进行精细控制。

②弹性功能。

Istio 支持超时、重试和熔断器机制。

其中超时机制是为服务设置一个获取其他服务响应的最长等待时间，当等待时间超过这个阈值时，会直接返回错误信息，以确保服务不会因等待一个失效服务的响应而无限期地被挂起。Istio 会提供默认的超时阈值（如 HTTP 请求的默认阈值是 15 秒），然而对于不同的服务，默认的阈值并不全都适用。若超时时间阈值设置过长，会导致因等待失效服务所带来的更多额外延时，若超时时间设置过短，会导致目标服务实例还未来得及响应，源服务又去请求其他提供相同服务的实例，最终源服务会得到多个目标实例的响应结果，从而导致不必要的失败。为了设置合适的等待时间，Istio 提供了虚拟服务的机制，允许开发人员按照不同服务动态地进行超时阈值的调整。

超时是为了防止等待一个永久失效的服务实例返回响应结果，而重试机制则是为了解决因网络抖动等临时性问题造成的超时问题。当目标服务或通信网络出现暂时性问题时，重传机制可有效提高整个微服务系统的可用性。重试机制的配置与超时机制的配置同样简单，仅需配置最大重试次数即可。同理，重试机制也存在默认重试次数设置不合理的情况，这同样可以通过虚拟服务来解决。

熔断器是一种过载保护手段，是保证整个微服务系统正常运作的重要机制。在熔断机制中，通过设置对部署特定服务某个主机的调用上限以保证服务的正常运行。这个调用上限可以是该主机的当前并发连接数或者该主机某一时间段内的调用失败数。当达到这个限制时，就会触发熔断器，所对应的服务实例会暂时被移出负载均衡池，请求该服务的新请求将会被路由到该服务所对应的其他服务实例中。在熔断器触发后，对应的主机在提前设置的一段时间后，变为半开半闭状态，Istio 会将少量的新请求路由到当前主机，如果服务工作正常，则将当前主机的状态更新为正常，可正常接收并处理请求。使用熔断器机制可以使用户不必尝试连接到过载或有故障的主机中，从而提高整个系统的效率。

③调试能力。

为了方便运维人员进行高效的调试、纠错等工作，Istio 提供了对请求流量进行调试的功能。其中主要包括故障注入和流量镜像。

故障注入功能允许开发运维人员人为地向系统内部添加一些错误，可用于测试系统的稳定性和故障恢复能力。Istio 支持延时和中断两种故障类型的注入，延时故障主要是模拟网络异常或服务过载的情况，中断故障主要是模拟目标服务实例永久性异常的情况。

流量镜像主要用于测试上线部署的新版本服务是否可靠。流量镜像功能会将请求某一服务的请求流量进行复制，并将其发送到镜像服务中，此时原服务和镜像服务（如原服务所对应的即将上线的新版本）拥有完全相同的请求流量。以此来实现不需将新版本投入服务即可对其进行测试分析的功能，极大降低了新版本服务因出错而导致的运维成本。

（2）安全

Istio 中的安全功能主要分为认证和授权两部分。认证功能负责服务间以及终端用户或客户端的认证，授权功能负责为系统中的微服务设定权限级别[46, 51]。

①认证。

Istio 提供对等认证和请求认证两种不同的认证方式。

对等认证用于服务到服务的认证，以确认正在进行连接的客户端。Istio 使用双向 TLS 作为传输认证的全栈解决方案，这种方式不会对现有的服务产生影响，开发人员无需对服务的源代码进行针对性修改。Istio 的对等认证能够为每个服务提供一个能够表征其角色属性的强大身份标识，该身份标识不仅在集群内适用，同时能够使不同集群或不同云间的服务实现互通、相互访问调用；能够保证服务到服务的安全通信提供；能够自动进行证书的生成、分发和轮换的密钥管理系统。

请求认证通过验证依附在请求上的凭据来实现最终用户认证。Istio 采用业界流行的 JWT（JSON Web Token）验证来实现请求认证，并支持使用自定义认证协议或者包括 ORY Hydra、Keycloak、Auth0 在内的其他 OpenID Connect 协议标准来提升开发人员的体验。

②授权。

Istio 中的授权功能为整个网格中的工作负载提供针对网格、命名空间以及工作负载三个级别的访问控制。这种方式能够支持工作负载到工作负载和工作负载到最终用户的授权，提供了一个独立的、易于使用和维护的授权策略接口，并且支持灵活的语义，运维人员可使用 DENY 和 ALLOW 两个动作命令来自定义授权规则。同时因为授权是强制在 Envoy 代理本地执行，且 Istio 的授权机制原生支持 gRPC、HTTP、HTTPS、HTTP2 以及其他任意的普通 TCP 协议，这种方式也可以获得更高的性能和更高的兼容性。

（3）可观察性

Istio 检测统计了网格内的所有服务通信，借助这些数据，网格中的每一条请求流量都能够被追踪检测到，开发运维人员能够清楚地知道某个服务如何与其他服务或 Istio 的各个组件进行交互，使得开发运维人员能够方便快捷地排除故障，维护和优化应用程序。可观察性在服务数量较多、网格拓扑较大时显得尤为关键，能够极大地减少开发运维人员的定位以及排错难度。同时，借助可观察性，能够对服务运行时状态进行实时监控分析，能够及时发现异常服务，从而对其进行调试，进而提高整个系统的可靠性。

Istio 的可观察性通过指标、访问日志和分布式追踪三种不同类型的数据对服务间的行为进行监测分析[46, 51]。

①指标。

Istio 基于响应延时、流量大小、错误数量、饱和度这四个主要的监控数据生成一些类指标。Istio 还为控制平面提供了更加详细的指标信息和一组基于这些指标信息的监控仪表板。从本质上来说，指标是一定时间周期内一系列具有特定表征意义的计数器的组合，不同计数器的值反映系统中不同方面的状态信息。例如可将某一特定服务在某一固定时间周期内的请求总数作为一个指标，该指标能够反映一段时间以来所对应服务的被访问情况，根据请求数量的变化趋势，甚至还可把一段较长时间序列的服务访问数用于预测所对应服务在将来某个时间点的被访问情况，运维人员可根据这些指标提前对系统进行针对性的系统调整及优化。

Istio 指标的详细程度可通过开发运维人员自行进行配置，但总体来说可根据这些指标的统计位置将这些指标分为代理级指标、服务级指标以及控制平面指标。

代理级指标是指从边车代理（Envoy）层面开始收集的指标数据。数据平面的每个代理会为流经自己的所有流量生成一组指标数据，同时还提供关于代理本身配置以及健康状态的统计信息。Istio 在默认情况下，为了避免相关数据的收集统计给系统带来过多的额外负载，仅会配置边车代理生成少量的指标数据。开发运维人员可根据具体的要求，自行为每个服务实例配置需要收集的指标类型。

服务级指标是指为监控服务间通信状态而统计的面向服务的指标数据，这类指标数据包含响应延时、流量大小、错误数量和饱和度四个基本的服务监控需求。运维人员同样可以自定义需要监控的数据指标类型。

控制平面指标是指控制平面为自身组件所统计的自我监控指标，用于反映控制平面本身的运行状态。

②访问日志。

日志是各类软件系统中最为常见的记录事件状态的手段，也是分布式系统中用于定位复杂问题的重要工具。虽然 Istio 提供的各类统计指标能够直观地对服务的状态进行观测，然而这种方式的观测是基于数值的，粒度较粗。Istio 中的访问日志能够提供更细粒度的记录，能够完整地记录一个事件（如请求）的上下文。在 Istio 中，日志拥有固定统一的格式，运维人员能够方便地执行查找检索操作。

③分布式追踪。

虽然日志相较于指标提供了更为细粒度的记录，然而这些日志记录是单独存在的，并不会统计不同日志记录间的相互关系。但是在分布式或微服务系统中，不同的服务实例之间往往有一定的依赖关系或因果关系，服务间的调用也因此存在着某种关联。当终端用户请求某个具体应用时，该应用内部会涉及一系列相关联的微服务调用。其中每个被请求的微服务都会自行单独产生一条日志，然而其依赖因果关系却没能保存下来，这不利于开发人员分析定位整个微服务系统的性能瓶颈。

Istio 支持通过边车代理进行分布式追踪，仅需要应用程序转发适当的请求上下文，代理即可自动生成相关调用的"追踪轨迹"。Istio 支持包括 Zipkin、Jaeger、Lightstep 和 Datadog 在内的多个追踪产品，运维开发人员可根据需求自行选择。

（4）多平台支持

Istio 作为一种基础设施层，其设计独立于平台，能够在包括跨云、Kubernetes、Mesos 等在内的不同平台上进行部署运行，目前支持部署在 Kubernetes 上的服务、利用 Consul 注册的服务以及在虚拟机上运行的服务。

图 5-27 展示了 Istio 的上层架构及其主要组件，数据平面的主要组件是边车代理，代理工具的选择会直接影响整个服务网格系统的性能。控制平面由 Istiod 负责，其主要组件包括 Pilot、Citadel、Galley。

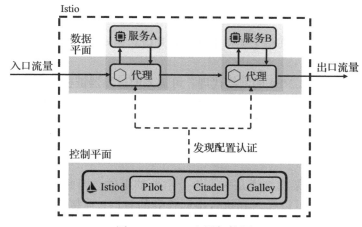

图 5-27　Istio 上层架构图

2. 数据平面

不同微服务之间的通信流量通过所对应的边车代理进行转发、路由。为了解决分布式、微服务架构下的通信挑战，这类代理的实现难度相当大，各大服务网络开源工具基本都会直接采用现有的代理产品。Istio 默认采用 Envoy[52] 作为代理与微服务部署在一起，在逻辑上借助 Envoy 的内置功能增强了服务的相关特性，如动态服务发现、负载均衡、gRPC 代理、熔断器等。在 Istio 中，数据平面主要包含以下功能。

服务发现：通过与控制平面配合探测网络拓扑中其他服务的存在。

健康探测：探测网络拓扑中的上游或下游微服务实例是否发生异常，以辅助流量转发。

流量路由：将微服务所产生的流量，正确地转发路由到其他微服务所对应的代理中。

负载均衡：将数据流量转发到合适的微服务代理中，避免下游微服务实例过载。

验证授权：对数据流量以及网络请求进行身份认证、权限判断。

链路追踪：对网络中的数据流量生成对应的日志记录，方便后续的调试查错工作。

网络代理的实现除了 Envoy[52] 之外，还包括 MOSN[53]、Linkerd Proxy[54] 等。

（1）Envoy

Envoy 是专为大型现代 SOA 架构而设计的 L7 代理和通信总线。Envoy 提供了以下高级功能特性[52]。

①进程外架构。

Envoy 是一个独立的进程，伴随着应用服务器运行。所有的 Envoy 组成一个透明的通信网格，每个应用可以通过这个网格发送信息到本地主机或者接收本地主机发送的信息，但是并不知道具体的网络拓扑。进程外架构相比于传统的代码库方式，在服务间通信中具有以下优点：

i. Envoy 可以和任何编程语言一起使用。

ii. Envoy 的部署可以在 Java、C++、Go、PHP、Python 等之间形成一个网格。

iii. 现代 SOA 架构中使用多种应用框架和语言的情况也越来越普遍，Envoy 可以透明地弱化他们之间的差异。

iv. Envoy 还能够透明地在整个架构上部署和升级。

② L3/L4 filter 架构。

Envoy 的核心是一个 L3/L4 的网络代理。可插入的过滤器链机制（Filter Chain）让开发人员可以通过编写过滤器来执行不同的 TCP/UDP 代理任务，并把这些任务插入到主服务器中。现在已经有很多支持各种任务的 filter，比如 TCP 代理、HTTP 代理、TLS 客户端证书认证等。

③ HTTP L7 filter 架构。

HTTP 对于现代应用架构来说是一个十分重要的组件，因此 Envoy 支持额外的 HTTP L7 filter 层。HTTP filter 可以插入到执行不同任务的 HTTP 连接管理的子系统中，比如缓存、路由转发、速率限制等。

④顶级 HTTP/2 支持。

当以 HTTP 模式运行时，Envoy 支持 HTTP/1.1 和 HTTP/2。Envoy 可以作为 HTTP/1.1 和 HTTP/2 之间的双向透明代理。这意味着它可以桥接 HTTP/1.1 和 HTTP/2 客户端和目标服务器的任意组合。推荐服务之间 Envoy 的配置使用 HTTP/2 创建一个持久连接的网格，以便可以复用请求和响应。

⑤ HTTP L7 路由。

当运行在 HTTP 模式时，Envoy 支持的路由子系统可以根据路径、权限、内容类型、运行时及参数值等对请求进行路由和重定向。当使用 Envoy 当作前端 / 边缘代理时，这项功能十分有用，同时在构建服务网格时也会用到。

⑥ gRPC 支持。

gRPC 是 Google 的一个使用 HTTP/2 作为底层多路复用传输协议的 RPC 框架。Envoy 支持所有 gRPC 请求和响应的路由和负载均衡底层所需要的 HTTP/2 特性。这两个系统是非常互补的。

⑦服务发现和动态配置。

Envoy 可以选择性使用动态配置 API 的分层集合实现集中管理。这些层为 Envoy 提供了几方面的动态更新：后端集群内的主机、后端集群本身、HTTP 路由、Socket 监听和加密材料。对于更简单的部署，后端主机发现可以通过 DNS 解析完成，那些更深的层可以用静态文件代替。

⑧健康检查。

构建 Envoy 网格的推荐做法是把服务发现当作一个最终一致的过程。Envoy 包括一个健康检查的子系统，可以选择性地执行对上游服务集群的主动健康检查，然后 Envoy 结合服务发现和健康检查的信息，确定健康的负载均衡目标。Envoy 也支持通过异常检测子系统进行的被动健康检查。

⑨高级负载均衡。

在分布式系统中，不同组件之间的负载均衡是一个复杂的问题。因为 Envoy 是一个独立的服务代理而不是代码库，可以独立实现高级负载均衡以提供给任何应用程序访问。目前，Envoy 支持包括自动重试、熔断、通过外部速率限制服务的全局速率限制、请求映射和异常点检查，未来还将支持请求竞争。

⑩前端 / 边缘代理支持。

在边缘使用 Envoy 也能带来巨大收益。Envoy 具有的特性使其也可以作为现代 Web 应用程序的边缘代理。这些特性包括 TLS 终止、HTTP/1.1 和 HTTP/2 支持以及 L7 路由。

⑪最佳的可观察性。

正如前面所提到的，Envoy 的主要目的是使网络透明化。但是，问题在网络层面和应用层面都可能会发生。Envoy 提供对所有子系统强大的统计功能。目前支持 StatsD 作为统计信息接收器，但是插入其他的接收器也并不困难。统计信息可以通过管理端口查看。Envoy 也通过第三方提供商支持分布式追踪。

（2）MOSN

MOSN（Modular Open Smart Network-proxy）是蚂蚁金服开源的一款基于 Go 语言开发的网络代理工具，能够作为云原生的网络数据平面。MOSN 能够为服务提供多协议、模块化、智能化、安全的代理能力。MOSN 既可以作为独立的四层或七层负载均衡器、API 网关使用，也可以边车的形式与支持 xDS 接口的服务网格平台集成。MOSN 具有以下核心功能特性[53]：

①支持使用服务网格中的 xDS API，进行全动态资源配置。

②支持 TCP 代理、HTTP 协议、多种 RPC 代理能力。

③支持丰富的路由特性（如 Headers/URL/Prefix 路由等）。

④支持可靠的流量管理，负载均衡能力（如熔断器、健康检查等）。

⑤支持网络层与协议层数据的可观察性。

⑥支持基于 TLS 的多种协议。

⑦支持丰富的扩展规则以提供高度自定义扩展能力。

⑧支持平滑升级。

（3）Linkerd Proxy

Linkerd Proxy 是 Linkerd 服务网格所采用的代理产品，基于 Rust 语言实现，旨在在 Kubernetes 等容器环境下的 Linux 系统上运行。Linkerd Proxy 具有以下功能特性[54]：

①支持 HTTP、HTTP/2 和任意 TCP 协议的透明、零配置代理。

②支持为 HTTP、TCP 流量自动生成 Prometheus 指标。

③支持 WebSocket 的零配置代理。

④支持自动、延时感知的七层负载均衡。

⑤支持非 HTTP 流量的自动四层负载均衡。

⑥支持自动 TLS。

3. 控制平面

在 Istio 中，控制平面主要有 Pilot、Citadel、Galley 三个组件[46, 51]。

（1）Pilot

Pilot 组件负责管理微服务间的流量路由转发规则和故障恢复，并提供服务发现功能。Pilot 能够对不同用户不同种类的配置信息进行抽象解析，转换为统一的数据平面代理能够识别的格式。Pilot 组件可将抽象好的规则（如流量管理规则、安全认证规则等）通过标准的 xDS 协议下发到数据平面的各个代理中，实现对代理运行规则的更新。在 Pilot 中又包含着抽象模型、平台适配器、Envoy API、用户 API 四个关键子模块，如图 5-28 所示。

其中抽象模型是 Istio 对服务以及各种流量控制、安全认证规则进行描述的一种统一格式或规范。不同输入源及类型的数据在 Istio 中都会被转化为这样的抽象模型进行处理，抽象模型中的关键成员一般包括服务名称、服务 IP、服务端口、负载均衡策略等。

平台适配器负责将不同类型、不同输入源的数据进行统一抽象、解析、转化，形成 Istio 能够识别的抽象模型，为数据平面的代理提供可识别的配置信息。由于微服务部署注册的形式不同，其所使用到的底层平台或工具也有所差别，为了实现对不同服务注册中心（如 K8s、Consul 等）的支持，对来源于这些平台的服务或配置信息进行统一抽象是非常必要的。

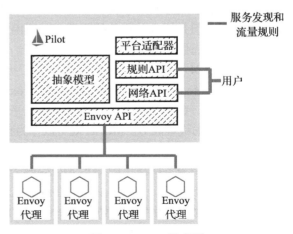

图 5-28　Pilot 示意图

通过 Envoy API，可顺利将新的已转换为抽象模型的各类规则分发到数据平面中的各个代理中，从而实现对代理规则的更新。

Istio 设计了一套用户 API，支持运维人员自定义流量规则，这些规则会被转换为数据平面能够识别的抽象模型，然后通过 Envoy API 下发到特定的服务实例所对应的代理中，运维人员能够对整个微服务系统的流量规则进行调整。

（2）Citadel

Citadel 组件是 Istio 中的安全核心组件，负责提供身份认证以及证书管理功能。Citadel 组件通过内置的认证和证书管理功能，支持强大的服务到服务以及最终用户的身份认证。Citadel 可被用于升级服务网格中的未加密流量，支持运维人员执行基于服务认证的代理策略，而不是相对不稳定的三层或四层网络标识。

（3）Galley

Galley 组件是 Istio 的配置验证、提取、处理和分发组件，负责将 Istio 的其他组件与从底层平台获取用户配置信息的具体细节分离开来。

5.6.3　服务网格工具对比

常见的服务网格工具除了 Istio 以外，还包括 Linkerd2[55]、AWS App Mesh[56]、Consul Connect[57]、Maesh[58]、Kuma[59]、Open Service Mesh[60] 等。在本小节中，将从基本概况、支持的协议、数据平面、支持平台和扩展性、接口兼容性、监视特性、路由特性、弹性、安全特性这几个方面对上述的服务网格工具进行对比[61]。

表 5-3 给出了不同服务网格工具的基本概况，并简要列出了这七种工具的优缺点。

表 5-3　概况对比表

	Istio	Linkerd2	AWS App Mesh	Consul Connect	Maesh	Kuma	Open Service Mesh
当前版本	1.8	2.9		1.9	1.4	0.7	0.5
开发者	Google、IBM、Lyft	Buoyant	AWS	HashiCorp	Containous	Kong	Microsoft
优点	功能丰富，扩展性好，很多特性可用于 K8s 等平台	部署简单，针对性能和可用性进行了优化	原生集成于 AWS 内部产品中，无须配置	能够直接在 Consul 环境下使用，支持多种代理软件	强调借助部分特性以提高性能和可用性	支持多平台部署或混合部署，支持自定义代理规则	轻量便捷，支持 SMI
缺点	手动配置项多，配置过程复杂	与 K8s 深度集成绑定，不依赖于第三方代理软件，难以扩展	只能在 AWS 环境中使用	只能与 Consul 配合使用	不支持透明 TLS 加密	暂时处于早期阶段，不适合用于生产环境	暂时处于早期阶段，不适合用于生产环境

表 5-4 给出了不同服务网格工具对不同通信协议的支持，其中 gRPC 是谷歌公司开源的一款高性能远程调用 RPC（Remote Procedure Call）框架，其内部提供了一套通信机制，允许不同应用程序之间或不同服务之间进行通信。在微服务架构中，服务的多样性导致了通信协议的多样性，由于服务间通信是影响整个系统服务质量的关键因素，因此包括以上几种框架在内的几乎所有服务网格工具都支持多种不同的通信协议。

表 5-4　协议支持表

	Istio	Linkerd2	AWS App Mesh	Consul Connect	Maesh	Kuma	Open Service Mesh
TCP	支持	支持	支持	支持	支持	支持	支持
HTTP/1.1+	支持	支持	支持	支持	支持	支持	支持
HTTP/2	支持	支持	支持	支持	支持	支持	支持
gRPC	支持	支持	支持	支持	支持	支持	支持

在表 5-5 中，展示了不同服务网格对数据平面相关功能的支持。其中 Istio、AWS App Mesh、Consul Connect、Kuma 以及 Open Service Mesh 都采用第三方代理软件 Envoy 作为数据平面的边车代理，而 Linkerd2 和 Maesh 分别采用自研的代理软件 Linkerd Proxy 和 Traefik。在这七个服务网格工具中，Consul Connect 支持除 Envoy 外的其他第三方代理软件，拥有更好的扩展性。为了更方便地进行服务部署，表中每一个工具都支持自动边车注入功能。CNI（Container Network Interface）插件用于对容器网络进行快速配置，表中除 Maesh 和 Open Service Mesh 外均提供对 CNI 插件的支持。

表 5-5　数据平面对比表

	Istio	Linkerd2	AWS App Mesh	Consul Connect	Maesh	Kuma	Open Service Mesh
代理软件	Envoy	Linkerd Proxy	Envoy	默认 Envoy（可更改）	Traefik	Envoy	Envoy
入口控制器	Envoy	任意		Envoy Ambassador	任意	任意	Nginx、Azure 网关入口控制器
自动边车注入	支持	支持	支持	支持	支持	支持	支持
CNI 插件	支持	支持	支持	支持	不支持	支持	不支持

在平台支持和扩展性方面，如表 5-6 所示，除了 AWS App Mesh 仅支持在自己的云产品上部署外，另外六种工具都支持基于 K8s 平台进行部署，其中 Consul Connect 和 Kuma 还支持直接在虚拟机上进行部署，在平台支持方面表现最好。目前 Istio、Linkerd、AWS App Mesh 以及 Consul Connect 都得到了部分云平台的支持，其中对 Istio 提供支持的云平台最多。Istio、Linkerd、Consul Connect、Kuma 除了支持在同一集群内部署服务网格进行服务内服务的通信，还支持跨集群部署服务网格，实现跨集群服务间的相互调用。

表 5-6　平台支持及扩展性对比表

	Istio	Linkerd	AWS App Mesh	Consul Connect	Maesh	Kuma	Open Service Mesh
平台	K8s	K8s	ECS、Fargate、EKS、EC2	K8s、Nomad、VMs	K8s	K8s、VMs	K8s
云集成	谷歌云、阿里云、IBM 云	DigitalOcean	AWS	微软 Azure			
网格扩展	支持	不支持	支持	支持	不支持	支持	
多集群网格	支持	支持		支持	不支持	支持	不支持

　　表 5-7 中给出了这几种工具对于流量访问控制、流量规范、流量分流、流量指标的支持情况对比。其中流量访问控制是指允许用户自定义应用程序的访问控制策略；流量规范是指允许用户定义一组流量的特征或类别，以实现对不同特征或类别的流量采取不同的动作；流量分流是指允许用户按照百分比对请求流量进行分配，流量指标是指能够统计服务间请求流量的各类指标信息。

表 5-7　服务网格接口兼容性对比表

	Istio	Linkerd	AWS App Mesh	Consul Connect	Maesh	Kuma	Open Service Mesh
流量访问控制	支持	不支持	不支持	支持	支持	不支持	支持
流量规范	支持	不支持	不支持	不支持	支持	不支持	支持
流量分流	支持	支持	不支持	不支持	支持	不支持	支持
流量指标	支持	支持	不支持	不支持	不支持	不支持	支持

　　表 5-8 展示了不同服务网格工具对不同监视特性支持情况的对比，包括对访问日志的生成、基础指标（响应延时、流量大小、错误数量、饱和度）的统计、对开源监控系统和时序数据库 Promethes 的支持、对数据可视化工具 Grafana 的支持、控制平面是否拥有可视化控制面板、用于分布式追踪功能的软件支持、是否内部预先集成了流量追踪软件。

表 5-8　监视特性对比表

	Istio	Linkerd	AWS App Mesh	Consul Connect	Maesh	Kuma	Open Service Mesh
生成访问日志	支持	不支持	支持	支持	支持	支持	
生成基础指标	支持	支持	支持	支持	支持	不支持	支持
集成 Prometheus	支持	支持	不支持	不支持	支持	支持	支持
集成 Grafana	支持	支持	不支持	不支持	支持	支持	支持
可视化面板	支持	支持	支持	支持	不支持	支持（仅显示配置信息）	不支持

（续）

	Istio	Linkerd	AWS App Mesh	Consul Connect	Maesh	Kuma	Open Service Mesh
后端追踪软件（Tracing-Backends）	Jaeger、Zipkin、Solarwinds	所有支持 OpenCensus 的软件	AWS X-Ray	DataDog、Jaeger、Zipkin、Open Tracing、Honeycomb	Jaeger	所有支持Open Tracing 的软件	Jaeger
集成追踪软件	Jaeger、Zipkin	Jaeger	Aws X-Ray		Jaeger	Jaeger	

表 5-9 展示了不同服务网格工具对负载均衡以及不同形式的流量分流方法的对比。表中所有工具都支持基本的负载均衡功能以及基于百分比的流量分流功能，其中 Istio、AWS App Mesh、Consul Connect 对表中的三种流量分流方式都支持，而 Linkerd、Maesh、Kuma 仅支持基于百分比的流量分流，Open Service Mesh 不支持基于路径的流量分流。

表 5-9　路由特性对比表

	Istio	Linkerd	AWS App Mesh	Consul Connect	Maesh	Kuma	Open Service Mesh
负载均衡	支持	支持	支持	支持	支持	支持	支持
基于百分比的流量分流	支持	支持	支持	支持	支持	支持	支持
基于包头的流量分流	支持	不支持	支持	支持	不支持	不支持	支持
基于路径的流量分流	支持	不支持	支持	支持	不支持	不支持	不支持

表 5-10 展示了不同服务网格工具对不同弹性特性以及调试特性支持情况的对比，其中最为流行的 Istio 工具支持表内的所有特性，而 Open Service Mesh 由于最为年轻，对表内所有特性均暂不提供支持。

表 5-10　弹性及调试特性对比表

	Istio	Linkerd	AWS App Mesh	Consul Connect	Maesh	Kuma	Open Service Mesh
熔断机制	支持	不支持	支持	支持	支持	支持	不支持
重传机制	支持	支持	支持	支持	支持	不支持	不支持
超时机制	支持	支持	支持	支持	支持	不支持	不支持
基于路径的超时和重传	支持	支持	支持	支持	不支持	不支持	不支持
故障注入	支持	支持	不支持	不支持	不支持	支持	不支持
延时注入	支持	不支持	不支持	不支持	不支持	支持	不支持

表 5-11 中对不同服务网格工具进行了简单的安全特性对比，其中除 Maesh 外，其他

框架都支持 mTLS 和外部 CA 证书，而仅有 Istio、Consul Connect、Kuma、Open Service Mesh 支持授权规则特性。

表 5-11　安全特性对比表

	Istio	Linkerd	AWS App Mesh	Consul Connect	Maesh	Kuma	Open Service Mesh
mTLS	支持	支持	支持	支持	不支持	支持	支持
外部 CA 证书	支持	支持	支持	支持	不支持	支持	支持
授权规则	支持	不支持	不支持	支持	不支持	支持	支持

5.7　无服务架构

无服务器（Serverless）是一种架构理念，指前端应用的业务逻辑由开发者实现，开发完成后，代码的部署由第三方平台管理，开发者无需配置维护代码运行所需的环境以及基础架构。无服务架构下的模块由事件触发，运行在无状态的容器中。这种架构理念能够降低开发运维难度、降低运营成本、缩短业务系统的开发周期，使得开发者能够更专注于业务逻辑本身的开发[62]。

无服务架构主要包含以下两个领域：函数即服务（Function as a Service，FaaS）和后端即服务（Backend as a Service，BaaS）。

FaaS 是无服务器计算的一种具体的实现形式，代表性的产品是 AWS 推出的 Lamda。FaaS 本质上是一项基于事件驱动的函数托管计算服务。开发者仅需编写业务函数代码并设置相应的运行触发条件（如 HTTP 请求等），然后将其交付给第三方平台管理。基础设施对开发者完全透明，函数通过第三方平台以弹性、高可靠的方式运行。FaaS 除了使开发交付更加敏捷外，还使资源利用更加高效，函数模块在触发时启动，运行完相应的业务逻辑后会释放维持该函数运行的资源（如销毁函数运行的容器等），极大提升了资源利用有效率。然而在 FaaS 下，不便于进行函数的调试，只能本地调试后交付到第三方托管平台，大部分平台都没有完善的线上调试功能。另外，由于函数模块由事件驱动而不是将所需的服务组件常驻线上，每次事件触发时，需要重新进行函数所需环境的创建以及资源的分配，这会带来额外的延时，不适合应用于延时较为敏感的应用。

BaaS 涵盖了应用可能依赖的所有第三方服务，开发人员无须自行实现所有后端服务，可通过第三方服务提供商所构建的 API 或 SDK，直接集成所需的相关后端功能，很大程度上降低了开发难度及成本，常见的 BaaS 服务包括数据库管理、云储存、用户认证等。

5.7.1　发展历史

Serverless 的概念在 2012 年由 Ken Fromm 率先提出，但当时并没有引起广泛的关注。2014 年，AWS 首先推出了函数计算产品 AWS Lambda，引发了业界的关注。在随后几年中，各大公司分别提出自己的 Serverless 平台：谷歌推出 Google Cloud Functions、IBM 推出 OpenWhisk、微软推出 Microsoft Azure Cloud Functions。2017 年，国内云厂商也陆续推出了相关平台及服务，如阿里云、华为云、腾讯云等。

图 5-29 展示了在无服务器计算发展历程中较为关键的概念。

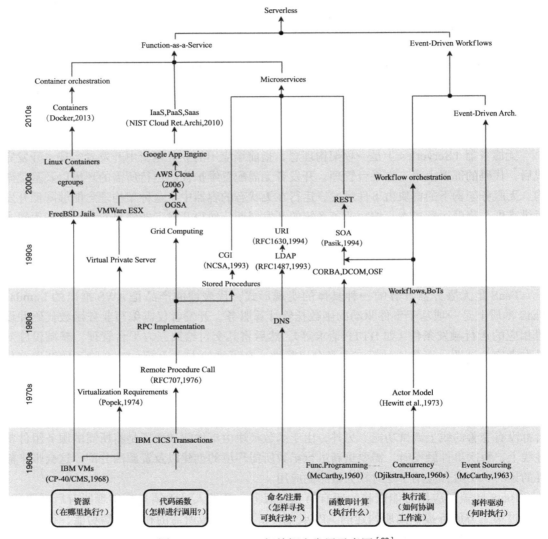

图 5-29　Serverless 相关概念发展示意图[63]

其中资源是解决在哪里执行相关服务的问题，如传统虚拟机、容器等，这部分在之前小节中已经进行了简要的介绍。

代码函数是解决在无服务器计算中以何种方式调用相关服务的问题，用户在本地要能够方便地调用部署在云端的相关功能函数，执行任意云函数的能力对于无服务器计算来说是至关重要的。近年来，用于执行远程函数的相关技术不断涌现，这类技术最早可追溯到1968 年，IBM 的客户信息控制系统（Customer Information Control System，CICS）允许用户将程序与事务关联起来。远程过程调用（Remote Procedure Call，RPC）在 1976 年确立了相关规范并在 1984 年具体实现，远程过程调用允许通过通信网络调用部署在远程主机的任意功能函数，后续还演化出了通用网关接口（Common Gateway Interface，CGI）。在这个基础上，谷歌公司推出了 Google App Engine，该产品允许用户在后台异步执行任意功能函数，为之后 IaaS、PaaS、SaaS 等架构的出现打下了基础。

相关功能函数的命名、注册与发现是解决在无服务器计算中如何发现、定位相关的可执行功能函数。较为主流的方法是遵循轻型目录访问协议（Lightweight Directory Access Protocol，LDAP）和统一资源标识符（Uniform Resource Identifier，URI），轻型目录访问协议是一个开放的、中立的、具备工业标准的协议，能够通过 TCP/IP 完成访问控制、分布式信息维护和服务发现等功能。统一资源标识符为不同资源提供特有的标识符（通常编码为一个字符串）来标识某一特定资源。部分无服务器计算平台（如 AWS）或产品还将函数版本和别名用于服务命名，能够同时调用同一函数的不同版本，在对特定功能函数进行版本更迭时，能够做到平滑过渡，同时别名标识也能够清晰地指出当前函数版本所处的开发测试阶段（如 development 和 production 标识）。

函数即计算是回答在无服务器计算中，功能服务以何种方式体现的问题。函数编程区别于传统编程方式，允许开发人员管理抽象的数据类型以及控制流，而不是内存和处理器的具体细节。分布式系统中大量基于面向对象原则的应用促使了分布式组件对象模型（Distributed Component Object Model，DCOM）和公共对象请求代理体系结构（Common Object Request Broker Architecture，CORBA）的诞生。之后还出现了面向服务的体系架构（Service Oriented Architecture，SOA）和基于 REST 的架构，这些概念逐渐推动了微服务的出现与发展。

执行流是解决无服务器计算中如何协调工作流的问题。并发模型是计算发展的早期至关重要的模型，既能够允许多个进程共同运行，也能够使这些进程仍处于开发人员的控制之下。进程、线程和参与者等经典模型都是基于并发模型提出的。在过去的二十年中，我们已迈向声明式的并发形式。工作流声明应用程序的结构，是将工作流任务的具体执行和同步留给操作系统处理。许多应用程序都基于这种方式，这也是无服务器计算概念的基础。

事件驱动主要解决无服务器计算中何时启动相应的功能函数并执行的问题。早期的计算机程序是同步的，需要经过精心设计使其运行逻辑遵循特定的代码路径。这样的开发模式使得应用程序难以适应多样的执行环境。随着高级语言和高级操作系统的不断演化与改进，越来越多的开发人员和系统设计者将异构计算与特殊通信结构联系在一起，形成最初的事件驱动模式（设备驱动程序是这种事件驱动编程的早期示例）。随着互联网的兴起与分布式系统规模的扩大，事件驱动的模式得到了广泛的使用。在现代系统中，事件驱动协议允许同一生态系统中的系统更为便捷透明地进行通信，而无须过度考虑单个系统的具体实现细节。由于其高度网络化的特性，无服务器计算能够通过定义良好的事件协议和管理事件的方式（如通过使用消息队列）来利用事件驱动。

5.7.2 Serverless 开源工具

图 5-30 展示了云原生计算基金会（CNCF）维护的关于无服务器计算相关产品的蓝图，其中包含了对无服务器计算平台、框架、工具、安全相关方面产品的概览。下面将对部分开源的无服务器计算框架进行简要介绍。

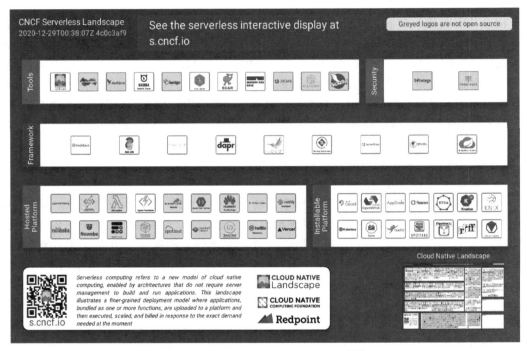

图 5-30　Serverless 相关产品概览[64]

1. Knative

Knative[65]是谷歌开源的无服务器计算架构方案，旨在为开发者提供一台简单易用的无服务器架构部署方案，将无服务器计算标准化、平台化。目前参与 Knative 开发与维护的机构主要有谷歌、IBM、Red Hat 等。

Knative 核心组件建立在 Kubernetes 上，将复杂的细节进一步抽象，使得开发人员专注于更为重要的问题。Knative 解决了在部署和管理云原生服务中所遇到的那些"无聊但很困难复杂"的问题，开发者可以使用自己熟悉的语言或框架来完成一些常见的功能用例，如以容器的方式部署、以红蓝部署的方式路由和管理流量、根据需求自动缩放调整工作负载、将运行中的服务与事件生态系统相绑定。

Knative拥有如下优点[66]：

①提供常见用例程序的高度抽象 API。

②能够在数秒内启动一个可扩展、安全、无状态的服务。

③低耦合的特性允许开发者仅使用所需要的部件。

④开发者可以替换自己偏爱的组件，如日志、监控、网络和服务网格等。

⑤具有良好的可移植性，可以在运行 Kubernetes 的任何地方运行 Knative，不必担心被供应商锁定。

⑥支持 GitOps、DockerOps、ManualOps 等多种通用模式。

⑦ Knative 支持与通用的工具或框架一起使用，如 Django、Spring 等。

Knative 包含两个核心组件：Serving 和 Eventing。Serving 组件使得开发者能够轻松在 Kubernetes 上运行无服务器容器，Knative 会负责网络、自动缩放和修订跟踪的具体细节。Eventing 组件负责通用的订阅、分发和事件管理，通过使用声明式事件连接和开发者友好的对象模型将计算附加到数据流中，从而构建现代化应用程序[66]。

（1）Serving

Knative Serving 构建在 Kubernetes 和 Istio 上，以支持部署、服务无服务器应用和函数。Knative 组件提供了重要的中间件原语，包括无服务器容器的快速部署、自动缩放、针对 Istio 组件的路由和网络编程、部署代码和配置的时间点快照。

Knative Serving 将一组对象定义为 Kubernetes 自定义资源定义（CRD）。这些对象用于定义和控制无服务器工作负载在集群上的具体行为，其中包含 Service、Route、Configuration、Revision 四个部分，各部分的关系如图 5-31 所示。

Service：Knative 中的 service.serving.knative.dev 资源会自动管理工作负载的整个生命周期。通过控制其他对象的创建以确保每个应用程序都有一个 Route、一个 Configuration 和一个 Service 更新所产生的 Revision。可以将服务定义为始终将流量路由到最新修订版或固定修订版中。

Route：Knative 中的 route.serving.knative.dev 资源提供一种将流量路由到正在运行的代码的机制，能够将一个网络端点映射到一个或多个 Revision 上。允许开发者通过包括命名路由在内的多种方式进行流量管理。

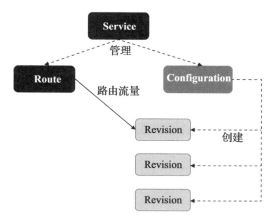

图 5-31　组件功能示意图

Configuration：Knative 中的 configuration.serving.knative.dev 资源维护应用部署所需的状态。它在代码和配置之间提供了清晰的分隔，并遵循了十二要素应用程序方法论。对于 Configuration 的更新修改会创建一个与之对应的新的 Revision。

Revision：Knative 中的 version.serving.knative.dev 资源是每次对工作负载进行修改所对

应的代码和配置的时间点快照。Revision 是不可变的对象，可以保留很长时间。Revision 可以根据入口流量自动缩放。

（2）Eventing

Knative Eventing 围绕以下几个目标而设计：

① Knative Eventing 服务是松散耦合的。这些服务可以在各种平台（例如 Kubernetes、VM、SaaS 或 FaaS）上，以及跨平台独立开发和部署。

②事件生产者和事件消费者是相互独立的。任何生产者都能够在处于监听状态的事件消费者出现之前生成事件。同样，在生产者创建事件之前，任何事件消费者都可以对一个事件或一类事件表示兴趣。

③ Eventing 子系统能够连接其他服务，包括在不修改事件生产者和事件消费者的情况下创建新应用和在事件生产者处选择特定的事件子集作为目标。

④保证跨服务的互通性，Eventing 保持与 CNCF Serverless WG 提出的 CloudEvents 规范保持一致。

下面将 Eventing 组件中所包含的部分关键概念进行介绍。

在事件消费者概念中，为了能够分发不同类型的服务，Knative Eventing 定义了两个通用接口：Addressable 和 Callable，这两个接口可以由多个 Kubernetes 资源进行实现。Addressable 对象能够接收和确认一个通过 HTTP 分发到在 status.address.url 字段中所定义的固定地址的事件。Callable 对象能够接收通过 HTTP 分发的事件并对其进行转换，最后在 HTTP 响应中返回一个新事件或者不返回任何东西。HTTP 响应中的事件能够以相同的方式被接收和处理。

事件源是一个 Kubernetes 自定义资源，通常由开发者或者集群管理者创建，扮演着事件生产者和事件接收器之间连接的角色。事件接收器可以是 Kubernetes 服务（包括 Knative 服务）、渠道或从事件源接收事件的代理。

Trigger 描述了基于事件属性的过滤器，开发者可根据自己需求任意定义 Trigger。

Broker 提供了一个事件桶，桶内的事件能够通过事件属性进行筛选（见图 5-32）。Broker 接收事件并将事件转发给由多个 Trigger 描述的订阅者。Broker 实现了 Addressable 接口，因此事件发送者能够通过以 POST 方法将事件发送到 Broker 地址的方式来实现事件的提交。

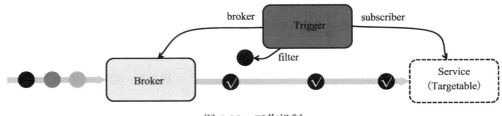

图 5-32　工作机制

Knative Eventing 定义了一个 EventType 对象，使得消费者更容易发现它们能够从 Broker 消费的事件类型。事件注册表由一个事件类型的集合构成，保存在注册表中的事件类型包含了用户创建 Trigger 所需的所有相关信息。

Knative Eventing 还定义了事件转发和持久层，称为通道。每个通道都是一个单独的 Kubernetes 自定义资源。通过订阅，能够将事件传递到服务或转发到其他通道。这使得群集中的消息传递能够根据具体要求进行改变，因此某些事件可能通过在内存中实现的方式进行处理，而其他事件则可以使用 Apache Kafka 或 NATS Streaming 进行持久化。

2. Apache OpenWhisk

Apache OpenWhisk[67] 是一个源于 IBM，目前由 Apache 基金会管理的开源无服务器平台。OpenWhisk 使用 Docker 容器进行架构、服务器和缩放的管理，开发者仅需专注于开发高效的应用即可。OpenWhisk 平台支持开发者使用任何支持的语言编写代码逻辑（称为 Action），并能通过 HTTP 请求配合 Trigger 机制进行动态调度执行。该项目包括一个基于 REST API 的命令行界面（CLI），提供了支持打包、目录服务和容器部署的工具。

OpenWhisk 使用容器进行组件的构建，因此可以轻松地支持在本地或云架构中进行部署。部署选项包括许多流行的容器框架，例如 Kubernetes、OpenShift、Mesos 和 Compose。OpenWhisk 支持的编程语言也越来越多，例如 NodeJS、Go、Java、Scala、PHP、Python、Ruby、Swift、Ballerina、.NET 和 Rust。对于目前暂不支持的语言或库函数，OpenWhisk 允许开发者使用 Docker SDK 基于 Docker 以 Zip Actions 的方式自定义所需的可执行文件。

OpenWhisk 能够使开发人员轻松地将编写好的 Action 与多种流行的服务集成在一起，例如 Kafka 消息队列、Slack 消息传递等。OpenWhisk 允许使用 JavaScript、NodeJS、Swift、Python、Java 等不同语言进行代码编写，或者通过 Docker 打包代码来执行自定义逻辑。OpenWhisk 提供了更高级的编程结构声明式将多个定义好的 Action 链接起来，同时还提供了对应的开发调试工具，允许开发者进行实时调试[67]。

图 5-33 展示了 OpenWhisk 的高层次结构，体现了 OpenWhisk 的基本内部流程。首先，外部请求到来时，进入到 Nginx 组件中，Nginx 主要负责 SSL 终止（SSL Termination）和 HTTP 请求的转发。Nginx 会将请求转发到 Controller 组件（Controller 组件是利用 Scala 语言编写的基于 Akka 和 Spray 的 REST API），Controller 组件提供了各式各样的服务接口，包括在 OpenWhisk 中对实体的 CRUD 请求和对 Action 的调用。Controller 提供了同一的接口，能够根据 HTTP 请求中所使用的 HTTP 方法来判断执行何种操作。当用户向所需 Action 发出 POST 请求时，Controller 会将其转换为对 Action 的调用。

在 Controller 对请求进行转换时，

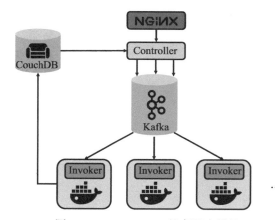

图 5-33　OpenWhisk 的高层次结构

会验证用户的身份，以及用户是否有权限执行所请求的操作。此时，Controller 会到 CouchDB 中查找相关数据进行检查。在 Controller 确定该请求有权限后，会从 CouchDB 中加载所对应的 Action。加载完 Action 后，需要知道在哪里执行 Action，Controller 中的负载均衡器通过连续检查各执行器的运行状况以获取全局中可用的 Invoker，负载均衡器会选择其中之一来执行相应的 Action。

OpenWhisk 借助 Kafka（高吞吐量、分布式的发布 – 订阅消息系统）来解决因系统崩溃出现的调用丢失和系统繁忙，从而导致调用需要等待的问题。Controller 和 Invoker 间通过 Kafka 缓冲和持久化的消息进行通信，减轻了 Controller 和 Invoker 间的内存缓冲负担，同时确保在系统崩溃的情况下不丢失相关消息。为了调用 Action，控制器将消息发布到 Kafka，其中包含调用的 Action 以及传递给该 Action 的参数。这个消息会发送到 Controller 选择的 Invoker 中，相应的 Invoker 接收到消息后，便会进行相关调用。

Invoker 是 OpenWhisk 的核心组件，负责调用一个 Action。为了以隔离和安全的方式执行相关操作，Invoker 同样使用 Docker 容器。对于每个 Action 的调用，都会产生一个 Docker 容器，注入 Action 代码，并使用消息中传递过来的参数执行该代码，在执行完代码获取到结果后，销毁该容器。最后 Invoker 会再次与 CouchDB 交互，将执行结果保存到数据库中[68]。

习题

参考文献

第 6 章 | *Chapter 6*

边缘服务管理支撑技术

　　虽然虚拟化技术能够为边缘服务提供不依赖于特定硬件环境的运行方式，但当前端用户设备的请求类型和服务数量越来越多时，边缘服务器上运行的不同网络服务之间也会产生相互竞争，这给边缘网络整体的资源与服务管理带来极大的挑战。为在边缘计算中进行方便、高效的服务管理，边缘计算需要在单个服务的虚拟化技术基础之上建立全局的、统一的管理机制，其中最具代表性的工具包括网络功能虚拟化（Network Function Virtualization，NFV）及软件定义网络（Software Defined Network，SDN）技术。其中，NFV 利用虚拟化技术，基于标准架构服务器、通用存储和交换机等硬件平台，在虚拟化硬件资源上实现各类网络功能（如 CDN、防火墙等），并将这些网络功能以服务链的形式进行管理和整合。SDN 则是通过将网络实体的数据层与控制层分离，在网络系统之上建立统一的管理层，可以实时动态地获取每个网络服务的状态，并管理多个网络服务之间的数据传输与逻辑关系。本章有诸多与云计算中相似或共同的技术，将着重介绍与边缘计算直接相关的内容。

　　在边缘计算的网络管理中，NFV 采用通用硬件和资源虚拟化技术，根据业务需求动态调整软硬件资源部署；SDN 采用 OpenFlow 建立对网元（即网络中的各实体）的动态控制，使得网络服务及流量管理更加自动化、智能化。二者结合能够实现对边缘计算网络中的网络资源进行实时测量和管理、对网络服务进行统一的编排和部署。

　　在以下与边缘相关的应用场景中，NFV 与 SDN 在网络服务管理中均有应用。

　　①数据中心：NFV 在云计算数据中心主要的应用形态是 vSwitch、vRouter、vFW、vLB 等虚拟化的网元，以及由这些虚拟网元组成的服务链（Service Function Chain，SFC）。

　　②核心网：当前核心网网元主要的功能是信令和协议处理，这与当前 NFV 硬件性能比较匹配。另外核心网网元通常集中部署，这也便于在集中的虚拟化资源上部署。NFV 商用的一个热点使在移动网络核心网节点 vEPC 和 IP 语音核心网元 vIMS 上。

③城域网入网点（Point of Presence，POP）节点：城域网 POP 节点是运营商业务提供的重要节点，信令和协议处理需求较大的网元（如宽带接入服务器（Broadband Access Server，BRAS）和多业务边缘路由器（Multi Service Edge，MSE），vBNG/vBRAS/vMSE 是 NFV 应用的热点。

④用户接入节点：传统的运营商用户接入节点具有多种网元设备需求，具有远程管理和配置、接入节点数量庞大、单节点业务处理能力要求较低等特点。NFV 能够较好地解决上述问题，满足运营商集中部署和维护、单一硬件平台实现多种网元部署，降低硬件采购和维护成本等要求。因此虚拟用户驻地设备（virtual Customer Premises Equipment，vCPE）是当前 NFV 重要应用之一。

SDN 能够给边缘网络管理带来重要的变化：

①控制平面与数据平面分离。SDN 实现了控制平面与转发平面的松耦合，其控制器多样化的接口与多种类网络硬件对接，摆脱了传统通信设备软硬件紧耦合、封闭的束缚，使得单一控制面控制多种类硬件设备成为可能，同时使得网络设备通用化在理论上成为可能。

②集中控制的控制器具备了全局拓扑和全网运行状态信息，设备的配置具有全局关联性和上下文一致性，使得单一控制面实现多节点统一控制和配置成为可能，集中控制也为 SDN 网络可编程提供了前提条件。

③SDN 网络可编程属性，解决了过去网络静态配置、与业务没有直接关联、无法根据上层业务需求动态调整的问题，上层业务或者云平台可以通过 SDN 控制器北向接口对网络进行编程。

本章将重点介绍边缘计算中的网络管理功能，以及与边缘网络管理高度相关的技术以及基于 NFV 与 SDN 架构的应用与策略设计。

6.1 NFV 架构

NFV 意为网络功能虚拟化，基于虚拟化技术将网络功能节点虚拟化为一个个网络功能模块，并通常以虚拟网络功能组成的服务链的形式为用户提供服务。本章从 NFV 的架构特点出发，首先对比其与传统网络的差异，然后介绍与之相关的服务功能链的备份原理和 vCDN，最后从实际场景应用出发，介绍 NFV 在边缘计算的实际应用。

6.1.1 NFV 概述

OpenStack 基金会对 NFV 的定义为：通过软件和自动化技术替代原本的专用网络设备，以一种新的方式来定义、创建和管理网络。本节从 NFV 的定义出发，对比 NFV 与传统网络的差异，并介绍其架构和功能，以此来说明它是如何以"新"的方式来定义、创建和管理网络的。

1. NFV 网络与传统网络对比

NFV 将电信设备从专用的平台迁移到通用硬件（如 x86）上，搭配虚拟化技术以软件形式实现原本的网络功能。通过这种软硬件解耦以及网络功能的抽象化，使得专用网络设备无须继续依附于专用硬件，从而实现硬件资源的统一管理和调度，业务的快速开发部署、自动部署，降低业务部署复杂度，并且能够大大提升资源供给速度，实现应用的弹性伸缩以及故障隔离和自愈。

图 6-1 展示了 NFV 网络与传统网络特点的差异。

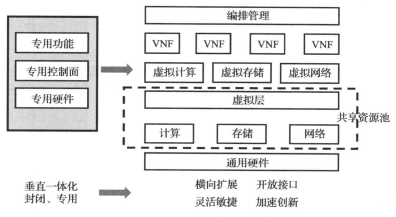

图 6-1　NFV 网络与传统网络特点对比

传统网络功能的部署基于专用的硬件和软件，每个网络设备或功能模块均需要相应的物理实体进行搭载，具有垂直一体化、封闭、专用的特点。

NFV 网络应用的部署基于通用硬件和虚拟网元软件，能够实现软硬件的解耦及功能的抽象，具有横向扩展、接口开放、灵活敏捷的特点。

2. NFV 参考架构

根据 NFV ISG 组织发布的 NFV 白皮书，NFV 的参考架构和模块功能可分为基础设施层、虚拟网络层、运营支持层[1]，如图 6-2 展示。

①基础设施层：基础设施层以 NFVI（NFV Infrastructure）为主要模块，负责为 VNF（Virtualized Network Function，虚拟网络功能）模块的部署、管理等提供资源，其上部署虚拟网络功能和基于容器的应用程序。NFVI 包括硬件资源、虚拟层和虚拟资源，其中硬件资源一般包括计算硬件、网络硬件和存储硬件，分别提供计算能力、网络互通功能和存储能力；虚拟层负责将硬件资源抽象化，解耦 VNF 软件和对应的硬件，以便不同操作系统环境的虚拟机能够在同一个服务器上运行，较为典型的解决方案如 Hypervisor 方案[2]；在虚拟资源中，存储和计算资源虚拟化由虚拟机提供，网络资源虚拟化由虚拟链路和节点提供。

②虚拟网络层：虚拟网络层主要包括 VNF、对应的网元管理（Element Management，EM）以及 NFV MANO（Management and Orchestration）。在虚拟网络层，每一个物理网元都会被映射为相应的虚拟网元，虚拟网元与 EM 一一对应，EM 根据传统网元管理具备的功能实现虚拟网元的管理，如配置与分析功能。NFV MANO 提供 NFV 的管理和编排功能，MANO 由 NFV 编排器（NFV Orchestrator，NFVO）、NFV 管理器（NFV Manager，NFVM）、

虚拟化基础设施管理器（Virtualized Infrastructure Manager，VIM）三者组成。

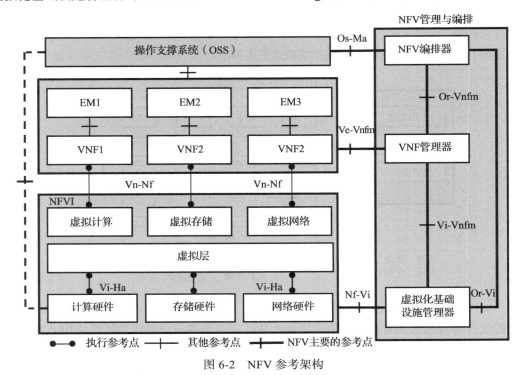

图 6-2　NFV 参考架构

③运营支持层：运营支持层即 OSS/BSS，OSS/BSS 域中包含软件产品线，涵盖基础架构和网络功能领域。

3.NFV 的重要作用

NFV 提供了一种灵活、可编程、可配置的设计、部署和管理网络服务的全新方式，NFV 将多种网络功能如网络地址转换（Network Address Translation，NAT）、防火墙、入侵检测、域名服务和缓存等功能从专有硬件中分离出来，并以软件的形式加以实现。NFV 能够整合并交付完全虚拟化基础设施所需的网络组建，包括虚拟服务器、存储等。考虑到边缘计算系统中对于服务定制化的需求，NFV 能够极大地加速服务定制过程，建立方便的边缘服务管理。

6.1.2　服务功能链备份

VNF 的快速发展为边缘网络上的网络服务部署带来了新的机遇。对于复杂的服务，VNF 可以链接形成服务功能链（Service Function Chain，SFC）。如何在满足 SFC 可用性要求的同时，在边缘和云上有效地备份 VNF 以最大限度地降低成本成为一个重要的研究课题[3]。

自适应备份（Self-Adapting Backup，SAB）[4]是一项为降低 NFV 成本的新型自适应方案，可以在边缘和云上有效地备份 VNF，SAB 使用动态创建的静态备份和动态备份来适应边缘网络的资源限制。对于每个 VNF 备份，SAB 决定是将其放置在边缘服务器还是云服务器上。SAB 无须假定 VNF 的故障率，即可以自适应的方式在 SFC 的期望可用性和备份成本之间找到一个最佳结合点。图 6-3 展示了 SAB 的简单示意。

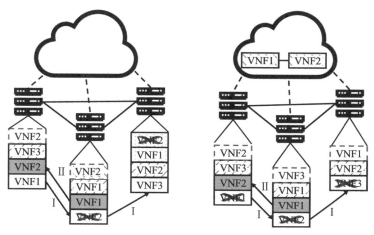

图 6-3　SAB 架构

服务链 SFC 表示为由线连接的 VNF 集合，图 6-3 中有 SFC 和 SFC Ⅱ。SAB 为每个 VNF 部署一个静态备份（虚线）。每当原始 VNF 或静态备份失败（画叉的方框）时，SAB 都会为该 VNF 部署动态备份（填充的方框）。如果发生更多故障，则剩余资源不足以用于更多动态备份，此时，SAB 从边缘将 SFC Ⅱ 备份到云中，并释放更多资源用于 SFC Ⅰ 的动态备份。

具体步骤说明如下：

①将部分 SFC 备份到云中。对于这些 SFC，其可用性由云中已建立的可靠机制来保证。但是，对于在边缘上备份的 SFC，每个 VNF 的单个静态备份可能无法满足其可用性要求，存在原始 VNF 或其静态备份都没有响应的情况。为了进一步保证可用性，需要为边缘上备份的每个 VNF 部署更多的备份。由于 VNF 的故障率很难预测并随时间变化，很难确定特定 VNF 需要多少备份以及将这些备份放置在何处，因此通常以在线的方式进行动态配置。

②动态备份部署会在 VNF 或其静态备份刚刚失败时创建一个动态备份，使用在线优化算法将每个备份动态地放置到边缘服务器。算法可以长期平衡每个边缘服务器之间的负载，以缓解资源竞争（这也是 VNF 故障的主要原因）。当原始 VNF 和静态备份都恢复时，将释放动态备份。但是，如果当原始 VNF 恢复时，整个 SFC 仍不满足可用性指标（以前的工作时间 / 总运行时间）的要求，则不会释放该 SFC 的动态备份。由于大多数 VNF 在短时间后恢复并释放相应的动态备份，因此动态备份在每个时刻的资源使用量都相对较小，少量的剩余边缘资源即能够进行动态备份，从而保证了 SFC 所需的可用性。

在当前边缘资源不足以进行后续的动态备份时，SFC 将终止动态备份部署。然后使用 SFC 备份调整方法将成本最低的 SFC 备份从边缘迁移到云，通过云保证此 SFC 的可靠性，并释放其在边缘的静态和动态备份。当 VNF 的故障率增加时，SAB 会自适应地将更多的 SFC 移至云中，以进一步保证可用性。当故障率降低时，SAB 可在边缘自适应地备份更多

SFC，以降低云备份成本。

6.1.3 虚拟化内容分发网络

内容分发网络（Content Delivery Network，CDN）一般指运营商为了解决当前网络带宽受限和用户大量访问等问题，将内容缓存器部署在网络边缘区域。例如，视频播放类 App 的 CDN 服务会将流行的视频文件缓存在地理位置分布广泛的多个 CDN 服务器上，从而保证来自世界各地的用户都能够以较低的延迟进行访问。

内容缓存器的硬件资源通常根据高峰负荷的标准需求设计，然而通常情况下网络流量很少达到峰值，这就导致了内容缓存器的资源利用率低下。

在这种问题的驱动下，虚拟缓存器的部署和应用应运而生。CDN 包括高速缓存节点、CDN 控制器等组件，对 CDN 的虚拟化可覆盖所有的 CDN 组件。从用户角度来考虑，需要实现服务质量的最大化，从基础设施角度考虑，又要优化有限的边缘数据中心资源。

那么为此设计的 vCDN（虚拟内容分发网络）有哪些特点呢？

首先，vCDN 服务应与 ETSI NFV 保持一致，从而可以在 NFVI 进行部署并通过适当的虚拟基础设施管理平台进行管理，这对于基于 VNF 动态编排和监视的边缘计算网络自动化操作具有重要意义[5]。

其次，所提出的解决方案应支持从基础架构中部署和释放 vCDN 节点。为了增强部署的灵活性并支持对 vCDN 资源使用更细粒度的控制，vCDN 节点应该以两种不同的方式进行部署：传统部署方法以及分阶段部署方法。前者对应于缓存和流组件的联合部署，后者是给定事件在缓存组件之后部署流组件。

最后，当没有 vCDN 节点可用，或者通过部署新的 vCDN 节点能够为服务带来更大的收益时，将部署新的 vCDN 节点。

我们以 Deep vCDN 系统[6]为例，来分析以上述特点为目标设计的 vCDN 服务的架构。图 6-4 展示了 vCDN 服务的架构，vCDN服务包括以下组件。

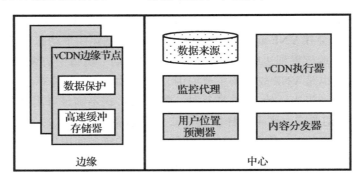

图 6-4　vCDN 系统架构

①数据存储：数据存储是一组数据库，负责存储 vCDN 服务操作中的相关信息。

② vCDN 边缘节点：对应于分布式网络数据，这些数据允许使用边缘数据中心 DC 来

提供内容交付优化。它由内容流功能和内容缓存组件组成。

③监视代理程序：可以集成各种可用的监视源（例如终端传感器、基础结构数据），并将其存储在可用的数据库中。

④内容布置规划器：负责提供执行器处理和执行的建议。这些建议通过实现预测性缓存机制和算法，将内容复制到更靠近移动性预测器预测的用户位置的边缘节点。

⑤请求路由器：为 vCDN 基础结构中的内容发现提供服务，并且在请求媒体时，提供服务于请求用户的最佳边缘节点。

⑥用户位置预测器：此组件集成了不同的算法，以利用用户设备和边缘计算服务提供的地理数据来识别位置和预测移动性用户的路径。

⑦ vCDN 执行器：该组件执行 vCDN 平台的逻辑，响应北向 API 请求、数据源更新请求和视频缓存管理器的内容放置建议，此组件可能需要与上层管理层进行交互，以请求在内容放置所需的位置中部署其他边缘节点。

Phased-vCDN[5] 是一种根据以上 vCDN 架构需求提出的 vCDN 服务编排框架，它采用了分阶段的 vCDN 部署，Phased-vCDN 的服务编排流程采用 ONAP 的业务流程。鉴于 ONAP⊖的模块化和易于扩展的可部署性，Phased-vCDN 中的 vCDN 服务编排仅采用实现业务流程所需的特定组件。

6.1.4　NFV 与移动场景中的边缘计算

在移动场景中，计算任务可以从远端的云服务器迁移至移动边缘网络，从而减少移动核心网络的压力，解决了移动运营商的难题。

移动性场景的边缘计算有以下特点[7]。

①本地性：边缘计算可以独立运作于主干网以外的网络空间，并且可以接入本地资源。

②邻近性：移动场景接近信息资源，能够采集到用户敏感的关键信息，例如用户的实时位置等信息，邻近性极大增强了数据分析和应用的时效。

③低时延：由于邻近性，即边缘服务运行于终端设备，延迟会相对降低，这样能够提供更快的数据传输，提升用户体验并减少网络拥塞。

④位置感知：当网络边缘采用无线网络时，本地服务便可以通过无线信号判断各个连接设备所处的位置，这样更方便产生面向位置的服务与应用。

面向移动场景的边缘计算中的节点资源管理可使用 SDN 全局信息，并利用网络边缘附近具备计算和存储功能的节点放置虚拟网络功能，这些节点在已有链接的基础上形成新的网络拓扑。SDN 控制器中记录了每个节点的网络资源数量。NFV 体系结构中的 MANO 模块记录每个边缘服务中的资源总量以及资源使用情况。同时，NFV MANO 还记录本地放置的虚拟网络功能以及这些虚拟网络功能所属的网络服务[8]。当用户请求新的网络服务时，

⊖ ONAP 是一个由策略驱动的与供应商无关的开源框架，用于设计、创建、协调和处理 VNF、SDN 服务的完整生命周期管理。它可以实现网络和云基础架构的自动化以实现服务交付，例如网络运营商提供的 5G 服务。本章开源框架部分会详细介绍 ONAP。

MANO 需要确定每个边缘服务中的网络资源能否满足用户服务请求。如果可以满足用户服务请求，则在边缘服务器上启动新的虚拟网络服务，并接受用户请求；如果无法满足任何网络服务请求，则拒绝用户请求。同时，MANO 需要及时恢复和管理已完成的网络服务，并将回收的网络资源用于新的用户请求。

移动场景中的网络用户请求时间和数量均很难预测，当多个用户请求到达时，会在边缘服务器形成请求队列。队列根据先进先出规则存储用户请求并顺序处理在处理当前的用户请求时，MANO 模块不考虑后续的用户请求。下一节将详细展开 NFV MANO 的介绍，并讨论基于 NFV MANO 的边缘计算部署方案。

6.1.5　NFV MANO 架构

NFV 需要高度自动化的软件来配置和调度大量的虚拟化计算和存储资源，这一软件管理过程称为 NFV 编排（Orchestration）。NFV 业务流程编排、连接、监控和管理 NFV 服务平台所需的资源，业务流程可能需要对很多网络和软件元素进行编排，包括计费系统、库存系统、运营支撑系统（Operation Support Systems，OSS）和配置工具等。上述管理与编排相关功能均由 NFV MANO 架构提供。

1. 什么是 NFV MANO

NFV MANO 即为网络功能虚拟化管理和编排，用于管理和协调虚拟网络功能 VNF 和其他软件组件。欧洲电信标准协会行业规范组 ISG NFV 定义了 MANO 架构，以便在与专用物理设备分离并移动到虚拟机时保障服务的可靠部署和连接。图 6-5 展示了 NFV MANO 架构。

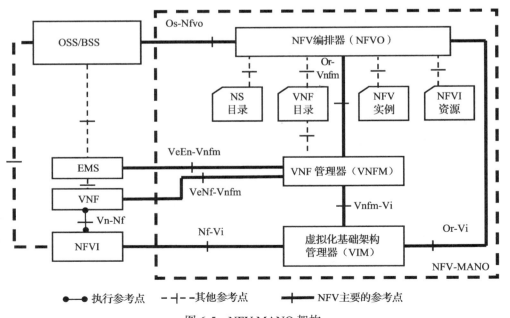

图 6-5　NFV MANO 架构

NFV MANO 有三个主要功能块：NFV 编排器（NFVO）、VNF 管理器（VNFM）、虚拟基础设施管理器（VIM）。这三个模块负责部署并连接各项网络功能和服务。

NFVO 是 NFV MANO 体系结构框架的关键组成部分，用于执行资源编排和服务编排等功能，有助于将虚拟网络功能标准化，以提高 VNF 的互操作性。资源编排用于确保网络服务具有足够的计算、存储和网络资源。在资源编排过程中，NFVO 可以与 VIM 一起使用，也可以直接与 NFV 基础结构 NFVI 资源一起使用，取决于具体的场景需求。当 NFVO 直接使用 NFVI 资源时，可以协调、授权、释放和使用这些资源，而无须与任何特定的 VIM 交互。为了提供服务编排，NFVO 可以在不同的 VNF 之间创建一项综合服务，由 NFVO 与其协调的 VNFM 进行管理。通过创建此综合服务，网络管理员可以在一个供应商的基站 VNF 与另一供应商的核心节点 VNF 之间建立连接。

VNFM 负责 VNF 生命周期管理（VNF 的生命周期管理包括版本包注册、自动部署、弹性伸缩、扩容、终止等），通过弹性伸缩达到整个系统的高效节能，并且能够避免烦琐的人工操作流程，降低系统维护成本。

VIM 通常负责在一个运营商的基础架构域内控制和管理 NFVI 资源。包括以下几点：

①管理 NFVI 硬件资源（计算、存储、网络）和软件资源（管理程序）的存储库，以及发现资源的功能和特性以优化其使用。

②负责管理基于 NFV 解决方案的虚拟化基础架构，并保留虚拟资源到物理资源分配的清单，以便编排 NFVI 资源的分配、升级、释放、回收以及优化。

③通过组织虚拟链接、网络、子网和端口来支持 VNF 数据转发的管理。

④管理安全组策略，以确保安全的访问控制。

⑤执行其他功能，例如收集性能和故障信息，管理软件映像（添加、删除、更新、查询、复制）以及虚拟化资源的目录。

2. 基于 NFV MANO 的边缘计算部署

NFV MANO 应用于边缘计算可提供多种智能化的部署方案，在现有的 NFV 架构中，部署方案根据 NFV MANO 管理框架与多接入边缘计算（MEC）系统框架的耦合程度，一般分为两种部署方案。

①低耦合度的部署方案：边缘计算管理体系与 NFV 管理体系分别设立，两个管理系统之间不做高度耦合，仅涉及 MEC 编排器 MEO 与 NFVO 组件之间的交互。

②高耦合度的部署方案：该方案中 MEC 管理体系与 NFV 管理体系深度耦合，MEC 管理体系负责业务配置部分，NFV 体系负责资源管理部分。

低耦合方案中，边缘计算部分主要由多接入边缘编排器 MEO、多接入边缘管理平台 MEPM、VIM、MEC 平台 MEP、MEC APP 以及虚拟化基础设施组成，如图 6-6 所示。

在低耦合部署方案中，MEC 管理体系（包括 MEP、MEPM 和 MEO）与 NFV 管理体系（包括 NFVO 和 VNFM）分别设立，使用统一 VIM 创建 MEC APP 和 VNF。MEO 和 NFVO 通过它们之间的接口协调多个 MEC APP 和 VNF。MEC 管理体系和 NFV 管理体系依据所管理的业务类型进行划分，MEC 管理体系负责边缘应用的资源和业务管理，NFV 管理体系负责虚拟网元的资源管理和业务配置。

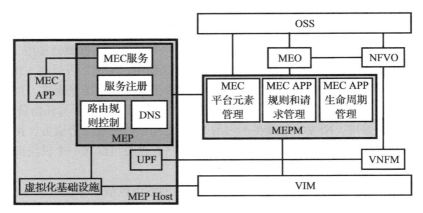

图 6-6　基于 MANO 的低耦合边缘计算架构

这种低耦合的部署方式可以实现 MEC 体系的快速部署上线，以管理和维护的成本换取部署时的复杂度。在实际的边缘应用部署中，先由 NFV 管理体系准备好虚拟网元，再由 MEC 管理体系进行边缘应用的创建和配置。

在低耦合架构中 MEC 管理体系与 NFV 管理体系的具体交互方式如下：

① MEO 向 NFVO 发出请求，查询虚拟网元（UPF、vCPE 等）是否准备就绪。

②如果 NFVO 事先已部署虚拟网元，则监测虚拟网元运行状态是否正常。

③如果 NFVO 事先没有部署虚拟网元，则触发创建网元条件，通过 MEO 向 NFVO 发送具体虚拟网元参数，进行虚拟网元部署。

④虚拟网元部署完成后，NFVO 向 MEO 发送通知，并传递网元相关参数。

⑤ MEO 发起 MEC APP 部署流程，将业务请求和虚拟网元信息发送给 MEPM 进行处理。

⑥ MEPM 进行 MEC APP 资源创建和业务配置，生成虚拟网元路由规则。

⑦ MEC APP 创建完成后，MEPM 下发路由规则，通知 MEO 部署完成，进行业务上线。

高耦合部署方案与低耦合部署方案的不同之处在于高耦合方案在 NFV 中部署 MEC 框架。MEC 管理体系和 NFV 管理体系根据系统功能进行了融合，即 MEC 管理体系负责边缘应用的业务配置，NFV 管理体系负责虚拟网元、MEP 以及 MEC APP 的资源管理，如图 6-7 所示。

这种部署方式减少了纵向系统的对接，即编排层可以使用统一的 NFVO 和 MEO 融合系统，资源管理层复用原 NFV 系统中的接口，增加对容器资源的管理功能；相对地，这种部署方式增加了横向系统交互的复杂性，边缘应用的部署被拆分成资源部署和业务配置两部分，在实际的边缘应用部署中，每一步都需要两套管理体系协同进行。

在高耦合架构中 MEC 管理体系与 NFV 管理体系的具体交互方式如下：

① MEO 向 NFVO 发出请求，查询虚拟网元（UPF、vCPE 等）是否准备就绪。

②如果 NFVO 事先已部署虚拟网元，则监测虚拟网元运行状态是否正常。

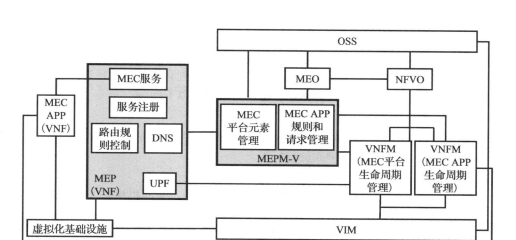

图 6-7　基于 MANO 的高耦合边缘计算架构

③如果 NFVO 事先没有部署虚拟网元，则触发创建网元条件，通过 MEO 向 NFVO 发送具体虚拟网元参数，进行虚拟网元部署。

④虚拟网元部署完成后，NFVO 向 MEO 发送通知，并传递网元相关参数。

⑤MEO 发起 MEC APP 部署流程，将业务请求和虚拟网元信息发送给 MEPM 进行处理。

⑥MEPM 进行 MEC APP 资源创建和业务配置，生成虚拟网元路由规则。

⑦MEC APP 创建完成后，MEPM 下发路由规则，通知 MEO 部署完成，进行业务上线。

⑧MEO 发起 MEC APP 部署流程，向 NFVO 发送业务资源需求，由 NFVO 进行 MEC APP 资源创建。

⑨NFVO 完成 MEC APP 资源创建后，通知 MEO，并传递参数配置。

⑩MEO 将业务请求、虚拟网元信息、MEC APP 资源信息发送至 MEPM-V，MEPM-V 进行 MEC APP 的业务配置，生成虚拟网元路由规则。

⑪MEC APP 创建完成后，MEPM-V 下发路由规则，通知 MEO 部署完成，进行业务上线。

NFV MANO 提供了基础硬件设备的必要抽象，并且专注于已部署功能的编排、配置和交叉交互，同时照顾了所有底层配置，以在服务器之间建立端到端路径。NFV MANO 通过虚拟机或轻量级容器进行服务部署，以及 SDN 方式进行网络编程，可以在通用网络设备上实现。

6.2　软件定义网络

软件定义网络（Software-Defined Networking，SDN）是由美国斯坦福大学 Clean Slate 研究组提出的一种新型网络创新架构，是一种旨在使网络更加灵活且易于管理的体系结构。SDN 利用 OpenFlow 协议将路由器的控制平面从数据平面中分离，代之以软件方式实现，从而将分散在各个网络设备上的控制平面进行集中化管理。该架构可使网络管理员在不更换硬件设备的前提下，以中央控制方式重新规划网络，为控制网络流量提供了新方案，也为核心网络和应用创新提供了良好平台。

SDN 的兴起是云计算服务的增加、终端设备移动性的急剧增长等因素导致的。在传统体系结构中，网络设备和装置变得更加复杂且难以重新配置和安装，并且这样的操作需要训练良好的高技能人员才能够完成。具体地，传统网络存在以下问题：

①部署和管理非常烦琐。

传统网络架构往往面临网络厂商杂、设备类型多、设备数量多、命令不一致等问题，在部署和维护时极大地增加了维护人员的负担。

②部署不够灵活，无法按需做出调整。

传统网络设备通常一经部署，工作就固定好了。例如，交换机根据 MAC 地址表转发，路由器根据路由表转发，但是当网络状况发生改变或者业务需求发生改变时，不能及时做出调整；当内网的数据交换量增多，而对外网的访问量减少时，对交换机数量的需求增多，而对路由器数量的需求降低，传统网络只能再购置交换机，而 SDN+NFV 的方式可以通过更改软件的方式将现有的路由器更新为交换机，将交换机的路由表进行更新，从而做到更灵活的按需部署和维护。

SDN 核心目标是通过软件方式参与到网络的控制管理中，满足上层业务需求，通过自动化业务部署简化网络运维。SDN 主要通过使用通用的网络硬件，并在其上安装软件来取代传统网络架构中专用的网络设备的控制层功能，以此将网络的部署和维护简化为在远程进行软件安装、功能启用和卸载等操作，而不需要工作人员实地去移动和部署相关设备。

SDN 建立了新型网络抽象模型，使得用户可以使用通用 API 来对网络进行编程配置和管理；SDN 将数据平面和控制平面解耦合，使得两者进行独立的体系结构更改，在这一过程中双方只需按照开放接口进行通信；SDN 在逻辑上对分布式网络状态进行集中统一管理，控制器收集和管理所有的网络状态信息，完成网络自动化管理。

6.2.1 SDN 架构

SDN 架构为"三层两接口"结构。

❑ 数据分发层（基础设施层）：包括一些网络单元，每个网络单元都可以提供网络流量，具体由各个与控制决策机构耦合的转发节点组成。

❑ 控制层：主要包括 SDN 控制器，SDN 控制器是 SDN 网络中的核心组件，担任着控制网络流量的重要任务。

❑ 应用层：主要包括各种面向用户的应用程序，提供业务服务。

❑ 南向接口：位于数据平面和控制平面之间，控制器通过南向接口对数据平面进行编程控制，它将负责 SDN 控制器与网络单元之间的数据交换和交互操作，如 OpenFlow 协议。

❑ 北向接口：位于控制平面与应用平面之间，上层的应用程序通过北向接口获取下层的网络资源或向下层网络发送数据，它将数据平面资源和状态信息抽象成开放编程接口。

SDN 架构如图 6-8 所示。

SDN 控制平面负责指挥数据平面的转发，这一层提供了网络的可编程性，使开发者可以在控制平面上进行网络应用开发并将其部署到数据平面[9]。可以说 SDN 控制器是 SDN 网络的重要组成部分，直接影响网络的运行效率，因此一些开源的控制器如 Floodlight、OpenDaylight、ONOS、Ryu、NOX/POX 都得到了广泛的关注和研究。

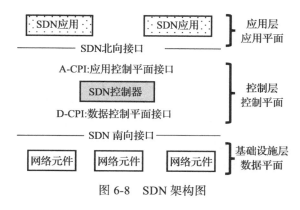

图 6-8 SDN 架构图

SDN 数据平面是执行网络数据包处理的实体，网络可编程能力主要包括数据平面的可编程能力，数据平面的功能为解析数据包头和转发数据包到端口。数据平面还提供了包解析器、包转发和包调度等网络处理模块，这些网络处理模块可为网络提供更好的可扩展性。

理想的网络转发模型通常应具备以下条件。

❑ 清晰的软硬件接口：理想的网络转发模型应与网络协议无关，支持软件编程实现所有协议的功能。

❑ 简明的硬件结构：硬件架构像通用处理器架构一样支持模块化的可扩展能力。

❑ 能够灵活高效地实现功能：能够高性能、低成本地实现大多数网络功能，以及快速便捷地添加新功能。

6.2.2 分布式 SDN 的一致性更新

当使用 SDN 在分布式网络架构下进行应用更新时，更新的中间状态可能会违反所需的网络要求。而集中控制应保证路由更新的一致性，即各网络实体运行的程序应当在同一版本（要么都为更新前版本，要么都为更新后版本）。这不仅要求网络更新前后网络状态的一致性，同样要保证更新过程中的网络一致性。SDN 网络数据平面的更新可以描述为从旧的全局网络状态到新的全局网络状态的转换。为了进入新的网络状态，必须逐个更新所有的交换机。而由于控制器传输规则至各交换机，以及各交换机加载功能时间不同，最终可能导致规则更新的结束时间各不相同，在新旧规则转换之间所传输的网络数据包可能会同时被新旧规则进行处理，从而违反网络更新一致性，导致数据包出现意想不到的处理结果。如果采用传统的无状态方法，某些组播路由更新会引起并发问题，这必然会导致数据包的丢弃或状态的不一致性，因此需要一种用于组播路由更新的通用更新过程。

一致性更新是指更新的前、后过程中，网络中实体状态均保持版本一致。为了实现一致性更新，一种典型的策略是基于状态的更新策略[10]。基于状态更新的方法保证了任意属性的一致性，但是由于它依赖于状态信息，该状态信息注入数据包中并在特定的报头字段中进行编码，当这种特定的报头字段用于制定数据流或由应用层使用时，其适用性会受到限制。

为了更好地实现分布式的 SDN 一致性更新，针对在一致性更新过程中规则重复的问题，CURE[12] 的一致性更新方法减少更新期间冗余重复，对交换机进行优先级排序，并根据区域优先级安排更新时间，以此减少更新期间的三态内容寻址存储器（Ternary Content Addressable Memory，TCAM）使用率。在 CURE 中，内置部分算法简介如下。

❑ 交换机更新算法：用于实现不同优先级区域的交换机之间的更新。

❑ 数据包排队算法：以在更新期间保持数据包级别的一致性。

❑ 排队数据包处理算法：用于管理数据包队列。

如上所述，CURE 将交换机分为低、中、高三个优先级，交换机的优先级分类方法为：每个交换机数据流表都有一个 counter 字段，该字段记录匹配数据包的详细信息。CURE 采用 OvA（One vs All）分类算法对计数器值进行训练，将要更新的交换机分类为三个优先级区域。此分类取决于网络拓扑、数据包到达率和网络中现有的流量。如果所有交换机中的流量负载大致相等，则 CURE 使用每个流表中活动条目的数量作为分类的指标。

优先级设定后，CURE 还需进一步设定规则的更新策略。在规则更新中，开始更新之前，控制器发送更新信号以标记要更新的交换机集合，控制器在发送第一次更新数据包之前等待一定的时间间隔，高负载交换机在网络配置更新前开始更新，然后依次为中等优先级和低优先级的交换机进行更新。在一个交换机的更新过程中，新规则的集合首先配置，旧规则之后删除，按照这样的方式，每个交换机上的旧规则收集处理是在更新执行后进行的。其他的一致性更新方法还包括防止循环确保包级别的一致性的有序更新方案[13]，以及用于更新链接权重的优化序列[14] 等。

6.2.3　SDN 与 NFV 的区别与联系

SDN 与 NFV 尽管没有直接的联系，但两者都是基于通用的服务器、云计算、虚拟化技术，并且二者在很多情况下都被打包用于可编程网络的架设。然而，SDN 与 NFV 比较起来，有本质性的区别：SDN 是一种集中控制的网络架构，SDN 的数据平面和控制平面是分离的，而 NFV 是一种网络虚拟化技术，它能够在物理拓扑结构的基础上创建虚拟网络功能；SDN 主要应用于网络流量控制和管理，而 NFV 着重于网络功能的实现与管理。

表 6-1 更加直观简明地展示了 SDN 和 NFV 的区别。

表 6-1　SDN 与 NFV 对比

分类	SDN	NFV
规范组织	ONF（Open Networking Forum）	ETSI NFV Working Group
基本设备	商用服务器和交换机	商用服务器和交换机
协议	OpenFlow 等	尚无
初始定位	园区网、数据中心网络	运营商网络
技术特征	控制平面和数据平面分离、集中控制、可编程网络	软件和硬件的分离
主要应用	关注网络组织以及支持云计算与业务编排	路由器、防火墙、网关、CDN 等

两者的发展同时也是相互促进的，传统网络功能虚拟化的部署需要手动部署，这样实

现起来效率低下且成本高昂。然而 SDN 的出现，为虚拟化部署提供了新的解决方案，使得网络管理员可以通过控制器编程并分发网络功能更新信息至各个网络节点，以实现自动化动态业务部署，进而缩短业务部署周期；两者可以认为是新一代网络中节点和链路的关系。NFV 更加关注网络功能的组织和管理，而 SDN 的侧重点是网络功能之间的路由管理，通过 SDN 可以很好地解决 NFV 部署中对于多类型网元的集中控制、网元之间连接创建、网元动态配置等问题。可见，SDN 与 NFV 架构的发展也是相辅相成的。

6.3　网络切片技术

网络切片可以简单理解为建立在物理网络上的虚拟网络，提供垂直应用的端到端服务。网络切片在虚拟现实、增强现实、自动驾驶、虚拟桌面、工业控制、即时游戏、超高清视频等边缘计算应用场景中均已普遍存在。网络切片能够满足用户个性化的业务需求，以需求为主导将各个切片构建成独立模块化的网络实体。

6.3.1　网络切片

网络切片并非边缘计算才有的概念，但对于业务多样，需求爆炸的 5G+ 边缘计算时代尤为重要。如果没有面向业务的切片工作方式，边缘计算网络运行效率将面临极大挑战。本节将展开介绍网络切片相关概念，讨论网络切片的意义以及网络切片与 NFV 之间的关系。

1. 切片的概念

自 1960 年以来，网络切片的概念来自第一个支持分时和虚拟内存的 IBM 操作系统，通常依靠虚拟化技术来实现。这样的设计引入了一个能够同时容纳多达 15 个用户的系统，并且允许用户在一套单独的硬件和软件上独立工作。从那时起，网络虚拟化的思想初步建立，可以从物理实体创建虚拟实体。虚拟化的愿景是使虚拟系统能够跨越不同的网络资源、计算基础架构和存储设备。

网络切片，就是将原本一个物理网络整体分割成多个虚拟的端到端网络，各个虚拟网络之间逻辑独立，产生安全、隔离的子模块，其中某部分切片的故障不会影响到其他切片的正常功能。网络切片最初由下一代移动网络（Next Generation Mobile Network，NGMN）提出并首次引入。根据 NGMN 的定义，网络切片是在通用基础架构上运行的端到端逻辑网络 / 云，这些基础架构相互隔离，并可以按需创建独立的控制和管理。网络切片可能包含来自相同或不同管理机构中不同域的跨域组件，或适用于访问网络、传输网络、核心网络和边缘网络的组件。因此，网络切片是独立、可管理且可编程的，以支持多服务和多租户。目前网络切片粒度按网络的隔离程度分为 L0 ～ L5 六级，级别越高切片使用的资源越多。在业务对网络 QoS 要求相对不高时，L5 粒度会为运营商带来更高的成本效益。当需要高 QoS 业务保障需求时，需要逐步向 L0 粒度的切片策略演进，以获得更高的性能保障。端到端的网络切片涉及了无线接入网、传输网和核心网等，在给网络带来灵活性的同时，也增加了管理的复杂性，各网络设备由不同的设备厂商提供，切片的编排、部署和互通等方面都存在着一定的难度。因此，类似于 NFV 中对虚拟网络功能 VNF 的管理，我们同样需要智能化的切片管理，实现切片的端到端编排管理。端到端网络切片的管理和编排涉及切片的生命周期管理，比如切片的设计、实例化、缩扩容、终止等。在本节的余下部分将介绍边缘计算中关注的网络切片的管理与编排问题。

图 6-9 为一般网络切片划分的示意。根据应用场景的不同，切片被划分为移动宽带切片、海量物联网切片、任务关键性物联网切片，可应用于视频通话、物流、农业、智慧城市以及自动驾驶和工业物联网场景。

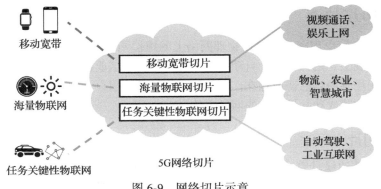

图 6-9　网络切片示意

2. 切片的特点

网络切片的设计使得在不同业务场景中，用户可以量身定制自己的网络功能，即"按需组网"，并安全保障网络性能。具体来说，就是将一个物理网络切割成多个虚拟的端到端的网络，每个虚拟网络之间，包括网络内的设备、接入、传输和核心网，是逻辑独立的，任何一个虚拟网络发生故障都不会影响其他虚拟网络。每个虚拟网络具备不同的功能特点，面向不同的需求和服务。

网络切片具有以下特点：

①安全性：通过网络切片可以使各切片之间的资源安全隔离，保证每个子模块的独立性，任何切片的拥塞、故障等均不会影响其他切片的正常运作。

②动态性：网络切片可以完成动态资源分配，可针对用户的临时资源需求（如 CPU、存储的变更）动态分配所需资源。

③弹性：当用户的数量和用户的需求资源量发生变更时，网络切片可根据变化进行自适应的融合或重构，以便合理分配资源，并满足用户的动态业务需求。

④最优化：由于切片的动态性，在变更业务场景时，切片可以根据所需网络的功能变化进行不同的定制化剪裁以及灵活组网，逼近或实现业务流程和数据路由的最优化。

6.3.2　切片管理

3GPP 组织所定义的网络切片管理功能主要由三部分内容构成，分别为通信业务管理功能（Communication Service Management Function，CSMF）、网络切片管理功能（Network Slice Management Function，NSMF）和网络切片子网管理功能（Network Slice Subnet Management Function，NSSMF）。其中，通信业务管理功能可搭建业务需求到网络需求的映射。网络切片管理功能可编排切片，将整片网络切片的服务水平协议（Service-Level Agreement，SLA）分解为不同切片子网络的 SLA，下发给网络切片子网管理功能。网络切片子网管理功能可以满足将 SLA 映射为网络服务实例以及配置的基本需求，并为 MANO 传递指令，以 MANO 为基础完成网络资源编排，下发给 NFV 编排 NFVO 或网元管理 EM，从而在与承载网络管理系统的配合中实现承载网络资源调度功能。

1. 切片功能管理

6.3.1 节介绍了网络切片的概念和特点，本节进一步介绍在边缘计算基础上接入网络切片的逻辑架构。根据 6.3.1 节介绍的切片特点，接入网切片编排器主要用于对切片的资源进行有效管理，从而实现切片的动态性。

接入网的各类业务请求以及不同类型的网络资源可通过在接入网切片编排器当中添加信息感知技术及数据挖掘技术获得。当获得各类业务请求以后，接入网切片编排器可生成相对应的接入网切片。确定切片实例后，编排器将为不同切片实例分配资源，让所有的切片均可实现实例化处理。切片实例监督和生命周期的管理是通过运行时动态反馈监测数据来实现。图 6-10 展示了网络切片管理功能结构。

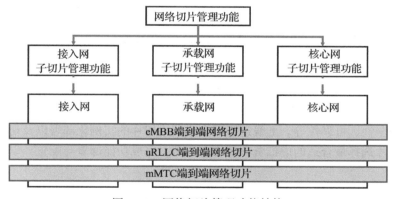

图 6-10　网络切片管理功能结构

图中的 eMBB（Enhanced Mobile Broadband，增强移动宽带）、uRLLC（Massive Machine Type Communication，大规模机器通信）、mMTC（Ultra-Reliable and Low Latency Communication，高可靠低时延通信）端到端网络切片对应于 2015 年国际电信联盟无线通讯分部 ITU-R 的 5D 工作组（WPSD）定义的 5G 的 3 个主要应用场景。

① eMBB：是指在现有移动宽带业务场景的基础上，对于用户体验等性能的进一步提升，具有高带宽、广覆盖的特点。

② mMTC：此为物联网应用场景，主要是人与物之间的信息交互，具有低功耗、连接

规模大的特点。

③ uRLLC：此为物联网应用场景，主要满足物与物之间的通信需求，具有低时延、高可靠的特点。

2. 切片生命周期管理

网络切片是逻辑上完全独立隔离的多个专有网络，租户可以像操作物理基础设施资源一样地对其虚拟基础设施进行操作，每个租户可以拥有和部署自己的管理和编排系统。为了支持这一特点，需要有一组基于相同结构的应用编程接口来为每个切片的管理提供一层抽象，并对底层虚拟资源进行控制，不同的租户通过这些 API 请求网络提供切片服务。在租户使用切片服务的过程中，通过虚拟化技术可以实现不同网络切片的生命周期管理。网络切片的完整生命周期包括准备、启动、运营、下线四个阶段。其中准备阶段主要包括设计和上线两个过程。设计过程生成切片模板，根据切片上预期运行的特定业务的特点选择相应的特性。上线过程是设计切片模板的一个实例化过程，切片完成上线后，进入切片运营阶段。在运营阶段中，运营方可在切片上完成自己制定的切片运营策略、切片用户发放、切片的维护、切片的监控等工作。当运营方因为某些原因不再运营切片时，可进行切片的下线，整个过程如图 6-11 所示。

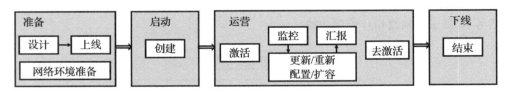

图 6-11　网络切片生命周期

如图 6-11 所示，首先进行的是切片的准备阶段，此阶段需要定义网络功能以及切片之间的连接关系，考虑不同业务的特点，分别进行切片的特征设计，具体包括需要的功能、性能、安全性、可靠性等。上线过程需完成网络切片的实例化部署以及切片的完全自动化。系统为切片选择最合适的虚拟资源及物理资源，完成功能部署与配置，以及切片连通性测试。

在启动和运营阶段中，切片运营阶段需对切片进行业务和资源的实时监控和汇报，监控信息用于更新 / 重新配置 / 扩容，再从更新 / 重新配置 / 扩容中产生汇报，这一阶段可通过信息感知技术及数据挖掘技术实时反馈监控结果，以方便运营方及时做出策略调整。当切片不需要继续运营时，可进行网络切片的下线处理。

3. 网络切片的垂直行业应用

网络切片技术在工业数字化领域中占据十分重要的地位，利用网络切片技术会强化工业数字化用例，如自动驾驶、远程机器人手术、沉浸式游戏等。5G 及其网络切片技术已为垂直行业提供许多高性能、高效率和高效益的解决方案，以下部分将阐述网络切片对垂直行业的支持。

在自动驾驶行业中，业界对车辆间的通信研究已有多年，利用车内的相机、雷达或激光传感器可以实现自动驾驶，5G 提供严格的低延迟高可靠传输，将车辆的自动驾驶带入了更高的等级，为其发展带来更大的可能。车辆通信依赖于移动通信网络，因此移动运营商在自动驾驶行业的生态发展中担任了极为重要的角色，为了解决自动驾驶的性能需求，垂直行业客户必须与运营商实现资源和服务的整合，形成面向自动驾驶的网络切片。

在制造工业中，商家通常同时担任不同商业角色，一方面他们可能是外部客户的供应商，提供技术方案；另一方面他们也是其他解决方案的使用者，对于工业机器控制等应用。考虑到工业园区内的公网带宽通常较为受限，制造工业商可以使用私有网络和云资源而在边缘计算网络中，这些服务于上下游生产环节的私有网络和云资源则可以体现为一层独立的网络切片。

在与之类似的垂直行业中，通常面临着大量异构的网络性需求、功能性需求和运营性需求，而网络切片则能够使运营商以灵活高效的方式满足垂直行业用户的各类需求。

网络性能需求可分为延迟需求、数据速率需求、适应性需求、可靠性需求以及覆盖需求。具体来说，对于延迟需求，不同网络切片可采用不同的网络功能和应用分布模型，从而优化网络拓扑来满足客户的需求。不仅如此，优化拓扑还可以与基础设施级别的资源预留、分离路径等结合，加强服务质量的保障。而在传统单一架构的网络中，对一个客户的延迟保障通常需要牺牲其他客户的服务质量。对于数据速率需求，网络切片能够根据需求分配容量，对于有较大速率需求的应用，可以通过网络切片的方式为其分配较宽的用户面通道。这种灵活的分配方式能够显著提升资源利用率，从而促进了用户体验速率的提升。对于适应性需求，不同切片可以有不同等级或类型的可用性和适应性，实现针对不同应用需求的网络资源定制化和优化。而单一结构的网络中，所有服务必须以相同的方式使用网络。在可靠性需求中，网络切片根据其特性，能够使网络功能和资源实现较高程度的隔离。在覆盖需求中，网络切片能够为资源调度和使用带来更高的灵活性，在一定程度上提高覆盖的质量。

网络切片是如何满足功能性需求的呢？由于网络切片之间的隔离是一个相对的概念，所以网络切片的隔离程度是可以根据需求定制的。网络切片可以根据需求完全与互联网隔离只连接到私有 VPN 上，并可以配置更高级别的网络安全保障设备。例如企业级别的防火墙，可以根据需求建立在独立的物理资源上，也可以使网络切片的数据与其他网络切片相互隔离。

在运营性需求中，用户可以很容易地实现对资源和策略的管理，既有安全保障，又不会对其他用户产生影响。进一步，网络切片的功能可以高度定制化，使得一个网络切片可以具备不同形式的服务保障能力，从而以一种简易的方式满足应用专属的需求。由于网络切片相互独立和隔离，每个网络切片的功能内容和资源可以有较大差异，进一步保障了对客户需求的网络定制化。此外，相互隔离的网络切片使用独立的网络功能实例和计费系统，简化了面向客户和商业模式专属需求的定制化。

6.3.3　切片与 NFV 服务链

网络切片是边缘计算的关键技术之一。利用切片技术，可以在用户附近的基站上分配移动场景中的网络切片，使用 NFV，可以轻松部署和动态分配网络功能。此外，可以通过动态缩放将网络资源有效地分配给虚拟网络功能，以实现服务功能链，达到减少网络服务时间的目的[15]。

1. SFC 封装

在讲述 SFC 封装前，首先回顾什么是 SFC。SFC 是对一组有序的网络服务功能的定义和实例化。一次 SFC 封装可以建立服务功能转发器（Service Function Forwarder，SFF）的管道，指示数据包的目的服务链功能，以及下一步应执行的特定功能。

国际互联网工程任务组（The Internet Engineering Task Force，IETF）提出了三种 SFC 封装[16]。

①网络服务头（Network Service Header，NSH）：IETF 的 SFC 工作组已将网络服务头定义为 SFC 的独立于层的封装。网络服务头可以看作是插入在传输数据内容和端到端用户数据包头之间的头信息。网络服务头使用"下一个协议"字段来标记有效载荷数据包，以便使得服务功能了解如何有效处理。同样，当数据包通过网络路由时，NSH 可以由任何传输协议承载。

②网络服务头的多协议标签交换（Multi-Protocol Label Switching，MPLS）逻辑表示：MPLS 是一种广泛部署的转发技术，该技术使用标签堆栈中数据包的标签来标识在网络的每一跳上要执行的转发操作。操作可能还包括交换或弹出标签，以及使用标签来确定转发数据包的下一跳。标签也可用于建立转发数据包的上下文。IETF 的 MPLS 工作组中的新工作提供了一种机制，该机制可以通过 MPLS 标签栈中网络服务头的逻辑表示来实现 MPLS 网络中的 SFC。

③分段路由：在 IETF 的 SPRING 工作组的推动下，源路由（Source Routing，SR）作为数据包转发的一种旧模式，正在以分段路由的形式重新兴起。分段路由将标识符列表放置在数据包头中，并顺序使用这些标识符来确定要应用于数据包的下一个跳路由点。当数据包进入网络时，通过在数据包中记录路由状态 SR 服务链可以被编码为路由列表中的服务功能及相应位置。

2. 网络切片作为资源管理工具

网络切片是一种用途特定的网络资源分区机制，可以为某些流量保留容量（例如在流量工程中），或者像虚拟路由转发及第三层虚拟专用网络一样，将来自不同用户的流量分开。在支持不同服务的情况下，网络切片可能是有效的资源管理工具。例如，可以利用它来构建一个虚拟网络，该虚拟网络可以由服务提供商的客户来操作，就好像真实的专用网络一样。或者，网络运营商可以使用网络切片来保留资源，并将其预留给特定的应用程序、服务或客户。因此，通过构建网络切片可以保证特定服务或用户的带宽、低延迟和弹性。

3. 将服务链切片用于边缘计算场景

在实际情况中，有些网络服务根据其功能特点，可能不需要核心云，或者只需要边缘云。例如，对于延迟敏感型的关键服务，在移动场景中完成 SFC 部署是更为合理和有利的，因此，妥善决策 NFV 和移动场景的结合将会是提高整体的网络性能的关键。

一些用于解决此类场景需求的 SFC 放置算法被相继提出，一种 SFC 切片网络模型如图 6-12 所示。

网络服务 1 和网络服务 2 各由一组 VNF 组成，分别成为 SFC 切片 1 和 SFC 切片 2，根据服务的特性，可决定为哪一条 SFC 分配更多的内存，决策的产生一般通过生成网络服务流行度模型来完成。

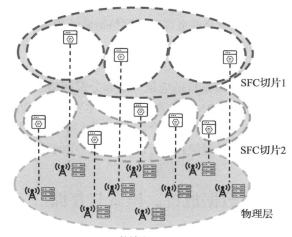

图 6-12　SFC 切片网络模型

6.3.4　网络切片研究项目

5GEx 项目全称 5G Exchange[29]，是一种通过开发基于 SDN/NFV 的多域、多服务编排平台来提供多运营商协作的方法。5GEx 将允许端到端网络和网络服务功能组合在一起，并在多厂商和资源虚拟化环境中一起运行。从 5G 系统中协调资源的技术角度来看，开发的体系结构是为了确保按需提供网络资源和分片。5GEx 的目标是为基于 SDN/NFV 的 5G 网络开发多域和多服务的基础架构，启用服务的编排和针对多个运营商的 IaaS 模型形成"5G 网络工厂"。除了满足未来 5G 服务的需求外，5GEx 的意义还在于提供通用、开放和标准化的连接模式以及为其他 5G 功能提供支持，从而使普通企业用户和内容提供商能够区分其在线内容和应用程序，以更低的成本提供服务。5GEx 基础架构中的核心元素便是切片，它依靠较低级别的 5GEx 基本服务和 SDN/NFV 技术有效地为 5G 提供垂直服务。在 5GEx 网络切片概念架构中，标准接口用于在实体之间连接和交换信息。多域编排器接口用于将客户的 5GEx 服务请求转换为具有相关资源要求的 VNF 链。5GEx 框架支持各种协作模型，例如用于分布式多方协作的"直接对等"。此外，5GEx 框架还支持更高层次的抽象和高级模型，涵盖多个交换点或存在点的视图、资源和服务。

MATILDA[30]项目旨在建立一个完整的 5G 端到端服务运营框架，该框架可解决基于可编程切片架构的 5G 应用和服务编排，通过智能和统一的编排策略创建和维护所需的网络切片。云 / 边缘计算和基于物联网的资源主要由多站点虚拟化基础架构管理器支持，而网络切片图的生命周期管理和网络管理活动则由多站点 NFV 编排器提供。

切片网络 SliceNet[31]项目旨在最大化支持 SDN/NFV 的 5G 网络中跨多个运营商域共享基础架构的潜力。该项目打算通过高度创新的切片供应、控制、管理和编排机制来实现真正的端到端网络切片，提升面向 5G 垂直市场的用户体验质量。SliceNet 旨在最大化不同管理域之内和之间的网络资源共享。这样，SliceNet 将在行业和垂直业务部门之间建立紧密联系，以实现 5G 的全面互联社会愿景。

5GTANGO[32] 项目旨在解决与 5G 网络复杂服务的开发和部署相关的重大挑战。5GTANGO 的核心目标是开发扩展 DevOps 模型。在 5G 中 VNF 和网络切片定制的 SLA 管理方面，5GTANGO 为 5G 网络提供了灵活可编程的模块化业务平台，该平台具有创新的编排器，以弥合业务需求和网络运营管理系统之间的差距。

5G NORMA[33] 项目基于网络切片的概念提出了一种多服务和多租户的 5G 系统架构。从传统到 5G NORMA 系统架构的过渡建立在两个推动因素的基础上：一是使用软件定义的移动网络编排自适应地分解和分配网络功能，二是通过软件进行网络可编程的移动网络控制。5G NORMA 体系结构的基本实体包括边缘云、网络云和网络功能控制器，其中边缘云由部署在无线电或聚合站点的基站和远程控制器组成，网络云部署在中央站点的一个或多个数据中心，组织和执行位于网络云中的网络功能控制器。

6.4 数据放置、检索与存储

边缘节点由一个或多个边缘服务器组成，它可以为边缘用户执行计算分流、数据存储和缓存等功能。其中边缘服务器数据放置和检索的功能在边缘服务器网络相互协作时可以为用户提供数据存储服务。这些服务在网络设备中的实现要求短时延和低开销，并且需要在边缘服务器上实现负载平衡。

与云数据中心不同，边缘节点通常在地理上分散分布并且其计算和存储具有异构性[17]。用户数据始终存储到最靠近用户的边缘节点上可能不是最有效的解决方案。一方面是因为用户可能是处于移动状态的，最靠近的边缘节点始终在发生动态变化；另一方面在于一个边缘节点的资源是有限的。因此需要考虑将边缘网络中的大量边缘节点整合起来，以协同的方式，在最靠近用户的边缘节点处于动态变化的条件下为用户提供存储和数据检索服务。为用户提供存储和计算服务。

6.4.1 数据放置、检索与存储定义

边缘计算的核心操作是在多个边缘服务节点协同工作时支持有效的数据放置、检索与存储。数据放置是指将给定数据项传递到边缘节点进行存储的过程。数据检索是指查找给定数据项的存储节点并请求该节点传递数据的过程。数据存储是将放置到某处的数据项以合适的方式和格式进行存储。

6.4.2 针对不同场景的数据放置与检索服务架构

进行边缘计算中的数据放置和检索服务需要解决以下几个问题。首先，如何在用户端和网络路由器/交换机上以短时延和低开销的方式实现数据服务。例如，如何在边缘设备或路由器内部以低开销的方式进行数据索引。其次，如何实现边缘节点之间的负载平衡。最后，如何解决不同边缘节点的异构性及资源受限的问题。

1. 通用场景

边缘数据贪婪路由（Greedy Routing for Edge Data，GRED）[19] 是一种用于通用场景边缘计算的短延迟、低开销的数据放置和检索服务。GRED 支持仅带有单跳的边缘节点的分布式哈希表（Distributed Hash Table，DHT），利用 SDN 范例[19] 在可编程交换机上实现对单跳 DHT 的高效路由支持，其 SDN 控制器维护一个虚拟空间。数据项根据其 ID 被一定的哈希函数集映射到虚拟空间中的不同位置，并存储到连接到交换机的边缘服务器中，该服务器的位置即为其 ID 映射的数据位置。

GRED 的原型拓扑结构如图 6-13 所示。

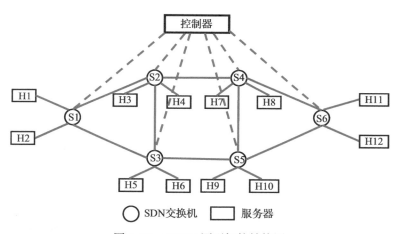

图 6-13　GRED 原型拓扑结构图

GRED 拓扑结构包括 1 个控制器和 6 个 SDN 交换机，其中每个交换机都连接 2 台服务器。这些服务器用于生成数据请求，包括数据放置 / 检索请求。

GRED 具有路由的路径长度较短、转发表较小的特点，其中的每个数据放置 / 检索请求需要一个"跳点"，即关于其数据检索服务器（非数据存储服务器）的映射，通过跳点可以进一步定位到数据存储器。在 GRED 的控制平面中，设计者设计了一种虚拟空间构造算法，将 SDN 交换机分配给虚拟空间中的点，以使两个 SDN 交换机之间的物理距离与它们的网络距离成正比。这种方式优化了网络的路由效率[20]。此外，GRED 考虑了数据在虚拟空间中的位置以实现边缘节点之间的负载平衡。

同时，为了使转发表最小化，GRED 的数据平面不需要为每个放置 / 检索请求添加新的流条目。相反，数据平面根据贪婪转发原则确定下一跳交换机的位置。因此，转发表的大小与网络的大小和网络中的流数无关。

2. 工业物联网场景

一种对数据布置与检索具有较高要求的典型场景是工业物联网（IIoT）。在工业物联网场景中，不同设备不断产生大量数据。由于终端设备的电池容量和存储空间受到严格限制[17]，故将本地的所有原始数据存储在 IIoT 设备中是不现实的。因此如何在 IIoT 场景中进行数据处理、安全数据存储、有效数据检索和动态数据收集同样是一个亟待解决的问题。

对于此种场景，一种可行的方案是使用云边协同的方式进行数据收集、放置与检索。首先由边缘服务器对所有原始数据进行预处理，然后将对时间敏感的数据（例如控制信息）存储到本地的边缘服务器，将非时间敏感的数据（例如监视的数据）传输到云服务器以支持将来的数据检索和挖掘，相应的 IIoT 场景典型数据收集、存储与检索的系统结构如图 6-14 所示。

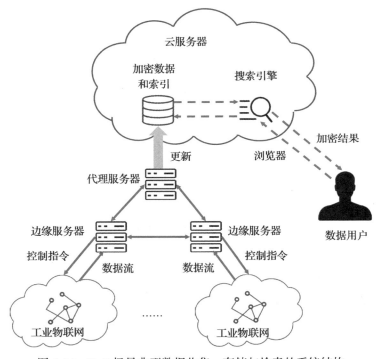

图 6-14　IIoT 场景典型数据收集、存储与检索的系统结构

工业物联网场景中的数据存储与检索需要满足以下特征。

①数据的冗余部署：IIoT 的终端设备是冗余部署的，它们可能会收集冗余、异构、动态、单边和不准确的数据[21]。

②高效、准确检索：将数据存储在云中的最终目标是将来重用它们。因此，高效、准确地数据检索是用户的基本要求。

③数据隐私保护：需要在不明显降低可用性的情况下保护数据隐私。

④数据与索引结构动态组织更新：数据是动态收集的，随时都可能产生一些新数据，因此云中的数据需要动态组织，同时索引结构也需要支持动态更新。

根据以上场景需求，可构造相应的具有一般性的 IIoT 数据处理流程，如图 6-15 所示。

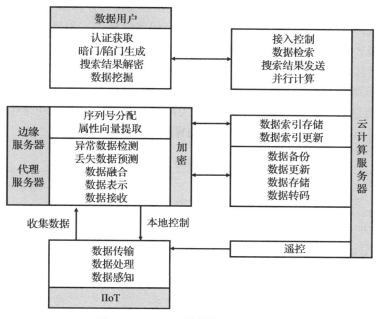

图 6-15　IIoT 场景数据处理流程图

IIoT 设备负责收集数据，这些数据以协作的方式在数据级别进行融合，然后交付给边缘服务器。在接收到数据后，边缘服务器需要将它们转换为统一的表示形式，并在功能级别上对其进行融合以便于存储。为了提高搜索效率并支持多种搜索模式，需要构建相应的索引结构，并由代理服务器构建基于数据 ID 的数据索引和 RF 树。最后，代理服务器将所有加密数据、索引结构传递给云服务器。

当数据用户想要搜索数据时，他们会将查询的请求发送到云服务器。云服务器执行搜索操作，将加密的结果发送到数据用户，随后用户可以根据索引反馈访问相应数据。

6.4.3　移动性预测检索

随着具有高计算和低延迟需求的移动应用的出现，例如智能交通系统、车载应用和基于 IoT 的应用，如何在移动场景中快速检索计算和存储资源[22]成为一个亟待解决的重点问题。

本节将以典型的车辆边缘计算（Vehicular Edge Computing，VEC）场景为背景，对移动性预测数据检索（Mobility Prediction Retrieval，MPR）进行介绍。

针对 VEC 场景制定 MPR 数据检索协议[23]，可使用网络基础设施和用户的地理位置信息进行数据检索，从而允许 VEC 通过使用车辆和路边单元作为通信节点来有效地获取已卸载的应用程序输出结果等数据。

为了解决 VEC 连接性和移动性对计算结果检索带来的挑战，MPR 协议[23]假设网络拓扑和路边单元（RoadSide Unit，RSU）位置已知。行人或车辆通过 RSU 发送计算请求，成为计算请求节点。其他车辆在接收到该任务请求后成为运算节点，并在执行完成后传回计算结果，MPR 协议负责协调整个过程的数据取回过程。在传回计算结果时，运算节点会将结果数据广播一次，以尝试将结果发送到与请求节点相连的 RSU。如果消息未到达任何 RSU，则处理的数据将丢失。如果消息到达某个 RSU，则接收计算结果的 RSU 首先检查消息中的目的地址是否与其连接的请求节点相匹配。如果匹配，则获取并返回该计算结果。否则，该 RSU 将遵循最短路径将计算结果转发到其他与请求节点直接相连的 RSU。

根据已知信息的不同，MPR 协议可以分为两类：基于拓扑的 MPR 协议和基于地理位置信息的 MPR 协议。基于拓扑的 MPR 协议如算法 6-1 所示[24]。

算法 6-1　基于拓扑的 MPR 协议

```
Periodically send beacon Zb
Receive vi vehicles' information(xi, ti, qi, ai)
for all discovered vehicle vi from received beacons do
    Update nmap ← { xi, ti, qi, ai }
end for
# 将任务分配给附近车辆
If vi(a) ≠ ∅
    Send pending task j ∈ Q
end if
#RSU 接收附近车辆的运算结果
dest ← ID of the RSU the result is intended for
if dest = my ID then
    receive output data
else
Forward the received result to dest
end if
```

首先，每个车辆将定期发送信标消息，以告知附近的 RSU 节点（第 1 行）。在附近车辆发送的信标信息中，RSU 接收到该信标对应车辆的当前位置、时间、速度和资源可用性参数（第 2 行）等信息。之后，RSU 从接收到的信标更新其地址表，并在其中保存每个已知节点的状态信息（第 3 ～ 5 行）。基于此，每当 RSU 队列 Q 中有待卸载的任务时，它将检查具有可用资源的已知车辆，并将要处理的任务给车辆（第 7 ～ 9 行）。RSU 进一步确定结果的目的地是否为自身。RSU 将处理接收到的结果（如果它是目的地），发现数据目的中的请求节点不与其直接相连时，将其转发到预期的 RSU（第 11 ～ 16 行）。

在许多场景中，用户地理位置信息是已知的[25]。而基于地理位置信息，MPR 协议有望得到优化。具体而言，在此场景中，用户的任务卸载有两种选择。一种是将任务卸载到 RSU，RSU 充当整个过程的代理或管理者。考虑到 RSU 可以利用车辆资源，RSU 在将任务分配给附近车辆。另一种则是当用户在车辆的通信范围内时，用户可以跳过 RSU 将任务直接卸载到车辆，从而节省至少两跳的通信延迟。

基于地理位置信息的 MPR 协议如算法 6-2 所示。

算法 6-2 基于地理位置信息的 MPR 协议

```
Preiodic beaconing for network mapping
Receive:Z_msg     #Receive message including location information
if Z_msg contains a task then
     Assign the task to a vehicle
end if
if Z_msg contains a result then
     #Calculate new potential position of vehicle
     X'x = Xx + ([s . tp] . [cos(md)])
     X'y = Xy + ([s . tp] . [sin(md)])
     if Estimated vehicle location is within the communication range then
             Send the result directly to the destination
     else
             Forward the result via RSU
     end if
end if
```

初始时获得网络拓扑（第 1 行），包括静态节点和一跳移动节点。在第 2 行中收到一条消息，包含发送者的位置信息。如果收到的消息包含任务，则将其分配给附近车辆（第 3 ～ 5 行）。如果收到的消息包含已处理的计算结果（第 6 行），则将估计请求者的位置（第 7 ～ 9 行）。如果估计位置在其通信范围内（第 10 ～ 11 行），则直接将计算结果发送给用户。否则（第 12 ～ 14 行），将消息通过 RSU 转发给请求用户。

6.4.4 数据定位服务

在边缘计算中，数据定位服务是关键功能之一，包括数据共享在内的许多应用程序提供数据支持。数据定位服务是查找特定数据项所在服务器的过程，提供数据存储和检索等关键功能。

HDS（Hybrid Data Sharing）是一种混合数据共享框架，可实现低延迟和可扩展的定位服务。在 HDS 框架下，对于共享数据项，相关服务器首先将其数据索引发布到唯一区域数据中心（Data Center，DC）。所有区域 DC 共同维护所有共享数据项的全局索引。此外，HDS 将数据共享划分为两个部分：区域内共享和区域间共享。具体地，首先在本地边缘服务器中处理数据请求。如果无法检索数据，则将该数据请求转发到相应的区域 DC，该区域将进行区域内数据查找。如果数据尚未在该区域中缓存，则区域间数据定位服务将进一步处理该数据请求。在 HDS 框架下，可以快速定位所有边缘服务器，区域 DC 和云 DC 的数据。

区域内部数据共享的实现利用了局部数据请求模式，即位于同一地区的用户请求的数据表现出相似性。可以通过缓存请求的数据并使用该区域中的缓存副本为后续请求提供服务。其次，用户通常对本地组织的本地数据检索需求较高，这些数据可以响应自己组织域中的请求，即邻里效应。

在每个区域内的边缘服务器之间实现数据共享的一种简单的方法，是每个边缘服务器都将缓存的数据目录传输到所有其他边缘服务器。但此方法浪费过多的网络带宽，因此 HDS 为每个区域构造一个集中的索引方案，并进一步设计一个布谷鸟摘要（Cuckoo Summary）区域内数据共享协议。每个边缘服务器将其索引信息发送到相应的区域 DC，该区域是一个小 DC，比边缘服务器具有更大的容量。此外，区域 DC 维护了一个布谷鸟哈希表，该表由存储桶阵列组成，每个存储桶可以存储多个条目。

为了快速查找哪个边缘服务器缓存了请求的数据，HDS 将集合 ID 与缓存数据项的指纹连接在一起。布谷鸟哈希表中存储的基本单元是一个条目，由缓存数据项的指纹及其设置的 ID 组成。设置的 ID 是在该区域中存储数据的边缘服务器的序列号。集合 ID 的大小为 $\log2(s)$ 位，其中 s 是一个区域中边缘服务器的最大数量。接下来使用集合 ID 来表示区域内相应边缘服务器的标识符。尽管设置的 ID 可能会增加一点内存消耗，但是它可以有效地提高查找吞吐量。

边缘服务器缓存数据项时，它将数据插入信息发送到相应的区域节点。区域节点首先通过对其标识符进行哈希操作来获取该项目的指纹。指纹比数据项的标识符短得多，并且仅包含几个比特，可以有效地减少存储需求。然后，通过将指纹与其设置的 ID 连接起来的方式构建一个条目，该 ID 指示缓存数据所在的边缘服务器。根据布谷鸟哈希，每个项目都有两个候选桶。如果检索过程使用更多的哈希函数，将有更多的内存访问，这会增加查找延迟。在布谷鸟摘要下，当区域 DC 接收到数据请求时，它将查找其布谷鸟哈希表以判断数据是否缓存在该区域中。对于任何数据项，针对布谷鸟摘要的查找过程如下：布谷鸟哈希表中的每个条目均由数据项的指纹及其设置的 ID 组成，该 ID 指示存储数据的边缘服务器；对于给定项 d，相应的区域 DC 首先计算 d 的指纹和两个候选桶，并检查这两个桶；如果两个存储桶中的任何现有指纹均与 d 的指纹匹配，则布谷鸟摘要会返回相应的集合 ID；之后，数据请求将同时转发到那些匹配的边缘服务器；如果此区域中有多个数据副本，则用户将从边缘服务器接收对请求作出最快响应的数据。

考虑到边缘服务器的容量有限。当相关区域中的边缘服务器删除缓存的数据项时，区域 DC 需要从布谷鸟哈希表中删除相应的条目。利用布谷鸟摘要的数据删除过程如下：边缘服务器删除缓存的数据项时，它将向相关区域 DC 发送删除消息；区域 DC 首先建立一个查询条目，该条目由已删除数据的指纹及其设置的 ID 组成；然后，它检查两个候选存储桶中是否存在查询条目；如果有任何存储桶匹配，将从该存储桶中删除该匹配条目的一个副本，删除操作完成。

发布数据索引时，首先将数据索引转发到虚拟空间中最接近数据索引的交换机。然后，交换机将数据索引转发到其直接连接的区域 DC。此后，区域 DC 存储数据索引并响应所有数据请求，查找过程类似于数据索引的发布。图 6-16 展示了内部区域

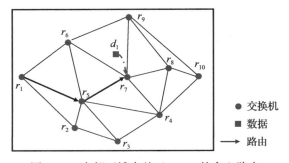

图 6-16　内部区域中基于 MDT 的贪心路由

中基于 MDT（Multihop Delaunay Triangulation）的贪心路由。

在图 6-16 中，数据 d_1（标记为黑色方块）的坐标最接近交换机 r_2 的坐标。因此，数据 d_1 的索引被存储在直接连接交换机 r_7 的区域 DC 中。当连接交换机 r_1 的区域 DC 需要查找数据 d_1 的索引时，首先将查找请求转发到交换机 r_1。交换机 r_1 比较从它的邻居到虚拟空间 d_1 位置的距离，并将请求转发到交换机 r_5，因为交换机 r_5 最接近数据 d_1。然后，交换机 r_5 通过贪心路由的方式将请求转发到交换机 r_7，该请求在整个虚拟空间中最接近 d_1 的坐标。因此，交换机 r_7 将数据请求转发到其区域 DC。

6.4.5　分布式数据存储

在边缘场景中，边缘数据需要进行分流处理，即以一定的规则进行数据分发，布置到各个边缘服务器。在 IoT 生成的海量数据中，有些数据需要实时计算，有些数据需要分时计算，有些数据需要经常性被重新计算分析，还有些数据需要长时间留存。此时，便需要借助分布式存储来完成边缘场景中的数据存储。

Hadoop 是一个由 Apache 基金会开发的分布式系统基础架构。在 Hadoop 中，分布式存储系统称为 HDFS（Hadoop Distributed File System）。HDFS 采用了主从结构模型，一个 HDFS 集群是由一个 NameNode 和若干个 DataNode 组成，其中 NameNode 作为主服务器，管理文件系统的命名空间和客户端对文件的访问操作，而 DataNode 则负责管理存储的数据。HDFS 底层数据被切割成了多个 Block，而这些 Block 又被复制后存储在不同的 DataNode 上，以达到容错的目的。

Hadoop 在数据存储过程中的相关操作分为写入、备份、删除：

①在 HDFS 写数据的过程中，客户端首先将数据缓存到本地的一个临时文件中。当这个本地的临时文件到达 HDFS 的块大小受限制时，客户端访问 NameNode，NameNode 将文件的名字插入到 HDFS 命名空间中，并且为其分配相应的存储位置。NameNode 与分配好的 DataNode 进行沟通，确定可用的存储位置，然后将这些存储位置信息返回给客户端。客户端将本地的临时文件传输到 DataNode，当写文件结束时，会将已有的临时数据传输到 DataNode，并告知 NameNode 写数据已经完成。最后，NameNode 将该操作记录到日志 EditLog 中。

②数据的写入同时伴随着数据块的备份。在数据备份过程中，客户端临时数据达到一个块大小时，与 NameNode 通信，得到一组 DataNode 地址，这些 DataNode 用来存储该数据块；客户端首先将该数据块发送到一个 DataNode 上，DataNode 以 4KB 为单位进行接收，这些小单位称为缓存页；接收数据的 DataNode，把缓存页中的数据写入自己的文件系统，另一方面，它又将这些缓存页传送给下一个 DataNode；随后进行重复操作，即第二个 DataNode 又将缓存页存储在本地文件系统，同时将它传送给第三个 DataNode；如果 HDFS 中的备份数目设置为 3，那么第三个 DataNode 就只需要将缓存页存储即可。上面的过程中，数据块从客户端依次流向下一个 DataNode，遵循流水线过程，中间不会有停顿，这一过程也称作 Replication Pipelining。

③ HDFS 中的数据删除策略类似于回收站。对于用户或者应用程序想要删除的文件，HDFS 会将它重命名并移动到回收站中，当过了一定的生命期限以后，HDFS 才会将它从文件系统中删除，并由 NameNode 修改相关的元数据信息。此时，DataNode 上相关的磁盘空间被释放出来。对于备份数据，有时候也会需要删除，比如用户根据需要下调了备份的个数，那么多余的数据备份就会在下次完成删除，对于接收到删除操作的 DataNode 来说，需要删除的备份块也是先放入回收站中，过一定时间后再删除。

针对边缘计算中的存储问题，HDFS 虽然可以成为一种备选方案，但很可能还需要一个新的分布式存储协议来重构边缘存储方案，将不同存储业务的垂直扩展变成水平扩展，打破业务边界，使边缘存储对外提供统一服务的存储层。在分布式存储协议中，需将存储服务的加入、退出、确权、存储、分发、检索、支付等抽象接口转成标准协议，这些标准不基于特定的语言、算法和网络协议来组织业务。为完成统一的数据通信，在存储服务层，需要以端对端的服务为核心，在网络协议上层提供可组合的序列化 / 反序列化方法、加密算法、握手机制、数据摘要算法等，使运行不同操作系统的设备在网络层能够互相识别，完成数据交互服务。

6.5　开源框架

本节将介绍国内外多个具有代表性的边缘计算管理的开源工具及框架，并简要讨论其技术特点及适用场景。

1. VirtPhy

VirtPhy 是一种用于边缘数据中心 NFV 编排的完全可编程体系结构。其编排机制可以通过以服务器为中心的一系列虚拟化网络功能控制流量，从而有效地满足 NFV 服务请求。VirtPhy 体系结构的设计原理是由边缘数据中心的 NFV 驱动的。VirtPhy 体系结构的主要组件如下。

VIM：通过与虚拟基础设施管理器 VIM 直接交互来管理 VNF 与硬件资源的交互及其虚拟化，并同时负责管理虚拟网络。

NFV 协调器：集中了 NFVI 资源的协调和网络服务的管理。与 VIM 和 SDN 控制器等其他组件共享有关 VNF 实例和资源的公共信息库。

VNF 管理器：负责 VNF 实例的生命周期管理（例如，实例化、监视、缩放和终止）。

SDN 控制器：负责配置服务器节点的软件交换机，使用可编程交换机重新布线，并安装与 SFC 相关的流规则。

数据存储库：存储有关服务请求、VNF、物理主机工作负载、网络的数据流量和拓扑等相关信息。

硬件资源：以服务器为中心的拓扑，并启用了软件交换机和可编程电路交换机（例如光交换机或 FPGA），从而实现了物理链路的软重新布线。

2. VirtPhy 中的 NFV 编排

数据存储库从 VIM 和 VNF 管理器接收有关物理服务器和 VNF 的信息，并从 SDN 控制器接收有关网络状态和拓扑的信息，此信息可帮助编排器定义处理节点和网络元素的总体容量和可用容量，以及已经存在的 VNF 实例及其位置。当新服务请求到达时，NFV 编排器将访问数据存储库，以获取物理基础资源的状态，并运行优化模块以做出 SFC 设计和部署决策。用户可以通过 REST API 使用云应用拓扑及编排描述规范（TOSCA）语言响应服务请求，编排服务功能（编排器将存储在 VNF 与 SDN 控制器标识符之间的映射）。如果服务请求已更新，则 NFV 编排器将对 SFC 的设计和部署做出新的决策。由于一个 VNF 可以满足一个或多个服务请求（具体取决于 VNF 的容量和安全设置），因此 NFV 协调器可以通过将新请求分配给现有的 VNF，在特定主机中创建新的 VNF 或迁移一个新的 VNF 来服务一个新请求。在此过程中，NFV 编排器基于其对物理基础结构的集中式视图，将放置决策发送到 VIM，它负责将迁移和创建命令发送到所选物理服务器中的虚拟机管理程序，并负责在 VNF 之间建立连接的虚拟网络。

VirtPhy 为 NFV 编排提供了额外的自由度，其可以通过更改可编程交换机的状态来修改拓扑。具体地，NFV 编排器将命令发送到 SDN 控制器，SDN 控制器再将消息发送到 SDN Enabler 组件，该组件将消息转换为可编程电路开关。分配了 VNF 后，NFV 编排器将 SFC 编排部署决策发送到 SDN 控制器，该 SDN 控制器与物理服务器的软件交换机进行通信，以便在这些交换机中创建数据流转发规则。经过交换机中的流表项匹配到给定的服务，服务请求流中的任何业务流都将被重定向到 SFC 中的下一个。为了能够创建流表项规则，SDN 控制器需要了解有关 SFC 请求和为这些请求提供服务的 VNF 信息。因此，NFV 编排器需要通过将所有这些详细信息保存在数据存储库中，并与 SDN 控制器共享。由于 VirtPhy 采用以服务器为中心的底层拓扑，因此流规则分布在几台物理服务器的软件交换机中，而不是在少数集中式硬件交换机中，从而减少了流表的大小和平均查找时间。最后，服务器包含一个监视模块，该模块负责向 VIM 报告有关 CPU 使用率、内存使用率和过载事件的信息。SDN 控制器还从软件交换机接收网络监视信息和过载事件。这些过载事件被发送到 NFV 编排器，用来重新评估 SFC 的设计和部署策略，以满足服务请求的要求。

3. 用于机器集群管理的 Nomad

Nomad 是一个简单而灵活的工作负载编排器，可以跨服务器、跨集群进行部署，并且提供管理容器和非容器化应用程序的功能。Nomad 具备分布式、高可用的特点，能够扩展到跨数据中心和区域的数千个节点；开发者使用一种统一的规范来定义应用的部署和资源需求（CPU、内存、传输带宽）的大小。Nomad 通过接收这些信息，查找可用的资源来运行应用，其调度算法确保了所有的约束条件都能得到满足，并且在固定资源的情况下部署尽可能多的应用，优化了资源利用率。此外，Nomad 支持在所有主流操作系统运行虚拟化、容器化或者独立的应用，灵活地支持广泛的工作流负载。

Nomad 特点如下所示。

①简单轻巧：单个 35MB 二进制文件，可集成到现有基础架构中，易于在本地或云中心网络中进行操作。

②支持灵活的工作负载：协调任何类型的应用程序。

③无须重写旧版应用程序，方便业务流程编排：在不使用容器化的情况下，实现零停机时间部署，提高了资源利用率。

④轻松实现多云之间的协同：一个统一的工作流程，可用于多个云或边缘网络，以方便启用多云 / 边缘的应用程序。

Nomad 部件有任务驱动器、设备插件、遥测等，它们分别负责实现以下功能。

①任务驱动器：Nomad 客户端使用任务驱动程序执行任务并提供资源隔离。任务驱动程序资源隔离旨在为任务之间的 Nomad 客户端中的 CPU/ 内存 / 存储提供一定程度的隔离。资源隔离的有效性取决于各个任务驱动程序的实现和底层的客户端操作系统。

②设备插件：设备插件用于检测设备并使其可用于 Nomad 中的任务。通过利用可扩展的设备插件，Nomad 可以灵活地支持各种设备，并允许社区根据需要构建其他设备插件。

③遥测：Nomad 客户端和服务器代理收集与系统性能相关的各种运行指标。运营商可以使用这些数据来实时了解其集群信息并提高其性能。此外，Nomad 操作员可以根据这些指标设置监视和警报，以响应集群状态的任何变化。

4. 开放式网络自动化平台

开放式网络自动化平台（Open Network Automation Platform，ONAP）[27] 是为物理和虚拟网络设备提供全局和大规模（多站点和多 VIM）自动化功能管理的开源框架，提供一套通用、开放、可互操作的北向 REST 接口，并且支持面向网络层配置管理的 YANG 语言和云应用拓扑及编排描述规范 TOSCA 语言以提高业务敏捷性。

ONAP 具有模块化和分层特性，这两种特性能够提高互操作性，并简化集成过程，能够与多个 VIM、VNFM、SDN 控制器以及传统网络设备的物理网络功能进行集成，从而支持多 VNF 的环境。这样既可以帮助运营商优化物理和虚拟基础设施以降低成本、提高性能，又能够降低异构设备的集成和部署成本。

ONAP 的设计态框架是一个完整的开发环境，包括各种工具、技术以及服务的资源库。在设计态框架中，由服务设计与创建（Service Design and Creation，SDC）模块提供定义、模拟、验证系统资产及其相关过程所需的工具、技术和相关数据库。为了兼容 VNF 生态，ONAP 在 VNF 供应商 API、VNF 开发套件和 VNF 验证程序组件中提供一套 VNF 打包和验证工具。厂商可以在集成和交付环境中使用这些工具，从而打包 VNF，并将其上传到验证引擎。经过测试后，这些 VNF 便可以通过 SDC 上线。

ONAP 的运行态执行框架执行 SDC 分发的规则和策略，允许在不同的 ONAP 模块中分发策略、模板、安全框架。这些组件均使用支持日志、控制访问和数据管理的通用服务。外部 API 为第三方框架（MEF、TM Forum 等）提供访问接口，从而支持 BSS 与 ONAP 相关组件间的交互。日志服务还提供一致性校验功能，支持编排后的一致性分析。

由于 ONAP 架构较为复杂，图 6-17 展示了 ONAP 架构的简化功能视图。

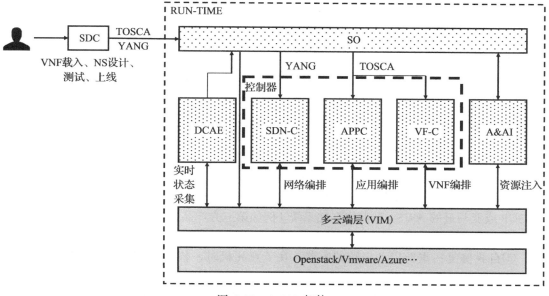

图 6-17　ONAP 架构

接着上面讲述的设计态和运行功能，下面将介绍 ONAP 的闭环自动化。ONAP 的闭环控制是由许多设计态和运行态元素间协作完成的。运行态环始于数据采集器 DCAE，数据采集 / 验证后，数据经过微服务循环，最后由控制器和协同器实现动作。

图 6-18 展示了 ONAP 的闭环自动化。

图 6-18　ONAP 闭环自动化

5. Kubernetes

Kubernetes（也称其为 "K8s"）是 Google 的一款基于 Go 语言开发的面向 Docker 的开源容器管理工具。用户可以通过 Kubernetes 管理 Docker 容器集群，在多个宿主主机或服务器之间进行容器的部署、维护、拓展及调度。

Kubernetes 原理如下所示。

①容器组：多个容器构成一个容器组，容器组内的容器共享存储卷。

②容器组生命周期：包含容器组状态。

③卷：一个卷就是一个文件目录，容器具有访问权限。

④服务：服务是容器组的逻辑高级抽象，同时也对外提供访问容器组的策略。

Kubernetes 中节点分为两类，控制节点和工作节点。控制节点负责容器的管理，工作节点主要用于容器的运行；Kubernetes 具有以下功能特性。

①服务发现和负载均衡：无须修改应用程序即可使用不熟悉的服务发现机制。Kubernetes 为容器组提供自己的 IP 地址和一组容器组的单个 DNS 名称，并且可以在它们之间进行负载均衡。

②服务拓扑：基于集群拓扑的服务流量路由。

③存储编排：自动安装用户选择的存储系统，如本地存储、公共云提供商（例如谷歌的 GCP 或亚马逊的 AWS）和网络存储系统（例如第三方产品 NFS、iSCSI、Gluster、Ceph、Cinder 或 Flocker）。

④自我修复：重新启动失败的容器，在节点死机时，替换容器，杀死不响应的容器，在准备好服务之前不通知客户端。

⑤自动部署和回滚：Kubernetes 逐步推出对应用程序或其配置的更改，同时监视应用程序的运行状况，以确保它不会同时杀死所有实例。如果出现问题，Kubernetes 将执行回滚。

⑥机密和配置管理：对机密和应用程序配置进行部署和更新，无须重建映像，也不会在堆栈配置中暴露机密。

⑦自动打包 bin：根据容器的资源需求和其他限制条件自动放置容器，同时不影响可用性，提高利用率并节省更多资源。

⑧批量执行：除服务外，K8s 还支持管理批处理和持续集成 CI 负载，根据需要替换发生故障的容器。

⑨ IPv4/IPv6 双协议栈：K8s 支持为容器组和服务分配 IPv4 和 IPv6 地址。

⑩水平拓展：K8s 支持用户通过 UI 使用命令，或根据 CPU 使用情况自动缩放应用程序的规模。

⑪通过 Kubernetes，用户可以更轻松、更高效地部署和管理 Docker 集群。

6. K3s

K3s 是经过认证的高可用性 K8s 发行版，用于处理资源受限的 IoT 设备内部的生产工作负载。K3s 打包为单个小于 40MB 的二进制文件，简化了安装、运行和自动更新集群所需的步骤，它具有以下增强功能：

①打包为单个二进制文件。

②基于 SQLite3 的轻量级存储后端作为默认存储机制。

③封装在简单的启动程序中，可以处理许多复杂 TLS 和选项。

④对于轻量级环境，默认情况下使用合理的默认值进行保护。

⑤ K3s 将所有控制平面组件的操作都封装在单个二进制文件和进程中,因此可以自动化管理复杂的集群操作,例如分发证书。

⑥最小化的外部依赖性。

图 6-19 显示了一个具有单节点 K3s服务器和嵌入式 SQLite 数据库的集群示例。

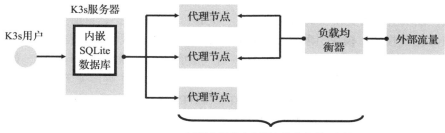

图 6-19　单服务器 K3s 架构

在此配置中,外部流量经由负载均衡器传至代理节点,每个代理节点都注册到同一服务器节点。K3s 用户可以通过在服务器节点上调用 K3s API 来操作集群资源。单个服务器集群可以满足各种用例,但对于控制平面至关重要的环境,可以在高可用 HA 配置中运行 K3s。

高可用 K3s 集群包括以下方面。

①两个或更多服务器节点将服务于 Kubernetes API,并运行其他控制平面服务。

②外部数据存储(与单服务器设置中使用的嵌入式 SQLite 数据存储相反)。

在高可用性服务器配置中,每个节点还必须使用固定的注册地址向 K3s API 注册,如图 6-20 所示。固定注册地址分配给服务器 1-N,每个节点 1-N 使用固定的注册地址向 K3s API 注册后,代理节点将直接建立与服务器节点之间的连接。

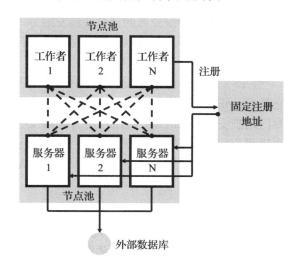

图 6-20　K3s 中的节点注册

7. OpenEdge

OpenEdge 是一个完整的开发平台,用于构建动态的多语言应用程序,以便在任何平台、任何移动设备和任何云上进行安全部署。OpenEdge 平台提供了一个完整的用于开发、集成、管理的应用程序解决方案,可作为服务或本体提供业务。借助 OpenEdge,软件开发人员和合作伙伴可以开发动态解决方案,以跨多个平台和设备,安全地整合业务流程和集成功能。借助 OpenEdge,

服务和应用程序开发变得敏捷且便利，并且生成的应用程序可靠，易于维护，具有成本效益并支持服务。这使得边缘用户能够更快地将应用上线，缩短产品从开发到验证上线的周期。OpenEdge 主要由主程序模块和若干功能模块构成，目前官方提供本地 Hub、本地函数计算（或多种函数计算 Runtime）、远程通信模块等。

OpenEdge 主程序模块负责所有模块的管理，如启动、退出等，由模块引擎、API、云代理构成；模块引擎负责模块的启动、停止、重启、监听和守护，目前支持 Docker 容器模式和 Native 进程模式；模块引擎从工作目录的配置文件中加载模块列表，并以列表的顺序逐个启动模块。模块引擎会为每个模块启动一个守护线程对模块状态进行监听，如果模块异常退出，会根据模块的重新启动策略配置项执行重启或退出。主程序关闭后模块引擎会按照列表的逆序逐个关闭模块；云代理通过 MQTT 和 HTTPS 通道来建立与云端管理套件通信，MQTT 强制 SSL/TLS 证书双向认证，HTTPS 强制 SSL/TLS 证书单向认证。OpenEdge 启动和热加载完成后，会通过云代理上报一次设备信息，OpenEdge 主程序会提供一组 HTTP API，目前支持获取空闲端口、启动和停止模块。为了方便管理，我们对模块做了一个划分，从配置文件中加载的模块称为常驻模块，通过 API 启动的模块称为临时模块，临时模块遵循"谁启动谁负责停止"的原则。OpenEdge 退出时，会先逆序停止所有常驻模块，常驻模块停止过程中也会调用 API 来停止其启动的临时模块。

本地 Hub 模块提供基于 MQTT 协议的订阅和发布功能，以及消息路由转发等功能；本地函数计算模块提供基于 MQTT 消息机制，以及高可用、扩展性好、响应快的计算能力，函数通过一个或多个具体的实例执行，每个实例都是一个独立的进程。所有函数实例由实例池负责管理生命周期，支持自动扩容和缩容；远程通信模块是两个 MQTT 服务器的桥接模块，用于订阅一个服务器的消息并转发给另一个服务器；函数计算模块是本地函数计算模块的具体实例化，开发者可以通过编写自己的自定义函数来处理消息，可进行消息的过滤、转换和转发等。

PAS（Progress Application Server）是基于 Apache Tomcat 的核心 Web 应用程序服务器，它是 OpenEdge 以及其他 Progress 产品中应用程序服务器的基础。用于 OpenEdge 的 PAS 是专门用于支持 OpenEdge 应用程序的应用程序服务器，可作为两种单独的产品提供：一种是将进程应用程序服务器配置为用于 OpenEdge 应用程序部署的安全 Web 服务器；另一种是将用于 OpenEdge 的开发应用程序服务器，配置为 Web 服务器，用于开发和测试 OpenEdge 应用程序。

8. Intewell-H

Intewell-H 是一款国产边缘操作系统，由东土科技自主研发，利用高实时和虚拟化技术实现对单一物理设备处理能力的资源池化，从而使单一物理设备的业务能力根据其应用需求而扩展。同时，Intewell-H 还具备丰富的生态支持和可靠的安全机制。

Intewell-H 操作系统既可以安装在用户自行研发的硬件上，也可以预装在边缘服务器，其高实时虚拟化的特性使单一设备能够完成数据采集、工业控制、边缘计算、机器视觉、网关连接等多种不同任务。Intewell-H 系统分为三层结构：Intewell OS 内核、硬件、无线设备。其中内核部分基于开源实时操作系统 RTOS，支持多种实时物联网应用。

Intewell-H 的系统架构如图 6-21 所示。

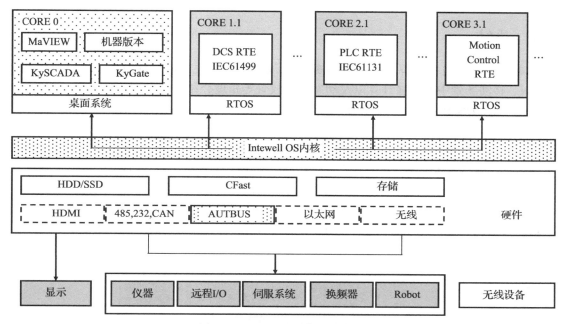

图 6-21　Intewell-H 的系统架构

9. HopeEdge

HopeEdge 是润和软件研发的基于 OpenEuler 的国产物联网边缘计算操作系统。通过轻量的容器 OS 满足边缘计算的需求。

HopeEdge 的应用运行在彼此隔离的容器中，其具备可移植性强、弹性伸缩更加快速、耦合性低、隔离性好等特点。为具备云边协同能力，HopeEdge 配有云边协同组件；为具备算力和应用部署能力，HopeEdge 将应用容器化；为限制系统大小，HopeEdge 进行轻量化设计；为对接各类 IoT 设备并具备高效的连接能力，HopeEdge 支持物联网框架 EdgeX Foundry。

HopeEdge 具有以下特点。

①轻量安全：采用极简设计，减少系统的 footprint 以降低被攻击面积，为安全提供基础保障。

②高效互联：集成主流的互联框架 EdgeX，提供通用的高效互联能力，同时针对行业特点深度优化连接框架，提供高门槛的互联平台。

③自主可控：基于 openEuler 开源生态进行构建，深度结合国家信创战略，从而能够促进共享和贡献国产 OS 生态。同时适配的是国产自主芯片，集成国产开源软件。

④快速部署：支持容器能力，提供基于容器的部署接口，用户通过该接口实现应用的

快速部署和升级。每个应用提供独立的运行环境，有效隔离应用之间的相互影响，提高系统安全性和稳定性。

6.6 总结

本章介绍了边缘计算中对边缘服务的管理方法及相关策略，从服务功能链的备份、vCDN、移动场景中的边缘计算以及动态服务放置等角度介绍 NFV 技术在这些服务中的应用。介绍了 SDN 技术在边缘计算中的应用，并比较 SDN 与 NFV 的异同，以及两者之间的关系。基于 SDN 和 NFV 的理解，重点介绍网络切片如何进行管理与编排，及其在服务链中的应用。针对边缘系统中的数据存取问题，介绍了边缘计算中的数据检索与放置问题，了解不同场景中分别如何进行数据的放置与检索，并分析两个具体的数据检索和数据位置服务案例。最后介绍了应用于服务管理的各项开源工具，以便读者了解这些开源工具在实际场景中的具体使用。相比于云计算中的服务管理，边缘计算更多受到边缘网络结构的影响，在系统实现过程中也面临更多的技术挑战，如不确定的物理拓扑、频繁的用户请求变化等。

习题

参考文献

边缘服务缓存

类似于数据缓存的概念，在边缘网络中同样需要对各类服务进行缓存，在计算请求到来时能够快速启动服务，减少服务受启动或服务下载带来的延迟。前面我们介绍了网络服务虚拟化技术和服务管理方法，本章我们将依托这些技术和方法，具体讨论网络边缘服务缓存方法及策略。本章组织如图 7-1 所示，我们将先介绍服务缓存的评价方法（分为面向用户和面向系统的评价方法），然后根据这些评价方法讨论不同架构下的服务缓存策略，包括云－端架构，边－边架构以及多接入架构。当服务／内容部署于边缘网络中后，我们将介绍两种特殊的网络：算力优先网络和命名数据网络（其作用是方便用户快速定位需要的服务／内容）。最后我们通过两个实际的案例方便读者更深入了解服务／内容缓存网络。本章我们重点介绍服务缓存策略，但考虑到服务缓存和任务卸载过程紧密耦合，本章节中介绍的服务部署策略的内容会结合用户的卸载策略一并介绍。

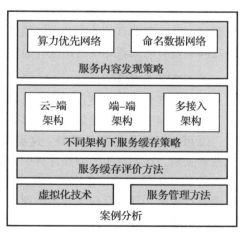

图 7-1　服务缓存框架图

7.1　边缘服务缓存评价指标

在介绍边缘网络服务缓存评价标准前，我们首先介绍什么是服务缓存。

如图 7-2 所示为一个典型的边缘网络场景，图中用户将不同种类不同需求的服务卸载至边缘网络进行处理（不同颜色的方块代表了不同的边缘服务及相应的任务请求）。在前面的章节中，我们已经从边缘用户的角度出发介绍了用户如何通过可靠的传输策略和合理的卸载策略将任务卸载至边缘网络中。本章节将从边缘运营商的角度出发讨论如何在边缘网络拓扑中部署网络功能，以更好地为边缘用户提供服务。本小节从基础结构模型、应用程序模型以及具有相关约束的部署模型三个部分对服务部署进行介绍。

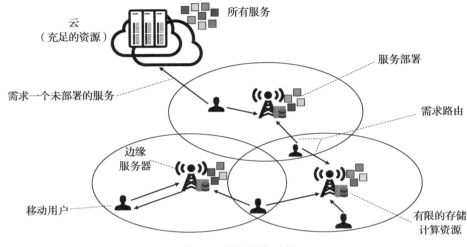

图 7-2　服务缓存示例

1. 基础结构模型

边缘服务网络由一组具有计算能力和存储能力的节点组成，比如小型服务器、笔记本电脑等，并且各节点的处理和存储能力不同。计算节点之间相互连接构成了服务网络，服务器之间通过有线或者无线链路进行通信。

2. 应用程序模型

在现有工作中一般使用以下三种抽象模型来定义用户服务：

①整体服务模型。终端用户以单个组件（整体服务）的形式发送应用程序至边缘服务器。

②可并行划分的服务模型。这类服务可以分为一组子任务，子任务之间相互并行并且无依赖关系。比如在矩阵乘法计算中，可以分为多个并行的子矩阵进行运算。

③相互依赖的子任务模型。用户应用程序由一组相互依赖的组件构成，一般用有向无环图进行表示，其中有向无环图中顶点表示子任务，而图中的边表示子任务之间的依赖关系以及通信需求。

3. 服务部署模型

服务部署问题可以定义为上述两个部分的映射模型，通过该模型可以将应用程序组件映射到基础结构模型中。简单来说，我们可以将服务缓存看作是一个优化问题：其中要优化的参数为服务部署的位置，每个服务所能分配资源的大小；优化问题的限制条件是终端用户的QoS 和边缘网络中的各类资源，包括服务器的计算资源、边缘网络中的带宽资源、无线通信资源等。而该问题的优化目标是与服务性能评价的指标相关，主要从以下两个方面进行考虑：

①面向应用。主要关注服务端的时延和能耗，研究内容主要包括如何通过服务部署和资源分配优化用户服务时延和终端设备能耗。

②面向系统。从边缘系统运营者的角度出发，主要考虑系统运行成本、资源利用率或可靠性。通过合理的资源分配策略提高系统资源利用率，边缘系统稳定性、可扩展性以及边缘系统的可靠性。

7.1.1　面向应用的评价指标

边缘网络中网络功能部署的首要任务是服务于边缘用户，从边缘计算的定义可知，边缘计算的核心是在网络接入侧部署具有一定计算能力的节点，降低用户服务时延以及终端设备的能耗。服务缓存的目的同样是服务于边缘用户，具体地，面向用户的边缘服务部署策略评价指标：用户服务时延和终端设备能耗。

1. 用户服务时延

从用户服务时延角度出发，服务部署主要从以下几个方面对用户服务时延造成影响：不同服务部署位置以及所分配的带宽资源。服务所分配的计算资源会影响服务计算所需要的时间；服务所分配的接入节点会影响用户无线传输速度。服务部署优化问题可以考虑为以用户服务时延为目标的优化问题。网络中的用户群表示为 U，边缘服务器组表示为 H，用户所需服务用 N 进行表示，边缘网络内的传输时延用矩阵 l 进行表示，我们需要为每个用户部署其所需服务，以最小化用户的端到端时延，其计算公式如下：

$$\min\sum_{p_k}\sum_{n_i}\sum_{h_j}X_{ijk}l_{ijk} \tag{7-1}$$

其中 p_k 表示边缘网络内特定的路径，n_i 表示用户所需特定的服务，h_j 表示特定的边缘服务器，X_{ijk} 是一个 0/1 位标志，其表示特定服务 n_i 是否已经部署在服务器 h_j 上，并且用户通过路径 p_k 进行访问。而 l_{ijk} 表示用户通过路径 p_k 访问部署在服务器 h_j 的服务 n_i 所带来的时延，从以上公式可知，唯一的变量是 X_{ijk}，它表示用户需要的服务计算资源部署于哪个服务器，并且给出了用户访问边缘网络中服务对应的路径选择。为了解决上述问题，我们需要遍历所有服务部署的可能以及用户访问该服务所有可能的路径，才能得到最小化的用户时延。解决此问题并不能简单地认为将服务部署于尽可能接近用户的位置就是此问题的最优解，因为在服务部署阶段还需要考虑资源的限制，具体而言：

①服务器资源的有限性，包括 CPU 算力资源、I/O 传输资源以及内存存储资源。

②边缘网络内的传输带宽资源。

③服务端到端时延必须小于其服务所能容忍的最大时延。

2. 终端设备能耗

从用户角度评价服务部署优劣的另一个指标是终端设备的能耗。终端设备的能耗主要来源于以下两种情况：

①当任务在本地执行时，能量开销主要来源于用户处理任务所造成的计算能耗。

②当服务卸载至边缘执行时，能量开销主要来源于用户上传相应服务至边缘网络所造成的传输能耗（虽然用户回传结果的时候，需要设备时时监听信道，但是此开销与上传任务的开销相比可忽略不计）。从以上两者的能耗比较中可以得知，从用户的角度出发，当任务卸载到边缘网络执行的时候可以有效降低能耗，因此从边缘用户群整体能耗出发，此问题可以归纳为

$$\max_{x, y} \sum_u x_{ns} y_{us} \qquad (7\text{-}2)$$

具体地，x 表示服务的部署策略，y 表示用户的卸载策略，$x_{ns} = 1$ 表示服务 s 部署于服务器 n 中。y_{us} 表示用户的卸载策略，当 $y_{us} = 1$ 表示服务 s 通过基站 u 将任务卸载至边缘网络。当边缘网络中所有的基站 u 都满足 $y_{us} = 0$，此时表示任务在本地执行。公式（7-2）的优化目标是最大化边缘网络服务的用户数量，也就说边缘网络能够尽量服务边缘用户以降低用户能量开销。此问题同样不能通过上传所有的服务从而降低边缘系统能量开销，因为需要考虑以下几点：

①用户服务时延。边缘计算的重要指标是用户服务端到端时延，因此当越来越多的用户通过上传任务时，用户之间的信道竞争会变得激烈，导致无线信道的传输时延增大，无法满足用户对时延的要求，此时用户并不会选择将任务卸载至边缘网络，$y_{us} = 0$。

②终端设备传输能耗。当用户都选择在边缘网络进行计算，此时会造成无线链路的拥塞，设备的传输功率也会显著增加。

7.1.2 服务缓存的评价方法

边缘计算的服务对象是终端用户，因此上一小节重点探讨了从用户角度出发的服务缓存评价标准。本小节将从运营商角度出发，评价边缘服务缓存的优劣，其中将重点关注边缘网络资源利用率，在移动场景下边缘系统稳定性以及边缘系统的可靠性。

1. 边缘资源利用率

在边缘网络服务缓存中，从运营商的角度出发，首先需要考虑的问题是如何在固定资源成本的情况下，增加服务边缘用户数量。由于边缘用户需求的差异性，演进式分组核心网（EPC）逐渐变得力不从心，无法处理不同用户的服务需求。显然，资源利用率是满足用户需求、增加用户数量的关键，这也推动了大量网络功能按需缓存/部署的相关研究。

图 7-3 描述了边缘网络中的切片案例，每个网络切片均由一组独立的虚拟资源及其独立的拓扑组成、用户类别由其请求流量及其所需的网络功能（例如防火墙、网络优化器和负载平衡器）来划分。每个网络切片都可以充当服务定制化的逻辑"专用网络"，所有的网络切片共享底层的基础物理资源。如图 7-3 所示，不同场景在延迟、带宽、存储等方面的要求是不同的，采用网络功能虚拟化技术可以将网络功能与专用底层硬件资源分离，切片不受固定位置的限制。因此可以根据需求灵活地部署所需服务的网络切片，以满足特定服务的需求，并进一步提高服务质量。

图 7-3 中展示了三个典型的边缘切片，如服务于车联网的网络切片，考虑到车辆服务低延迟的需求，需要优先分配离终端用户较近的计算资源；而在 4K 高清视频网络切片中，应

该分配大量的存储资源以缓存用户需求的视频内容，提高用户的视频观看体验；在服务于物联网设备的网络切片中，考虑到物联网设备众多，为了降低在无线传输侧的干扰，应该为其分配足够的带宽以降低传输时延。虽然在云中心网络中，网络功能资源分配的问题取得了一些进展[7]，但是在边缘网络中如何以有限的分布式资源为更多用户提供服务，仍然是边缘网络运营商急需解决的问题。在网络切片中，虽然服务从逻辑上进行了划分，但是不同切片仍然共享了底层的硬件资源，出于节省能源或减少通信等待时间的考虑，需要将 VNF 合并到同一服务器上，称为 VNF 合并。现阶段研究表明[8]，VNF 合并将导致吞吐量和时效性方面的下降。由于某些 5G 网络切片对性能要求非常严格（例如，对延迟敏感的自动驾驶和对吞吐量敏感的 4K/8K 高清视频），因此易造成 VNF 间的相互干扰。在后续章节我们将进一步讨论如何在边缘网络中部署 VNF，实现在满足用户需求的前提下，提高系统的利用率。

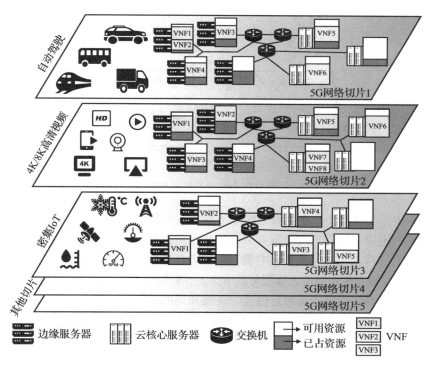

图 7-3　网络切片案例

2. 边缘网络系统稳定性

尽管边缘云极大地增强了移动用户的计算能力，但边缘用户移动的不确定性给服务部署带来了新的挑战。由于边缘服务器离用户距离很近，用户的移动性对服务时延的影响较之于其对云计算的影响更为明显，如图 7-4 所示。因此为了优化用户体验，边缘计算运营商需要做的远远不只是将云计算中的服务功能推向网络边缘。在边缘网络中，为了保证用户跨越不同边缘服务网络时的服务连续性，应在网络边缘采用有效的移动性管理方案以保证边缘系统的稳定性：

①用户服务的稳定性。保证用户在服务器切换过程中，服务的不间断。

②边缘网络的稳定性：在满足移动用户需求的情况下尽量减少服务迁移的开销。

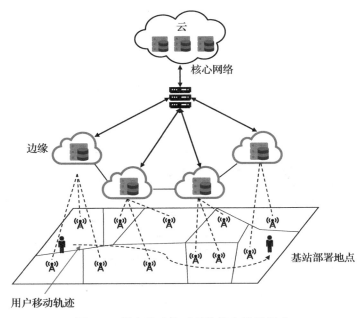

图 7-4　用户移动性对系统稳定性的影响

在图 7-4 中，当移动用户在左侧边缘服务器节点的覆盖范围内时，如果需要实现最小化用户等待时间，则应该将用户所需服务部署于最左侧服务器上。考虑到用户的移动性，假设一段时间后，上述移动用户移动到最右侧边缘服务器所覆盖的地理位置。此时如果该用户的服务配置文件仍放置在最左侧的边缘服务器节点上，需要通过跨服务器转发的方向访问服务配置文件。由于边缘网络内部传输时延过长，其感知到的等待时间将大大增加。此示例可以看出，为了提高边缘网络用户的体验，可在边缘之间动态重新部署移动所需要的网络服务，以满足用户的移动性。

但是，动态重新部署网络服务并非易事。一方面，在动态服务部署中用户感知的延迟是由通信延迟、计算延迟和服务迁移时间共同确定的，如果将每个用户的所需要的服务都部署在最近的边缘服务器节点上，则会导致：

①某些边缘节点可能会过载，从而导致计算延迟增加。

②服务频繁地重部署会导致服务迁移时间地增加，增加用户的端到端时延。

③服务的迁移会导致用户服务的中断，降低用户的服务体验。

另一方面，遵循用户移动性要求在多个边缘服务器之间频繁进行服务迁移，这种频繁的服务迁移会产生额外的运营成本。因此，有效的动态服务缓存策略应谨慎：

①综合考虑通信延迟、计算延迟和服务迁移延迟以最大限度地减少用户延迟。

②以经济高效的方式在性能－成本之间进行权衡，增加系统的稳定性。

3. 边缘系统可靠性

边缘系统的可靠性是边缘系统评价的另一个重要指标。如前所述，考虑到边缘网络资源的有限性和终端设备的多样性，运营商一般采用网络功能虚拟化技术来降低专用硬件的影响，提高边缘服务器资源的弹性与灵活性。尽管存在上述优势，但将网络功能软件与底层专用硬件分离给系统的可靠性带来了不少挑战。

具体来说，在大多数现有的 VNF 系统中，VNF 作为实例在虚拟机上运行，其资源由底层虚拟机管理程序进行控制。因此，系统管理程序的任何故障都会导致在其上运行的 VNF 不可用（相比于传统网络使用专用硬件实现网络功能，软件的可靠性通常更低）。当多个 VNF 连接在一起以服务链的方式提供整体网络服务时，此服务链上任何 VNF 故障都会使整个服务不可用。因此需要在边缘网络中添加 VNF 的备份以提高服务链的有效性，以边缘网络系统可靠性为优化目标的缓存策略将在下一节中介绍。

7.2　不同架构下的服务缓存策略研究

上节我们讨论了服务部署的评价策略，本节我们将对不同架构下的服务缓存策略进行分别介绍，并讨论其性能表现。

7.2.1　云－边架构中的服务缓存策略

在云－边架构中，网络一般分为三个层次：作为服务发起者的终端用户在边缘场景中移动；边缘服务器根据边缘网络中任务的流行程度，动态缓存相应的服务；云端作为边缘计算设备的协助者，负责缓存所有用户可能需要的服务。具体来说，当用户将需要处理的复杂计算任务通过附近的基站卸载至边缘服务器，如果边缘服务器缓存了相应的服务，并且有能力处理此服务（足够的剩余计算资源），边缘服务器将负责帮助终端用户处理该应用，处理完成后将任务结果返回给相应的用户。如若不然，边缘服务器会将任务上传给云端服务器请求相应的服务，此时边缘设备只扮演中继节点的角色。并且由于边缘缓存的服务未能"命中"终端用户的请求，因此边缘服务器会调整服务缓存的策略。云－边－端架构在云计算向边缘计算的过渡中起到了关键作用，在边缘计算概念出现的初期阶段，运营商不可能在边缘部署大量的服务器节点，所以只是适量地在边缘部署服务器。这时考虑到边缘计算资源的有限性，如何合理地规划服务缓存策略成为该框架的难点和重点。因为如果边缘服务器能"命中"终端设备的请求，将会显著降低服务的端到端时延。计算服务缓存策略与传统内容分发网络中的内容缓存有相似之处可以借鉴，即根据服务的流行度来针对性地部署，但也有显著的区别：

①内容缓存主要考虑的是存储资源的分配，对于计算资源需求较少。而在服务缓存中，主要涉及的是计算资源的分配，对于存储资源需求相对较少（例如，学习类的任务需要一些数据库进行比对学习）。当对于同一类型请求数量增多的时候，内容缓存无须增加冗余的备份，而对于计算服务类缓存，当需求增多时，将会竞争共享的服务器计算资源，可能会造成

计算时延的增大，影响用户体验。

②由于边缘网络只服务当前的一片小型区域，所以缓存策略和当前服务区域的用户有很大关系。两种缓存策略也会随着用户需求的变化实时更新，但是更新的侧重点不同。内容缓存着眼于内容的相关性，比如当用户请求一段视频，和这段视频相关联的内容应该及时缓存在边缘网络内，以提高内容的命中率。而服务缓存更新策略着眼于用户对于计算资源需求在类型和数量上的变化，增加或者移除部分服务资源的缓存，以动态适应任务需求大小的变化或者用户当前位置的变化。

在云－边架构中，每个边缘服务器都需要缓存任务服务所需数据，由于边缘服务器存储资源有限，因此在一些场景中存在部分类型服务无法缓存在边缘的情况，这类服务的任务只能被进一步卸载到云数据中心进行处理。如将边缘计算能力和存储能力部署于移动基站上，能够代替云来满足终端用户的计算请求，超出移动基站上所部署的计算能力的请求以及未缓存的任务会被进一步卸载到云端，从而在终端用户、移动基站以及云数据中心之间形成分层的卸载结构。移动基站上部署的服务缓存指的是在边缘服务器中缓存的应用程序服务以及相关数据库和资源库等，服务缓存的部署是执行相关服务类型的任务的前提条件。云数据中心资源充足并且多样，因此一般认为云端已经缓存了所有服务类型，从而能够执行任何类型的任务。然而，边缘服务器由于存储资源有限，同一时间只能缓存部分用户服务，缓存在边缘的服务类型直接决定了哪些任务可以被卸载到边缘，哪些任务只能在云端处理，从而直接影响到边缘计算系统的性能。

云－边架构下的服务缓存决策面临许多挑战。首先，由于移动边缘服务器之间存在异构性，因此各边缘服务器的存储和计算资源不同，一些计算能力较强的服务器可能存储资源紧张，而一些存储空间较大的服务器却在计算资源方面存在不足，因此在做缓存决策时应该衡量各边缘服务器的资源量，最大化资源利用率。其次，场景中可能存在很多种服务类型的相关任务，每种类型服务所需资源不同（例如，在线 Matlab 程序与 AR 服务对 CPU 和存储空间要求都不同），在考虑缓存决策时，不得不放弃一些服务来达到全局的性能最优化。此外，不同类型任务流行度、任务请求的频率对于评价任务的重要性也是关键性因素。并且由于系统运行在一个动态的场景中，因此各种任务的请求频率会随着时间而波动，性能优化应该将重点放在对长期平均性能的关注上，而非某个时刻的任务请求延迟。

为了适应移动用户不断增长的数据需求，移动通信基站的密度一直在增加，5G 网络中基站密度有望达到平均每平方千米 40～50 个，密集的蜂窝网络构建出一个复杂的蜂窝环境。这样的场景中需求与资源在时间和空间域上都高度耦合，因此更加需要有效的服务缓存以及任务卸载策略来对任务请求进行协调。密集的边缘服务器以及庞大的任务请求数量对算法的复杂度提出了更高的要求。

7.2.2 边－边架构中的服务缓存策略

在考虑缓存的移动边缘网络场景中，通过分布式边缘节点部署存储和计算资源使移动基站具备一定的计算和存储能力。在分布式边－边架构中，往往存在多台边缘服务器，不同的边缘服务器能够进行任务请求的转发，并协助完成计算任务。由于边缘服务器相较于云端资源受限，因此对于没有云服务器辅助的边 – 边架构，单一服务器，很难承担场景中所有用户的任务请求或者缓存所有类型服务，需要利用各边缘节点之间的相互协作来完成大量的计算请求。

在综合考虑服务缓存与任务卸载的场景中，存在服务缓存与任务卸载两个互相耦合的问题。通常任务会被卸载到缓存了相应网络功能的服务器上，因此服务缓存直接决定任务卸载的解空间，另一方面任务卸载的结果同样会影响服务缓存策略的性能。因此边 – 边架构中的缓存最优化问题是一个值得探究并具有挑战性的问题。

在边缘网络中，考虑到资源的有限性，为了满足尽可能多的用户需求，运营商一般采用网络功能虚拟化技术复用有限的边缘硬件资源。网络功能虚拟化的核心是通过在通用硬件上加载不同的软件实现不同的虚拟化网络功能，虽然其灵活性可以使得不同用户高效地复用硬件资源，通过共享服务链中的部分网络功能实现资源的复用，但是相比于专用硬件实现的网络功能，其可靠性将大大降低。并且在服务链中单个网络功能的失效将会导致整个服务链不能工作，因此在边 – 边网络中，通常需要部署冗余的网络功能来提高服务链的可靠性。但是在边缘网络中，部署冗余网络功能面临着以下挑战：

①相比于云计算，边缘网络中资源相对受限。因此需要分析在有限资源的情况下，要考虑备份哪些网络功能，才能最大限度地提高网络服务可靠性。

②在边缘网络服务中，缩短用户时延一般作为首要的目标。当网络功能失效后，服务链的数据流需要从前驱网络功能转移至备份网络功能，待备份网络功能处理后，再将数据流导入后继网络功能之中。可见，备份网络功能部署的位置至关重要。

③网络功能的备份除了备份虚拟网络功能外，网络功能的状态也需要实时备份，但是网络功能出现故障的时间点无法估计，因此网络状态的备份需要占用大量的存储资源。

网络备份节点和资源分配问题与服务部署问题有很大的相似性，只是在备份问题中优化目标是提升服务链的可靠性。本章我们重点讨论上述的第三个挑战，即关于网络功能状态的备份问题。

在虚拟网络功能中，存在着大量需要状态实时更新的网络功能，比如网络功能地址转换器（NAT）、入侵检测系统等，当数据包通过网络功能时，都有可能改变网络功能当前的状态。对于这类网络功能如果只是在不同服务器上实现其功能的备份，这样往往不能正常处理数据包，导致服务中断。对于服务的备份，因为无法提前预知服务中断的时间点，通常的解决方案有三种：

①当网络状态更新时，传输当前状态至备份节点处。采用此种方法虽然可以很好地备份网络状态，但是边缘网络内部的传输会导致边缘网络内产生额外的开销。

②对网络功能的备份时间点设定一定的时间间隔，则可以有效降低网络传输开销，但在此种方法下，如果故障发生于两个备份时间点之间，则网络功能只能恢复到上一个备份节点的状态，无法恢复最新的网络功能状态。

③采用热备份机制，即数据包同时通过原有网络功能和备份网络功能，当原有网络功能宕机的时候，可以无缝切换到备份的网络功能。但是此种做法不仅增加了网络内部的流量、

计算资源的消耗，同时由于数据流运行的不确定性，两个网络功能的运行状态也会不一样。

其中方案②、③为解决高效的状态备份问题提供了思路。我们接下来通过分析其优缺点，介绍高效的网络功能状态备份方法。

如图 7-5 所示，假设网络功能是多线程地在多核 CPU 上运行所需服务。网络功能使用固定数量的线程运行，每个线程从各自的接受队列中读取数据，处理后发送到输出队列，各个线程共同访问或修改一个固定的共享状态。因此各个线程的执行顺序会直接影响共享状态的取值。这个例子解释了上述热备份方案的不确定性，也明确了此种不确定性的原因——线程执行的相对顺序。因此我们可以通过记录线程相对顺序消除这种不确定性。

我们以一个四元组表示各个数据包处理的过程：$(p_i, n_{ij}, v_j, s_{ij})$，其中 p_i 表示数据包，v_j 表示共享数据单元，n_{ij} 表示该数据访问共享数据单元的次数，而 s_{ij} 表示共享数据单元 v_j 一共被访问的次数。如图 7-6 所示，有四个数据包 A、B、C、D 分别在四个线程中处理，$(A, 1, X, 1)$ 表示数据包 A 访问共享数据块 1 次，共享数据块 X 一共被访问了 1 次，通过这样的四维数组表示了包与包之间的依赖关系。通过此种记录可以有效去除数据包在多线程中运行的不确定性。因此我们可以综合方案②、③的策略，以一定间隔备份网络功能的状态，在间隔之间存储需要处理的数据包，当网络功能发生故障的时候，我们通过恢复上一个节点的状态，并且运行节点宕机之前的所有数据包，即可恢复网络功能的状态。

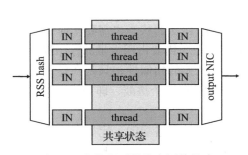

图 7-5　多线程下的共享网络状态

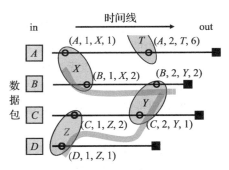

图 7-6　多线程下数据执行矩阵

7.2.3　多接入边缘架构中的服务缓存策略

随着超密集网络的提出，为了高效地复用无线频谱资源，无线接入节点尽可能地分布在终端用户周围，可以有效降低节点发射功率，并且复用无线频段。因此用户在同一时间可以有多个无线接入节点可供选择。接入节点的选择受两方面影响：

①当前可用的无线资源。

②服务部署的位置。

从前面的分析可以知道，边 – 边架构下的时延包括无线传输时延、边缘服务网络中传输时延以及服务处理时延。当用户数量增多时，根据香农定理，无线网络状况将会急剧恶化。

用户可以利用边缘网络多接入的特点，灵活选择接入节点以降低无线信道的拥塞。但是由于边缘网络中服务的部署一般会按照人群分布特点，部署于人群密集的地方，所以通过切换接入节点的方式缓解无线信道传输压力，降低边缘网络中服务的传输时延。因此多接入网络架构中的卸载策略考虑的重点与云–边、边–边中的问题有所不同。在多接入网络中，任务卸载需要综合考虑无线传输时延与服务访问时间；同时从边缘运营商角度出发，服务的部署策略不仅需要按照人群分布考虑，还需要从接入点的分布进行综合分析。我们将通过分析一个具体的案例对多接入的服务部署进行讨论。

如图 7-7 所示，运营商需要根据接入节点的覆盖情况、用户的需求特点部署相应的服务于边缘网络中，以达到资源利用率最大化，即在有限资源的情况下满足更多边缘用户的需求。这里的资源包括服务所需的计算资源、存储资源（比如在增强现实应用中，需要存储一些虚拟的物体模型）以及可以灵活切换的无线传输资源。在无线传输中，用户上传任务至边缘网络，经过边缘网络处理后再将结果返还给用户，双向通信中所需要的带宽资源是不同的。因此在无线传输资源分配时，需要分别考虑上行无线链路和下行无线链路带宽的分配。在资源部署中，所部署的服务需要同时满足用户以上三点的需求，才能为用户

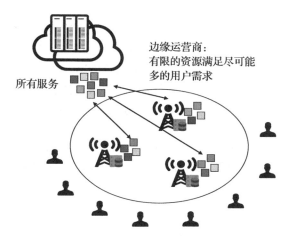

图 7-7　多接入架构下用户卸载场景

提供满足其 QoS 的服务。综上所述，我们需要解决以下三个核心问题：

①在边缘网络中服务缓存在哪个位置才能最大限度地利用边缘网络中的存储和服务资源？

②如何合理地安排用户的路由选择才不会使边缘网络中的计算和存储资源过载？

③如何协调用户的路由选择和服务部署问题，使得边缘网络效率最大化？

此问题可以建模成优化问题进行求解，以边缘网络用户的数量作为优化目标，以边缘服务器存储、计算资源、接入节点的上传和下载链路带宽、终端用户的端到端时延作为限制条件进行求解。但是上述问题只能在小规模网络中才能得到最优解，美国耶鲁大学对该问题展开了讨论[1]，该工作分析了服务放置和路由请求这两个问题的复杂性，使用随机舍入技术[2]，开发了一种双准则算法，提出了一种近似算法，在保证用户服务质量的同时，提高了网络中各资源可用性。

7.2.4　定制化边缘架构中的服务缓存策略

此部分我们将介绍定制化边缘网络架构中服务部署策略。随着物联网技术的飞速发展

以及大量新兴服务的产生，网络提供商的运营成本因新应用的大量涌现而飞速增长。此外，技术创新的不断加速使硬件生命周期越来越短，新的需求、新的业务使得传统网络设备淘汰愈加迅速。并且边缘网络的多变性使得利用专用的设备为边缘用户提供服务变得额外"笨拙"。为了解决这些问题，网络运营商牵头提出了 NFV 技术。

NFV 的灵活性为定制化的边缘网络提供了可能，其将虚拟网络功能部署于通用的服务器上以满足用户定制化的需求，并且可以更新通用服务器上不同的软件功能去迎合多变的边缘网络请求。为了进一步提高 NFV 的灵活性，在 NFV 网络场景中，使用服务功能链技术通过虚拟链路将虚拟网络功能按照业务逻辑所要求的顺序相互链接来描述特定的网络业务。

如图 7-8 所示，一个图像识别应用可以被分为图像增强、图像分割以及特征提取三个子任务，并按照特定的逻辑顺序排列来实现图像识别的功能。服务功能链将一个复杂的网络功能分为多个更为细化且通用的网络功能，这种做法可进一步提升 NFV 的灵活性。随着边缘应用复杂度的不断增加，边缘服务通常也可以分为多个通用的子模块，不同的服务可以共享相同的模块。在定制化的边缘网络中，可以提前部署通用的子模块，再根据不同应用的特点，加载任务专用的子模块。此种方法通过更加细粒度的任务分割，进一步提高了边缘网络的灵活性。本节我们首先讨论服务链的设计方法，然后讨论服务链最优资源分配策略，最后讨论网络服务功能在定制化网络中的部署策略。

图 7-8 图像识用应用的子任务划分

1. 定制化网络服务链设计方法

前面我们介绍了定制化边缘网络架构的关键技术——网络功能虚拟化技术是通过一连串网络功能来实现特定服务的，接下来我们将讨论服务链的设计思路，具体包括两个部分：服务链中网络功能顺序设计以及服务链中网络功能切分和合并。通过合理的顺序设计和功能的切分 / 合并，优化资源利用率。

我们通过研究服务链中各网络功能之间的相对顺序，得到资源最优的服务功能排列顺序。

如图 7-9 所示，一个特定的用户请求需要流经部署于节点 v_1 和 v_3 的网络功能 m_1 和 m_2 进行处理，其中网络功能 m_1 和 m_2 是一类特殊的网络功能，当数据流流经网络功能时，会对数据流大小造成影响。比如 Citrix Cloudbridge 的网络优化功能在发送数据至下一个网络功能前，会对数据进行压缩，压缩比高达 80%。又比如网络编码功能，为保证卫星通信中的可靠性，加入了冗余的校验码位，使得每个数据包大小扩大，如 BCH（63，48）编码会使数据包大小扩大 31%。

图 7-9 中的网络功能 m_1 和 m_2 就是一类特殊的网络功能,在初始流量设定为 1 的情况下,通过第一个网络功能后,数据流扩大一倍变为了 2,通过链路 (v_1, v_2),(v_2, v_3) 传送至网络功能 m_2,此时占用的带宽资源为 2。在服务链中,不同的网络功能之间可能不具备依赖关系,即网络服务功能之间的顺序可以调整。比如 VPN 代理网络功能和防火墙网络功能的相对位置关系没有固定的要求。在上面的例子中,如果我们调整服务链网络功能的顺序,当用户请求先通过部署于服务器 v_1 上的网络功能 m_2 后,在 (v_1, v_2),(v_2, v_3) 这两条链路上的流量为 0.5,因此通过调整服务链网络功能的相对位置对边缘网络的带宽资源进行了优化。通过上述的例子我们可以得到以下一般性的规律(此处假设各个网络功能之间没有相互依赖关系)。定义参数 ratio(m) 为数据流通过网络功能 m 后的流量大小与经过网络功能 m 前的流量大小之比,据此将网络功能分为两类:

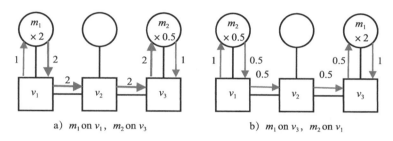

a) m_1 on v_1,m_2 on v_3　　　　b) m_1 on v_3,m_2 on v_1

图 7-9　基于带宽资源最优服务链顺序设计

① ratio(m) < 1,缩放数据流的网络功能。

② ratio(m) > 1,扩大数据流的网络功能。

当满足以下几个特征时,服务链的带宽资源占用最少:

①缩放数据流的网络功能必须部署于放大数据流网络功能之前。

②在 ratio(m) < 1 的网络功能中,我们需要按照升序对各网络功能进行排序。

③在 ratio(m) > 1 的网络功能中,我们需要按照降序对各网络功能进行排序。

在上述讨论中,我们给出了一个相对较强的假设,服务链中各个网络功能之间相互独立。在实际情况中,各个网络功能需要相互传递数据以配合完成特定的服务。因此在服务链中,网络功能应该存在一定的依赖关系,佛罗里达大学团队于 2017 年对这一问题展开了研究[5],其首先将具有部分依赖关系的服务链设计问题规约到图论中的分团问题,并证明该问题是 NP 难问题,随后针对此问题提出了启发式算法,对该问题进行求解。

在上面的讨论中,我们通过调整服务链网络功能的相对顺序实现了带宽资源的优化,接下来我们以网络中的计算资源为优化目标,讨论服务链中网络功能的相对顺序。

用户的请求需要通过网络功能 VNF_1、VNF_2、VNF_3 进行处理,这里假设这三个网络功能之间没有依赖关系,可以随意改变其顺序。每一个网络功能由两个关键属性构成:流量压缩比与计算复杂度。如图 7-10 所示,其流量压缩比为 2:1,计算复杂度为单位流量需要的计算资源大小 C_1,假设单位流量的请求进入服务链后,第一个网络功能所需要分配的计算资源为 C_1,当流量通过第一个网络功能后流量变为了原来的 1/2,那么第二个网络功能所需的计算资源为 $1/2C_2$。同理当数据流经过第二个网络功能后，数据流量大小变为了 $1/2 \times 6 = 3$，因此第三个网络功能所需的计算资源为 $3C_3$。通过同样的计算方法可以得到图 7-10 的计算开销为

初始服务链：$C_1 + C_2/2 + 3C_3$

更新顺序后的服务链：$2C_1 + C_2/3 + C_3$

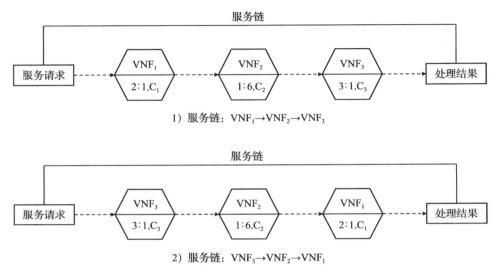

图 7-10 基于计算资源最优服务链顺序设计

由此可以看出不同的服务链顺序所消耗的计算资源是不同的，其所需资源不仅与网络功能对流量的缩放比有关，还与网络功能的复杂度有关。为了设计最优计算资源利用率的服务链，最简单的方法是遍历网络功能所有的相对顺序，但是此做法计算复杂度为 O(n!)，可见当服务链长度增加时该方法的成本会非常高。下面介绍最优服务链设计的一般特性，并据此给出最优计算资源利用率的服务链设计思路。

定理 1：如果调整服务链中两个相邻网络功能的顺序，不会对除去这两个功能之外的其他网络功能的计算开销有所影响。

此定理的证明显而易见，在这两个功能之前的网络功能计算开销必不会受到后续网络功能顺序的影响，而在这两个相邻网络功能之后的计算开销，其数据流的大小都是经过这两个网络功能缩放/扩大之后的结果，其值也不会发生变化，因此计算开销也不变。

定理 2：在一个计算资源开销最优的服务链中，缩小流的网络功能一定在扩大流的网络功能之前。

此定理给出了计算资源开销最优的服务链所应具有的一般特性，即服务链前段都是缩小流的网络功能，而后段都是扩大流的网络功能。为了证明此定理，我们假设在服务链中有两个相邻的网络功能 A、B，其缩放比例为 $r_a > 1$（扩大流的网络功能）、$r_b < 1$（缩小流的网络功能），计算复杂度分别是 C_a 与 C_b，当扩大流的网络功能在缩小流的网络功能之前时（即

功能 A 在功能 B 之前），这两个功能所需的计算资源为 $C_a + C_b r_a$。而改变两者的顺序之后，其需要的计算资源为 $C_b + C_a r_b$，因为 $r_a > 1 > r_b$，故改变顺序之后的资源占用更少。在计算资源利用率最优的服务链设计中，任意两个相邻的网络功能，都不存在扩大流的网络功能在缩小流的网络功能之前的情况，因为如果存在此种情况，可以根据定理 1 调整网络功能顺序以优化服务链计算资源，定理 2 由此得证。

在定理 2 中，服务链顺序大致可以分为两个部分，即上游是缩小流的网络功能，下游是扩大流的网络功能。但是上游或者下游内部的顺序依然无法确定，按照图 7-10 的结果，其排列顺序应该与计算复杂度、数据流缩放比有关。在上游网络功能中，我们依然假设两个相邻的网络功能 A、B，其缩放比例 r_a、r_b 均小于 1，计算复杂度分别是 C_a 与 C_b。现在考虑如果两个网络功能的顺序是最优的，则 $C_a + C_b r_a < C_b + C_a r_b$，因为 r_a、r_b 均小于 1，以此可得到 $C_a/(1 - r_a) < C_b/(1 - r_b)$。基于此，我们得到了上游最优服务链部署顺序，即按照 $C/(1 - r)$ 的升序进行排列，其证明方法与上面的证法类似，如果存在违反上述顺序的相邻网络功能，则可以根据定理 1 进一步优化。下游的网络功能顺序分析同理，但是因为此时其缩放比例 r_a、r_b 均大于 1，那么下游的网络功能排列的顺序应该按照 $C/(1 - r)$ 的降序进行排列。

根据以上分析可知，通过调整服务链中各网络功能的顺序，可以实现带宽资源或者计算资源的优化，但是这两个优化目标不能同时达到。因此，我们需要根据底层物理网络资源的实际情况，调整各个网络功能的顺序，达到适合于底层网络的最优计算资源与带宽资源比例。

2. 服务链最优资源分配策略

通过前面的讨论，我们推导出了最优（近似最优）的服务链设计策略，重点讨论了服务链中网络功能的相对顺序。考虑到服务链是一组通过链路连接在一起的网络功能，如何为这些相互连接的网络功能和链路合理地分配底层的计算和传输资源，是本节考虑的问题。

NFV 寻求以软件代替专用硬件设备来实现网络功能，例如防火墙、NAT、代理、深度包检查以及 WAN 优化功能等。这些基于软件的网络功能可以在带有 VNF 的现成商用（COTS）硬件上运行。但是，网络功能通常是链接在一起的，在这种情况下，数据包在转发过程中需要经过一系列 NF 处理。如果在服务链中的上游网络功能与下游网络功能计算资源分配不合理，如上游网络功能吞吐量大于下游网络功能的吞吐量，此种情况下瓶颈 NF 可能会丢弃已经被上游 NF 处理的数据包，因此可能会导致严重的性能下降，浪费了上游的计算资源。正如硬件交换机和路由器为数据包流提供与速率成比例的调度一样，NFV 平台也必须合理地处理数据包流。

如图 7-11 所示，用户请求将依次通过三个网络功能：VNF_1、VNF_2 和 VNF_3。C_1、C_2 和 C_3 分别表示网络功能处理单位流量所需要的计算开销，此参数与网络功能的种类和复杂程度有关。当用户请求速率为 F 时，VNF_1 所需要的计算资源为 FC_1。对于 VNF_2 最优的计算资源分配并不是简单的 FC_2，这是因为上游网络功能不像路由器或者交换机那样简单地转发数据，而是会对数据流的大小产生影响。压缩比为 r_1，则流入网络功能 VNF_2 的数据大小为 Fr_1，最佳的资源分配策略为 $Fr_1 C_2$，以此类推网络功能 VNF_3 所需的计算资源为 $Fr_1 r_2 C_2$。

根据这样的分配方案，可以使得服务链上下游网络功能相互协同配合，并且无明显瓶颈。当用户请求变化的时候，只需要同比例改变每个网络功能所分配的计算资源大小，如上述例子中每个网络功能计算资源分配的完美比例为 C_1、r_1C_2、$r_1r_2C_2$。

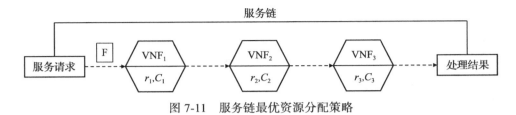

图 7-11 服务链最优资源分配策略

虽然上述方法可以通过网络功能计算复杂度以及流量压缩比得到服务链中计算资源分配的方案，但是此种方法是基于每个数据包的性能可预测的前提，在实际情况中可能存在误差：

①在服务链部署运行之前，NFV 管理调度程序并不能了解每个网络功能的先验能力、容量或处理要求。

②同一类请求的数据包成本是可变的（例如，某些数据包可能需要触发 DNS 查找，而其他数据包可能只需要简单的报头匹配）。

③不同硬件环境下，分配相同的计算资源，可能会得到不同的吞吐量。

因此在处理每个数据包时，网络功能虚拟化管理器应该能够实时调整资源分配策略。为了解决这些问题，加州大学河滨分校提出了一个名为 NFVnice 的 NFV 管理框架，可为 NF 服务链提供公平有效的资源分配。NFVnice 专注于解决共享 CPU 内核上运行的 NF 调度和控制等问题，具有以下显著特点：

①自动调整 CPU 分配策略，以便根据数据包到达率和所需的计算资源合理分配策略计算资源。

②利用合理的资源分配策略实现了服务链级拥塞控制，通过下游网络功能对上游网络功能的实时反馈机制，可以避免下游网络可能造成的丢包。

③拥塞控制不仅可以应用于服务链中的相邻网络功能，而且可以扩展整个服务链，并使用 ECN（Explicit Congestion Notification）管理主机之间的拥塞。

NFVnice 是一个基于 DPDK 的 NFV 平台，可在单独的进程或容器中运行 NF，以实现网络功能的部署。通过评估表明，NFVnice 可以支持不同的内核调度程序，同时可以提高系统吞吐量，并根据处理要求提供合理的 CPU 分配。在使用 CFS BATCH 调度程序的受控实验中，NFVnice 在过载情况下将数据传输速率从 3Mpps（每秒百万个数据包）降低到仅 0.01Mpps。当存在竞争的 UDP 流时，NFVnice 为 TCP 流提供了性能隔离，将 TCP 流的吞吐量从 30Mbps 提高到 4Gbps。尽管这取决于具体场景，但该工作认为 NFVnice 可以基于其拥塞控制机制应对 NF 数据包处理成本的变化。

3. 定制化网络中服务部署策略

如图 7-12 所示，我们考虑一个三层的网络架构，其中包括接入节点、汇聚节点和移动边缘核心节点，每一个接入节点都与上层的汇聚节点相连，每一个汇聚节点又与一到两个移动网络核心节点相连。假设每一个边缘网络节点都与具有一定计算能力的服务器相连，在边缘网络中有三个终端用户（摄像监控系统）需要边缘网络提供图像处理功能，如图 7-12a 所示。根据研究工作［3］得到的结论，当服务被分配一定资源的情况下，并且服务请求的速率小于服务处理的速率，服务在网络功能内部的时延可以当作一个定值。因此我们在这个例子中主要考虑服务传输的时延（包括无线链路的时延以及边缘网络内部传输时延）。

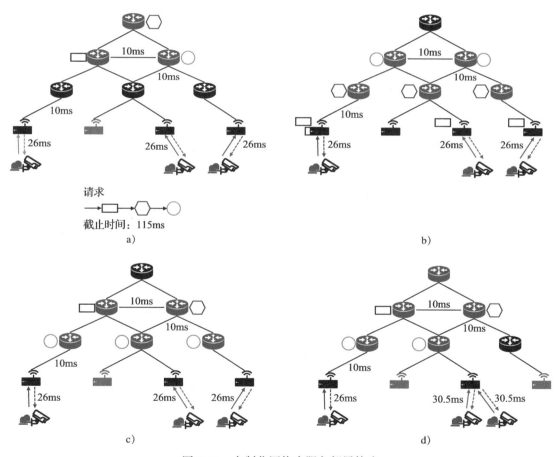

图 7-12　定制化网络中服务部署策略

此例中假定端到端的服务延迟要求为 115 毫秒内。在无线接入侧，因为存在多个终端设备竞争网络的情况，我们假设节点间通过 802.11 协议来降低冲突，具体参数如下：IFS = 4 毫秒，初始 CW = 40 毫秒，Slot = 4 毫秒。根据 CSMA/CA 冲突避免机制以及研究工作［4］中的研究结果，可以得到当终端用户在无竞争状态下上传数据的时间是 26 毫秒，在有一个竞争用户的情况下上传数据的时间是 30.5 毫秒，随着用户数量的增多，传输时间将指数级增长。在边缘网络架构中，为这三个终端设备部署相应的服务链面临以下两个问题。

①在边缘网络中需要部署多少条服务链为用户提供服务？

如果以网络内资源为优化目标，我们可以仅仅部署三个虚拟机分别搭载不同的网络功能（图像增强，图像分割以及特征提取），并将此服务链部署于边缘网络的核心计算节点处（如图 7-12a 所示），每一个终端用户通过访问这条服务链得到相应的服务。显而易见这样的部署策略需要最少的边缘网络资源，但是这样的策略达到的端到端时延为 122 毫秒，超过了服务允许的最大时延（115 毫秒）。

为了解决这个问题，最直接的方法是以用户时延作为优化目标部署服务链，即在接近用户的位置部署相应的功能。如图 7-12b 所示，在 8 个虚拟机上搭载不同的网络功能，在此策略下可以实现每个设备 92 毫秒的延迟，但是这样的策略浪费了大量的边缘网络资源。在这个例子中，如果我们减少虚拟机的个数，必然会造成边缘网络内传输时延的增大从而造成服务时延的增加，而如果为了提高服务的响应时间，必然会造成网络服务复用度的减少从而造成系统资源的浪费。因此，需要在这两种极端的策略中寻找一个折中的方案。如图 7-12c 所示，三个终端用户共享服务链的一部分，通过这样的方法，在边缘系统中仅需要 5 个虚拟机就能满足所有用户的需求，这三种策略的开销和时延总结如表 7-1 所示。

从这个例子中可以看到，在定制化的边缘网络中的服务缓存需要确定两个关键的参

表 7-1　不同策略开销 / 时延比较

	时延（毫秒）	开销（虚拟机个数）
图 7-12a	122 122 122	3
图 7-12b	92 92 92	8
图 7-12c	122 102 112	5
图 7-12d	122 111 111	4

数：需要缓存的网络功能个数、网络功能缓存的位置。我们可以通过以时延为限制条件去优化边缘网络的资源。

②是否能够利用终端用户多接入的特点进一步优化边缘网络资源利用率？

前面我们讨论了服务缓存在多接入网络中的案例，此处我们利用接入这一特点进一步优化边缘定制网络中的服务部署。在多接入网络中，我们不仅需要考虑无线链路状态，还需要考虑资源在边缘网络中的分布。图 7-12d 中给出了本问题利用多接入网络的最优缓存策略，当图中最右侧的终端设备切换其接入节点的时候，虽然在无线信道上造成了竞争，但是可以将网络内虚拟机个数进一步减小为 4 个，虽然处理时间有所增加，但仍然满足了用户所能允许的最大端到端时延。

虽然通过解决上述两个问题，我们得到了在特定边缘网络中最佳的部署方案，但是该方法存在一个悖论：如果我们想要在边缘网络中最优化地部署网络功能，需要先了解用户的无线接入点的选择，否则无法准确知道需求的分布情况；然而，在不了解资源具体部署策略的情况下，用户无法选择最合适的无线接入节点。一种可行的解法是从运营商的角度出发，为用户缓存相应的服务的同时，还为用户选择合适的无线接入节点。然而服务缓存问题常被

规约为 0-1 整数规划问题进行求解，当我们考虑无线接入节点分配问题时，引入了非线性的无线传输时延模型，因此该问题是一个非线性整数规划问题，难以通过现有近似优化算法对该问题进行求解。为此，利用机器学习的方法进行服务部署和接入节点选择成为一个可行的方案。

传统的机器学习方法（支持向量机、决策树和逻辑回归等）在解决该问题的时候存在以下几点挑战：

ⅰ）传统的机器学习方法主要解决的是分类问题。如果用分类的思路解决该问题，考虑到边缘场景的动态性，深度学习框架的输入部分规模将会非常大。而在框架的输出部分，因为涉及服务部署于网络的位置以及其接入节点的位置，输出规模也相当大。

ⅱ）在传统学习框架中，需要大量的数据进行训练，而由于边缘计算中的网络状态、应用类型均存在异构、动态的特点，导致很难取得大量的覆盖各种情况的训练数据。

因此，可以考虑采用深度强化学习的方法，通过激励策略一步步探索动态变化的无线信道环境，并优化缓存结果。深度强化学习是以一种在线的学习方法，通过分析之前决策所带来的收益以指导当前缓存策略。此外，深度强化学习不需要特定的训练集，它是一种在线自进化的学习方法。

该网络功能缓存和接入节点选择问题，在深度强化学习模型中被描述为三元组 $M = (S, A, R)$，其中 S、A、R 分别表示状态、行动以及奖励函数。系统运行大致如下：根据网络当前的状态 S，我们采取特定的行动 A，此时网络状态更新为 S'，并且根据当前状态与之前网络状态进行对比，对行动 A 作出评价，即奖励函数 R。具体地，网络状态包括每个网络功能缓存的位置，为每个用户分配的计算资源以及用户选择的接入节点。奖励函数 R 定义为用户端到端的时延以及网络资源的占用率。所采取的行动为用户接入节点的切换，网络功能部署策略的更新以及用户选择虚拟网络决策的更新。为了提高深度强化学习的效率，需要采用几个限制条件对行动 A 做相应的约束，首先如果用户卸载的时间大于用户本地的处理时间，这种情况下用户不能从边缘计算中获益，此时则可以设定奖励函数为负数。其次，当服务缓存方案不满足边缘网络的资源限制条件（计算资源、带宽资源和存储资源），此种情况下，奖励函数仍然为负数，表示该行动不可取。

7.2.5　算力优先网络

前面我们介绍了服务缓存在不同架构下的策略，但同时也存在另一个问题：计算请求如何发现并定位到相应的服务缓存。接下来我们将介绍两种特殊的网络架构（计算优先网络和数据命名网络），能够辅助用户快速定位所需的服务和内容缓存。

随着全球的数据量持续爆炸式地增长，智能终端设备数量不断增加。传统集中式的终端＋数据中心两级处理无法满足计算的要求，算力必然会从云端向网络边缘转移。边缘的处理能力在未来几年预计将会显著提高，尤其是随着 5G 网络的全面建设，其大带宽和低时延的特征，将加速算力需求从云端向边缘的转移。

从运营商的角度来看，不论是个人还是企业，全社会对人工智能等需要较高算力服务的迫切需求，驱动运营商利用其强大的网络服务能力和空闲的信息计算资源，提供普适性的服务算力，使算力成为新一代普适性标准化产品。因此，下一代网络也需按照提供算力服务的要求建设，打造新时代的算力网络。

中国联通在其"算力网络白皮书"中提出了算力网络的架构与关键技术。前期算力网络的实现聚焦在算网协同的需求，如算力优先网络（Compute First Network，CFN）用于用户数据到算力连接，更低时延和更大带宽的 Metro Fabric 和 5G URLLC 网络用于支撑用户数据到算力，边缘网络设备用于提供算力服务。算力网络中算网协同的场景已经逐渐出现，首先面向数据中心的计算需求，然后向用户的需求延伸。

高效的算力网络需要具备联网、云网与算网三个方面的技术元素，如图 7-13 所示。其中联网部分为网络的数据传输提供了低延时服务，可以满足 5G 时代各种各样的应用服务需求，例如 VR 与 AR、车联网等。另外，为了降低网络传输的数据损失，运营商提出将数据中心内的 Leaf-Spine 架构向外扩展，搭建 Metro Fabric。在云网方面，可以利用人工智能技术对新一代网络实现智能的算力网络管理与维护等，并通过 NFV、SDN 等技术进一步地提高云端和边缘的计算效率。算网部分主要提供可靠高效的计算能力，包括算力生成、算力路由和算力交易三个方面，使网络成为为全社会提供算力能力的基础设施。

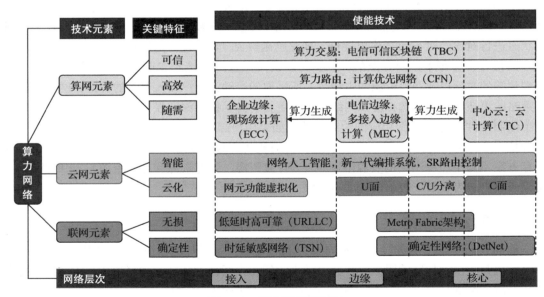

图 7-13　算力网络框架图

7.2.6　命名数据网络

当今网络的沙漏体系结构集中在通用网络层（即 IP）上，该层实现了全球互连所需的最精简功能。其细腰结构允许上下层技术独立创新，促使网络爆炸性发展。但是，IP 被设计为仅使用通信端点命名的通信网络。电子商务、数字媒体、社交网络和智能手机应用程序的持续增长导致了分布式网络的快速发展，但通过点对点通信协议解决分布式问题既复杂又容易出错。

命名数据网络（Name Data Networking，NDN）旨在改进的 IP 体系结构，将网络服务的语义从将数据包传递到给定的目标地址更改为获取由给定名称标识的数据。NDN 数据包可以命名任何东西——终端设备、电影或书籍等。这种概念上的更改使 NDN 网络可以使用几乎所有经过测试的网络工程属性以解决端到端通信、内容分发和控制问题。基于对当前网络体系结构的优势，NDN 还内置了安全性原语和网络流量的自我调节，并包括促进用户选择和竞争的功能，例如多路径转发和网络内存储。

NDN 中的通信由接收端通过交换两种类型的数据包来驱动：兴趣包和数据包。两种类型的数据包都带有一个名称，该名称标识可以在一个数据包中传输数据。使用者将所需数据的名称放入兴趣数据包，然后将其发送到网络。路由器使用此名称将兴趣包转发到数据产生端。一旦兴趣包到达具有请求数据的节点，该节点将返回一个包含名称和内容的数据包，以及由数据产生端的密钥将两者绑定的签名。

为了执行兴趣包和数据包转发功能，每个 NDN 路由器都维护三个数据结构：未处理兴趣表（PIT）、转发信息库（FIB）、内容存储（CS）以及一个转发策略模块，用于确定是否、何时以及在何处转发每个兴趣数据包。PIT 存储路由器已转发但尚未满足的所有兴趣包。每个 PIT 条目都记录网络上携带的数据名称及其传入、传出接口。当兴趣包到达时，NDN 路由器首先检查内容存储库中是否有匹配的数据。如果存在，则路由器在兴趣包来源的接口上返回数据包。否则，路由器会在其 PIT 中查找名称，如果存在匹配的条目，则它会在 PIT 条目中仅记录此兴趣包的传入接口。在没有匹配的 PIT 条目的情况下，路由器将根据 FIB 中的信息以及路由器的自适应转发策略，将兴趣包转发给数据产生端。当路由器从多个下游节点收到相同名称的兴趣包时，它仅将第一个上游转发给数据产生端。FIB 本身由基于名称前缀的路由协议填充，并且每个前缀可以具有多个输出接口。

对于每个兴趣包，转发策略都会从 FIB 检索最长匹配的条目，并决定何时、何处转发兴趣包。转发策略可能会在某些情况下决定放弃转发，例如在所有上行链路都拥塞的情况下。内容存储是路由器收到数据包的临时缓存，由于 NDN 数据包的内容与它的来源或转发位置无关，因此可以对其进行缓存。当数据包到达时，NDN 路由器会找到匹配的 PIT 条目，并将数据转发到该 PIT 条目中列出的所有下游接口。然后，它将删除该 PIT 条目，并将数据缓存。数据包始终采用兴趣包的反向路径，并且在没有数据包丢失的情况下，一个兴趣包会在每个链路上产生一个数据包，从而提供流量均衡。为了获取包含多个数据包的大型内容对象，兴趣包在控制流量方面的作用与互联网中的 TCP ACK 类似：由数据使用者控制的细粒度反馈循环。兴趣包或数据包均不携带任何主机或接口地址，路由器根据数据包中携带的名称将兴趣包转发给数据产生端，并根据兴趣包在每个跃点处设置的 PIT 状态信息将数据包转发给接收端。

7.3 应用案例分析

本节将介绍边缘缓存的案例及系统实现，具体包括内容缓存、服务缓存两部分。其中内容缓存在传统云计算中已经存在，在边缘网络中呈现出新的特点；而服务缓存问题则是边缘计算中较为独特的问题。两个问题在近年来受到科研界和工业界广泛的研究。

7.3.1 内容缓存案例及系统实现

由于用户向云数据中心发出请求会存在很大的通信延迟，而将数据与内容缓存在更靠近用户的边缘节点上，不仅能减小通信开销，还能降低回程网络的压力，尤其对于视频、图像和文件等数据，内容缓存能显著降低服务延迟。将内容存储在地理上分散的缓存中，利用中心平台的负载均衡、内容分发以及调度等功能模块，用户可就近获取所需内容并降低网络拥塞，这种网络技术被称为内容分发网络（Content Delivery Network，CDN）。CDN 诞生之初旨在提供 Web 内容、视频内容以及文件下载，现在已经应用于更加广泛的应用程序，包括社交网络、电子商务网络、客户关系管理门户系统以及基于 Web 的 SaaS 等。

CDN 在互联网生态系统的经济结构中起着重要作用。诸如纽约时报、Netflix 以及 Facebook 之类的内容提供商向 CDN 支付费用，从而能够提供比因特网具有更高可靠性、更优性能和可伸缩性的服务。因特网是尽力而为的网络，不提供性能保证以及差异化的交付服务，其中部分原因是互联网基础设施由成千上万个自治系统组成，而这些自治系统属于独立的业务实体，实体间不存在为用户提供协作的端到端性能优化策略[4]。CDN 在大量自治系统中广泛部署，并创建一个能够提供比因特网底层更优的端到端性能的覆盖网络，从而提供更好的交付性能。

一个典型的 CDN 案例是 CDNC 公司，这家公司是全球领先的内容分发网络公司，在 100 多个国家和地区中拥有超过 175 000 台服务器。CDNC 提供了占总流量 15% ～ 30% 的网络流量，并以每年 65% 的速度增长。在更高能效的服务器技术的推动下，CDNC 的数据中心数量每年以近 30% 的速度增长。

随着向用户推出更高速度的互联网宽带计划，美国东南部的有线电视和互联网提供商 Bright House 开始关心通过与 CDNC 连接的成本问题。CDNC 与时代华纳有线公司（Time Warner Cable）通过多个 10Gbps 的数据链路连接到达坦帕的 Bright House。预计到 CDNC 的流量增长将会需要两家公司以相当大的成本建立通往 CDNC 的 100G 的链路。

CDNC 认为建立更近的内容缓存，将内容移近 Bright House 可以降低延迟并改善用户体验，从而使 CDNC 提供更多内容。时代华纳有线公司与 Bright House 则呼吁 CDNC 在坦帕的数据中心建立接入点（Point of Presence，POP），两家公司计划降低传输和 IP 传输成本，同时降低延迟。为此，CDNC 需要一个专用网络在坦帕提供 180Gbps 的边缘容量，以满足 Bright House 用户对内容的需求。每个机架可提供大约 10Gbps 的流量，而功耗仅为 3kW CDNC 同时提供高安全性和可靠性来的 Web 内容、流媒体、电子商务交易以及软件下载服务。

坦帕的数据中心是 Bright House 在该地区主要的 POP。通过在数据中心部署 CDN 边缘内容缓存 POP 并直接与 Bright House 互连，给 CDNC、时代华纳有限公司和 Bright House 带来了性能改善：Bright House 降低了连接成本，CDNC 改善了用户体验和性能，从而覆盖了坦帕和佛罗里达州奥兰达的用户。在十个月内，CDNC 的用户量增长了 50%。实际上，内容缓存的部署在几个月内，使得服务流量从 180Gbps 翻了一倍，达到 360Gbps。

内容分发网络中的优化问题，主要涉及根据内容流行度对内容缓存的最佳位置进行决策，从而最小化服务延迟、能耗，提高缓存命中率，以及根据历史数据进行相关预测并以此合理地进行内容放置等。德克萨斯大学奥斯汀分校 Shanmugam 等人[13]介绍了 FemtoCaching 的概念，并对小型蜂窝网络中的内容缓存进行研究，以最大限度地减小内容访问延迟。他们提到为了应对视频点播文件流给蜂窝网络带来的数据流量急剧增长，研究人员提出了多种解决措施，例如缩小蜂窝小区的大小，并通过部署小型基站使得内容更加接近用户，从而实现通信资源的高密度空间复用。考虑到部署高速光纤回程过于昂贵，该团队提出 FemtoCaching 的新型架构，能够在无线边缘使用缓存，有效地对视频点播等庞大流量进行处理，并且此时回程仅用于以用户请求分布速率为依据的缓存刷新，对于回程的要求大大降低。FemtoCaching 架构下的内容缓存问题与前文所述一致，即在一个确定的网络拓扑和文件需求分布下，决策哪些文件应该被缓存的具体位置，并且以平均总文件下载延迟最小化为目标。对于分布式缓存问题，该工作证明了寻找文件的最佳缓存位置是一个 NP 完全的问题，并且提出一个能够保证 1/2 近似度的低复杂度贪心算法，此外针对特殊情况提出另一种使用额外的舍入步骤来求解线性规划，提供 $1 - (1 - 1/d)\,d$ 近似度的内容缓存算法，其中 d 是与用户相连接并且能够提供缓存的节点的最大数量。仿真实验中设定一个大小为 1000 的文件库，缓存大小为 100 单位，并且文件流行度服从参数为 0.56 的 Zipf 分布的场景，结果表明在不同用户数量场景中，该工作提出的贪心内容缓存算法均能够达到很好的用户下载速率性能。

研究工作 [14] 提出基于内容流行度的 CDN 分布式缓存算法。由于在视频服务中，用户能够随时选择大量视频内容，与传统的电视网络在任何时间只能收听有限数量的频道相比，对单播会话的需求明显增加，并且对带宽的需求会上升几个数量级。利用缓存策略，通过复制最靠近网络边缘且最流行的内容可以有效地利用存储空间，以更低的成本实现更好的服务质量。该工作重点关注实际系统部署中特定拓扑的场景，证明了松弛整数规划的最佳解决方案具有简单的结构，并将内容放置问题表述为一个求解全局性能最优的线性规划问题。在某些对称性的假设下，线性规划的最优解具有相当简单的结构，还能为低复杂度协作缓存放置算法的设计提供启发。基于最佳结构，该工作继续设计一个轻量级的协作内容放置算法，以最大限度上提高缓存内容的命中率，最小化带宽成本。该工作的一个潜在假设是，缓存节点主动地将内容传输到其他对等缓存节点会带来很大的开销却未必能够带来效率的提升，只有被实际请求访问时，缓存才有意义，因此与之前很多有关内容分发网络中的工作有着明显的区别。此外该工作证明了所提算法即使是在非对称情况下，也能将性能优化控制在全局最优性能的一个常数因子内。

研究工作［15］面向无线传感网这一典型物联网系统对缓存数据的最佳位置进行求解，以减小无线传感器节点中的数据包传输中的冲突。无线传感节点能量供应量和可用带宽都很小，并且大部分能耗用于进行数据分发和检索的无线通信，因此数据访问的效率尤其重要。数据缓存能够有效减少不必要的数据包传输以此降低网络功耗并增加节点寿命。为了优化能耗，将流行度高的数据从焦点区域（兴趣事件发生地点）异步分发到订阅者（即请求该数据的相关节点），与多播中以相同速率发送数据到订阅者的方式不同，异步多播的方式会以不同速率进行发送，因此数据需要在数个中间节点进行缓存，并以与接收时不同的速率进行数据的异步转发。由于无线传感网的场景中大量节点分散在感兴趣的区域，因此选择缓存位置的自由度很大。选择合适的缓存节点以最小化开销的问题可以被看作是 Steiner 问题，解决方案被称为 SMT（Steiner 最小树），而 SMT 问题已经被证明是 NP 难问题。该工作提出一种 SDCT（Steiner Data Caching Tree）树形结构，将数据传播路径组织为一棵树，其中一些节点进行数据缓存构成的树形结构能够比单播更加有效地利用带宽和能量，能够长期内支持大量用户。具有最小开销的 SDCT 中边的权重同时受到节点间欧几里得距离以及流量速率的影响。通过对无线传感网络中的 SDCT 的性质和构造的研究，可以证明最优的 SDCT 在结构上是二叉的。并且根据位置以及数据刷新率的要求，得出确定三个节点集的 Steiner 点确切位置的表达式，并提出一种用于数据缓存和异步广播的动态分布式节能启发式算法。实验验证通过穷举法获得 SDCT，对 SDCT 启动式算法的性能进行评估，然后使用 GloMoSim 网络模拟器对 SDCT 启发式方法构造出的 SDCT 与单播，以及二叉贪心数据缓存树的性能进行对比，从而能够检验 SDCT 在开销控制方面的有效性。

研究工作［16］对基于预测的内容放置进行研究，并针对基于云的存储以及 CDN 的混合系统提供了动态内容分配策略。该策略通过依赖已有或者租用的专用服务器为部分内容目录提供目录，将基于云和 CDN 的存储与专用服务器和上行带宽相结合。这种混合的解决方案为在云或 CDN 中维护较大内容目录提供了可扩展存储的便利，并且还能够利用低成本且接近用户的专业非计量网络带宽。当给定工作负载可以预测时，可以根据不断变化的预测流行度进行适应性地预加载，但是与基于平均需求的静态预加载以及静态缓存相比，动态内容分配的挑战在于如何平衡以下几点：

①将内容部署到专用服务器上的开销。

②无法被专用服务器处理相关的高开销。

③未能完全利用专用带宽带来的命中率损失。

为了解决这个问题，该工作首先将把内容到专用服务器的动态分配问题描述为一个有限范围的动态决策过程，并且证明离散时间决策过程是分段平稳工作负载的一个很好的近似。其次，以混合整数线性规划问题的形式为离散时间决策问题提供了精确解，为精确解提供了计算上可行的近似值，并给出了近似比的结果。此外，通过一个商业点播音乐流媒体系统的实测轨迹可以验证模型和算法的效果，并展示内容分配的效率如何受到对内容负载的理解程度以及有关其统计行为的可用信息量的影响。

研究工作［17］提出基于历史的动态边缘缓存，而不依赖于对未来用户请求的准确预测。该工作认为，虽然有许多对边缘云部署优化的工作建立在云对未来请求的准确预测能力的基础上，或者请求的到达过程遵循某种随机过程的假设上，但是在很多情况下服务请求受到物理世界中诸多因素的影响，很难对其进行准确的预测或者将其建模为随机过程。例如，FirstNet 是一个为紧急情况下的第一响应者所设计的网络体系结构，当发生灾难事件时第一响应者可以根据快速变化的环境生成大量需求，依赖于预测或随机模型的算法应对这类服务请求时虽然会产生较大的预测误差，从而会导致系统性能变差。此外，一些关键任务系统需要最坏情况下的性能保证，而非平均性能保证。因此，该工作对动态再配置边缘云的在线算法进行了研究，并且无需对请求到达模型或分布进行任何假设。该工作提出一个通过下载整个服务应用程序和数据库来获取边缘云的优先存储信息、请求转发到远程数据中心的成本信息以及再配置的成本信息的模型，以最小化所有请求到达顺序的总开销（包括转发请求和服务下载）为目标。此外，由于在线算法完全无法知道未来请求到达趋势，因此需要通过竞争比（在任何到达序列下在线策略的开销与最小开销之间的最大可能比值）的概念来对在线策略性能进行评估。针对同构系统的场景，即其中所有服务都需要相同类型和数量的存储量、转发开销以及下载开销。基于对同构系统的最佳策略，提出一种基于最近最少使用（LRU）的简单在线策略用于边缘云的再配置。工作证明了 LRU 策略的竞争比仅随着边缘云存储容量而线性增长，此外进一步证明没有确定性的在线算法能够实现与边缘云存储容量成线性关系的竞争比，因此发现 LRU 策略确实实现了最佳渐进性能。工作还针对异构系统对所提出的 LRU 算法进行简单拓展，使用数据中心的真实数据对 LRU 策略的性能进行评估。该工作提出的策略与另一个随机的在线策略以及基于随机优化、缓存管理和动态规划这三种完全了解未来请求到达的离线策略进行比较，实验结果表明在同构系统以及异构系统中，提出的基于 LRU 的策略能够提供更好的或者至少相似的性能。

7.3.2　服务缓存案例及系统实现

由于移动边缘场景中边缘服务器上所部署的资源比起传统云数据中心更加有限，因此如何有效地为用户分配资源，以及边缘服务器之间的资源分配是边缘网络场景的关键性问题。借助 VM、容器等虚拟化技术的发展，研究界、企业界以及众多标准化机构已经达成若干创建标准化开放边缘计算环境的倡议，从而促使同一地理区域内的边缘云形成共享边缘池。

虽然都涉及边缘服务器上的缓存，但是服务缓存与内容缓存问题有着本质上的区别。首先，在内容缓存中，当出现缓存未命中的情况时，边缘服务器会从云服务器下载请求的相关内容。但是在服务缓存中，边缘服务器既可以选择从云服务器下载相关服务所需资源与环境，也可以直接将卸载而来的任务继续上传到云服务器处理，其中前者被称为服务缓存，后者称为任务转发。其次，由于在内容缓存中，任务请求只涉及数据以及内容获取，而不涉及任务计算，因此无须考虑边缘服务器的计算资源限制与分配，而服务缓存则存在多个任务对于计算资源的竞争。此外一些有关服务缓存的工作还考虑用户访问服务（任务上传）所带来的能量开销，因此服务缓存需要考虑服务访问与缓存更新的开销，再加上缓存的可用服务与边缘服务器的计算资源之间的相关作用，导致服务缓存和任务调度的设计更加具有挑战性。

此外还需要注意，在大多数情况下，将边缘服务器间的直接链路用于服务的水平迁移代价太大，因此一般不会进行边缘服务器之间相互下载服务。

在大多数有关资源分配与部署的工作中，通常假设服务器分配给不同用户的资源是不可共享的。虽然这样的假设对于 CPU 周期以及无线链路宽带之类的资源是成立的，但是这类假设并不适用于数据分析服务类型的需求。在增强现实和视频分析等数据分析服务中，为每个用户请求提供服务不仅需要服务器提供大量的计算与数据，同时也需要用户发送来的大量数据。例如在增强现实中，服务器需要存储目标数据库以及经过预训练的视觉识别模型，并且用户也需要上传相机视图，服务器对视图进行分类、目标识别后实时返回增强后的结果数据。在这类场景中，用户可以从城域网规模的资源池中受益，因此用户可以访问其单跳通信访问之外的边缘云所提供的服务。在资源消耗方面，虽然为每个用户提供服务（例如对特定视图进行增强）会消耗专用的 CPU 周期与带宽，但是对同一服务数据集（例如同一区域的目标数据集）提出查询请求的用户能够使用相同的服务副本。除了已经被 ETSI 确定为边缘计算高价值应用实例的增强现实和视频分析之外，资源共享同样存在于其他很多可以共享数据或代码副本的应用程序中。

研究工作［18］对移动边缘网络场景中的资源共享进行了讨论，将每种类型的数据分析都视为一种服务，通过制定整数线性规划（ILP）来解决资源共享的边缘网络场景中的资源分配与部署问题。这项工作联合考虑服务放置与请求调度进行研究的工作。同时，这项工作还考虑了通信 / 计算资源消耗限制（不可共享）以及存储资源（同一类型服务的请求之间共享）消耗约束的工作。该场景中存在多台边缘服务器以及多个用户，每个边缘服务器的通信、计算和存储空间均有限，因此每台边缘服务器只能够放置部分类型服务，此外每个用户都会发出对某种服务的请求，且不同用户请求服务类型可能相同。当用户通信范围内的服务器没有部署用户所需服务或者没有足够的计算资源时，可以将该用户的请求转发到其他满足需求的边缘服务器处理，但这个过程会额外消耗两台边缘服务器的通信资源，如图 7-14 所示。

某些用户的请求可能因为资源的限制而无法在边缘端处理，因此只能上传到云端执行。云服务器虽然在理论上能够处理所有类型的请求，但是卸载到云端执行会引入过高的传输延迟，因此该工作的目标则是将能够被边缘云服务的用户数量最大化。其中场景需要同时考虑并解决两个子问题：

①服务部署问题，确定每种服务（包括数据、代码和相关环境）放置位置，每个边缘服务器能够在存储容量限制内缓存多种类型服务。

②请求调度问题，根据用户与边缘服务器之间的无线链路情况、边缘服务器的计算能力以及其他可行性约束条件（例如最大容忍延迟），同时考虑所选择边缘服务器是否缓存了对应类型任务，来决定每个用户请求是否在边缘处理以及在边缘服务器中的时序调度。

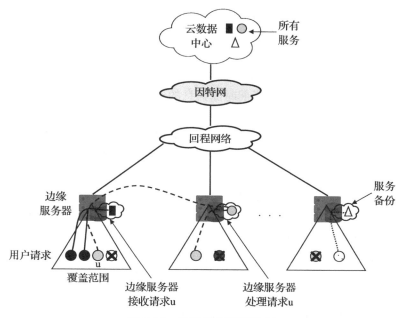

图 7-14 服务缓存案例分析

考虑到存储资源可以被同一服务的请求所共享，可以将边缘云中服务部署和请求调度问题表述为一个整数线性规划（ILP）问题，其目标是最大化完成用户请求的数量。此问题即使是在同构边缘服务器情况下，也是一个 NP 难问题。基于此，现有工作表明在同构边缘服务器以及给定服务部署的情况下，可以通过提出一种启发式算法，从而得到一个求解最佳资源调度策略的多项式时间解法。

另一项研究工作 [19] 假设场景中存在多台边缘服务器，并且涉及对多种类型服务的请求。每台边缘服务器的存储空间容量以及最大计算速度是确定的，为了运行某种特定类型服务，边缘服务器需要缓存相关数据（例如所需的库函数或者数据库等），因此缓存某种类型服务所需的内存占用大小也是确定的。此外场景中的网络被划分为多个区域，该工作从区域而非单个用户的角度进行考虑，该工作认为服务缓存是一个长期的过程，因此不应根据单个用户变化而频繁地更新。每种服务类型的任务负载（计算所需 CPU 周期数量）服从不同参数的负指数分布，因此对于服务器而言，服务在所需内存大小以及 CPU 资源方面都是异构的。

同时，假设任务在每个区域内均遵从泊松分布，在实践中可以使用一些成熟的学习技术（例如回归分析）来预测时隙 t 前的瞬时需求。对于一台边缘服务器而言，不仅需要决定缓存的服务类型子集，还需要决定本地执行的比例，因为每台边缘服务器上的任务处理，都可以使用排队论来进行建模并计算任务逗留时间期望值。当服务器上的服务缓存决策固定，每台服务器上选择上传到云端执行部分的任务虽然通信延迟较长，但是如果将过大比例的任务分配给边缘服务器执行可能会带来很大的排队延迟，因此需要在排队延迟与上传到云端的通信延迟之间做出权衡。同时在能耗方面，不同的服务缓存与任务卸载策略也会得到不同的能量消耗值，而其算法的目标是最小化能耗与处理延迟的加权和。

该工作将这个问题建模为一个混合整数非线性规划问题，并基于此提供了一种 OREO（Online seRvice caching for mobile Edge cOmputing）在线算法，在无须对未来请求进行预测的情况下在线做出服务缓存决策。OREO 算法基于 Lyapunov 优化，将原本长期优化的混合整数非线性规划问题转换为仅需要当前时隙信息的逐时隙优化问题。同时对于求解每个时隙的服务缓存和任务部署策略子问题，提出一种基于 Gibbs 采样变量的分布式算法，实现了边缘服务器之间的高效分布式协调，使得该算法能够扩展应用于大型网络。仿真实验结果显示，OREO 算法能够在满足长期能量约束的同时达到接近最佳的延迟性能，并且能够快速收敛。

研究工作［20］考虑了一种多用户的超密集无线边缘网络场景，将问题建模为同时考虑服务缓存与任务分配的优化问题。其优化目标是最大限度地降低系统总开销。与前面所提到的工作不同的是该工作考虑了任务的部分卸载，对于一些很简单以及集成度很高的任务，假设其要么在本地执行，要么整体上传到边缘端或者云端处理。但是实际情况中，很多移动应用程序由多个组件构成，或者涉及多数据块的处理（例如，视频对象识别中对图像帧序列的处理），因此该工作设定每个任务都能将一定比例卸载到附近多个不同的边缘服务器以及云端进行处理，如图 7-15 所示。其次，该工作设定不同服务类型的任务会有不同的计算速度需求，并且在缓存过程中会考虑到边缘服务器上计算资源的有限性。此外该系统在离散的时隙中运行，每个时隙的持续时间与能够更新服务缓存和任务分配策略的时间尺度相匹配，每个时隙都会有不同的任务请求。因此，需要在上一个时隙的服务缓存策略基础上进行缓存更新，而该工作将每个时隙各边缘服务器更新缓存带来的消耗的最小化作为目标函数的一部分。

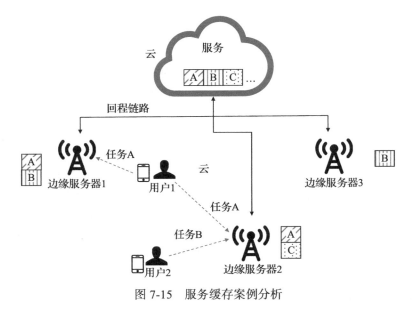

图 7-15　服务缓存案例分析

为了在有限时间内同时求解出服务缓存更新策略以及各任务的卸载策略，该工作提出了一种基于局部搜索技术的低复杂度迭代式算法 COSTA。算法通过重复执行一个预定义的局部步骤来不断地降低总开销，通过理论证明 COSTA 能够在多项式时间内终止，并且实现一个常数近似比的局部最优值。基于跟踪的仿真时间结果表明，与理论上得到的最坏情况下的近似比率相比，COSTA 得到的结果与最优解之间的差距会更小。

研究工作 [21] 针对服务缓存问题，进一步考虑任务的划分。该工作认为，现在移动程序通常由多个相依赖任务（计算模块）组成，这些任务可以被建模为一张有向无环图（DAG），例如在阿里巴巴进行数据跟踪的 400 万个应用程序中，有超过 75% 的任务存在对其他任务的依赖性，Facebook 的视频处理应用程序中存在多个相依赖的任务共同完成视频分类计算。而在考虑任务依赖性的基础上解决服务部署与任务调度无疑难度会更高，是一个 NP 难问题。

在缓存策略已经确定的情况下，该工作进一步提出 FixDoc 算法解决任务调度问题。FixDoc 使用的是贪心的思想，按照各任务到拓扑中最后一个任务之间的路径长度给任务赋予不同的优先级，并且按照优先级从高到低的顺序将任务部署到对其最有利的边缘服务器上。在 FixDoc 算法的基础上，进一步设计 GenDoc 算法来解决服务部署与任务调度的联合优化问题。GenDoc 算法利用任务间依赖性对服务进行部署，并利用任务拓扑同一层级上子任务的并行性来获取比较低的部署和通信开销，算法执行过程中会存在边缘服务器重新部署缓存的情况。在确定服务部署策略后，调用 FixDoc 算法获取当前服务部署策略下的任务调度策略，从而能够在较短时间内获取一个较优解。实验结果表明，GenDoc 算法在测试应用数据集中将平均应用程序完成时间减小 24% ～ 54%。此外，GenDoc 算法在边缘服务器间通信开销、云端卸载开销以及服务部署时间开销等方面相比历史工作也有大幅提升。

研究工作 [22] 考虑了一个任务到达以及任务负载分别服从泊松分布和负指数分布的多边缘节点网络场景。根据思科的数据，2021 年需要处理的移动数据将远远超过云数据中心的处理能力。限制上传到云端的任务和数据量，为云数据中心减负，是网络运营商非常关注的点。通过部署相关服务资源的边缘服务器能够处理用户请求，分担云数据中心的压力。值得注意的是，在移动边缘网络场景中，如果忽略边缘节点之间的合作，那么边缘资源容量的异构性会导致边缘资源利用严重不足。这是因为当边缘服务器没有足够的存储容量和计算能力继续为更多的任务提供服务，那么此时服务器只能选择将任务上传到云端而无法利用附近空闲的边缘节点；此外，边缘节点的存储和计算能力的差异会进一步加剧边缘资源的浪费，例如一些计算能力较大的边缘节点，可能会因为没有足够的存储容量而无法处理大量的计算任务。因此，该工作强调边缘节点间的协作，场景中边缘服务器能够将某种服务类型的部分任务交给周围缓存了这种类型服务的边缘服务器，同时也能帮助周围服务器承担一部分负载。

算法的目标为最小化服务响应时间的同时减小发送到云端的流量，然而服务缓存与边缘节点间负载调度是两个相互耦合的问题，服务缓存策略会直接决定负载调度的决策空间，负载调度的结果会反过来影响服务缓存策略的性能。此外，最小化服务响应时间需要在计算延迟和通信延迟之间做出权衡，因为将计算从过载的边缘节点卸载到附近未边缘节点虽然能够减小计算延迟，但却会带来额外的通信延迟。该工作将联合优化服务缓存与负载调度表述为一个混合整数非线性规划问题，并提出一个两层迭代式缓存更新（ICE）算法来解决耦合的两个子问题，其中外层基于 Gibbs 采样迭代地更新边缘缓存策略，内层优化工作负载调度策略。该工作使用排队模型的期望值来分析各服务器以及云端的计算延迟，为了解决边缘节点间异构性所导致的调度算法的指数级复杂度，该工作利用负载调度子问题的凸性，在注水（water-filling）算法的基础上进一步提出一种具有多项式计算复杂度的启发式负载调度算法。实验部分将 ICE 算法与协作算法以及贪心算法进行比较，验证了算法的收敛性以及有效性。

7.4 边缘缓存策略展望与挑战

本节将从服务发现、移动性、异构环境、成本模型等角度讨论边缘计算缓存策略的展望及未来可能面临的挑战。

7.4.1 服务发现、服务交付和移动性

边缘计算即服务（EdgeComputing-as-a-Service）可帮助边缘计算系统的各运营商和服务提供商，以有限的处理和内存资源、较低的收入和基础架构成本来满足其客户需求。由于越来越多的移动设备存在对同时性以及不间断性服务的需求，分布式边缘计算系统中的服务发现成为一项艰巨的任务。不仅如此，并且发现和选择其他可用服务和资源涉及延迟时，这个问题会变得更有挑战性。传统针对 P2P 网络提出的服务发现解决方案，可以帮助设计和开发用于边缘计算系统的有效解决方案。

无缝服务交付是一种重要的机制，可确保在消费者移动时，在不同边缘计算系统之间运行应用程序的不间断和平滑迁移[1]。由于移动性会对不同的网络参数（延迟、带宽、延迟和抖动）带来严重的影响，而导致应用程序的性能下降，因此具有移动性的无缝服务交付是一项极具挑战性的任务。此外，由于实施了不同的安全策略和计费方法，移动用户无法从网络外部访问本地资源，这也为无缝服务交付引入了更多困难。为了支持具有移动性的无缝服务交付，需要能够以无缝方式发现可用资源的有效移动性管理机制。针对这个问题，可以考虑将用于无线网络的无缝切换和移动性管理解决方案[2-3]用于边缘计算系统中无缝服务交付机制的有效设计和开发。

7.4.2 异构边缘计算系统中的协作

边缘计算系统的生态由一系列异构设备和技术组成，例如边缘数据服务器有各类厂家生产的计算设备和不同的无线接入方式（4G/5G、Wi-Fi、ZigBee 等）。尽管边缘计算网络的这种异构性质允许边缘设备通过多种无线技术（例如 Wi-Fi、3G、4G 和 5G）访问服务，但多供应商系统之间的协作成为一项艰巨的任务[4]。此外，互操作性、同步、数据隐私、负载平衡、异构资源共享以及无缝服务交付，都能成为异构边缘计算系统之间的协作的重要挑战。普适系统中互操作性和协作性的研究成果[5]，可用于设计和开发异构边缘计算系统之

间的高效协作技术。

7.4.3　低成本容错部署模型

容错功能用于确保在发生故障时，几乎不需要任何人为干预就可以使任何系统连续运行。在边缘计算系统中，可以使用故障转移和冗余技术实现容错，从而实现服务的高可用性、关键业务应用程序的数据完整性，以及发生灾难性事件时通过物理位置上分布的服务器实现系统的灾难恢复。然而，在边缘计算中提供低成本的容错部署模型十分具有挑战性，因为远程备份服务器需要高带宽和额外的硬件，会引入高额的开销。基于机器学习的异常检测或基于预测性维护的系统对于电源电池 / 备用电源电池系统，构成了一种经济的解决方案，可以前瞻性地避免意外停机，并将有效降低备用 / 冗余电池和备用电源电池所需的成本。

7.4.4　无线大数据的利用

移动边缘网络中产生的无线大数据是网络分析和设计的宝贵资源，上下文感知的方法需要从大量上下文信息数据中进行分析。例如在研究工作［6］中，用户信息大数据可用于边缘缓存系统中的流行度估计，从而帮助边缘运营商缓存更有可能被访问的服务，提升资源利用率并服务于更多用户。可见，无线大数据的充分利用能够为移动网络的性能提高提供新的机遇。

7.4.5　系统集成

边缘计算的场景中可能存在多种 IoT 设备，但是支持各种 IoT 设备和不同的服务需求是一项重大的挑战。边缘计算结合了各种平台、网络拓扑和服务器，本质上是一个异构系统。因此，很难为运行在不同位置、不同异构平台上的不同应用程序编程进行统一通用的资源和数据的管理。

从编程的角度来看，在云计算中所有应用程序和用户程序都在云服务器上部署和运行。如 Google 和 Amazon 的云提供商有责任为这些应用程序分配适当的资源和硬件，并确保这些应用的正常运行。大多数用户并不知道这些应用程序如何运行或分配其资源和数据，开发人员仅需使用一种编程语言即可开发针对特定目标平台的应用程序。与之不同的是，边缘计算场景中的分布式拓扑虽然有很多好处，但是边缘节点通常是异构平台。在这种情况下，开发人员在进行应用程序部署和运行的相关工作时，将很难使用同一种方式或同一套工具完成开发，导致系统落地面临严重的困难。虽然目前已有一些工作设计出一些应对边缘计算场景可编程性挑战的解决方案［7-9］，但是这些工作均没有考虑具体场景下物联网的性质。在物联网中，第一步操作应该是发现边缘节点［10］，然而在发现过程之前物联网设备并不知道附近部署了什么类型的平台。此外，大量的服务端程序需要部署在边缘节点上，因此边缘节点提供商如何部署以及管理这些服务器程序同样是一个具有挑战性的问题。

数据管理方面，不同的存储服务器运行不同的操作系统，因此在文件命名、资源分配、文件可靠性管理等方面都需要专门处理。此外，由于大量的物联网设备同时生成和上传数据，数据资源的命名也具有很强的挑战性。许多传统的命名方案，如 DNS 和 URL，虽然满足云计算和大多数当前网络的要求，但是这些方案并不能完美适用于动态边缘计算网络和海量异构的物联网系统。

7.4.6　资源管理

物联网场景下的边缘计算需要对资源管理进行全面、透彻的理解和优化。物联网设备通常存在网络带宽不足的问题，因此将受到网络拥塞和延迟的严重影响，而且在拥挤的环境中会因为数据重传而消耗更多的能量。边缘服务器作为距离上最接近用户的计算和存储资源部署点，具备降低设备延迟的能力。资源管理可以通过多种方式进行，并且本身的计算开销很小。然而服务提供商、设备和应用程序的异构性增加了相当大的复杂性，而且它们之间交互带来的挑战不可忽视。不仅如此，在一个由多个资源提供者、大量不同的应用程序和用户需求组成的系统中，如何分配、共享并为系统服务定价也同样是一个亟待解决的问题。

7.4.7　卸载策略的其他优化

卸载决策在边缘场景中至关重要，它直接决定任务处理的位置以及处理延迟。但是目前所有有关卸载决策的相关工作多数只考虑了移动设备的能耗，很少在决策过程中进一步考虑边缘计算服务器的能耗（包括计算和相关通信带来的能耗）。此外，在任务卸载和执行期间，若用户位置发生移动，即便是很低的移动性也可能带来严重的信道质量下降，导致传输能耗增加。因此，在任务卸载期间，利用有关技术对设备移动性以及相应的信道质量变化进行预测，减小能量开销也是很有必要的工作。

7.4.8　考虑卸载与未卸载数据的流量范式

目前有关任务卸载、计算资源分配和移动性管理的研究大多忽略了这样一个事实，即没有被卸载到边缘的常规数据（例如 VoIP、HTTP、FTP、机器类型通信以及视频流等），必须通过无线回程链路与被卸载的数据并行传输。因此在将应用程序卸载到边缘服务器期间，为了保证 QoS 和 QoE，有必要为卸载数据以及未卸载的常规数据共同分配和调度通信资源。

在这样的流量范式之中，卸载数据为本就资源匮乏的网络带宽又带来了额外负载。此外通信资源的有效调度，能够通过对无线和回程链路资源的进一步有效利用来增加卸载到边缘服务器的数据量。

7.4.9　隐私安全以及用户信任相关

任何技术的成功都与消费者的接受程度有着紧密的关系，用户隐私安全的保证是用户接受并采用边缘系统的重要前提因素之一。边缘计算相关技术由于其本身的特性，安全性和用户隐私的保证面临很大的挑战。由于消费者的信任与技术的安全性和隐私性密切相关，因此如果用户数据的安全性和隐私性得不到很好的解决，则会失去消费者的信任，导致边缘系统 / 技术不被接受。因此，需要研究并开发适合边缘计算系统的信任模型，例如研究工作[11-12]中提出一种针对边缘网络系统的消费者信任模型，考虑了能够刺激消费者对可边缘计算系统的产品信任的影响因素。

习题

参考文献

边缘系统部署

边缘系统部署问题可以分为硬件部署和软件部署两类。其中，软件部署与上一章介绍的服务缓存是十分类似的问题，即决定网络功能在边缘计算系统中的部署位置。不同之处在于缓存的网络服务时间相对较短，而部署的网络服务运行时间相对较长。在模型与策略方面的设计思路与服务缓存基本一致。硬件部署问题研究如何在目标的服务区域内部署边缘服务器硬件设备。显然，该问题是边缘系统实际落地的一个基础问题，针对该问题的研究对网络时延等性能指标的优化意义重大。不合理的边缘服务器部署位置选择会导致服务器无法覆盖到所有移动设备、区域间服务器负载不均衡等问题。同时，部署网络架构和部署环境的复杂多变，使得边缘服务器部署问题极具挑战性。

本章重点围绕边缘系统服务器硬件部署问题展开介绍，如图 8-1 所示。首先对边缘服务器的部署场景展开介绍，分别从静态部署场景和动态部署场景两个角度出发。接着，根据两类

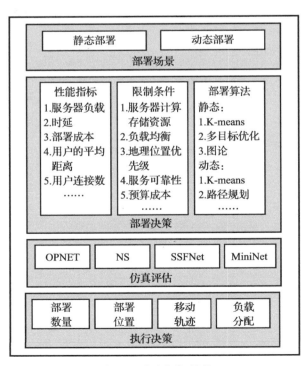

图 8-1　本章框架结构

场景，介绍在各自场景下边缘服务器的部署问题，具体从性能指标、限制条件和部署算法三个方面展开。在制定完部署策略后，进一步讨论对部署方案进行评估，本章介绍了几种主流的网络仿真软件。

8.1　边缘系统部署的典型场景

不同于传统的移动基部部署，边缘计算由于其内涵的丰富性，边缘系统部署也并非只与电信运营商有关。根据边缘服务器是否运行在独立的平台，可以将边缘计算服务器部署分为两种类型：直接部署和适应性部署[2]。

在直接部署方案中，边缘计算服务器作为一个独立的平台与网络基础设施分隔运行。移动网络运营商（Mobile Network Operators，MNO）允许将边缘计算平台部署到运营商的无线接入网（Ratio Access Network，RAN）中，边缘计算平台只负责提供本地的边缘计算服务，不需要考虑用户移动性和服务连续性等问题。

在适应性部署方案中，边缘平台在提供计算服务之外，兼具网络计数、网络流量管理和用户移动性管理等一系列服务。显然，适应性部署方案更具有普适性和可扩展性，但是也引入了异构计算环境对多场景、多应用服务的兼容性问题[2]。

同时，边缘计算服务器部署的硬件设施，需要考虑具体部署环境的要求。例如，在边缘计算和工业物联网（Industrial Internet of Thing，IIoT）的结合场景——智慧工厂环境中，边缘服务器可能直接部署在车间的设备旁。因此，为了保证服务器长时间稳定运行，边缘服务器的硬件需要支持宽温、防尘、无风扇运行，具备加固耐用的外壳或机箱。

不论是直接部署方案还是适用性部署方案，其目的均是将边缘硬件资源部署在目标区域当中，为区域中的移动用户和物联网设备提供边缘计算服务。而根据部署服务器是否具备移动性，可以将边缘系统部署场景分为静态部署和动态部署两类，下文对这两类分别展开介绍。

8.1.1　静态部署场景

静态部署指的是服务器位置确定后续无法再改变部署场景。出于不同的网络环境及商业用途，存在多种边缘服务器的静态部署场景，如图 8-2 所示。

静态部署场景可根据具体环境的差异，细分为室内和室外两类场景。

室内场景中，边缘计算服务器可以直接部署在无线接入网或其周边（如家用 Wi-Fi 路由器），目的是便于和无线接入网进行协调，在关键位置提供灵活的服务。同时，能够方便地了解流量特征和无线网络实时状态信息，一方面分担无线接入网传统应用的计算负载，另一方面可利用这些实时信息帮助优化边缘计算中的计算卸载、服务缓存等问题。除上述传统网络服务应用，边缘计算服务器还支持第三方提供的新兴应用服务，如视频分析的大数据应用服务、在线 MATLAB 和 AR/VR 应用服务[4]。

室外场景中，边缘计算服务器的部署位置根据网络环境的不同而有所差异。在 LTE 网络中，边缘服务器会部署在小型基站 eNB（Evolved Node B）[1-2]；在 3G 或 4G 移动通信网络中，服务器会部署在无线网络控制器（Radio Network Controller，RNC）周边；在 5G 移动通信网络中，服务器既可以部署在上行链路网关，也可部署在更靠近用户端的小型基站，同时也可将边缘服务器部署在基带单元（BaseBand Unit，BBU）池的聚集点，如小型蜂窝基站[4]。共享单车、智能物流和智慧安防系统等应用是物联网场景中的典型应用，遍布在日常生活诸多方面。物联网环境不同于 LTE 网络，具有节点密集、多为低功耗节点、节点对无线干扰更敏感、地理范围广和窄带通信传输延迟大等特点。因此，部署边缘服务器时需要充分考虑物联网的上述特点，在对物联网节点全覆盖的前提下，有效应对无线干扰、节点异构、通信距离有限、数据传输率慢等挑战。

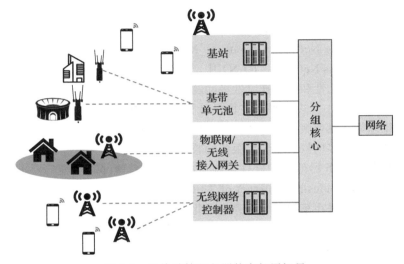

图 8-2　边缘计算服务器静态部署场景

　　对于边缘计算服务器和 BBU 部署在同一站址的情况，要求服务器的运行环境必须符合 NEBS 要求[8]。NEBS 要求包括：服务器的工作温度为 –40 ～ 50 ℃，工作湿度为 5% ～ 100%，并且应具备良好的防水、防潮、防火性能；考虑到灾备情况，服务器应具有设备可操作性和抗震特性；考虑到边缘服务器在机架外进行操作或使用的可能，硬件设计时需要保证服务器的外壳尺寸相对于数据中心略小，从而能够灵活地支持诸如放置在机架、柜子内部或悬挂在墙上等多种固定方式。相应地，其计算资源和能力相比云数据中心也较弱。

　　室内场景中，边缘计算服务器通常为无线接入网关（Wireless Access Gateway，WAG），根据具体部署场景的差异，该网关内可部署多类场景通用的边缘应用服务。例如，企业无线局域网（Enterprise WLAN）通过将若干边缘服务器部署在建筑物中的 Wi-Fi 接入点，使得企业员工可以随时随地、高效地访问网络并请求计算服务，边缘网络中的多个接入点由核心网中的接入点（Access Point，AP）控制器进行管理[5, 42]。在企业局域网中，由于前端用户及物联网设备数量多且大多采用蓝牙或 Wi-Fi 无线通信的方式，抗干扰能力较差，所以服务器部署点时需要考虑无线链路质量和链路冲突等问题。

8.1.2　动态部署场景

静态部署场景通过预测模型获得用户在一段时间的请求量，以此作为部署算法的输入，并输出要部署的服务器数量和位置，且部署后通常不可再改变。动态部署场景则是将部分服务器装载到移动小车、无人机或移动机器人上，使其获得移动能力，服务器可以通过移动设备的请求动态调整其部署位置。例如，对于车联网这类用户移动性大、任务请求动态变化以及物联网中终端节点分布稀疏的场景，动态服务器部署可以更好地提高服务资源利用率，减小服务延迟并提高服务质量。

动态部署的出现是为了解决静态部署场景固有的如下问题。

①部署决策一旦执行便无法更改，不能很好地应对用户任务请求量随时空变化的情况。

米兰大学的 Stavros 团队对移动用户的请求流量进行了预测值和真实值的比对，结果表明：

❑ 同一服务在不同时间段的请求量差异极大，如地图导航类应用服务在早上 7 点和晚上 6 点时间段内请求量剧增，其他时间段相对平稳；

❑ 服务请求量与服务类型及空间相关，如博物馆区域请求 VR/AR 应用服务的流量远大于地图导航应用，学生宿舍区晚上请求游戏及视频服务的流量远大于其他应用；

❑ 预测模型无法很好地预测突发性情况。

②部署决策仅根据当前场景的节点规模确定部署方案，不利于网络系统扩展。

由于场景中节点的扩展不可准确预知，因此静态服务器的部署会依据已有节点或预测节点规模进行规划，算法确定的最优决策也仅仅考虑了当前环境的节点分布。一旦场景中增加了新节点或对原有节点进行了改动，则原服务器的部署方案将不再是最优方案。

③静态部署服务器负载无法支撑突发性事件。

静态服务器部署算法根据场景中用户请求量的期望进行决策，一旦发生诸如大型密集的视频直播等人流量和任务请求量急剧增长的活动，已部署的服务器负载就会大幅增加，导致提供的服务质量无法保证。

④服务器覆盖范围有限，对于用户设备稀疏分布的场景，需要部署数量庞大的服务器才可实现对目标区域用户和物联网设备的全覆盖。

服务器覆盖范围随数据传输速率的提高而减小[6]。蜂窝移动通信网络正在从 4G 向 5G 场景过渡，按照十年一代通信技术标准更新的规律[7]，6G 的大规模应用指日可待。现有 5G 基站的有效通信半径约为 50 ～ 150 米，6G 在 5G 的基础上提出了更高的数据传输率和更低的延迟要求，这导致基站的有效通信半径缩小至 10 米的量级[6]。固定基站的静态部署方案显然无法做到如此密集的服务器部署，故需要提出动态部署方案。

8.2　边缘服务器部署问题

概括而言，边缘服务器部署问题主要研究如何在有限的服务器负载能力和部署成本等限制条件下，确定部署服务器的规模、位置等关键信息，从而为用户提供低延迟、高可靠的边缘服务。但正如前面所介绍，边缘服务器的部署地点随部署环境的改变而具有较大差异，这导致不同场景下的服务器部署需要考虑不同的优化指标和限制条件，从而形成多种不同类型的问题。

本节首先介绍边缘服务器部署问题关心的评价指标和限制条件，接着梳理不同类型的边缘服务器部署问题，即静态服务器部署方案和动态服务器部署方案两大类，每一类问题利用聚类、图论、最优化和路径规划等方法产生不同的优化部署方案。

8.2.1 部署问题的评价指标及限制条件

本节将对边缘服务器部署问题相关的评价指标和算法设计需要考虑的限制条件进行梳理，并讨论其合理性。

1. 评价指标

评估一个边缘计算服务器部署策略的好坏，需要建立合理的性能评价指标。该指标由于部署环境和商业目的的差异，在不同的边缘计算服务器部署场景中会有所不同。

从宏观角度看，边缘计算服务器部署的性能通常使用一组 QoS 和 QoE 指标进行评估。ETSI 考虑通过关键绩效指标（Key Performance Indicator，KPI）来衡量部署用例中体现部署性能的若干功能性指标和非功能性指标，具体指标的选定取决于用户用例[9]。其中功能性指标包括时延、吞吐量、包到达率和能量有效利用率，非功能指标包括服务可用性、可靠性和容错性。

（1）时延

边缘计算服务器到其负责的接入点或用户的平均时延是服务器部署问题主要考虑的 KPI 之一。在边缘计算基础设施中，特别是在城域网这类大范围网络结构中，时延主要和核心网的拓扑结构及边缘节点间的链路质量相关。由香农公式计算求得服务器数据传输速率，再通过服务器部署位置与接入点或用户的地理距离，求得服务器与各个接入点的平均时延。

由于上述计算公式涉及信号干扰、信道分配等传统链路质量优化问题，为简化边缘计算服务器部署问题，研究者通常用服务器和用户的平均地理距离代替时延作为评价指标。

（2）服务器资源利用率

服务器资源利用率指服务器负载占整体计算资源和存储资源的利用率。边缘服务器和云计算中心服务器相比，计算和存储资源都相当有限，无法满足边缘应用和用户的所有请求。

服务器资源通常指边缘服务器本身的计算资源（如 CPU 占用率）和内存资源，以及终端设备与边缘服务器或云计算中心的网络带宽资源。

CPU 计算资源会影响任务的完成时间，过度占用 CPU 可能导致应用程序仍在运行但运行速度更慢的情况。对于多个任务同时使用同一服务器 CPU 的情况，服务器会采用处理器共享的方式并行处理多个任务[10]，有些工作也会采用排队论模型来量化多服务处理时延[11-12]。

边缘服务器内存大小对资源消耗构成了更严格的限制，因为过度占用内存可能会导致应用程序故障等严重问题。

除了边缘服务器本身的 CPU 和内存资源，终端设备、边缘节点和云计算节点之间的网络带宽也是稀缺资源，因此网络带宽的使用可能也需要进行优化。由于网络带宽和服务器连接的用户数量强相关，有些关于边缘服务器部署的研究工作会通过服务器最大连接数来衡量网络带宽[13, 18]。

需要注意的是，不同类型应用程序占用的资源种类和比例不同。如 VR/AR 游戏占用大量的 CPU、GPU 计算资源、内存资源和网络带宽，在线 MATLAB 程序则占用更多的内存资源[4]。因此，服务器资源利用率的计算需要考虑服务器覆盖区域内各类应用服务的分布情况。

（3）服务器负载

服务器负载是指边缘服务器部署后负责的在线用户应用服务请求的计算负担。不少研究工作考虑了整体负载、平均负载和最坏历史负载三种情况，作为服务器负载的期望值。

服务器负载根据用户请求数据类型有多种不同的估算粒度。例如独立用户的服务请求量、服务的持续连接时间、语音视频通话时长、单个接入点的请求速率以及接入点在固定时间段内的总请求数。最坏情况的负载估计可以根据历史数据中同一时段的最大连接数来计算[19]。

（4）部署财务成本

对运营商而言，边缘服务器基础设施的部署和使用会产生财务开销，同时服务器运行时的能耗也会对财务成本有影响。这些成本可以是固定的或基于使用情况的，或者这两者的某种组合。类似的，使用网络传输数据也可能产生成本，这一点可以通过网络带宽的利用量来估算[20]。

2. 边缘系统部署的限制条件

由于现实环境、商业用途和基础设施硬件本身的限制，边缘计算服务器部署问题在优化前面介绍的评价指标时需要考虑多种限制，下面对研究部署问题时需要考虑的限制条件进行介绍。

（1）部署位置地理特点

部署问题中服务器的选址存在两种情况：在现有接入点选择和在环境地理位置中独立选择。

❑ 服务器位置在现有接入点选择的情况。将服务器直接部署在运营商现有基础设施架构（如基站、网关）中可以节省服务器部署的经济成本。在这种情况下，服务器的部署位置选择空间限定在场景中的若干接入点，研究问题则可以规约为确定部署服务器的数目、每个服务器选择的接入点位置及每个服务器负责的接入点。

❑ 服务器位置在环境地理位置中独立选择的情况。将服务器的部署地点从接入点扩展到场景中的任何位置，这种情况下首先需要进行地理位置的离散化，将连续的地理空间变为若干离散的点，然后服务器的部署位置将在这些离散地理点中进行选择。

服务器的两种部署位置选择如图 8-3 所示。服务器 3 属于部署在现有接入点的形式，而服务器 1 和 2 属于独立于接入点部署的形式。需要注意，一个边缘服务器可以负责多个接入点，如服务器 2 的连接情况；也可为了满足可靠性和负载均衡的要求，出现同一个接入点由多个服务器共同协作负责的情况，如接入点 C 同时由服务器 1 和 3 负责。同时，无法被边缘服务器覆盖到的接入点和用户，可以直接在本地运行或交付云计算中心进行处理。

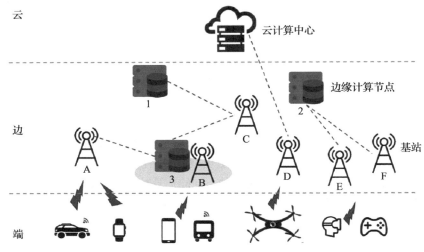

图 8-3　服务器部署位置的选择

　　在服务器可选的部署位置之间，可能存在优先级不同的情况。以城市范围为例，网络运营商在部署基础设施时通常借助业务模型和领域的专业知识，将市中心和人口稠密的地区作为基础设施最可能部署的位置。同时，即使无法确定某位置周边的人口密度信息，也可以根据该地点的功能定位而确定服务器部署优先级的高低，例如机场、商业中心、医院和研究机构，在这些地点部署的优先级应大于其他地点[9]。此外，当网络规模较小时，服务器部署位置的优先级确定需要考虑安全隐私的问题。网络拓扑和地理环境本身的特点也会影响部署地点的优先级高低。

　　（2）服务器计算存储能力

　　相比于云计算中心，边缘服务器拥有的计算资源和存储资源是有限的。例如，华为云可为若干用户同时提供 C6.16 规格的云计算服务（搭载 64 个第二代英特尔至强可扩展处理器，256GB 内存）[44]，而边缘服务器正昱 E2039 仅搭载英特尔 E3940 处理器和 8GB 内存[44]。

　　因此，边缘服务器只能对有限的应用服务进行缓存和处理，服务器部署时需要对当前部署位置所产生的应用服务请求量进行估计，使其不超过服务器的计算存储能力上限。

　　（3）负载均衡

　　本着公平性和区域整体服务器资源利用率最大化的原则，部署若干同构的边缘服务器时需要尽可能让每个服务器负载均衡[17]。

　　服务器的负载有多种衡量指标，包括服务器在特定时长内的最大用户连接数、终端设备向服务器发起的请求时长以及服务器在特定时长内的数据请求量。

　　具体计算时，负载均衡的指标有两种计算方式：计算各个服务器负载的方差，以及计算负载相差最大的两个服务器负载的差值。在上述两种计算方式中，前一种比后一种计算得到的结果更准确全面，因为后一种计算方式只考虑了场景中负载最多和最少的服务器，忽略了非极值的服务器负载数据。

现有工作通过设定不同服务器负载的方差阈值，或者设定服务器工作负载的上下限，来满足负载均衡的限制条件。

（4）任务时延要求

边缘计算为低时延高带宽的应用程序提供了有效的计算模式，不同的应用程序对时延和带宽的要求有所差异。根据华为 2017 年在《5G 时代十大应用场景白皮书》中提供的典型5G 场景应用要求[20]，图 8-4 描绘了排名前十的应用程序对时延的要求。可以发现，虽然应用程序对时延都是毫秒级别的要求，但是不同应用之间时延要求差异较大，如 VR/AR 和智慧城市应用相比，时延要求相差近 100 毫秒。

服务器部署产生的时延需要满足不同应用的要求，上文已提到，服务器部署位置的不同会导致请求应用程序的分布不同，因此每个服务器的时延（或与用户的平均距离）需要满足各自负责的应用程序的时延要求。

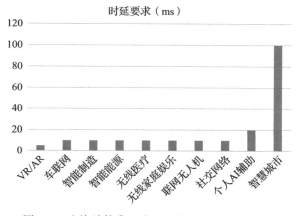

图 8-4　边缘计算典型应用服务的最低时延要求

（5）预算成本

从服务器提供商的角度看，财务收益是主要关注的指标。收益的主要来源是，通过提供边缘计算服务来改善用户服务体验（时延、能耗、吞吐量等指标），从而向用户收取服务成本。财务主要的开销分为初始部署和后期维护两部分：初始部署时需要购入基站、服务器等基础设施硬件，并涉及相应的人工安装费用；后期为维持服务器正常运转，需要考虑在电能资源和机器维护方面的投资。

考虑到运营商有限的预算成本，服务器部署时需要考虑财务预算的限制条件。

（6）服务可靠性

目前为止介绍的所有指标和限制条件都很容易被量化，但是它们不足以保证用户获得高质量的边缘计算服务体验。为此，服务器部署时还需要考虑诸如可靠性、安全性和隐私性等指标。安全性和隐私保护问题将在第 10 章详细介绍。

可靠性难以给出一个确定的量化方法，通常会用系统在一段时间内出现故障并恢复的能力来衡量[17]。使用多个服务器同时负责相同任务对提高系统可靠性有帮助，但是这种方式也会带来资源有效利用率的降低。服务器部署时需要对可靠性和资源利用率两个指标进行权衡。

8.2.2　静态部署问题

边缘计算服务器的静态部署问题可以概括为如何在若干待选择的部署位置中，根据预测的用户请求的时空分布、运营商预算成本和边缘应用的时延带宽需求等信息，确定环境中需要部署的边缘服务器数量、每个服务器的部署位置及负载。

边缘服务器静态部署问题的解决步骤通常可以概括为如下四步：

❑ 区域离散化，确定服务器部署可供选择的位置部署空间。

❑ 数学建模，明确问题的评价指标和限制条件的量化模型。

❑ 提出算法，解决边缘服务器静态部署问题。

❑ 仿真测试，评估部署方案的优良。

本节内容根据上述步骤依次展开，其中仿真测试的工具在下节详细介绍。考虑到传统物联网场景中存在类似的部署问题本节首先将边缘计算服务器静态部署问题与无线传感网（Wireless Sensor Network，WSN）传感器部署和室内 Wi-Fi 接入点部署问题进行对比，明确边缘服务器部署问题的特点及挑战；然后对现有静态服务器部署方案进行介绍，包括区域离散化方法、利用的算法理论工具和典型研究工作。

1. 边缘服务器部署问题的独特性

边缘计算服务器部署可以视为研究如何在环境中放置边缘服务器的问题，该问题与 WSN 传感器部署问题和室内 Wi-Fi 接入点部署问题相比，既存在相似性也存在差异性。下文对这两类问题与边缘服务器部署问题的异同进行分析。

WSN 传感器部署问题研究如何在 WSN 的目标数据采集区域中部署收集数据的传感器节点，达到以极低代价（能耗、延迟、可靠性等 KPI）覆盖全部数据采集点。

相比于 WSN 传感器部署问题，边缘计算服务器部署问题主要有如下区别：

❑ 相比于传统传感器网络中的数据兴趣点，边缘计算中需要覆盖的终端节点（智能移动终端和物联网节点）数量更多、流量需求更大且节点异构性更强。例如边缘节点即可包括高清摄像头、VR 游戏设备，这类对网络带宽和计算资源有着极高要求的终端；也可包括传统无线传感网络中的温度、湿度传感器节点，这类对网络带宽和计算资源需求较小的节点。

❑ WSN 传感器节点大多部署在室外环境，相隔距离较远；而边缘计算中节点较为密集（尤其在城市环境和室内环境中），传输方式往往选择 Wi-Fi 或移动蜂窝网络，对无线信号干扰更为敏感。其中部署在边缘计算环境中的低功耗物联网节点，其环境中的无线干扰情况更为复杂。因此，边缘节点的部署问题需要更多地考虑无线环境干扰因素。

❑ WSN 传感器节点只负责数据采集的任务，而边缘计算中的终端节点既可以采集数据，也具备本地计算任务的能力（根据第 4 章介绍的计算卸载算法，确定是否需要在本地执行计算任务），边缘服务器则具备数据处理的能力。

❑ WSN 传感器节点之间的数据采集任务相互之间不构成竞争关系，但边缘计算中处于同一服务器的不同计算任务需要竞争 CPU 和内存资源，因此边缘服务器节点部署时还需要考虑资源分配问题。

另一个相似的问题是室内场景 Wi-Fi 接入点的部署问题，研究如何根据环境中终端设备的分布情况，确定 Wi-Fi 接入点部署的数量和位置，从而为终端设备提供稳定的无线数据传输服务，如图 8-5 所示。

　　室内场景的 Wi-Fi 接入点部署和边缘服务器部署问题的主要差异在于，Wi-Fi 接入点只负责提供数据传输的服务，不涉及任务的计算处理，因此在部署时主要考虑无线链路质量相关因素。而边缘计算服务器既拥有数据传输的功能，也具备数据处理计算的能力，部署时需要将通信和计算流程结合考虑。

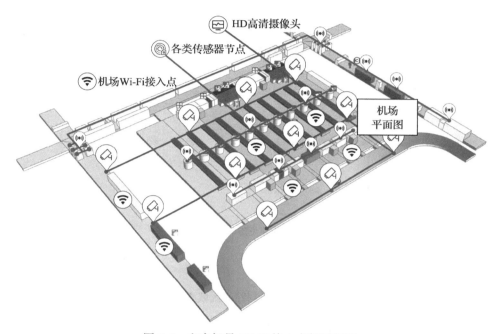

图 8-5　室内场景 Wi-Fi 接入点部署问题

　　因此，考虑到上述特性和差异，WSN 传感器部署和室内场景 Wi-Fi 接入点部署问题的解决方案无法直接适用于边缘计算服务器部署问题，边缘服务器的部署算法应结合边缘计算范式和边缘节点的特性。

2. 区域离散化

　　给定服务器部署区域环境，首先需要将地理环境中连续的空间转换为若干离散的点。对于服务器部署在接入点周边的情况，服务器部署位置的选择空间已经缩小为环境中存在的接入点位置，不需要执行区域离散化步骤。而当服务器部署位置独立于接入点，在环境地理位置中独立选择时，首先需要执行区域离散化的步骤。

　　现有区域离散化方式可以归纳为两种：网格法和圆形区域求交法。

　　在网格法中，二维地理空间被划分为若干粒度相等的网格，空间中每个点的位置用 (x, y) 二维坐标表示。空间中任意两点的距离可通过欧氏距离公式进行计算。

　　圆形区域求交法则将边缘计算中每个节点的通信范围用圆环表示，同一节点的若干层圆形表示不同级别的通信速率。区域的相交部分是可同时覆盖多个节点的位置，边缘服务器的部署位置通常从这些相交区域的重心中选择。

传统圆形区域求交法视每个节点的通信半径相同，研究工作［3］考虑到不同边缘终端节点产生的数据流量大小存在差异，且节点间存在无线信号干扰的问题，提出了不等间距区域离散化的方法，通过综合考虑通信速率、任务量、环境干扰等信息来划分。如图 8-6 所示，图 8-6a 为传统的区域离散化方式，每个终端节点数据传输量相同，因此划分的圆形区域半径相同；图 8-6b 则是不等间距划分方式，在这种方式下由于高清摄像头的数据传输需求远大于普通传感器节点，因此其等价的任务传输速率的圆环半径更小。通过上述的区域离散化方式，可以有效应对边缘计算中节点数据传输量不同和无线干扰的问题。

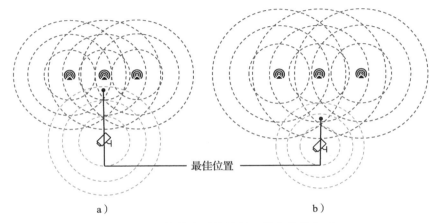

图 8-6　边缘节点异构性的区域离散化方式

在边缘服务器部署位置的可选择空间确定后，则需要进行部署算法的设计步骤。不同的服务器部署问题由于限制条件、优化目标和具体场景的差异，使用的部署算法也有所不同。但算法设计的基本理论，可以概括为如下三类优化算法：

❑ 以 K-means 为代表性的聚类算法。

❑ 单目标或多目标最优化问题的解决算法。

❑ 图论相关算法。

下文将依次对上述三类算法及具有代表性的相关工作进行介绍。

3. 部署策略：聚类算法

聚类是机器学习中无监督学习的典型问题，旨在将相似的对象归纳到同一个簇中，使得同一个簇内的数据对象的相似度尽可能大，同时不在同一个簇内的数据对象差异性尽可能大。

常用的聚类算法包括：K-means、DBSCAN、高斯混合模型聚类和层次聚类［22］。其中基于点之间的几何距离创建的聚类算法 K-means，非常适用于以边缘服务器与用户的平均距离作为 KPI 的边缘服务器部署问题。下文将对常用的聚类算法进行介绍，重点介绍 K-means 算法及其在服务器部署中的相关应用，这有助于我们更好地理解基于聚类的静态边缘服务器部署算法。

（1）K-means 算法

K-means 算法是基于点之间的几何距离创建聚类的方法。算法首先从数据集中（即部署问题中的服务节点或候选部署位置）选择部分数据组，随机初始它们各自的中心点共 K 个；接着通过计算每个数据点和每个数据组中心点的距离来对每个点进行分类，将点归类到距离中心点最近的数据组中汇总；根据分类结果利用组中所有向量的均值重新计算数据组的中心；多次迭代重复上述步骤，直到数据组中心在每次迭代后变化不大为止，如图 8-7 所示。对于 K-means 来说，簇往往是球状的。

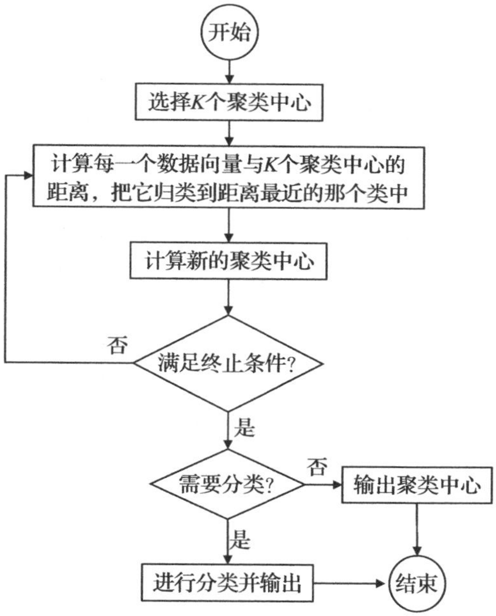

K-means 算法的优势在于速度快，时间复杂度为线性。劣势在于算法运行前需要明确有多少个类；初始数据中心点的不同的选择会产生不同的聚类结果，即结果可能无法重现且缺乏一致性；同时噪声点的存在会对聚类效果也会产生极大影响。

对于边缘计算中的服务器部署问题，研究者通常关心服务器部署位置与其负责的接入点（或用户）的平均距离，从而刻画出服务器部署时延的指标。根据点的几何距离进行聚类的 K-means 方法，非常契合该优化指标，因此有许多关于服务器部署的研究工作都采用了基于 K-means 的方法。

图 8-7　K-means 算法流程

芬兰 Oulu 大学的 Tero Lahderanta 等人[17] 提出基于 K-means 服务器部署算法 PACK，该算法在考虑不同地理位置优先级和服务连接可靠性的基础上，基于给定的待部署服务器数量及场景中各个接入点的请求量预测值，确定每个服务器的部署位置及相应负载，从而达到在满足负载均衡限制条件下，最小化服务器与其负责接入点的平均距离的目的。需要注意的是，PACK 算法运行的前提是已知需要部署的边缘计算服务器数量。对于待部署服务器数量和位置都未知的部署问题，该算法无法有效解决。为了弥补 PACK 算法的不足，该团队在 2020 年提出了改进算法 sPACK[15]，sPACK 算法在 PACK 算法的基础上增加了计算最小代价部署服务器数量的步骤，该步骤通过计算在满足服务器计算资源限制的前提下，服务器与每个接入点需求量的乘积，找到使得上述乘积最优的服务器部署数量。通过对最优服务器部署数量和这些服务器部署位置的迭代计算，不断优化数量和位置两个决策变量，使其逐渐逼近最优解。

（2）DBSCAN 算法

DBSCAN（Density-Based Spatial Clustering of Applications with Noise）是一种基于密度的聚类算法，可以有效处理噪声点。算法首先从任意一个没有被访问过的数据点开始，计算该点周边所有的邻域点；如果在这个邻域内有足够数量的点，则聚类成簇并将当前数据点标记为新簇中第一个点，否则，该点被视为噪声点；对于新簇中的第一个点，其周边邻域的点也会成为簇中的一部分；上述步骤不断重复，直至簇中所有点都被访问和标记过；当算法完成了当前簇的聚类后，一个新未访问点将被检索和处理，导致算法发现另一个簇或噪声点；重复上述过程直到区域中所有的点都被标记或已访问。

DBSCAN 与其他聚类算法相比，优势在于不需要事先确定候选服务器的数量；与 K-means 和均值漂移算法不同，即使数据点差异性非常大，也会简单地将其归类到某一簇中；另外，DBSCAN 可以很好地找到任意大小任意形状的簇。

由于 DBSCAN 算法基于密度确定簇，因此当簇的密度不同时，用于识别邻域点的距离阈值的设置会随簇而变化，此时算法的表现将不如其他聚类算法。

（3）GMM 算法

高斯混合模型聚类（Gaussian Mixture Mode，GMM）是一种概率式的聚类算法[23]。在该算法中，所有样本数据被视为由若干多元高斯分布组合的混合分布生成。K-means 使用距离均值求聚类中心的方式无法处理圆形簇的问题[22]，GMM 很好处理了该问题。算法利用期望和标准差来描述簇的形状，每个簇使用一个高斯分布表示，将数据点聚类问题转换为找到每个簇的高斯参数（期望和标准差）的问题。

在 GMM 中，首先确定簇的数量并随机初始化每个簇的高斯参数；接着对于每个高斯分布（每个簇），计算场景中各个数据点属于该簇的概率，越靠近高斯分布中心的数据点，属于该簇的概率越大，这也符合了高斯分布数学模型中，大部分数据都靠近期望的中心位置的假设；基于上步得到的概率，计算一组新的高斯参数使得簇内数据点的概率最大化；重复上述步骤，直至高斯分布的最大化概率加权和基本不变。

GMM 算法通过设置期望和标准差两个高斯参数，允许簇呈现任何椭圆形状，而非像 K-means 中簇的形状常被限制为圆形；同时 GMM 使用概率来描述数据点距离簇的远近，支持一个数据点同时属于多个簇的混合情况，这也能够对应与边缘服务器在多个用户服务器区域的情况。

（4）层次聚类

层次聚类算法将空间中 n 个点设置为 n 个簇开始；按照自上而下或自下而上的顺序，不断将距离最近的两个簇合并为一个簇；重复上述过程，直至只剩下一个簇。层次聚类算法的输出结果为一棵层次树，树根为最终收集了所有样本的唯一簇，叶子节点代表初始步骤中仅具有一个样本的簇，树中节点之间的高度表示簇之间的距离。树状图的垂直方向切割线，在不与另一个簇相交的情况下，穿越的最大距离为簇之间的最小距离。树状图的水平方向切割线，相交节点的数量表示簇数量。

层次聚类算法的优势在于不需要指定簇数量，最终簇数量的选择可以人为根据不同簇数量下的表现效果来决定；算法对于距离度量标准的选择不敏感，这是层次聚类算法相比于其他聚类算法特有的优势；另外，该算法对于具有层次结构的基础数据聚类效果更好，也可以用于恢复基础数据的层次结构。

层次聚类算法的上述优势从一定程度上是以较高的时间复杂度为代价的，不同于只有线性复杂度的 K-means 和 GMM 聚类算法，层次聚类的时间复杂度为 $O(N^3)$。

4. 部署策略：最优化算法

大多数边缘计算服务器部署问题可建模为一个最优化问题。不同于聚类方法，最优化方法更强调所有部署位置的整体表现，而不会特别强调各个部署位置之间的关系。本节首先给出边缘服务器部署问题的典型最优化问题的数学表示；然后根据现有研究工作不同的优化目标及限制条件，将边缘服务器静态部署问题的最优化形式分为四类最优化问题。

对于边缘计算服务器静态部署问题，可以视为在 n 个可选位置确定 m 个服务器的部署地点，其中可选位置可以是接入点、小型蜂窝基站，也可以是如本节介绍的区域离散化后确定的可选部署点，下面用"接入点"代表上述的多种部署位置选择。

给定 n 个接入点，x_i 表示接入点 i 的坐标，w_i 表示接入点 i 的负载（用接入点连接的用户数或平均请求流量计算）。考虑不同地点的优先级各异，用 γ_i 代表接入点地理位置的优先级权重，因此接入点 i 的权重可表示为 $a_i = w_i + \gamma_i$。待部署的 m 个边缘服务器各自位置坐标可表示为 c_j，$j = 1, 2, \cdots, m$。服务器的负载分配方案用 $y_{i,j}$ 表示，若 $y_{i,j} = 1$，则代表服务器 j 需要负责接入点 i 的负载，反之则 $y_{i,j} = 0$。若优化目标为服务器和其负责的接入点在单位距离下的平均负载最小，其中服务器 j 与接入点 i 的距离为 $d(i, j)$，则目标函数可以写为

$$\arg\min_{c_j, y_{i,j}} \sum_{i=1}^{n}\sum_{j=1}^{m} a_i d(i, j) y_{i,j}$$

同时，需要满足限制条件：

❑ 服务器的候选位置限制在 n 个接入点附近。

$$c_j \in \{x_1, x_2, \cdots, x_n\} \quad \forall j$$

❑ 每个接入点的负载由一个或多个服务器负责。

$$y_{i,j} \in \{0, 1\} \quad 或 \quad y_{i,j} \in [0, 1]$$

❑ 服务器的负载不可超出其能力限制。

$$L_{\text{low}} \leqslant \sum_{i=1}^{n} w_i y_{i,j} \leqslant L_{\text{Up}}$$

根据具体部署问题的优化目标及考虑的限制条件不同，优化问题表现形式和相应的解法也会存在差异。目前使用最优化理论工具，解决边缘计算服务器静态部署的最优化问题可以概括为：

❑ 整数线性规划问题。

❑ 混合整数线性规划问题。

❑ 混合整数非线性规划问题。

❑ 多目标优化问题。

下文对上述四类优化问题及其代表性边缘服务器部署研究工作进行介绍。

（1）整数线性规划问题

在介绍整数线性规划问题前，需要先明确线性规划（Linear Programming，LP）问题的定义。LP 问题是目标函数为线性函数，变量的约束条件也是线性约束，最终的决策变量可以取任何的实数的优化问题。经典 LP 问题可表达为[24]

$$\min\{c^T x: Ax = b\}$$
$$满足\ x \geqslant 0$$
$$x \in \mathcal{R}$$

整数线性规划（Integer Linear Programming，ILP）问题则在 LP 问题的基础上，增加了决策变量是整数的限制

$$\min\{c^T x: Ax = b\}$$
$$满足\ x \geqslant 0$$
$$x \in \mathbb{Z}$$

由于服务器部署数量及部署点位置的离散特性，许多边缘服务器部署问题都可表示为 ILP 问题，利用解决 ILP 的成熟算法工具进行解决。现有解决 ILP 问题的基本思路是先放宽变量整数约束的条件，即线性松弛；接着使用 LP 问题的解法（如单纯形法）来解决，将 LP 问题的解映射到临界的整数解。分支限界法（Branch-and-Bound，B&B）则在上述思路基础上，将整数解空间按照 LP 问题临近的整数解进行划分，求出各个子空间的最优解，再根据这些最优解附近的整数解划分，向下递归，直至可以选择某一整数解作为最终解。

澳大利亚国立大学 Zichuan Xu 团队[25]研究了大规模无线城域网中的边缘服务器部署问题，已知待部署服务器数量，从城域网中若干无线接入点选择各边缘服务器的部署位置。该工作将该问题转化为一个 ILP 问题，该问题的优化目标为最小化访问平均时延，限制条件为各个边缘服务器的计算资源、部署位置是离散且唯一的，每个接入点只能被一个边缘服务器负责。考虑到问题研究的无线城域网规模极大，可选择的接入点数量极多，传统 ILP 解法效率较低。该工作提出了一个基于贪心思想的启发式算法，算法将所有接入点按照计算量需求大小排序，每次迭代中选择可以使平均时延最小且不超过服务器资源限制的部署位置。经分析，该算法的时间复杂度为 $O\left(\left(\sum_{j=1}^{n} n_j\right)^9\right)$，求得的次优解与最优解的近似比为 $16\rho(1+\varepsilon)$。

其中 n 表示网络中接入点总数，$\rho = \dfrac{\gamma_{\max}}{\gamma_{\min}}$ 表示场景中最大计算需求量和最小计算需求的比例，$\varepsilon = \max\limits_{v_j \in v}\left\{\dfrac{1}{\left\lfloor\dfrac{w(v_j)}{N_0}\right\rfloor}\right\}$ 为场景中一个接入点可支持的最大用户连接数。因此可以根据网络规模的大小来判断使用哪种部署算法，对于小规模网络，可以用 ILP 传统解法取得最优解；对于大规模网络，为提高算法效率可以使用轻量化的启发式算法，从而以一定存储空间为代

价换取短时间内取得近似最优解。

上述工作的不足之处在于算法需要首先确定部署服务器数量才可运行，加泰罗尼亚理工大学 Irian Leyva-Pupo 团队的工作[26]弥补了此缺点。该工作提出了解决 5G 场景下边缘服务器基础设施和用户平面函数的联合部署问题的算法 NOUP，通过将该问题构建为 ILP 问题并提出启发式算法，用以决策边缘服务器和用户平面最优部署数量和位置，以达到在满足 5G 服务需求的前提下，最小化系统时延、能耗、经济成本等 KPI 综合表示的总开销。需要注意的是，该工作考虑了用户的移动性带来的开销；同时，将服务器与用户平面的数量和优化目标总开销相结合，从而将数量和位置两类决策变量转换为一类。算法 NOUP 可细分为两个阶段，第一阶段为尚未被服务器覆盖的接入点按照就近原则选择负责它的边缘服务器，并为该服务器划分服务区域；第二阶段对第一阶段形成的分配策略进行调整，优化就近原则的划分可能出现不合理规划的情况。

（2）混合整数线性规划问题

混合整数线性规划（Mixed Integer Linear Program，MILP）可视为 LP 问题和 MLP 问题的混合形式，决策变量中不仅有连续实数变量，也有离散整数变量，一个广义的 MILP 问题的数学表示形式为

$$\min\{c^{Tx} + d^{Ty}: Ax + By = b\}$$
$$满足\ x, y \geq 0$$
$$x \in \mathcal{R}$$
$$y \in \mathbb{Z}$$

新泽西理工大学 Qiang Fan 团队[27]提出了 CAPABLE 算法，解决密集数据处理的边缘网络中固定服务器的部署问题。通过选择服务器部署在哪个接入点附近，优化边缘计算网络总开销（端到端时延和服务器部署经济成本），每个接入点可以被多个边缘服务器覆盖，且边缘服务器负载不可超出其总计算资源。该问题可表示为 MILP 问题，服务器负责的每个接入点负载变量可以用一个小于 1 的实数表示，服务器位置的决策变量则是 0-1 整数。

法国 Mathieu Bouet 和 Vania Conan[28]针对移动边缘计算中决策服务器大小、数量和部署位置的问题，建立了 MILP 数学模型，以最大化边缘计算服务器资源利用率为目标。该工作将此 MILP 问题转换为图模型的节点转换问题，通过对连通性极大的节点进行合并，减小需要部署的服务器数，并确定每个服务器的负责范围。

（3）混合整数非线性规划问题

ILP 和 MILP 问题都可以使用一个线性函数来表示优化目标，但是现实生活中大多数优化目标都是非线性的，这衍生了混合整数非线性规划（Mixed Integer Non-linear Program，MINLP）问题。

墨尔本大学 Sourav Mondal 团队[29]针对使用无源光网络（Passive Optical Network，PON）技术的边缘计算环境下边缘服务器（Cloudlets 同理）部署问题进行研究。该工作设计了服务器部署算法 CCOMPASSION 将无源光网络花费低的优势充分利用。该算法允许将边

缘服务器部署在某特定区域、远端节点、光线路终端和光纤接入网的交换机处，通过决策边缘服务器部署位置和其计算资源（如每个部署点可支持的机架数），最小化网络部署经济成本。由于网络部署成本的数学模型是非线性函数，且资源分配和部署位置分别是连续和非连续整数决策变量，该问题可表示为一个 MINLP 问题。MINLP 问题十分复杂，直接求解效率极低，故 CCOMPASSION 算法首先将部署成本的非线性函数转化为一个线性函数，然后利用求解 MILP 问题的思路求解。

（4）多目标优化问题

上述介绍的三类优化问题区别在于目标函数是否是线性表达，以及决策变量是否是整数，但都只存在一个优化目标。而多目标优化则是指优化目标不止一个的最优化问题。需要注意多个优化目标之间可能存在耦合，这类问题难以直接用单目标优化算法求解。

北京邮电大学 Shangguang Wang 团队[30]以最小化最大响应时间和实现服务器负载均衡为优化目标，建立边缘服务器部署的多目标约束联合优化问题，期望找到问题的帕累托最优解。由于服务器最大响应时间和最大负载差距两个目标之间并无耦合关系，故可以通过对两个目标进行加权求和，将多目标优化问题转换为单目标优化，利用 MILP 算法进行求解。

根据上文介绍的利用最优化问题来解决边缘服务器部署的相关研究工作，限制条件及优化目标的区别，会导致问题的最终表示方式和解法有所差异。从求解算法的复杂程度上而言，算法复杂度从 MINLP 到 MILP、ILP 依次递减；多目标优化问题的求解难度，则根据优化目标之间是否存在耦合关系而定：若子问题互相独立，则可用 MINLP、MILP 或 ILP 的相关算法求解，若子问题互相耦合，则问题的求解复杂度大于上述三类优化问题。从考虑的限制条件来看，MINLP 考虑的条件最为全面且复杂。上述四类优化问题在边缘服务器部署工作中的具体比较，如表 8-1 所示。

表 8-1　边缘服务器静态部署的最优化问题相关工作

研究工作	优化目标	服务器能力	接入点负载	服务器数目	最优化问题	求解算法
[25]	时延	上限	单服务器	固定	ILP	启发式
[26]	综合 KPI	上限	单服务器	可调	ILP	启发式
[27]	综合 KPI	上限	多服务器	固定	MILP	启发式
[28]	资源利用率	最大化	多服务器	可调	MILP	图论算法
[29]	财务成本	上限	多服务器	固定	MINLP	转换为 MILP
[30]	时延 & 负载均衡	上限	多服务器	固定	多目标优化	转换为单目标

5. 部署策略：图论相关算法

大多数边缘计算服务器部署位置的选择问题，可以转换为图论中的问题。图 $G = (V, E)$，其中节点集 V 表示网络中的接入点，边集 E 表示两个接入点之间的连通性，顶点的权重 $v(i)$ 表示该接入点的计算负载或用户连接数，边的权重 $e(i, j)$ 表示接入点 i 和接入点 j 之间的通信开销。若服务器部署位置设定在接入点周边，则部署问题可转换为如何在图中确定若干节点和每个节点的连通性，使得部署总成本（加权）之和最小。

因此，研究工作［29］和［30］将边缘计算部署问题转换为图论中最小生成树（Minimum Spanning Tree，MST）和最小支配集（Minimum Dominating Set，MDS）问题，将现有求解这类问题的成熟工具进行调整改进，从而应用到具体的边缘服务器部署问题中。

8.2.3 动态部署问题

如 8.1 节所分析的那样，边缘计算服务器静态部署方案无法高效应对任务需求量高、动态性变化、场景节点扩展、节点密度稀疏且服务器数量有限的情况。动态服务器通过在可移动的设备上装载边缘计算服务器，使得服务器获得移动性，根据任务的时空分布动态调整服务器部署位置，从而有效解决上述问题。

边缘计算服务器动态部署问题如图 8-8 所示，图中移动服务器有两类：装载于车辆和空中无人机（Unmanned Aerial Vehicle，UAV），这也是目前边缘服务器获得移动性的常见方式。

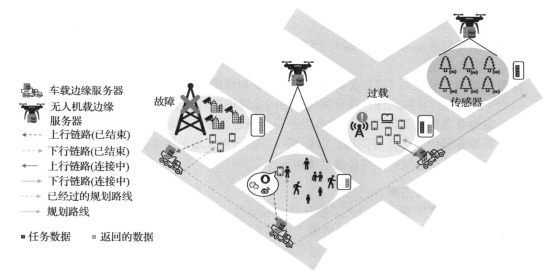

图 8-8　边缘服务器动态部署示例

图中列举了动态服务器的适用场景：

❑ 静态服务器故障。如地震、森林火灾等灾备情况，静态服务器无法马上重新启动，此时可以派遣移动服务器到该区域，为紧急情况下的移动通信计算提供保障。

❑ 用户请求随时空分布变化极大的场景。如游乐园区域服务请求密集的时间段只集中在营业时间如 10 点至 20 点［31-32］，若单独为该区域部署静态服务器，则服务器资源在其他人流密度小的时间段无法有效利用；通过调度动态服务器在人流高峰期到该区域，可有效解决静态服务器资源利用率不高的问题。

❑ 用户服务请求量突增，原固定服务器过载。如大型运动会、演唱会实况直播的场景，此时可派遣服务器到该区域缓解静态服务器的负载压力。

> ❑ 节点分布稀疏的大范围网络。如部署于森林、无人区的无线传感网，这些物联网节点需要定期向计算中心发送数据。同时，由于节点多为低功耗物联网设备，不具备本地计算复杂任务的能力，因此还需要边缘服务器提供计算服务。如果用静态服务器覆盖这些节点，由于服务器的覆盖范围极其有限，全覆盖部署成本过大，且计算任务请求以极低频率发送（如按小时上传数据的 HD 高清摄像头），将会导致静态服务器计算资源大量闲置。

将动态服务器部署在上述场景，可以仅用少量的服务器满足大区域范围的节点服务需求，部署开销和计算资源利用率都能得到优化。

1. 高移动性带来的挑战

动态服务器为边缘计算场景服务器部署带来灵活性和便利性的同时，高移动性的引入也会带来新的挑战：

> ❑ 动态服务器部署位置需要根据服务需求量的动态变化而调整，即算法需要有自适应性。
> ❑ 动态服务器移动时间通常远大于任务计算时间，边缘计算中延迟敏感型任务的时间要求需要保证。
> ❑ 服务器的路径规划（即动态服务部署）问题和资源分配、任务调度等经典问题耦合，由于服务器存在移动性，联合优化问题的处理难度远大于静态服务器场景。
> ❑ 动态服务器的计算能力不如静态服务器，静态服务器则缺乏了移动性，动态、静态两类服务器的联合部署问题，需要同时考虑前面介绍的静态服务器部署策略和后面即将介绍的动态服务器路径规划策略。

2. 动态服务器部署方案

动态服务器部署问题由于引入了服务器的移动性，使得问题和静态服务器部署问题相比，研究内容从固定地点的部署位置决策，变为了移动性相关的研究，包括动静服务器混合部署、动态服务器路径规划、动态服务器移动性管理等问题。下文根据动态服务器部署中具体研究问题的差异，对代表性研究工作进行介绍。

（1）动静服务器混合部署方案

动静结合的混合部署方案是：在边缘计算中，既部署动态服务器，也部署固定的静态服务器，利用动态服务器的灵活性对其进行调度；在静态服务器无法满足用户需求的情况下（如高峰期负载压力过大、服务器故障等情况），动态服务器可以帮助边缘系统为用户提供可靠服务。

维多利亚大学 Jingrong Wang 团队[32]利用无人机 UAV 装载边缘服务器实现了服务器的移动性功能，提出 UAV 动态服务器和基站部署的边缘服务器混合部署的模型，如图 8-9 所示。该工作利用装载在 UAV 上的边缘计算服务，按照时间间隔调整 UAV 位置，从而使服务器覆盖到人流量密度最大的区域，即"热点地区"。算法是自适应算法，UAV 位置可以通过 UAV 组网获得的实时服务请求信息进行调整，使得 UAV 可以为热点区域提供高效稳定的服务；另外，算法可以解决多个移动性服务器的路径规划问题。仿真实验阶段，数据来源于腾讯[31]和 Opencellid[35]提供的真实数据，相比于只部署静态服务器或动态服务器的方式，该研究工作提出的混合部署方案可以有效利用服务器的计算资源，且可以及时响应用户随时空动态变化的服务请求。

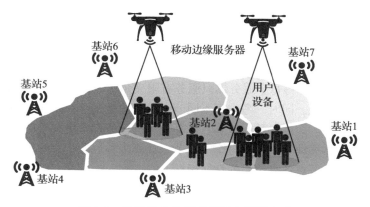

图 8-9　动静结合的服务器混合部署方式

（2）动态服务器路径规划

当边缘服务器具备移动性后，服务器移动路径是需要重点规划的内容之一。考虑到边缘计算环境中用户终端节点的任务具有延迟敏感性、计算量密集性等特点，动态服务器的路径规划问题并不可简单地视为旅行商问题（Traveling Salesman Problem，TSP）。

考虑到边缘计算中大多为延迟敏感型任务，清华大学 Yu Liu 团队[33]针对移动边缘计算服务器，提出了联合优化路径规划和资源分配的算法，该算法以在时限内完成的任务数最大化为目标，考虑到任务异构性和上下行无线链路的资源分配。该问题可表示为一个 MINLP 问题，并通过分段线性逼近和线性松弛的方法将该问题转换为 MILP 问题。进一步，该工作提出了间隔自适应分支限界算法（Gap-Adjusted Branch-and-Bound，GA-B&B）。为提高算法在大规模网络中的适用性，该工作在 GA-B&B 算法的基础上，提出一个低复杂度的 L 步提前分支方案。

针对边缘服务器在路途移动的时间开销远大于计算时间，且移动时间未被有效利用的问题，电子科技大学团队的研究工作［34］提出动静服务器混合部署框架 EdgeGO。在 EdgeGO 中存在两类边缘计算服务器：负责延迟敏感型任务的静态服务器和负责计算量密集且非延迟敏感性任务动态服务器，其中动态服务器可以实现服务器移动和任务计算并行执行，大幅提高了服务器计算资源利用率且缩短了完成区域内总任务的时间。针对移动计算并行的动态服务器路径规划及任务调度问题，该工作提出了联合优化算法 IPTC，以双层结构的方式迭代计算路径规划和资源调度，同时引入了当前解的接收概率 ρ，一方面将当前解接收概率和优化目标联合，另一方面当前解按照概率接收而非按照梯度下降的贪婪思路全盘接收，可以避免算法陷入局部最优解的困境。

（3）动态服务器移动性管理

动态服务器的移动性管理可分为两个部分：

①服务器移动服务区域划分问题。

②服务器移动速度控制问题。

动态服务器大多通过装载在电力支撑的 UAV 或车辆获得移动性，由于移动车辆装载的能源有限，故动态服务器的移动性也存在限制。因此，对于多动态服务器的场景，需要对每个边缘服务器服务区域进行划分，使其既可满足移动性限制，又可更好地提高服务质量。印度理工大学 Abhinav Tomar 团队[45]针对多移动服务器的区域划分进行研究，提出了一个基于模糊逻辑的动态区域划分算法。该算法首先根据场景中每个节点与基站（动态服务器充电基地）的夹角进行划分，使得每个服务器只服务有限夹角区域内的节点，同时保障了各服务器与基站的距离基本一致。同时，考虑到不同节点关心的指标存在差异，例如电池容量有限的终端设备更关心能耗，而运行延迟敏感且计算量大的任务设备更关心时延，该工作提出了基于模糊逻辑的服务器移动策略，对每个终端节点计算多种性能指标的模糊函数，通过模糊逻辑计算规则确定各个节点各自关心的性能指标。

大多数针对动态服务器的研究工作，都假设服务器的移动速度是不可调的常量[32-34]，实际上可以通过调节服务器的移动速度，使得其浪费在移动途中无计算的时长减少。研究工作[47]提出服务区速度控制算法，其基本思想是令服务器在节点周边移动时（此时正在为节点提供计算服务器）速度变慢，使得周边节点可以在服务器覆盖范围内完成计算任务；令服务器在路途上纯移动时速度加快，使得花费在移动过程的无效时长减少。上述算法思想的难点在于如何控制服务器在两个停留点之间移动的速度，使得服务器既可以在未脱离覆盖范围前完成周边节点的任务处理，又可在路途移动中花费最短的时长，如图 8-10 所示。该工作提出了一个三阶段算法，首先确定服务器需要服务的终端节点，接着利用基于贪婪思想的启发式算法为服务器规划节点的服务顺序（移动路径），最后对现有的移动路径进行速度控制。

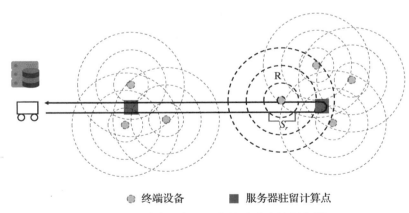

●终端设备　　■服务器驻留计算点

图 8-10　移动速度可调节的移动边缘服务器

8.3　部署方案性能评估工具

边缘计算服务器部署算法设置完毕后，需要根据网络信息对部署方案进行仿真评估。

网络的仿真过程可以直接使用 MATLAB 等数值可视化仿真软件，也可以使用专业的网络仿真工具。网络仿真工具主要应用在三个方面：开发并评估网络协议和设备，评估网络基础设施硬件部署策略，以及网络规划设计。借助网络仿真工具，可以快速建立网络模型，同时可快捷方便地修改模型，为评估部署方案的优良性提供有力支撑。

下文将介绍现有成熟的网络仿真软件，其中 OPNET 为商业成熟的闭源仿真软件，NS、SSFNet 和 MiniNet 则为三类特色各异的开源网络仿真软件。

8.3.1 OPNET

OPNET 是工业界和学术界常用的网络仿真软件之一，由美国 MIL3 公司研发，是美国 OPNET Technology 公司四大网络仿真系列产品中的重要一员[36]，主要为有大型复杂网络仿真需求的网络设计人员开发，功能非常完备强大。OPNET 产品针对不同用户类别（网络服务提供商、网络设备制造商和一般企业），将产品分为四个系列。

❑ ServiceProviderGuru：面向网络服务提供商的智能化网络管理软件。

❑ OPNET Modeler：面向技术工程师提供的网络技术和产品开发平台，帮助工程师设计并分析网络、网络设备和通信协议。

❑ ITGuru：面向网络专业人士的预测分析平台，该平台帮助专业人士分析网络和网络应用的性能、诊断网络问题、查找影响系统性能的瓶颈并提出解决方案。

❑ WDM Guru：针对光纤网络设计的波分复用光纤网络分析、评测工具。

相比于其他网络仿真软件，OPNET 具有如下特点，使其能够满足大型复杂网络的仿真需求：

❑ 提供 Process、Node 和 Network 三层模型，分别和实际网络模型中的协议、设备和网络一一对应，全面反映了网络的相关特性；同时 OPNET 允许用户在这三个层次中的任意地方切入编程，建立所需的模型。

❑ 采用离散事件驱动的模拟机理，相比于时间驱动的仿真方式，离散事件驱动的模拟计算效率更高。

❑ 采用混合建模机制，将基于包的分析方法和基于统计的数学建模结合，既可以得到详细的模拟结果，也可大幅提高仿真效率。

❑ 提供网管系统和流量监测系统的结构，能够方便地利用现有的网络拓扑和流量模型建立仿真模型并对仿真结果进行验证。

OPNET 全面详细的网络仿真功能和机制设计也为软件带来了一些弊端：非开源软件价格昂贵；系统模块和功能极多，上手难度大，学习成本高；模型库覆盖内容有限，有些特殊网络设备的建模必须依靠节点和过程层次的编程方法才可实现。

8.3.2 NS

NS（Network Simulator）起源于 1989 年美国军方的 Real Network Simulator 项目，由 UC Berkeley 开发，是最早的网络仿真软件之一。NS 提供了一个针对网络技术的开源、免费的软件模拟平台，被广泛应用在学术界和网络技术教学方面。目前有 NS-2[37] 和 NS-3[38] 两个比较成熟的版本。

NS-2 是一种面向对象的网络仿真器，本质上是一个离散事件模拟器。NS-2 本身有一个虚拟时钟，和 OPNET 类似，所有的网络仿真都由离散事件驱动。目前 NS-2 可以仿真各类不同 IP 网络下的相关事件，包括：以 TCP、UDP 为代表的网络传输协议，诸如 FTP、Telnet、Web CBR 和 VBR 的业务源流量产生器，诸如 Droptail、RED 和 CBQ 的路由队列管理机制，诸如 AODV、DSDV 和 DSR 的无线路由协议。同时 NS-2 还可以对局域网中多播及 MAC 层协议进行仿真。

上述仿真功能的实现需要 NS-2 内部功能模块的支撑，主要包含如下五个模块。

❑ 事件调度器：NS-2 提供了针对链表、堆、日历表和实时调度器等多种数据结构的事件调度器。

❑ 节点：节点是由 TclObject 对象组合的复合组件，在 NS-2 中用于表示终端节点和路由器。

❑ 链路：链路模块由多个组件复合而成，用来连接网络节点。所有的链路都是以队列的形式来管理分组的到达、离开和丢弃。

❑ 代理：代理模块负责网络层分组的产生和接受，也可以用在各个层次的协议实现中。每个代理连接到一个网络节点上，由节点为它分配一个端口号。

❑ 包：包模块具体由头部和数据两部分组成。

NS-2 的软件由 Tcl/Tk、OTcl、NS 和 Tclcl 四部分构成。其中，Tcl 是一个开放脚本语言，用来对 NS-2 进行编程；Tk 是 Tcl 的图形界面开发工具，可帮助用户在图形环境下开发图形界面；OTcl 是基于 Tcl/Tk 的面向对象扩展，有自己的类层次结构；NS 为本软件包的核心，是面向对象的仿真器，用 C++ 编写，以 OTcl 解释器作为前端；Tclcl 则提供 NS-2 和 OTcl 的接口，使对象和变量出现在两种语言中。为了直观地观察和分析仿真结果，NS-2 提供了可选的 Xgraphy 和 Nam。

NS-3[38] 作为 NS-2 的升级版本，并非在 NS-2 的基础上进行扩展，而是一个全新的模拟器。该模拟器始于 2006 年发起的一个开源项目，解决了 NS-2 中诸多痛点，如用户自定义模型困难、由 C++ 和 OTcl 双语言编写对用户编程能力要求较高等问题[41]。NS-2 和 NS-3 具体的对比如表 8-2 所示。

表 8-2　NS-2 和 NS-3 的对比

NS-2	NS-3
开源软件	开源软件
用户自定义模型困难	用户自定义模型容易
工具由大量用户贡献	工具由少量用户贡献
双语言编写（C++、OTcl）	单语言编写（C++）
编程能力要求高	编程能力要求适中
现有模型支持大量的协议	现有模型支持少量的协议

NS-3 中对网络组件的抽象完全来自现实网络模型，具有高内聚低耦合的特点，根据 NS-3 Tutorial 目录，NS-3 主要包含六类网络组件，如图 8-11 所示。

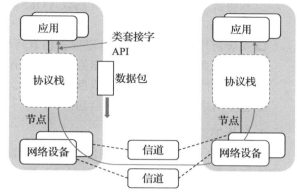

图 8-11　NS-3 网络组件

- 节点：节点是 NS-3 仿真工具中对基本计算设备的抽象，可以视为一个空的计算机机架，能够添加应用程序、协议栈、网卡等功能使其具体化。
- 信道：信道组件用于模拟信号在物理传输过程中发生的变化，如传输时延、能量损耗、噪声干扰等。在 NS-3 系统中，常用的信道模型包含 CsmaChannel、WifiChannel 和 PointToPointChannel，分别对应 IEEE 802.3 以太网 CSMA 通信、Wi-Fi 无线通信网络和点对点通信三种方式。
- 协议栈：协议栈组件是真实网络中协议栈的抽象，位于应用组件和网络设备组件之间，提供连接管理、传输控制和路由管理等功能。
- 数据包：数据包组件是对各层协议数据单元 PDUs 的抽象，在对网络中真实传输的流量模拟的同时，提供了对网络模拟的额外支持。
- 网络设备：该组件模拟了网络电缆、网卡等支持设备连入互联网的硬件设备，提供了协议栈和信道之间的接口。
- 应用：NS-3 中应用组件是对用户应用程序的抽象，用来产生和消费网络流量。该组件通过类套接字 Socket 接口进行数据的收发，由于 NS-3 采用的套接字接口与标准套接字 Posix Socket 非常类似，因此便于将应用程序移植到 NS-3 中。

由于 NS-2 的基本流程和 NS-3 基本相似，下面主要对 NS-3 模拟的基本流程进行介绍。

1. 选择相应的仿真模块

首先，用户需要依据实际的仿真对象和仿真场景选择上文介绍的访问模块，如使用基于 IEEE 802.3 的有线局域网选择 CSMA 模块；若使用的仿真对象不存在相应的模块，则需要用户自己编写。

2. 编写网络仿真脚本

在完成相应仿真模块的选择后，可以开始编写仿真脚本。NS-3 的仿真脚本支持 C++ 和 Python 两种编程语言，且两种语言接口的 API 一致。编写时，按照如下步骤进行。

- 生成节点：由于 NS-3 中节点初始状态为空，用户需要根据需求指定节点代表的具体内容，如网卡、协议栈和应用程序等。

□ 安装网卡设备：网卡设备的选择需要根据用户设定的仿真场景决定。

□ 安装协议栈：NS-3 中一般为 TCP/IP 协议栈，用户需要根据需求，指定网络具体传输协议（UDP、TCP）、路由协议（OLSR、AODV、Global）和相应的 IP 地址（IPV4 和 IPV6 两种方式）。

□ 安装应用层协议：用户可以根据仿真环境的传输层协议，选择相应的应用层协议。需要注意，应用层产生数据流量的代码有时需要自己编写。

□ 设置其他配置信息：设置节点的移动性、是否存在能量管理功能等信息。

□ 整个网络场景配置完毕，启动仿真。

3. 分析仿真结果

NS-3 提供了可视化界面观测仿真结果，同时也提供了统计框架 status 和追踪框架 trace，对网络仿真产生的数据进行搜集、统计和分析。

NS 系列网络仿真软件的优势在于开源且提供了较全面的网络技术模块。但是对于大规模网络中节点非常多的情况，NS 需要占用极大的内存资源，运行速度较慢。

8.3.3 SSFNet

OPNET 和 NS 仿真软件存在的内存开销极大的问题，在 SSFNet 中得到有效处理。SSFNet（Scalable Simulation Framework Network）[39] 是一个基于 Java SSF（Simple Seam Framework）组件合集，主要用于仿真 IP 层以上的网络模型，具有良好的扩展性，且支持对物理层和链路层的单独仿真。

SSFNet 在软件设计时着重注意内存资源的占用情况，因此内存资源的开销较小，适用于节点数量多的大规模网络仿真。另外，SSFNet 具备有效的线程调度程序和内存之间的消息传递机制，可以实现多线程的并行化处理。

遗憾的是，SSFNet 缺少对用户扩展工具的支持，也没有提供对仿真结果进行分析的工具，这对用户的使用造成了障碍。

8.3.4 MiniNet

MiniNet[40] 是目前主流仿真 SDN 平台，由斯坦福大学在 2010 年开发。软件基于 Linux CONTAINER 架构开发，可以创建一个包含主机、交换机、控制器和链路的虚拟网络，为 SDN 提供高灵活度的仿真支持。

MiniNet 可以完成以下五种功能[40]：为 OpenFlow 应用程序提供简单便宜的网络仿真测试平台；启用复杂的拓扑测试，不需要连接物理网络；具备拓扑感知和 OpenFlow 感知的 CLI，用于调试或运行网络范围的测试；支持任意自定义拓扑，主机数最高可达 4096 个，并包括一组基本的参数化拓扑；提供用户网络创建和实验的可拓展 Python API。

相比于其他网络仿真软件，MiniNet 的优势在于具有良好的可扩展性和可移植性。这得益于其基于 Linux 内核开发的架构而具备的轻量级特点，使得它可以在一台主机上就可以轻松模拟具有上千个节点的网络，并且可以验证、测试一个包含主机、链路、交换机等的完整网络体系。但是，由于 MiniNet 的 CPU 主频由虚拟主机、虚拟交换机和控制器共享，CPU 调度器无法准确地控制调度顺序。

习题

参考文献

Chapter 9 | 第 9 章

边缘计算与人工智能

边缘计算和人工智能均是当下热门领域，二者之间的结合同样引起了学术界和工业界的广泛研究和深入探索。总体而言，一方面，边缘计算的系统环境使得分布式人工智能成为可能，提升了人工智能技术的计算效率和安全隐私；另一方面，人工智能技术可以应用在卸载、缓存、资源管理等的优化过程当中，降低边缘计算系统的运行成本。

本章将首先介绍人工智能相关概念，然后介绍边缘计算与人工智能结合的场景，并阐述二者结合的意义。

9.1 边缘场景中的人工智能

人工智能经历过 60 多年的发展，先后经历了快速发展期、极大期望期、低谷期和再发展期，由于自身的多学科交叉特性以及高复杂性等原因，整体仍处于技术发展与积累的阶段。人工智能巨大的技术潜力和应用前景不断吸引越来越多的学者与专家投入其中，与此同时也对相关行业的技能型、应用型人才产生迫切的需求，推动了我国技术产业与教育的变革。2017 年《国务院关于印发新一代人工智能发展规划的通知》中提出统筹布局人工智能创新平台，建设布局人工智能创新平台，并明确我国人工智能发展的三步走战略目标。2018 年，教育部关于印发《高等学校人工智能创新行动计划》的通知中提出积极开展"新工科"研究与实践，引导高校瞄准世界科技前沿，进一步提升高校人工智能领域科技创新、人才培养和服务国家需求的能力。近年来众多高校陆续开设人工智能专业，可见政府、科研界和工业界均对人工智能研究十分重视。

人工智能走向应用需要更丰富的数据和应用场景，而边缘计算能够作为人工智能的系统载体，提供随时随地运行复杂的人工智能算法的能力。在边缘网络部署人工智能应用以及进行边缘智能模型训练，不仅能够更加方便地收集与获取所需数据，并且能够很大程度上节省系统开销。另外，边缘场景中许多部署与分配方面的决策能够通过人工智能的方法来进行优化，尤其在一些涉及动态性或者突发性的场景中，很难用传统的分析方法获得较优方案，而规划与预测正是人工智能领域的一些机器学习算法所擅长的。因此人工智能与边缘计算领域在很多方面存在互补性，二者结合发展成为必然趋势。

本章主要介绍边缘系统与人工智能的结合，首先回顾人工智能的定义以及发展历程，随后着重介绍边缘人工智能场景中的相关技术概念，最后讨论边缘计算与人工智能结合的积极意义与发展动向。

9.1.1　人工智能技术回顾

人工智能是计算机科学中一个广泛的分支，主要关注与构建智能机器，能够处理通常需要人类智能才能处理的任务[100]。

在破解纳粹加密机 Enigma 并帮助盟军赢得第二次世界大战后不到十年，数学家艾伦·图灵（Alan Turing）再次改变了历史，他提出了一个简单的问题："机器可以思考吗？"图灵发表于 1950 年的论文《Computing Machinery and Intelligence》[11] 以及后续图灵测试确立了人工智能的基本目标和愿景。一些人工智能文献将这一领域定义为对"智能代理"：任何能进行环境感知并且采取相应行动，从而最大限度增强实现其目标的设备[101]。Investopedia 将人工智能定义为"在被编程为像人类一样思考并模仿其行为的机器中模拟人类智能"[102]。人工智能因为其广泛的目标而引起诸多问题和辩论，因此目前还没有一个被普遍接受的人工智能单一领域定义。

尽管 AI 在最近数年受到了广泛的关注，实际上并不是一个新的名词，而是始于 1956年。历史上，AI 经历过数次兴起与衰落。2015 年，AlphaGo 成功击败职业围棋选手后再次引起全球的关注。

我们生活在一个前所未有的人工智能蓬勃发展的时代。在算法、计算机的算力以及大数据发展的推动下，深度学习作为人工智能最耀眼的领域，在从计算机视觉、语音识别和自然语言处理到机器人象棋（例如 AlphaGo）、智能机器人等众多领域都取得了重大突破。得益于这些突破，以智能个人助理、个性化购物推荐、视频监控以及智慧家居为代表的一系列智能应用程序迅速受到关注，并得到很大程度的普及。而这些智能应用极大地丰富了人们的生活方式，提高了人类的生产力与社会效率[49]。如今人工智能已经成为技术行业的重要组成部分，能够帮助解决计算机科学、软件工程以及运筹学中的众多难题。

9.1.2　典型的人工智能技术

人工智能领域涉及的技术与分支众多，本节主要对边缘人工智能场景中所用到的部分技术概念进行介绍。

1. 传统机器学习

机器学习被视为人工智能的子集，是对通过经验自动改进的计算机算法的研究[2]。机器学习涉及多门学科的交叉，涵盖概率论知识、统计学知识、近似理论知识以及复杂算法知识，致力于真实、实时的模拟人类学习过程，并将现有内容进行知识结构划分来有效提高学习效率。机器学习算法被广泛应用于众多领域应用程序之中，例如电子邮件过滤和计算机视觉等，而在这些领域中使用传统的算法来执行所需任务非常困难，甚至是不可行的。

有关机器学习的研究从二十世纪五十年代就已经开展，直到八十年代机器学习进入最新的发展阶段。近年来机器学习成为人工智能及模式识别领域的共同研究热点，其理论和方法已被广泛应用于解决工程应用和科学领域的复杂问题。2010 年图灵奖得主，哈佛大学 Leslie Valiant 教授的工作之一是建立了概率近似正确（Probably Approximate Correct，PAC）学习理论；此外 2011 年的图灵奖得主加州大学洛杉矶分校 Judea Pearll 教授建立了以概率统计为理论基础的人工智能方法。如今有关机器学习的技术与应用，例如自动驾驶和指纹解锁等，已经涉及生活的方方面面，给人们带来了许多便利。而这些基于机器学习的技术与应用也正在从本地计算走向边缘计算。

机器学习有关方法与分类众多。按照学习的方式，机器学习方法能够分为：

①监督学习。

监督学习算法根据包含输入和期望输出的一组数据建立数学模型，这组数据被称为训练数据，由一组训练示例组成，每个训练示例都有一个或多个输入和期望的输出，也称为监督信号。通过对目标函数的迭代优化，监督学习算法能够学习到一个可以用来预测与新输入相关联的输出函数。

②无监督学习。

无监督学习算法获取一组仅包含输入的数据，并在数据中找到结构，如数据点的分组或聚类。因此，算法将从没有标记或分类的测试数据中学习。这类算法无须响应反馈，而是识别数据中的共性并根据每个新数据中是否存在此类共性来做出反应。无监督学习的主要应用领域是统计学中的密度估计，例如寻找概率密度函数[3]。

③强化学习。

强化学习关注程序如何在动态的环境中采取行动从而最大化回报。强化学习中常常将环境建模为马尔科夫决策过程，目前主要用于自动驾驶车辆或者与人类进行比赛。

机器学习的常见算法主要包含：

①决策树。

决策树算法利用树形模型，在树状结构中叶子表示类标签，分支表示通向对应类标签的特征集合。从根节点开始测试，到子树再到叶子节点，即可得出预测类别。

②支持向量机。

支持向量机是一组用于分类和回归的相关监督学习方法。给定一组训练样本，每一个样本都会被标记为两个类别中的一个，支持向量机训练算法会建立一个模型来预测一个新的示例是否属于一个类别。支持向量机使用非线性变换将空间高维化，然后在新的复杂空间取最优线性分类平面。

③朴素贝叶斯。

朴素贝叶斯是一系列分类算法，该类算法允许输入一组特征来预测一个类。朴素贝叶斯算法所需训练量很少，在进行预测之前必须完成的唯一工作是找到特征的个体概率分布参数，因此对于大量数据点的工作也能胜任。

④ K- 近邻（KNN）。

KNN 是一种分类算法，其思路是根据特征空间中最邻近（相似）的 K 个样本所属类别来预测新样本的类别。

⑤线性回归。

线性回归利用已有数据集与线性回归方程的最小平方函数，对一个或多个自变量和因变量之间的关系进行建模，得到一个线性函数从而创建模型。

⑥人工神经网络（Artificial Neural Network，ANN）。

神经网络计算系统的灵感来源于动物大脑构成中的生物神经网络，这类系统通常利用示例来学习任务执行过程，而无须对特定任务规则进行编程。人工神经网络由被称为神经元的单位相互连接构成，接收到信号的神经元能够进行相关处理，然后向与之连接的神经元发出信号。神经元与连接神经元的边之间通常有一个权重，这个权重值会随着学习的进行而调整。ANN 能够在判断错误时通过学习来减小犯同样错误的概率。

2. 深度学习

在现有的机器学习方法中，深度学习（Deep Learn，DL）通过利用人工神经网络来学习数据的深度表示，在图像分类、人脸识别等多个领域取得了显著成果。由于深度学习模型所采用的人工神经网络通常由一系列的层次组成，因此该模型被称为深度神经网络（Deep Neural Network，DNN）。如图 9-1 [49] 所示（其中图 a 表示 DL 模型中的层，图 b 表示神经元结构），DNN 的每一层都由神经元组成，这些神经元能够根据神经元输入的数据生成非线性输出。

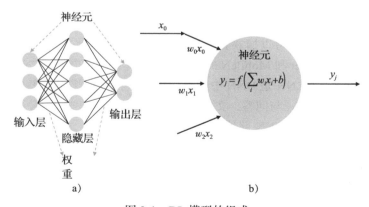

图 9-1　DL 模型的组成

输入层的神经元接收数据并将其传播到中间层（也称为隐藏层）。之后，中间层的神经元生成输入数据的加权和，并使用特定的激活函数（如 tanh）输出加权和，然后将输出传播到输出层，最后输出层显示最终结果。

DNN 具有比典型模型更复杂、更抽象的层次，能够学习高级特征，实现任务的高精度推理。图 9-2[49] 展示了 DNN 的三种常用结构：多层感知器（Multilayer Perceptron，MLP）、卷积神经网络（Convolution Neural Network，CNN）和递归神经网络（Recurrent Neural Network，RNN）。其中图 a 表示多层感知器 MLP，图 b 表示卷积神经网络 CNN，图 c 表示递归神经网络 RNN。

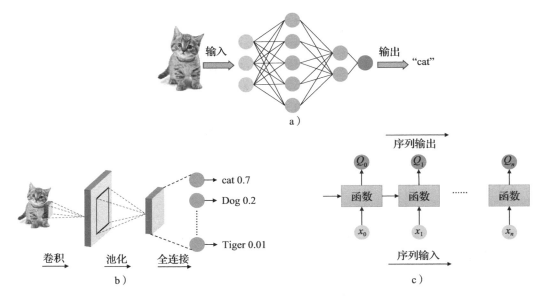

图 9-2　DL 模型三种典型架构

MLP 是深度神经网络中最基本的模型，它由一系列完全连接的层组成[103]。与 MLP 中的全连通层不同，在 CNN 模型中，卷积层通过执行卷积运算从输入中提取简单特征。应用各种卷积过滤器，CNN 模型可以捕获到输入数据的高层级表示，因此 CNN 模型受到诸如 AlexNet、VGG Net、ResNet 和 MobileNet 等图像分类模型以及 Fast R-CNN、YOLO 和 SSD 等目标检测应用的青睐。RNN 是 DNN 中的另一种模型，被广泛应用于自然语言处理任务中，例如语言建模、机器翻译与问答、文档分类等应用。

在边缘网络中，可以将 DNN 部署在边缘服务器上，从而帮助大量设备以访问边缘的方式利用 DNN 的结构进行模型分割。在分割模型中，可以将部分层在终端设备本地计算，另外的部分层在边缘服务器或者云端计算[50]，如图 9-3 所示。DNN 模型的前几层经过计算得到的中间结果相对较小，因此将中间结果发送到边缘服务器的延迟会显著低于发送原始数据。由此可见边缘计算可以帮助降低深度

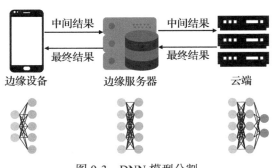

图 9-3　DNN 模型分割

学习结果传输的通信延迟。

3. 联邦学习

联邦学习（Federated Learning）也被称为协作学习（Collaborative Learning），是谷歌在 2016 年提出的一种机器学习技术。联邦学习的目的是在不显式交换数据样本的情况下，对包含在局部节点中的多个局部数据集训练机器学习模型（例如深度神经网络）[104]。

在训练基于多个数据的 DNN 模型时，联邦学习没有将原始数据聚合到集中的数据中心进行训练，而是将原始数据分布在客户端（例如移动设备）上，并在服务器上聚合本地计算的更新来训练共享模型。

联邦学习作为分布式机器学习范式，能够让参与方在不共享数据的基础上联合建模，从而有效解决数据孤岛问题，实现 AI 协作。联邦学习有三大构成要素：数据源、联邦学习模型、用户，三者间关系如图 9-4[105] 所示。

在联邦学习中，移动设备使用其本地数据训练联邦学习服务器所需的机器学习模型。然后，移动设备将模型权重发送到联邦学习服务器进行聚合。这个步骤重复多次，直到达到理想的精度。这意味着联邦学习可以成为移动边缘网络中机器学习模型训练的一种使能技术。

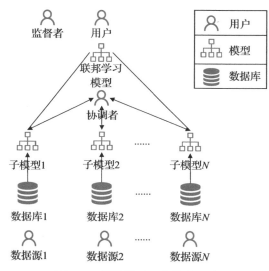

图 9-4　联邦学习三大构成要素

联邦学习因其优势，已经在一些应用中获得成功。例如联邦平均算法（FedAvg）已经应用到 Google 的 Gboard[57] 中，用以改进下一个单词的预测模型。微软的日程管理 App To-Do 也已经采用了联邦学习的框架。此外，一些工作还探讨了联邦学习在一些数据敏感的场景中的使用，例如开发健康 AI 诊断的预测模型[58]，以及促进多家医院和政府机构[59]之间的合作。

9.1.3　边缘计算与人工智能的结合

考虑到机器学习的性能、成本和隐私等方面的问题，将 AI 落实到边缘网络生态系统是非常重要的[49]。为了实现这个目标，传统的观点是将大量数据从物联网设备传输到云数据中心进行分析。然而，在广域网上进行大量数据传输所带来的经济成本和传输延迟可能非常高，同时存在隐私泄露的风险。另一种方式是在移动设备上进行数据分析，但是在本地设备上运行人工智能应用程序以及 IoT 数据处理会导致性能和能效严重下降，因为许多 AI 应用程序需要很高的计算能力，远远超出了资源、能量受限的 IoT 设备的承载范围。

从人工智能与边缘计算出发，很自然可以想到二者的结合，因为二者之间有明显的交叉点和互补之处。具体而言，边缘计算旨在协调多个边缘设备和服务器在靠近终端用户一侧处理生成的任务与数据，而 AI 则致力于通过对数据的学习完成在设备 / 机器上模拟人类行为，因此边缘计算能够为人工智能应用带来更低的延迟以及更低的带宽消耗。边缘计算与人工智能在技术上能够取长补短，二者的应用与普及也互惠互利。一种新的边缘计算模型训练的协作模式如图 9-5[106] 所示，在将计算密集型任务卸载到云端之前，首先将训练数据发送到边缘服务器进行模型训练，经过较低级别的 DNN 层训练，再将训练后的任务卸载到云端进行顶层 DNN 层训练。

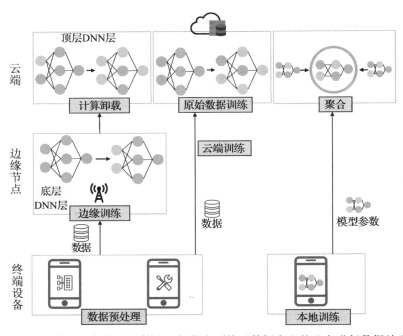

图 9-5　边缘人工智能方法使人工智能在更接近数据产生的地方进行数据处理

由于移动设备以及 IoT 设备在数量和类型上快速增长，终端产生越来越多的多媒体数据（例如音频数据、图片和视频数据），此时人工智能可用于海量数据的快速分析提取，从而做出高质量的决策。此外深度学习可用于自动模式识别并检测边缘设备数据中的异常，例如人口分布、交通流量、温度、湿度、压力以及空气质量等数据。深度学习还可以从边缘设备数据中快速提取到决策信息，并反馈给实时决策系统（例如公共交通规划、交通控制），从而应对快速变化的环境并提高运营效率。据知名咨询机构 Gartner[51] 预测，到 2022 年超过 80% 的企业物联网项目将包含人工智能组件，而目前只有大概 10% 的比例，一个重要原因在于物联网设备资源和能力仍然十分受限。可见，边缘计算作为增强物联网人工智能能力的重要技术，在未来具有巨大的发展潜力。

其次，算法、硬件、数据和应用场景被认为是推动深度学习快速发展的四个主要推动力，其中算法和硬件带来的提升很直观，因此数据和应用场景的作用常常被低估。实际上数据对于模型的训练非常重要，更多的学习参数就意味着更大的数据需求，而应用场景作为数据源也应该得到重视。在之前的大多数场景中，数据大多在超大规模的数据中心产生并存储。近年来随着物联网的快速发展，这种趋势也正逐渐改变。据思科预测 [53]，在不久的将来，海量的物联网设备将会产生大量的生活生产数据。如果这些数据在云数据中心被人工智能算法处理，将消耗大量带宽资源，给云数据中心带来巨大压力。为了解决这些挑战，将计算能力从云数据中心下沉到边缘端——靠近数据生成源，有望实现低延迟的数据处理。

另外，边缘计算可以通过人工智能应用来普及。在边缘计算的早期发展过程中，云计算社区一直关注边缘计算究竟能在多大程度上胜任云计算所无法处理的应用程序。微软自 2009 年以来一直在探索，从语音命令识别、AR/VR 和交互式云游戏到实时视频分析，应该将哪些类型的产品从云端转移到边缘。相比之下，大多数工作认为实时视频分析是边缘计算的杀手级应用 [54-55]。实时视频分析作为一种建立在计算机视觉基础上的新兴应用，不断从监控摄像机中提取高清视频，需要高计算量、高带宽、高隐私性和低延迟的计算环境来对视频进行分析，而边缘计算就是一种可行的解决方案。可以预见，来自工业 IoT、智能机器人、智慧城市、智慧家居等领域的新型人工智能应用将对边缘计算的普及起到至关重要的作用。究其原因，许多与移动和物联网相关的人工智能应用代表了一系列实用的应用程序，这些应用程序具有计算和能量密集性、隐私和延迟敏感等特点，因此自然与边缘计算的特性保持一致。

由于在边缘运行人工智能应用的优越性和必要性，边缘人工智能近年来受到了广泛的关注。2017 年 12 月，在加州大学伯克利分校发表的白皮书《A Berkeley View of Systems Challenges for AI》[56] 中，云 – 边缘人工智能系统被视为实现关键任务和个性化人工智能目标的重要研究方向。在行业中，许多针对边缘人工智能的试点项目也已展开。在边缘 AI 服务平台方面，诸如 Google、Amazon 和 Microsoft 等云服务提供商已经推出相关服务平台，通过使终端设备能够在本地运行预训练模型推断，将 AI 能力带到边缘端。

接下来两节将分别讨论利用人工智能技术对边缘网络进行优化，以及边缘与 AI 结合的相关技术。

9.2　人工智能在边缘计算中的应用

边缘网络中常见的优化问题包括每个移动设备 / 用户的任务卸载到具体哪台边缘服务器或者本地、每台边缘服务器应该缓存哪些服务资源以及为不同用户分配多少资源（包括通信资源、计算资源等），从而达到最小化服务延迟、最小化能耗或最大化可用性等目的。在上述问题场景中，基于人工智能的算法能够在低时间复杂度的前提下，进行模型预测与数据分析并得到可行解，因此人工智能的方法能够帮助解决许多边缘场景中的问题。

本节将介绍把人工智能技术运用于优化移动边缘计算系统的相关工作，包括使用神经网络、多臂赌博机等方法进行计算卸载决策优化，从而减小任务处理延迟或提高可靠性；利用 KNN、K-means 等方式进行服务器部署优化以提高服务器资源利用率；利用粒子群优化、遗传算法等机器学习算法分配传输速率、计算资源等服务器资源达到降低能耗与延迟的目的，同时对深度学习在边缘网络中应用实例的分析。

9.2.1 利用机器学习进行计算卸载决策优化

在边缘网络场景中，移动设备以及物联网设备会将计算密集型任务卸载到边缘服务器。借助于边缘服务器的计算与存储能力，可以很大程度上减小任务执行延迟与移动设备的能耗，从而满足移动设备对于任务的延迟需求并降低物联网设备对电池更换的需求。

在大多数边缘网络场景中，存在多台能够与移动设备直接通信的边缘服务器。然而，由于边缘服务器之间的异构性，每台服务器自身硬件、软件属性不同，处理每种类型任务所消耗的计算资源、所需计算时间以及内存也可能不同。不仅如此，在每种需求场景下每台服务器所剩的资源情况、服务部署情况也不尽相同，考虑到场景中多个移动设备会在计算、通信、存储方面产生竞争，合理地安排每个移动设备任务的卸载决策对于减小处理延迟与资源消耗有决定性的作用。

由于边缘网络场景中用户的移动性以及无线信道的波动性，往往很难使用传统的分析方法在短时间内找到较好的卸载决策。使用基于学习的算法不仅能够做出最小化计算延迟的卸载决策，也能对边缘系统的可靠性、安全性带来提升。

卡尔顿大学团队[1]在智能城市的环境中，使用神经网络选择用户连接到的虚拟网络。在此场景中，输入是用户请求，每个用户请求必须被划分到预先存在的虚拟网络中。该工作设定虚拟网络包括基站（网络接入点）、边缘服务器以及缓存服务器。因此算法需要做出的决策是每个用户的请求应该接入哪台基站、将任务卸载到哪台边缘服务器以及任务内容是否要被缓存，从而最小化服务提供商的运行成本（服务设备的运营成本与从用户处获取利益之差）。算法中神经网络使用强化学习中的 DQN（Deep Q Network）来根据服务器和访问点的状态更快地找到最佳选择。该工作提出的解决方案即使在具有多个用户和多个服务器的场景下也能够高效运行，但是该算法忽略了服务器之间相互协作带来的潜力。上述方案适用于存在突发变化的动态场景，例如他们所设想的边缘计算智能城市中的场景。图 9-6 说明了所提出的决策过程。

首尔科技大学团队[4]提出使用 Hesitant Fuzzy Set 根据任务消耗和当前资源的状态（任务执行时间、服务器 CPU 占用率以及内存开销）以及用户所需的安全等级来决定用户任务是否应该卸载到某一台边缘服务器。该工作设计了一个考虑延迟和安全性的选择值函数来评估算法的性能。这种技术十分适用于多变量需求和规范场景，证明了使用模糊逻辑的合理性，能够为用户选择做出最佳的决策。

美国明尼苏达大学数字技术中心[5]的工作主要关注 IoT 设备任务卸载到边缘服务器场景中安全方面的问题。在此工作假设中，当 IoT 设备进行卸载后，服务器会了解到该设备的

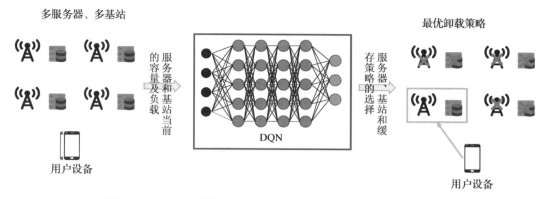

图 9-6　如何在智慧城市场景中利用神经网络做出用户卸载决策

风险情况。设备的安全数据与位置信息都是随时间而改变，这两种数据都会被用于训练多臂赌博机框架的机器学习算法，该框架会被用于选择 IoT 设备将要卸载到哪一台服务器。此外，该算法基于强化学习，因此可以在设备获取到更多有关服务器信息的同时进行在线训练。该算法可以通过允许设备之间共享其模型获取到的信息来进一步提升性能。基于合成数据和真实数据的仿真表明，与传统方法相比，该方法能够有效减少被攻击的次数。

清华大学团队[6]考虑了一个高度动态化的移动边缘网络场景。场景中用户具有移动性，无线信道随时间改变，并且服务器随时都可能开启或者关闭。其目标是在用户设备能量受限的情况下，在给定截止时间之前完成用户的任务，并最小化任务完成总延迟。为了达到这个目标，可利用多臂赌博机算法的一个变种算法。值得注意的是，该方法在仅仅具备本地信息的情况下运行，包括用户位置信息、任务属性（有效负载大小与执行时间）以及可用边缘服务器信息。尽管如此，该方法的性能依旧与基于所有服务器状态信息（包括该服务器已经分配给各用户资源量以及服务器相关访问信道的状态）的算法相近，并且与基于全局信息的算法性能差距不大。这足以证明即使在信息有限的情况下，基于机器学习的解决方案也拥有强大潜力。

奥地利维也纳理工大学团队[7]使用基于树的朴素贝叶斯[92]来决策每个用户应该将任务卸载到哪台边缘服务器与虚拟机，以达到最大限度提供可用性（即连接到边缘计算系统的时间内没有任何故障发生）的目的。该方法通过将每个服务器（包括物理服务器与虚拟服务器）的故障历史数据进行贝叶斯模型训练来实现。此外，贝叶斯网络还会接受与用户请求相关的信息，特别是用户连接信息（例如使用的连接类型、Internet 服务器提供商）。结合了服务器与用户的信息能够使得贝叶斯模型更加完善，并更准确地提供每个服务器能够满足请求可用性的概率。该工作表明，贝叶斯网络非常擅于处理具有依赖性和独立概率事件的场景。实验显示贝叶斯网络不仅在提供用户所需的可用性方法上比传统解决方法更加有效，同时也优于基于逻辑回归的机器学习方法。图 9-7 描述了上述方法，通过将故障历史记录、当前连接信息以及当前对于任务和可用性的要求输入贝叶斯网络，使用贝叶斯网络来关联事件并计算可用性概率，以便选择成功机会最高的服务器。

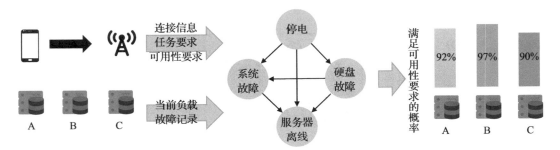

图 9-7　贝叶斯网络用于计算服务器可用性概率

　　意大利电信网络和远程信息处理（TNT）实验室[8]提出中间件边缘决策的构想，中间件用于在移动设备（例如智能手机、IoT 设备）与由边缘和核心服务器组成的云系统之间进行中介，负责确定每个终端设备的请求执行位置。通过模拟退火算法框架，在实验部分证明，该算法与传统用于确定卸载目标的解决方案相比有更高的可行性与更好的性能。

　　InterDigital Communications[9]同样提出一种用于确定边缘网络场景中用户卸载目标的算法。该工作提出使用凸优化的方法为每个用户找到最佳配置并不可行，因为算法的复杂度会随着用户数量与服务器数量的增加而迅速增大。并且基于优化的方法无法适应场景的动态性——当场景发生变化时，例如当有新的用户到来，或者用户的位置发生改变后，就必须再次运行这个复杂度较高的算法。该工作提出了一种基于模拟退火[93]的机器学习算法。如图 9-8 所示，该算法会在服务质量较差的用户之间进行交换。每次交换用户相连接的服务器可能是积极移动，也可能是消极移动。积极移动会减小处于较差服务质量下的用户数量，相反，消极移动会增加处于较差服务质量下的用户数量。在模拟退火算法中，一味地接受积极移动很可能会导致陷入局部最优解而无法达到全局最优。模拟退火通过使学习率这个变量随迭代过程而降低来解决此问题。因此在模拟退火算法的开始阶段，很可能会接受消极移动，但是随着迭代次数的增多，这个概率会逐渐降低。值得注意的是，即便是在开始阶段，消极移动的接受概率也非常低。此外，该方法设定在容量允许的情况下，用户会始终通过与其距离最近的接入点关联到边缘服务器。只有在上述服务器容量已经接近上限时才会选择其他相邻服务器，执行相应的模拟退火算法来确定最佳服务器。通过仿真实验证明，基于机器学习的模拟退火算法与贪心算法以及没有考虑服务器间协作的算法相比，可以实现更高的服务器效率，并且为更多的用户提供服务。

　　伊利诺伊大学香槟分校[24]使用模糊控制模型来决定子任务（场景中子任务定义为 Java 中的类）在本地还是在边缘服务器上执行。该决定基于用户设备中的可用资源、两个用户代理之间的无线网络状态以及子任务的特征（即所需资源以及是否可以卸载到远程执行）提出一种决定子任务卸载位置的算法，从而使总延迟最小化。结果表明，该算法能够根据系统的当前状态动态地决定卸载哪些任务以及何时卸载。

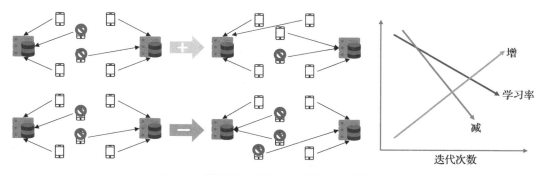

图 9-8　模拟退火算法中的积极与消极移动

拉马尔大学团队[25]通过受约束的马尔可夫决策过程对边缘计算中的安全需求问题进行建模，算法目标是根据系统状态（无线通道状态和边缘计算缓存中的任务数量）决定任务选择本地执行还是卸载到边缘计算服务器上执行，从而在不违反用户要求的最低隐私级别的情况下最小化能耗和延迟。该工作通过实验证明在单一用户、单个边缘服务器场景中，基于马尔可夫决策过程解决方案在保证隐私方面优于传统方案。

新加坡技术与设计大学团队[26]也研究了用户任务卸载决策问题，但是这项工作考虑的是具有多边缘服务器、多用户的场景，场景中用户可以决定将任务卸载到哪个服务器以及卸载时使用的传输功率。更高的传输功率意味着更多子任务到达服务器，但也导致更高的能耗。该工作证明在动态的边缘网络场景下，无线信道状态会持续发生变化，使用基于机器学习的解决方法具有更好的效果（无模型 Q-learning 算法[97]）。仿真实验表明，该算法在可接受的执行时间内，能够在能耗和吞吐量方面达到接近于最优的性能。

美国犹他州立大学团队[27]考虑移动边缘场景中的移动设备是车辆。此场景中，基于机器学习的方法能够在车辆移动性迅速变化的场景中得到令人满意的优化结果。因此，该工作提出利用 DQN[98]来确定卸载策略和缓存策略。在此方案中，边缘服务器会被部署在路边单元，此外其他车辆也可以作为缓存服务器或者任务卸载目标位置。该算法可以同时做出任务卸载位置决策以及内容缓存位置决策，并且该算法能够运用在车辆网络和动态边缘计算网络。

东南大学团队[48]在一个边缘服务器为车辆用户提供服务的场景中使用了支持向量机，将用户的子任务划分为两类：本地执行或服务器执行。如果任务在边缘服务器上执行，则说明该任务在用户离开服务器基站之前被处理完并返回任务输出数据。支持向量机依据本地任务处理速度、服务器任务处理速度、任务大小、资源（例如内存资源）需求量以及通信速率等特点进行训练，使得分类服务延迟结果最小化。实验表明该方法比起仅本地执行以及随机卸载策略有着明显的性能提升。表明支持向量机的算法比其他机器学习算法在执行方面有明显优势，并且依据内核选择的不同，使用支持向量机得到的结果仅比理论最优值低 3%。

9.2.2 利用机器学习进行服务器部署决策优化

在移动边缘网络场景中，边缘服务器在大多数情况下会被部署在现有无线接入点、基站等位置。根据场景中用户产生任务特性不同、用户位置分布等因素，不同的边缘服务器部署策略会为用户提供不同的 QoS。使用基于机器学习的算法来完成服务器部署决策能够有效减小任务计算延迟、降低能耗以及提高边缘服务器的资源利用率。

密苏里州立大学团队[10]使用 KNN 算法来根据任务的数据量大小对任务进行聚类，然后根据可用带宽量以及服务器状态将边缘资源分配给各用户。该工作的目标是最大限度地减少服务延迟和能耗。其中的设定是以用户为中心，每个移动用户可以使用多个服务器。但是，服务器之间不会进行通信。值得注意的是，上述解决方案仅通过获取到的部分网络状态和用户配置文件来训练机器学习模型，但仍能够预测系统状态并做出有效选择。

电子科技大学团队[12]提出一种边缘网络场景下的边缘计算服务器缓存策略，如图 9-9[12]所示。该方法是使用 K-means 聚类和迁移学习（Transfer Learning），基于提供内容的访问特征对其聚类。算法将内容与相似的访问配置文件相关联，将它们放在同一集群中，然后部署虚拟边缘计算服务器缓存，按序对其进行缓存，以最大化缓存命中率并降低传输延迟。迁移学习允许模型在本地进行训练，然后在服务器之间共享和组合。相比没有服务器间协作的学习方法、随机缓存、仅缓存最近使用内容这三种策略，该方法能够取得更高的命中率。

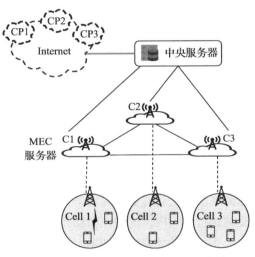

图 9-9 基于边缘服务架构的协作缓存模型

云南大学团队[13]同样使用了 K-means 聚类算法，但算法的目标是基于用户物理位置信息和处理需求对任务进行聚类，然后决定边缘计算服务器应该部署在何处。该设定中，服务器必须与现有基站部署在同一站点中。将边缘计算服务器部署到每个用户集群，并根据与该集群的用户相关联的基站以及基站与边缘计算服务器之间的网络延迟来确定最终部署位置，同时最小化整体服务延迟。与传统的基于贪心的方法相比，基于学习的解决方案可以更有效地利用服务器资源。

上海电力大学团队[14]提出了一种基于 CFSFDP[94]（Clustering by Fast Search and Find of Density Peaks）进行聚类的方法。该方法用于将类似用户生成的任务聚类在一起，以便为每个聚类部署单个边缘计算服务器，所部署的边缘计算服务器可以专门用于该服务类型，从而提供更高效的服务。该算法可以基于任何任务的属性，包括通信有效负载大小和计算时间需求。

北京邮电大学团队[15]同样使用了 K-means 聚类方法，基于用户的特征来对用户进行聚类，并且将每个聚类与某个边缘计算服务器相关联，以达到在任务中更有效地使用服务器的目的。该工作主要面向智慧校园环境，据学生的行为和所使用的应用程序将他们分为学习型、主动型和封闭型三种类型。聚类过程主要基于与用户相关联的语义数据来执行，在有大量学生连接到系统的情况下，该方法仍然能够提供高质量服务。

研究工作[16]同样利用机器学习方法解决服务器部署问题。该工作首先提出一个多目标优化问题，尝试在最小化能耗的同时将服务延迟控制在一个阈值之下，并以此为目标完成服务器的部署。边缘服务器只能与现有基站关联部署。该工作利用粒子群优化算法来决定每台服务器的部署位置，以及哪些基站会把接收到的任务转发到该服务器。算法的限制来源于任务处理延迟的阈值、服务器任务处理能力上限，目标为整个系统能耗最小化。很显然，处理多目标和约束类型的目标函数难度很高，因此基于机器学习的解决方案不仅在执行时间上具有优势，并且相较于随机和贪心的部署策略，还能达到更低的能耗和更高的资源效率。此外基于学习的算法往往能在迭代次数很少的情况下，找到有效的配置策略。

墨西拿大学团队[28]考虑一个具有多个边缘服务器和远端云服务器，并且用户存在移动性的边缘网络场景。随着用户的位置发生移动，之前的最佳方案现在可能得到很低的性能。因此，该工作提出一种算法用于确定服务器间（包括云端服务器）进行虚拟机和数据迁移的时间。该算法是一个 DQN[96]，考虑了用户移动时的位置、每个服务器的状态以及当前服务器已托管用户数量，所需的数据和时间更少。

西安工程大学团队[29]研究虚拟服务器的迁移和请求内容的缓存问题，同样考虑了边缘服务器的集合、云端服务器与用户移动性。该工作提出一种算法，在给定用户轨迹和每个服务器状态的情况下，决定是否优先迁移与用户相关的虚拟服务器或者用户请求内容，该算法利用了蚁群优化和多特征线性判别分析。通过与其他用于抢占缓存内存的传统方法以及仅基于移动云计算的方法进行了比较，结果显示该方法即使在高工作负载下也可以提供较低的延迟。

9.2.3　利用机器学习进行资源分配决策优化

在边缘网络中，边缘服务器上部署的资源相较于云服务器更加紧张。在存在多个用户的场景中，单台边缘服务器往往很难同时为所有用户提供计算和存储服务。因此合理分配边缘服务器为用户提供的计算资源、通信资源，以及边缘服务器与云服务器之间的资源对于任务计算延迟、能量消耗等方面有决定性的作用。表 9-1 涵盖了本节所涉及的资源及其影响。

表 9-1　边缘网络资源及其影响

资源	影响
传输功率	用户与边缘服务器以及边缘服务器之间的传输功率，会直接影响传输能耗与传输速率
服务器计算资源	当有多个用户将任务卸载到服务器上，服务器需要为用户分配计算资源，会对用户任务计算速度、计算能耗以及服务提供商利润造成影响
服务器内存缓存	内存缓存越大，越多用户能够借助边缘服务器处理而无需将任务上传到云端，从而减小执行延迟
信道带宽	直接影响数据上传与下载速度
编码块长度	编码块长度太小会导致过高解码错误率，而太大会影响传输效率

日本东北大学团队[17]使用粒子群优化算法确定基站和与其关联的边缘计算服务器之间的传输功率，从而在最小化用户服务延迟的同时，考虑静态用户与基站之间的传输以及最小化用户生成任务的执行时间。该工作假设卸载决策与服务器的传输功率相关联，机器学习解决方案用于平衡各服务器上的工作负载。该工作相较于贪心策略，可以达到更加接近于最佳方案的服务延迟级别，并且具有更短的执行时间。

在该团队另一项工作［18］中考虑一个用户具有移动性的边缘网络场景，并使用粒子群优化算法。在这项工作中，算法的目标是最大限度地提高可以服务的用户数量。算法还确定了虚拟服务器的迁移，包括迁移的路由和带宽。与其他基于非机器学习的方法相比，能够更加有效地利用边缘计算服务器，并为更多的用户提供服务。

东南大学团队[19]提出一种利用异构网络场景下边缘服务系统中的动态演化博弈来为用户分配通信资源和计算资源的算法，该算法的目标是最优化一个包含服务延迟、服务提供商利润以及能耗成本的目标函数。该算法在考虑服务器的资源容量前提下，决定每个移动终端从边缘服务器接受多大的带宽、经历多长的任务处理时间。实验部分表明，即便是存在大量服务器和用户的场景下，该算法依然能获得比传统算法更小的能耗与更短的服务延迟。

浙江大学团队[20]使用启发式的解决方案，在与远端云合作的移动边缘网络场景中结合遗传算法与模拟退火[93]算法。该算法决定远端云服务器将在回程中为每个边缘节点分配多少资源（即缓存内存和处理能力），以执行那些边缘节点无法处理的任务，从而达到最大限度地减少服务延迟的目的。算法考虑了场景中多个边缘服务器与更加强大的远端云的协作，比之前只考虑了远端云的存储能力与本地计算能力的工作场景更全面。经过比较发现，该算法比起仅基于遗传算法和仅基于模拟退火算法都更优。

华南理工大学团队[21]提出了用于运行数据流应用程序的用户资源分配方法。由于同时处理所有用户的资源分配问题复杂度太高，并且算法执行时间开销也会过大，因此该工作首先将用户随机分成小组，然后使用遗传算法为每个小组分配服务器（用于执行用户的应用程序）、分配带宽（以便用户可以与服务器通信）以及组内资源分配三个目标。此外，该算法能够依据服务器能力与不同的延迟来分配边缘服务器与云端服务器的资源，同时确定每个用户的应用程序将在云端、本地还是边缘执行。虽然将用户随机分组的方式通常被认为会降低算法性能，但仿真实验表明基于遗传算法的方法不仅在性能上接近于最佳方案，并且执行时间上也没有带来额外开销。

迈阿密大学团队[22]的工作主要解决在非城市中心的区域部署边缘服务器的问题。其难点在于可用于边缘计算的能源稀缺，且绿色能源供应不稳定。因此这项工作中所提出的算法不仅致力于为用户提供更小的服务延迟从而提高用户服务质量，同时也要考虑运营成本，特别是服务器能耗方面。为了实现这个目标，场景建模为马尔可夫决策过程，并应用Q-learning[95]和决策后状态学习[22]来确定为用户分配了多少资源以及分配哪些服务器。此外，该算法能够随着用户请求的更改而扩展相应类型分配。仿真实验的结果显示，与忽略先前状态和历史数据的解决方案（即非学习方法）与不进行决策后状态学习的解决方案（即仅进行 Q-learning）相比，该方法有效降低了服务器能耗等开销。

亚琛工业大学团队[23]研究了将通信资源和计算资源从单个边缘计算服务器分配给多个用户的问题。该工作解释了分配给各用户的带宽以及分配的编码块长度对通信的延迟和可靠性的影响（编码块长度会影响解码错误的概率）。由于边缘网络场景的随机性，处理此类问题的复杂度很高。因此，该工作选择将场景建模为马尔可夫决策过程，并利用深度 Q-learning[96]来确定在每个时间帧为每个用户提供多少处理能力和传输资源，与忽略系统状态的方法相比，能够获得更高的任务成功率。

9.2.4　基于边缘计算系统的深度学习应用

通常，由于大多数深度学习模型复杂度很高，并且难以在资源受限的本地设备上进行结果推理，因此深度学习服务往往被部署在云数据中心用于处理相关请求。但是这种架构难以满足（如视频分析等）实时深度学习服务的需求。边缘网络距离用户更近，能够很大程度上减小与移动设备之间的通信开销，能够胜任一些对实时性要求较高的深度学习服务，因此在边缘部署深度学习应用程序可以扩大深度学习的应用场景。这一节将会介绍几种边缘深度学习应用。

1. 基于边缘学习的实时视频分析

实时视频分析在自动驾驶、VR、AR 以及智能监控等领域都非常重要。实时视频分析相关应用都需要大量的计算资源和存储资源，然而云端执行这些任务会带来高延迟以及可靠性问题。这些问题可以通过将视频分析服务部署在靠近数据源的边缘服务器上来解决。如图 9-10[30]所示，终端、边缘和云端协作运行基于深度学习的实时视频分析。

（1）终端

终端层在实时视频分析中主要用于视频获取（例如智能手机或者监控摄像头）、媒体数据压缩、图像预处理以及图像分割[108]。通过与这些参与的终端设备协调训练一个领域感知的适应模型可以提高对象识别的准确性。此外，为了合理地将深度学习中的计算负载分配到终端设备、边缘节点以及云端，终端设备应该全面考虑视频的压缩与其他影响因素，如网络条件、数据利用、电池消耗、任务处理延迟、视频帧速率以及分析准确性，从而确定最佳的卸载分配策略。

如果要在终端设备上独立运行各种深度学习任务，则启动支持高效多租户的深度学习解决方案。通过模型的剪枝与恢复方案，NestDNN[31]将深度学习模型转换为一组后代模型，其中资源需求较少的后代模型与具有更多资源需求的后代模型共享其模型参数，使需要资源较少的后代模型嵌套于需要更多资源的后代模型中，而无须占用额外的内存空间。通过这样的方式，多容量模型提供了具有紧凑内存占用量的可变资源准确性解决方案，以此确保终端层的高效多租户深度学习任务运行。

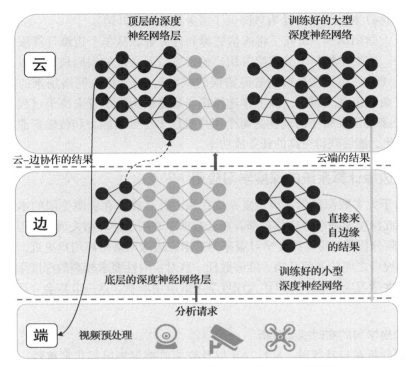

图 9-10　终端、边缘与云端协作运行实时视频分析应用

（2）边端

在边缘层次，可以通过众多分布式边缘节点协作的方式提供更好的服务。例如，LAVEA[32] 将边缘节点以及终端设备连接到同一接入点或者基站，从而确保服务能够像互联网一样普遍存在。另外，在边缘节点上压缩深度学习模型可以提高整体性能。通过减少 CNN 层中不必要的过滤器，可以在确保性能的同时大大减少边缘层的资源消耗。研究工作［33］提出一种名为"EdgeEye"的边缘服务框架，该框架通过实现基于深度学习的实时视频分析功能的高级抽象达到优化性能和效率的目的。在 VideoEdge[34] 中通过终端－边缘－云的层次结构来帮助实现有关分析任务的负载平衡，同时保持较高的分析精度。

（3）云端

在云的层次上，云服务器主要负责边缘层次内部的深度学习模型集成，并更新边缘节点上分布式深度学习模型的参数。由于边缘节点的本地数据可能会很大程度上削弱边缘节点上的分布式模型训练性能，因此云端需要集成不同的深度学习模型以获取全局知识。当边缘层次无法提供足够可靠的服务时（检测低置信度的对象），云端可以凭借其强大的计算能力与全局知识进行进一步处理，并协助边缘节点更新深度学习模型。

2. 基于边缘学习的自主车联网

将车辆互相连接起来，能够提高车辆安全性、提高效率并且减少交通拥堵的发生，如图 9-11 所示。现有很多方向的研究可用于促进车联网（IoV），例如网络、缓存、边缘计算等。一方面，边缘计算能够为车辆提供低延迟、高速通信以及快速响应服务，使自动驾驶成为可能；另一方面，深度学习技术在各种智能车辆应用中都非常重要。因此二者的结合有望优化复杂的 IoV 系统。

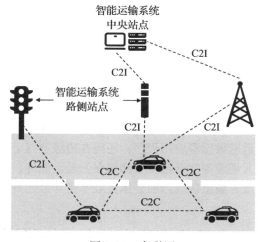

图 9-11　车联网

大连理工大学团队[119] 提出一个技术整合框架。这种集成的框架使网络、缓存和计算资源的动态编排能够满足不同车辆应用的需求。由于该系统涉及多维控制，因此首先采用基于深度强化学习的方法来解决优化问题，从而达到增强整体系统性能的目的。此外[35] V2V（Vehicle-to-Vehicle）通信技术可以进一步用于车辆间连接，从而使得车辆可以作为边缘节点提供服务。

3. 基于边缘学习的智能制造

智能制造时代的两个最重要的准则是自动化和数据分析，前者是主要目标，后者是最强大的工具之一[36]。为了遵循这两个原则，智能制造首要任务便是解决响应延迟、风险控制和隐私保护方面相关问题，因此深度学习和边缘计算都是必不可少的。在智慧工厂中，边缘计算有利于将计算资源、网络带宽以及云端的存储容量扩展到 IoT 边缘，并在制造和生产过程中实现资源调度和数据处理。DeepIns[36] 将深度学习与边缘计算用于自动制造检查中，分别起到性能保证与过程时延保证的作用。该系统的主要思想是划分用于检查的深度学习模型，并将其分别部署在终端、边缘和云上，从而提高检查效率。

然而，随着物联网场景中边缘设备数量的指数级增长，支持远程管理的深度学习模型愈发重要。Fraunhofer FIT 团队[37] 介绍了一种应对此挑战的框架，用于支持智能制造过程中的复杂事件学习，从而促进物联网边缘设备上实时应用程序的开发。塞浦路斯尼科西亚大学团队[38] 还考虑到了物联网中边缘设备的功率、能效以及内存占用的限制。此外，华中科技大学团队[39] 考虑了集成异构物联网设备的缓存、通信以及计算卸载，从而打破资源瓶颈。

4. 基于边缘学习的智慧家庭与智慧城市

物联网的普及将为日常生活带来越来越多的智能应用，例如智能照明控制系统、智能电视以及智能空调等。然而，智能家居的实现需要在角落、地板以及墙上部署大量无线物联网传感器、控制器。为了保护家庭敏感隐私数据，智慧家庭的数据处理必须依赖边缘计算。现有工作［40-41］都通过部署边缘计算来优化室内定位系统和监控系统。与使用云计算相比，通过边缘计算进行的部署可以获得更低的延迟与更高的准确性。深度学习与边缘计算的结合进一步提升智能服务的多样性。例如美国加州大学伯克利分校团队[42]使用深度学习赋予机器人动态视觉服务的能力，以及上海交通大学团队[43]为机器人搭载智能音乐认知系统。

　　智慧家庭能够扩展到社区甚至城市，使得公共安全、健康数据、公用设施以及交通和其他领域能够受益。最初在智能城市中应用边缘计算的契机是成本和效率方面的优化。城市中地理分布数据源的自然特征应用需要边缘计算模型来提供位置感知、延迟监控和智能控制。例如，霍夫斯特拉大学团队[47]提到，使用分层分布式边缘计算架构，对未来智慧城市中大规模基础设施组件和服务的集成提供一定的支持。这种架构不仅能够支持终端设备上的延迟敏感型应用程序，还能在边缘节点上执行轻度延迟容忍型任务，同时将负责深度分析的大规模深度学习模型部署在云端。此外，深度学习可用于服务编排和调度，从而实现校园区域、城市区域内的整体负载平衡和最佳资源利用。

9.3　边缘网络中的人工智能技术

　　近年来虽然人工智能的应用愈加广泛，但是由于人工智能的模型与算法通常涉及大量的数据以及计算量，导致其很难应用在资源受限的移动设备和物联网设备上。在边缘计算的范例中，将复杂的学习任务从终端设备转移到边缘服务器，任务在边缘服务器执行完毕后将结果返还给设备，从而满足了资源受限设备对复杂学习任务的需求。因此边缘计算能够进一步增强人工智能的应用范畴。

　　本章主要涉及将人工智能相关技术部署在边缘网络中的场景。第一节介绍利用边缘服务器构建分布式机器学习，第二节介绍在移动边缘网络上利用联邦学习进行模型训练的优势以及相关问题与优化，第三节介绍 TinyML（即微型机器学习），指在终端、边缘端的微处理器上运行机器学习，第四节是对 TalkingData 推出的轻量级机器学习算法库 Fregata 的简介，最后一节介绍人工智能物联网（AIoT）。

9.3.1　分布式机器学习

　　虽然边缘计算能够使机器学习拥有更加广泛的应用，但是一般情况下由于边缘计算要求用户的训练数据卸载到集中式的边缘服务器，可能会产生安全隐患；其次，某些应用场景下训练模型所需时间较长，尽管存在优化算法降低模型的训练时间，但单台机器的性能有限，所以算法对训练时长的优化终究是有限的；此外当所需训练集太大，可能会超出单台机器的存储容量。在边缘网络中，通常存在多台部署在无线接入点、基站等位置的边缘服务器。针对上述问题，可以利用位置分布在各处的多台边缘服务器构成的分布式系统提高训练过程的并行度和 I/O 带宽，以及利用多台边缘服务器分别存储部分数据。

　　在分布式机器学习中，边缘服务器充当"工人"节点的角色，负责协同模型训练、运行学习服务以及处理卸载任务。分布式机器学习的过程中，允许将训练数据和学习过程分配到多个"工人"节点，因此没有一个边缘节点能够访问整个数据集以及参与到全部训练过程，以此避免安全问题和隐私威胁[118]。

分布式机器学习的核心是将机器学习任务划分为子任务，并分发到多个计算节点上去。常用的两种学习任务划分方式为数据划分与模型划分[118]。

①在数据划分方式中，数据被划分为若干数据块。不同的边缘节点使用相同的模型，对不同的数据块运行相同的算法，从而并发的处理数据并快速得到算法输出。对于在大多数机器学习算法上使用独立同分布的数据样本时，都能够使用数据划分方式。

②模型划分方式会在每个边缘节点上都部署一份整个数据集的副本，同时每个边缘节点上运行的是完整模型的部分。一台边缘服务器的训练结果会作为下一台边缘服务器上模型部分的输入，整个边缘网络系统在训练过程中构成流水线的形式。模型划分方式并不适用于一些模型参数无法拆分的机器学习算法。

综上，由边缘网络中地理分散的节点构成的分布式系统，不仅能够保证学习过程中的数据安全性和隐私性，还能通过数据划分或者模型划分的方式，将数据或模型放置在多个边缘节点上提高任务执行的并行度，从而提升学习任务的训练和执行效率。

9.3.2　联邦学习与边缘网络

与传统的以云为中心的训练方法相比，在移动边缘网络上使用联邦学习进行模型训练具有许多优点。带宽方面，由于使用联邦学习能够减少传输到云端的信息，因此能够更加高效地利用网络带宽。例如，参与训练的设备无须发送原始数据进行处理，而是只发送更新的模型参数进行聚合，因此大大降低了数据通信的成本，减轻了主干网的负担。隐私方面，由于用户的原始数据不需要发送到云，在联邦学习参与者和服务器处于非恶意的假设下，使用联邦学习能够一定程度上增强用户隐私，降低被窃听的概率。并且由于隐私得到更好的保护，更多的用户愿意参与到协同模型的训练之中，从而可以构建更好的推理模型。延迟方面，使用联邦学习后，机器学习模型可以得到一致的训练和更新。在边缘场景中，可以实时在边缘节点或终端设备上做出决策。因此，延迟比起在云端做出决策后再将其传输到终端设备的方式要低得多，这对于一些延迟敏感型应用程序（例如自动驾驶系统）而言至关重要。

在边缘网络使用联邦学习的场景中，为了提高效率，针对通信以及模型方面的优化非常有必要，下面对现有的相并研究工作进行介绍。

1. 降低通信开销

在联邦学习中，可能需要参与者和联邦学习服务器之间的多轮通信来实现目标精度，如图 9-12 所示[62]，联邦学习中的每个周期都会涉及数次通信的过程。对于复杂的深度学习模型训练，例如 CNN，每次更新可能包含数百万个参数[60]。更新的高维性会带来高通信成本，并可能成为训练瓶颈。再加上参与设备网络条件的不可靠性与互联网连接速度的不对称性（通常上行速度比下行速度慢），导致参与者模型上传延迟。因此提高边缘场景中联邦学习的通信效率是很有必要的。

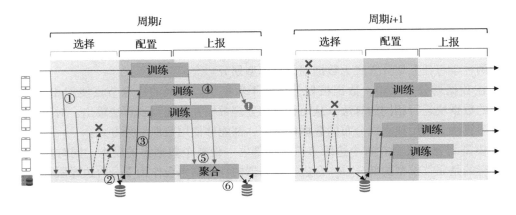

图 9-12　联邦学习算法步骤

① 设备向联邦学习服务器报到，被拒绝的设备一段时间后重试。

② 服务器从永久存储中读出模型检查点。

③ 将模型和配置发送给被选中的设备。

④ 在设备上进行训练，上报更新后的模型。

⑤ 服务器将更新聚合到全局模型中。

⑥ 服务器将全局模型检查点写入永久存储中。

📱 设备

🖥 服务器

🗄 永久存储

✖ 拒绝

❗ 设备或网络故障

　　在边缘计算场景下的联邦学习中，通信开销带来的影响远大于计算开销，因为参与者的移动设备具备一定的本地计算能力。此外参与者可能只有在连接到 Wi-Fi 的情况下，才愿意加入模型训练。因此可以考虑在每次全局聚合前，在边缘节点或终端设备上进行更多的计算，从而减少模型训练所需的通信轮数，如图 9-13a 所示。

　　现有两种常用增加参与设备计算量的方法：增加并行性，每轮训练选择更多参与者；以及增加每个参与者分配的计算量，在全局聚合之前执行得到更多本地更新。对典型算法 FedSGD 算法和 FedAvg 的比较如下。在 FedSGD 算法中，所有参与者都会参与到运算过程之中，并且每轮训练只进行一次，其中最小批量大小包括参与者的整个数据集（类似于集中式深度学习框架中的全批量训练）。而 FedAvg 算法对超参数进行了调整，使得参与者可以进行更多的局部计算。例如，参与者可以在其数据集上进行更多遍或使用较小的局部小批量来增加每次通信回合之前的计算量。仿真实验证明，当并行性达到一定阈值后，再提高阈值对通信成本的降低变得十分有限。因此这项工作更多的重点放在增加每个参与者承担的计算任务上，同时保持所选参与者的占比不变。当实验中使用的数据集为独立同分布（IID）时，所提出的 FedAvg 算法可以减少 30 倍以上的通信轮数。

　　另一种降低通信成本的方法也是通过修改训练算法，从而提高收敛速度。例如清华大学团队[63]通过采用传输学习和领域自适应中常用的双流模型，增加每个参与设备的计算量，如图 9-13b 所示。在每一轮训练期间，参与者都会收到全局模型，并在训练过程中将其作为固定参考。在训练过程中，参与者不仅从本地数据中学习，而且参考固定的全局模型向其他参与者学习。通过在 CIFAR-10 和 MNIST 数据集上分别使用 AlexNet 和 2-CNN 等深度学习模型进行的仿真结果表明，即使在非独立同分布数据的情况下，所提出的双流联邦学习方法能够在通信轮数减少 20% 的情况下，达到理想的测试精度。

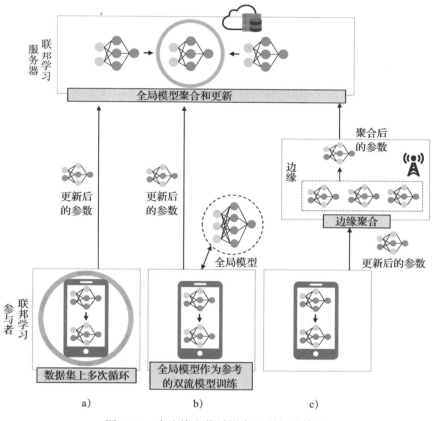

图 9-13　在边缘和终端设备上增加计算量

如图 9-13 所示在边缘和终端设备上增加计算量，其中图 9-13a 表示在边缘节点上进行更多计算，图 9-13b 表示使用双流模型增加每个参与设备的计算量，图 9-13c 表示使用附近的边缘服务器充当中间参数聚合器。

与之前关于增加参与者计算量的工作不同，研究工作［64］提出了一种边缘计算中的启发范式，其中假设从参与者到边缘服务器的传输延迟小于参与者与云端的通信延迟，则附近的边缘服务器可以充当中间参数聚合器，如图 9-13c 所示。该工作提出的分层联邦计算（HierFAVG）算法中，当存在本地参与者更新时，边缘服务器就聚合收集到的本地模型。当有预设数量边缘服务器聚合之后，边缘服务器与云端通信从而进行全局模型聚合。通过这样的方式降低本地与云端的通信频率。仿真实验表明，与 FedAvg 算法相比，当发生相同次数的本地更新，该算法通过更多的边缘聚合从而减小了通信开销，并且该结果对于独立同分布以及非独立同分布的数据均成立。但同时也应注意到，当该方法用于非独立同分布数据时，在某些情况下（例如，边缘与云端差异过大或者场景中边缘服务器数量过多），HierFAVG 无法收敛到所需的准确度水平。

2. 模型压缩

模型压缩以及梯度压缩能够通过稀疏化、量化或二次采样，将一次通信的更新变得更加紧凑。然而，由于压缩会引入噪声，此时的目标是保持训练模型质量的同时，减小每轮更新的大小[65]。

为了降低通信开销，研究工作［61］提出使用结构化更新以及概略更新，来减少每个通信过程参与者发送到联邦学习服务器的模型更新大小。结构化更新将参与者更新限制为具有预先指定的结构，即低秩和随机掩码。在低秩结构中，每个更新被强制规定为两个矩阵乘积的低秩矩阵，其中一个矩阵是随机生成并且在每个通信回合期间保持不变，而另一个则是优化之后的矩阵，因此只需将优化后的矩阵发送给服务器。在这个随机掩码结构中，每一个参与者更新被限制规定为一个遵循某种随机稀疏模式的稀疏矩阵，只需向服务器发送非零项。概略更新是指在发送端给服务端之前以压缩的形式对更新进行编码，随后服务器在聚合之前进行解码。概略更新的一个例子是传递更新矩阵的一个随机子集。然后，服务器计算子采样更新的平均值，从而得出真实平均值的无偏估计值。另一个例子是概率量化方法[66]，方法对每个标量的更新矩阵进行矢量化和量化。为了减小量化误差，在量化前使用一个 Walsh-Hadamard 矩阵与二进制对角矩阵[107]的乘积进行结构化旋转。

研究工作［65］对上述工作进行了拓展，提供了使用有损压缩和 Federated Dropout 来降低服务器与参与者之间的通信开销，如图 9-14 所示，其相关步骤为：

① Federated Dropout 降低模型大小。
②模型有损压缩。
③训练减压。
④更新压缩。
⑤解压。
⑥全局聚合。

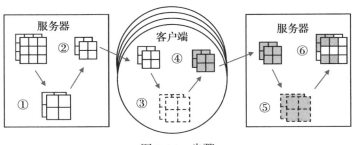

图 9-14　步骤

与研究工作［61］相似，这项工作也考虑了二次采样和概率量化，但是在量化前的结构化旋转步骤中使用 Kashin's representation[67] 代替了 Hadamard 变换，原因在于这种场景下前者对于精度与通信大小之间的权衡做得更好。

除了子采样与量化的方法以外，该工作还利用 Federated Dropout 去除掉每个完全连接层上固定数量的激活函数，从而得到较小的子模型。然后将子模型发送给参与者进行训练，更新后的子模型会映射回全局模型，从而得到完成的 DNN 模型。这种方法降低了服务器到参与者的通信成本，也减少了参与者到服务器更新量的大小。不仅如此，由于需要更新的参数减少，因此参与者上的局部计算量也随之减少。仿真实验使用 MNIST、CIFAR-10 和 EMNIST[69] 数据集，结果表明研究工作［61］中所采用的子采样方法在性能上没有达到可接受的水平，而采用 Kashin's representation 进行量化在性能上能达到与不进行压缩相同的水平，同时在模型量化到 4bit 时通信开销降低将近 8 倍。对于 Federated Dropout 方法，结果表明在大多数情况下，完全连接层 25% 的权重矩阵的信道信号丢失率能够达到可接受的精度，同时确保传递模型的大小能够减小大约 43%。

3. 基于重要性的更新

这种类型策略包括选择性通信，即在每一轮中只传输重要或者相关的更新[70]。实际上忽略参与者的部分更新不仅能减小通信开销，还能提高全局模型性能。

基于 DNN 模型中大部分参数值都是稀疏分布且接近于零[71]，威廉与玛丽学院团队[70] 提出边缘随机梯度下降（eSGD）算法，该算法在每轮通信中只选取重要梯度的一小部发送给联邦学习服务器来进行参数更新。eSGD 算法在两个连续的训练迭代中跟踪损失值，如果当前迭代的损失值小于先前的迭代损失值，则表明当前训练梯度和模型参数对于降低训练损失很重要，因此将它们各自的隐藏权重分配为一个正值。此外，梯度也会被传送到服务器用以进行参数更新。相反，如果当前迭代的损失值大于之前迭代损失值，则根据其隐藏权重值选择其他参数进行更新。一个参数的隐藏权重值越高，则越可能被选中。如果忽略较小梯度值并且没有完全更新，可能会导致收敛的推迟，将梯度值作为残差值累积，使用矢量校正技术对残差值的每次更新进行加权，一旦累积的剩余梯度达到某个阈值，就根据隐藏的权重值选择它们来替换最不重要的梯度坐标。仿真结果表明，与对比工作［71］中提出的使用固定的阈值确定要丢弃的梯度坐标的阈值 SGD 算法相比，丢包率为 50% 的 eSGD 可以实现更高的精度。

9.3.3　TinyML

近年来机器学习在工业中的应用越来越多，同时物联网也迅速发展。人工智能逐渐从云端走向边缘，智能物联网设备也层出不穷，各种设备端的 AI 应用极大地丰富了 AI 的应用范畴。然而物联网应用建立在众多低电池储量、资源受限的物联网设备工作的基础上。因此，如何在受制于低算力与低能耗的物联网设备以及嵌入式设备等终端硬件上，长时间低功耗地运行 AI 应用成为一个亟待解决的问题。

TinyML 即微型机器学习，是指在终端、边缘端的微处理器上运行机器学习。具体而言，TinyML 要求设备功率控制在 1 毫瓦以内，同时运行机器学习相关算法和技术，从而提高设备的分析能力。Google 的机器学习研究者 Pete Warden 认为深度学习使得传感器数据更有意义，他在个人博客[75]中提到在过去数年间，研究者通过神经网络使得从图像、音频等噪声信号中提取信息成为可能。当我们能够在耗电量极低的微控制器上运行这些网络，那么就能够将以前我们一直忽略掉的信息用以推理。比如，设想每个设备上都能有一个简单语音接口，通过理解少量词汇，或者使用一个图像传感器进行注视检测，即便我们不按下任何按钮，不使用任何手机程序，也能控制周围环境中的几乎任何事物。而现有技术很有可能生产出一个成本不到 50 美分，能够在纽扣电池上运行一年的语音接口组件。嵌入式设备上的 TinyML 如图 9-15[76] 所示。

TinyML 相关工作涉及多个领域的结合，包括机器学习领域相关技术的部署和使用、基于边缘计算的思路将计算和存储下沉到靠近设备一侧，如图 9-16[74] 所示。正因如此，TinyML 在多种驱动力的综合作用下发展迅速。

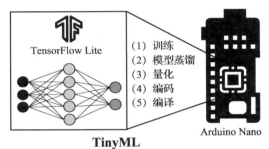

图 9-15　嵌入式设备上的 TinyML

根据 Pete Warden[75] 的说法，TinyML 将在许多行业中普及，并且影响几乎每个行业：零售、医疗保健、运输、农业、健身和制造业等。通过在 Edge Impulse Studio 上添加 "数据获取" 选项，然后选择传感器（例如加速度传感器）采样手机的运动，智能手机可以成为捕获数据的边缘设备，这使手机可以运行基于人工神经网络的强大学习模型。

如今，全球有超过 2500 亿台嵌入式设备处于活动状态，并且预计每年以 20% 的速度增长，这些设备每天都收集大量数据，而在云端处理这些数据是一个相当大的挑战。在这 2500 亿个设备中，目前大约 30 亿个正在运作中的设备能够支持 TensorFlow

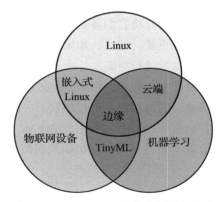

图 9-16　TinyML 涉及多个领域的结合

Lite。TinyML 可以在边缘硬件和设备智能之间架起桥梁，TinyML 的普及有利于嵌入式机器学习的传播，将大量浪费的数据转换为有用的信息，并在许多行业中构建新的应用程序。随着新型人机界面（HMI）的出现以及智能设备数量的增加，TinyML 使得嵌入式 AI

和嵌入式计算更加普及、价格更加低廉以及更加可扩展与可预测,从而改变机器学习的范式。

9.3.4　Fregata

Fregata 是 TalkingData 针对大规模机器学习中计算资源消耗大、训练时间长以及调参效率低下的问题,提出的基于 Apache Spark 的轻量级、开源、超高速大规模机器学习算法库。

Fregata 中的 Logistic Regression 和 Softmax 算法均采用 GSA 算法[68] 进行优化。GSA 是由 TalkingData 提出的梯度型随机优化算法,也是 Fregata 采用的核心优化方法。在 GSA 算法中,对逻辑回归和 Softmax 回归的交叉熵损失函数,推导出了一套仅用当前样本点的梯度信息来计算的近似公式,并把利用这套近似公式得到的步长做时间平均来计算当前迭代步的学习率。这样搜索得到的步长包含了当前迭代点到全局极小的距离信息,保证了收敛速度,同时基于平均的策略使算法对离群点更鲁棒,算法具有更高稳定性[73]。GAS 算法既保留了随机梯度下降法易于实现、内存开销小以及便于处理大规模训练样本的优势,又免去了随机梯度下降法中调整学习率参数的过程。

Fregata 的主要特点如下[72]。

①精确:Fregata 在各种问题场景中均可以达到比 MLLib 更高的精度。

②高速:对于广义线性模型,Fregata 一般能在数据扫描一遍之后就收敛;在一个 10 亿 × 10 亿的数据集中,Fregata 能够在使用或者不使用内存缓存的情况下分别在 1 分钟或者 10 分钟内完成模型训练。通常情况下,Fregata 比 MLLib 快 10 ~ 100 倍。

③无须调参或者调参较简单:Fregata 使用 GSA SGD 优化,因此无须调整学习率。当遇到超高纬度问题时,Fregata 会动态计算剩余内存以确定输出的稀疏性,从而达到自动平衡精度的效率。

④轻量:Fregata 只使用 Spark 的标准 API,因此 Fregata 能够被快速、无缝地集成到 Spark 上大多数企业的数据处理流程中。

总的来说,Fregata 的主要优势在于快速以及算法无须调参(或者调参相对简单)。这两个优势降低了计算资源的消耗,提高了效率,同时也降低了对机器学习工程师的要求,提高了工程师的开发效率[73]。

9.3.5　AIoT 系统

AIoT 即人工智能物联网(Artificial Intelligence & Internet of Things),指人工智能技术与物联网在实际应用中的落地融合[44],旨在通过物联网产生与收集海量数据并存储于边缘端与云端,然后通过人工智能与大数据分析,从而实现万能数据化与智联化[45]。

在当前信息大爆炸的时代,物联网的发展趋势是从万物互联到万物智联。传统的物联网 AI 平台架构如图 9-17[45] 所示。在传统的解决方案中,如部署在边缘的摄像头等物联网设备获取到信息后，将数据汇聚到云端，并在云端部署的 AI 推理平台进行推理，结束后以相同链路返回边缘侧。这样的方式会带来很大的远程调用延迟与高昂的流量成本。

目前物联网虽然实现了万物互联，但是单纯的物物之间的互联并不是我们追求的最终目标，我们需要的是解决具体场景的服务与应用，需要赋予物联网一个"大脑"，以此实现真正的万物智联，发挥物联网和人工智能更大的价值[46]。在边缘侧部署 AI 功能是实现从万物互联到万物智联的转变的关键。例如，在智能零售的场景中，将 AI 应用部署在无人货柜上进行消费习惯与消费趋势的感知与预测；在智慧农牧场景中，畜牧场的网络质量很可能不稳定，因此在边缘进行智能监测与分析是更好的选择。

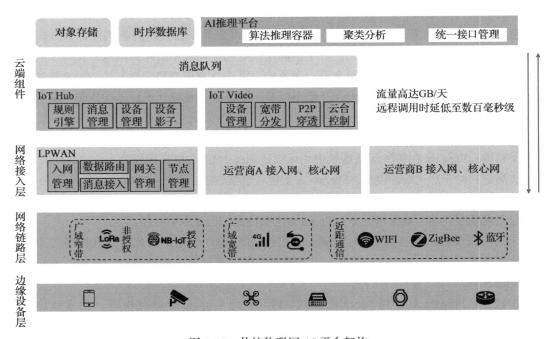

图 9-17　传统物联网 AI 平台架构

9.4　移动端开源机器学习框架

本节介绍移动端开源的机器学习框架，这些框架的发布机构、发布年份、当前版本、集成模型、部署平台及相关特性如表 9-2 所示。接下来将详细介绍其中几项具有代表性的工作。

表 9-2 机器学习构架

框架	发布机构	发布年份	当前版本	集成模型	部署平台	特性
TensorFlow Lite	Google	2017	2.1.0	Mobilenet_V1_1.0_224_quant, COCO SSD MobileNet v1, Posenet, Deeplab v3, Style prediction model, Text Classification, Mobile Bert, recommendation 等	Android, iOS, 嵌入式 Linux 设备, 微控制器	多平台多语言支持, 高性能, 高效的模型格式, 提供模型优化工具和预训练模型
Core ML	Apple	2017		FCRN-DepthPrediction, MNIST, Updatable-DrawingClassifier, MobileNetV2, Resnet50, SqueezeNet, DeeplabV3, YOLOv3-Tiny, PoseNet, BERT-SQuAD	iOS, MacOS	针对设备性能进行了优化, 最大限度上减少内存占用和功耗, 确保用户数据的隐私, 确保应用在网络连接不可用时保持功能和响应
NCNN	腾讯	2017	ncnn-20200916		iOS, Android, Windows, Linux	无第三方依赖, 跨平台, 精细的内存管理和数据结构设计, 支持多核并行计算加速, 支持 8bit 量化和半精度浮点存储
Paddle Lite	百度	2017	2.7	ERNIE, ernie_tiny, lac, senta_bilstm, emotion_detection_textcnn 等	ARM CPU, ARM GPU, Huawei NPU, Intel x86 CPU, NV GPU	多硬件支持, 轻量级部署, 支持量化计算
MNN	阿里巴巴	2019	1.1.0	DeepLab, DenseNet, Inception, LaneNet, LFFD, MnasNet, MobileNet, MobileNet SSD, Modified MobileNet SSD, MTCNN, Multi Person MobileNet, SqueezeNet, YOLO (s)	iOS, Android	轻量级, 通用性, 高性能, 易用性
MACE	小米	2018	1.0.0	convolutional-pose-machines, deeplab-v3-plus, fast-style-transfer, inception-v3, kaldi-models, micro-models/har-cnn, mobilenet-v1/v2, onnx-models, realtime-style-transfer, resnet-v2-50, shufflenet-v2, squeezenet, ssd-mobilenet-v1, vgg16, yolo-v3	Android, iOS, Linux 和 Windows 设备	使用 NEON, OpenCL 和 Hexagon 对运行时进行了优化, 引入 Winograd 算法加快卷积操作, 支持图级别的内存分配优化和缓冲区重用
SNPE	高通	2017	1.43.0		SnapdragonTM CPU, AdrenoTM GPU, Hexagon-TM DSP	能够通过 C++ 或者 Java 将深度神经网络集成到应用程序或者其他代码中, 提供用于调试和分析深度神经网络性能的工具

9.4.1 TensorFlow Lite

TensorFlow Lite 是一组能够帮助开发者在移动设备、嵌入式设备和物联网设备上运行 TensorFlow 模型的工具。使用 TensorFlow Lite 能够让开发者在网络边缘的设备上执行机器学习，而无须在设备与服务器之间来回发送数据[77]。在边缘设备上执行学习的优势包括减少延迟（无须在设备与服务器间发送数据）、隐私保护（数据始终没离开本地设备）、减少连接（无须互联网连接）、降低能耗（网络连接一般很耗电）。

TensorFlow Lite 能够支持的设备种类繁多，能够帮助从微控制器到智能手机等各种设备执行机器学习任务。TensorFlow Lite 的主要特点为[77]：

① TensorFlow Lite 解释器针对设备上的机器学习进行了优化，支持一组针对设备上应用程序而优化的核心操作符，并且这些操作符具有较小的二进制大小。

②多样化的平台支持，涵盖 Android 和 iOS 设备、嵌入式 Linux 以及微控制器，并利用平台 API 进行加速推理。

③包含适用于多种语言的 API，包括 Java、Swift、Objective-C、C++ 和 Python。

④高性能，支持设备上的硬件加速、设备内核优化以及预融合激活函数和偏差。

⑤包括量化在内的模型优化工具，能够不影响准确率的情况下减小模型大小并提高模型性能。

⑥高效的模型格式，使用针对小尺寸设备和可移植性进行了优化的 FlatBuffer。

⑦针对应用程序定制的常见机器学习任务预训练模型。

⑧提供用于介绍如何在支持的平台上部署机器学习模型的示例与教程。

TensorFlow Lite 的主要使用步骤如图 9-18[78] 所示。

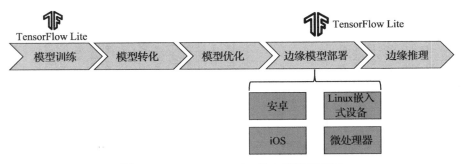

图 9-18　TensorFlow Lite 的主要使用步骤

主要步骤包括：

①选择并训练模型。

可以在线查找自己需要的模型，也可以从提供的预训练模型中选择或者重新训练一个模型。例如，当你需要执行一个图像分类任务，可以选择创建一个自定义模型，或者选择 InceptionNet、MobileNet、NASNetLarge 等预训练模型，也可以在预训练模型上使用转移学习。

②使用转换器进行模型转换。

如果使用的是自定义的模型，则可以使用 TensorFlow Lite 转换器加上几行 Python 代码将其转换为 TensorFlow Lite 格式，转换过程如图 9-19[79] 所示。TensorFlow Lite 模型是一种轻量级的特殊格式模型，在准确性与空间效率方面具有优势。这样的特点使 TensorFlow Lite 模型非常适合在移动和嵌入式设备上工作。

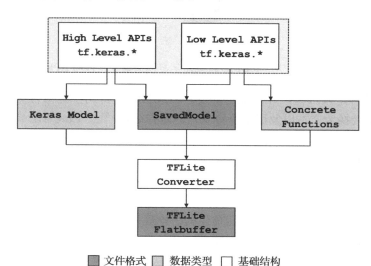

图 9-19　TensorFlow Lite 模式转换过程

③模型优化。

边缘上的模型必须是轻量级，以此减少对边缘设备的内存占用，加快模型推理速度。此外更小的模型有利于在低带宽网络条件下加快下载速度，我们需要在模型大小和精度之间进行权衡。TensorFlow Lite 中使用量化和权重修剪来实现模型优化，其中量化是指以包含计算操作、激活函数、权重以及偏差的图形形式存储 TensorFlow 模型，权重修剪的目标是减少对模型性能影响较小的参数。TensorFlow Lite 提供了模型优化工具包来减小模型的大小并提高模型的效率。

④部署模型与并行推理。

将 TensorFlow Lite 模型部署在 Android、iOS 等移动设备或者 Raspberry、微控制器等边缘设备上，并利用 TensorFlow Lite 解析器在设备上运行模型。

9.4.2　Core ML

Core ML 是苹果在 MLWWDC 2017 开发者大会上推出的一款用于将机器学习集成到移动 APP 中的机器学习框架，如图 9-20[81] 所示。移动 APP 使用 Core ML 的 API 以及用户数据在用户设备上进行预测、训练或者模型微调。其中"模型"是指将机器学习算法应用于一组训练数据的结果，使用者可以使用模型基于新的输入数据进行预测。模型可以完成各种各样很难，甚至不可能使用代码编写的任务，例如，通过训练模型对照片进行分类，或者直接从照片的像素中对照片的特定对象进行检测。

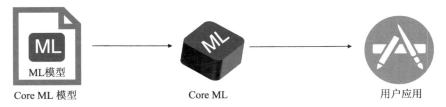

图 9-20　使用 Core ML 将机器学习模型集成到移动 APP 中

Core ML 是特定领域框架和功能的基础。Core ML 支持用于图像视觉分析、文本自然语言处理、音频转换为文本以及用于声音识别的语音分析[81]。Core ML 针对设备性能进行了优化，能够最大限度上减少内存占用和功耗，并且确保用户数据的隐私以及应用在网络连接不可用时，保证功能可用性和及时响应。

9.4.3　NCNN

NCNN 是为移动平台优化的高性能神经网络推理计算框架[82]，在设计之初，便是针对移动平台优化的高性能神经网络推理计算来开发。NCNN 无任何第三方依赖并且支持跨平台，其运行速度比之前手机端的 CPU 开源框架更快。基于 NCNN，开发者可以轻松地将深度学习算法模型部署到移动平台、创建智能 APP，并使人工智能触手可及。NCNN 目前已在腾讯多款应用中使用，如 QQ、Qzone、微信以及天天 P 图等[82]。

9.4.4　Paddle Lite

Paddle Lite 是一个由百度飞桨推出的高性能、轻量级、灵活性强且易于扩展的深度学习推理框架，定位支持包括移动端、嵌入式以及服务器端在内的多硬件平台[83]。不同于普通的移动端预测基于类 Caffe 的架构，Paddle Lite 架构最早的设计目标来源于 Paddle 服务器端和移动端两种场景的要求，其中服务器端要求有完善的图分析和优化能力，移动端要求具备轻量级部署的能力，二者共同的要求是高性能，以及对多硬件支持[84]。

Paddle Lite 的特点如下：

①多硬件支持。Paddle Lite 完整支持从移动设备到服务器多种硬件，包括 ARM CPU、ARM GPU、Huawei NPU、Intel x86 CPU、NV GPU 等[84]，如图 9-21 所示[85]。

②轻量级部署。Paddle Lite 将模型加载的执行顺序划分为分析和执行两个阶段，其中分析阶段具有完整的计算与图分析优化的能力，执行阶段只包含相关算子。在体积敏感或者

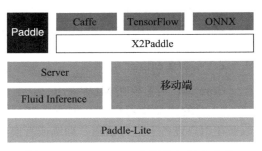

图 9-21　Paddle Lite 多硬件与平台支持

受限的场景中，可以选择只部署执行阶段，将复杂的分析优化封装到离线工具中[85]。

③高性能。Paddle Lite 针对不同微架构特点实现 Kernel 的定制，并通过简化 Op 和 Kernel 的功能，最大限度上降低执行期的框架开销。

④支持量化计算。利用 Paddle Slim 量化训练得到的模型，完整保留了量化计算的高精度与高性能。

9.4.5　MNN

MNN 是由阿里巴巴推出的一个轻量级的高效深度学习框架，支持深度学习模型的推理与训练，并在端侧推理与训练性能方面在业界处于领先地位。目前 MNN 在阿里系（如淘宝、手机天猫、钉钉、优酷和闲鱼等）20 多个 APP 上使用，涵盖场景包括直播、短视频、搜索推荐、商品图像搜索、互动营销、权益发放以及安全风控等[86]。

MNN 不依赖任何第三方库，通过大量手写汇编实现核心运算的方式充分发挥 ARM CPU 的算力，并且广泛运用 Winograd 卷积算法，对于任意形状的卷积均能高效运行。通用性方面，MNN 支持 Tensorflow、Caffe、ONNX 等主流平台以及 CNN、RNN 和 GAN 等常用神经网络，并针对端侧设备的特点进行深度定制与裁剪，能够轻松地在移动设备和各种嵌入式设备上部署。

9.4.6　MACE

MACE（Mobile AI Compute Engine）是小米推出的针对 Android、iOS、Linux 和 Windows 设备上移动异构计算优化的深度学习推理框架。

MACE 使用 NEON、OpenCL 和 Hexagon 对运行时进行了优化，并引入了 Winograd 算法以加快卷积操作。为了保证 UI 的响应速度与用户体验，MNN 支持自动拆解长时间的 OpenCL 计算任务来保证 UI 渲染任务能够较好地抢占调度[87]。此外 MNN 支持图级别的内存分配优化和缓冲区重用，核心库保持最低程度的外部依赖性从而减小内存占用。

MACE 工作流程如图 9-22 所示[88]。MACE 基于模型部署配置文件构建 MACE 动态或静态库，之后将 TensorFlow、Caffe 或者 ONNX 模型转换为 MACE 模型，然后将 MACE 库继承到应用程序中并且使用 MACE API 来运行应用程序。MACE 提供了 MACE_run 命令行工具，用于运行模型并根据原始 TensorFlow 或 Caffe 结果验证模型的正确性。

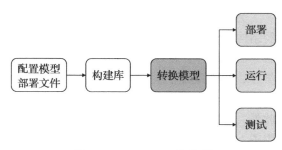

图 9-22　MACE 工作流程

9.4.7　SNPE

SNPE（Snapdragon 神经处理引擎）是高通骁龙（Qualcomm Snapdragon）推出的用于执

行深度神经网络的软件加速运行时。通过 SNPE，用户能够做到[89]：

①执行任意深度神经网络。

②在骁龙 CPU、AdrenoTM GPU 以及 HexagonTM DSP 上执行深度神经网络。

③在 x86 Ubuntu Linux 上调试深度神经网络执行。

④将 Caffe、Caffe2、ONNXTM 以及 TensorFlowTM 模型转换为 SNPE 深度学习容器（DLC）文件。

⑤将 DLC 文件量化为 8 位定点，以便在 Hexagon DSP 上运行。

⑥使用 SNPE 工具调试和分析深度神经网络性能。

⑦通过 C++ 或者 Java 将深度神经网络集成到应用程序或者其他代码中。

SNPE 完成了在骁龙移动平台上运行神经网络所需的许多繁重工作，以便开发人员有更多时间和资源专注于构建新的创新用户体验[90]。

9.5　边缘人工智能展望

人工智能是进行边缘计算领域研究的重要工具，并且学习算法为边缘计算应用创造了许多可能性。利用边缘计算，机器学习能够启用新的技术和部署策略，提高用户服务质量的同时为服务提供商带来更多的利润。本节将探讨边缘计算与 AI 结合的具有潜力的研究领域。

9.5.1　资源友好型边缘 AI 模型设计

许多现有的人工智能模型，例如 CNN 和 LSTM，最初是为计算机视觉和自然语言处理等应用设计的。然而大多数基于深度学习的 AI 模型都是高度资源密集型的，这意味着需要丰富的硬件资源（例如 GPU、FPGA、TPU）支持的强大计算能力来提高此类 AI 模型的性能。因此，上文提到过在一些工作中利用模型压缩技术（例如权重剪枝）来调整人工智能模型的大小，使其对边缘部署更加资源友好。

另一种方式是促进资源感知的边缘 AI 模型设计。我们可以利用 AutoML 思想[109]和神经结构搜索（NAS）技术[110]来设计资源高效的边缘人工智能模型，以适应底层边缘设备和服务器的硬件资源约束，而无须利用现有的资源密集型人工智能模型。例如，可以采用强化学习、遗传算法等方法，通过考虑硬件资源（如 CPU 和内存）约束对性能指标（如执行延迟和能量开销）的影响，有效地搜索 AI 模型设计参数空间（即 AI 模型组件及其组件间连接）。此外，5G 还将采用 SDN 和 NFV 等技术灵活控制网络资源，以支持计算密集型人工智能应用中不同边缘节点的按需互连。

9.5.2　计算感知网络技术

在边缘 AI 场景中，基于 AI 的计算密集型应用程序通常运行在分布式边缘计算环境中。因此，需要使用计算感知的网络解决方案，以便计算结果和数据可以在不同的边缘节点之间有效地共享。在 5G 网络中，URLLC 被定义为需要低延迟和高可靠性的关键任务应用场景，因此将 5G URLLC 与边缘计算相结合，提供超可靠的低延迟 EI（URLL-EI）服务很有前景。

9.5.3　任务卸载到 IoT 设备

未来会有越来越多的设备连接到网络。从家用电器到车辆以及可穿戴设备，这些设备都会具备一定处理能力，并且可能在相当长的时间内保持空闲状态。借助于 TinyML，资源受限的移动设备上能够运行的任务种类越来越多，边缘云系统可以开发这些限制设备的任务处理潜力。例如，将用户产生的任务划分为多个子任务，分别发送到不同的边缘设备，通过协作算法管理这些有卸载任务的边缘设备是完全有可能的。通过这样的方式，即使每个单独的设备在性能上远不及边缘服务器或者云服务器，但是依然能够通过协作的方式有效处理用户的卸载请求。当然，这将需要某种类型的轻量级接口用于 IoT 设备来接收这些子任务并对其进行处理，而不会干扰其主要功能。IoT 设备资源的进一步利用能够与云协同，为云网络带来大量新的资源，潜力十分巨大，目前已经引起了一些研究工作[111]的关注。

然而，维护这样的系统具有很大的挑战。将物联网设备作为潜在的服务器增加了很多可能的目的地，因此在做出选择前需要考虑的因素会更多。并且 IoT 设备毕竟不是服务器，随时都可能会有自己的任务需要处理，从而与卸载的任务争夺资源，而且本地任务的优先级一般会高于卸载任务。因此在将子任务卸载给它们时，也必须考虑到这一点，尽量避免向当前繁忙的物联网设备发送请求，以免服务质量下降。不仅如此，在做任务划分时，也可能需要考虑子任务间的依赖关系，子任务间可能需要依照某种拓扑关系进行彼此等待，或者某种子任务需要强制在同一位置处理[112]，进一步增加了解决问题的难度。

为了选择请求卸载到何处（本地、边缘、远端或者 IoT 设备），DQN（状态转换到每种情况的可能动作）、支持向量机（每种策略是一个不同分类组）以及贝叶斯网络（根据之前的表现，计算每种卸载策略期望结果）都可能运用到场景中。另外，DQN 还可以通过添加额外特征来定义设备可用性。无论通过哪种方式，机器学习都能在多种选择的场景中选出最佳服务器。

9.5.4　动态预测

在动态性非常强的边缘计算场景下，用户随时都可能发生位置改变，这也意味着用户随时都可能离开基站覆盖范围并连接到新的连接点。如果场景中大量用户同时发生迁移则可能使网络迅速过载[113]，大量的请求转移到同一基站会使服务器短时间内不堪重负。除了移动性以外，还可能出现用户的请求在某些地区突然陡增的情况，例如临时性的大型活动。当边缘系统突然出现大量的请求，已经有的配置和卸载策略很可能不合适，导致服务质量的下降。此外还有很多情况，例如边缘服务器突然出现故障、服务的接入点突然不可用，这些情况都会导致服务器质量的波动。

对于上述突发事件，常规解决方案的措施都会提供冗余[114]，带来很大程度的浪费，因为这意味着很多资源会长时间处于空闲状态。更好的解决方案是预测动态变化，并事先进行适当的修改（例如，在使用高峰期之前保留额外资源或者在服务器出现故障之前备份用户数据）[115]。不少工作基于历史数据和系统状态的机器学习方法可以进行事件预测。例如，贝叶斯网络可用于计算动态事件的可能性，根据先前的观察来推断服务器故障或服务器/接入点过载的机会是多少。我们还可以使用贝叶斯推断得出用户移动性和任务输出的分布，并使用这些信息来推断系统中的负载。此外，在模型中使用 DQN，模型中的行为是系统中发生的事件（例如用户移动性或设备故障），目标函数基于神经网络来预测这些事件的准确程度。这两种技术都基于强化学习，因此它们不仅可以从事件日志中学习，而且使用时间越长预测的准确度也会越高。

9.5.5 ML 集成

在集成边缘计算和机器学习时，考虑机器学习在系统中如何执行也很重要。通常在机器学习的研究中，假设算法能够充分了解全局系统才能加以利用，但是与边缘计算场景结合后，数据很可能产生于许多不同的位置。例如，当利用神经网络来决定卸载的目的地时，需要获取所有边缘服务器的状态以及每个用户的请求速率与请求大小。但是，场景中的边缘服务器以及用户之间相互独立并分散，因此在执行算法获取决策之前，需要设计一个系统来对数据进行集中。

收集数据的过程可能会相当耗时，从而削弱边缘计算相对于传统云计算的优势。在机器学习算法的帮助下，服务器可能做到仅根据本地获取到的信息来做决策。例如，可以仅根据单个服务器上的可用数据执行 DQN、支持向量机甚至贝叶斯网络来对该服务器上的负载以及卸载到其上的任务来训练模型。这意味着其他服务器不必发送结果，从而减少了算法的额外数据传输延迟。此外，机器学习中还有一些知识转移技术，即根据局部信息训练模型然后对模型本身进行结合，这意味着传输的数据量变少[116]。但是，这样做的缺点来自部分知识提供的潜力少于全部知识，因此利用全局信息训练的模型得到的效果通常会有更好的质量。

因此需要在全局信息集中而带来的额外开销以及因为使用部分数据而带来的性能下降之间进行权衡与折中。此外，也可以选择将信息集中在网络集群中一台非网络中心的服务器上，这种做法有机会比只使用单台服务器上信息的效果更好。总的来说，ML 集成是一个比较复杂的决策，这意味着需要做大量工作才能创建切合实际的解决方案，但同时也有大量的研究空间。

9.5.6 DNN 性能指标权衡

对于一个具有特定任务的边缘 AI 应用程序，通常有一系列候选 DNN 模型能够完成任务。然而，由于 top-k 精度或平均精度等标准性能指标无法反映边缘设备 DNN 模型推理的运行性能，因此很难为边缘 AI 应用程序选择合适的 DNN 模型。例如，在应用部署阶段，除了准确性以外，推理速度和资源利用率等参数也是关键指标。我们需要研究这些指标之间的权衡，并确定各自的影响因素。研究工作［117］对目标识别应用中的主要影响因素进行了研究，如输入图像大小、建议数量以及特征提取器的选择对推理速度和准确性的影响。基于该工作得到的实验结果，可见，指标间权衡可以有效提高边缘 AI 应用部署的效率。

9.5.7 新型 AI 模型与技术探索

随着各种计算密集型的新型应用程序出现，硬件算力的提升很难跟上计算需求的增长，尤其对于资源受限的移动设备与物联网设备。因此为了更好地在边缘侧部署深度学习应用，需要更加轻量的网络模型与算法来支持。例如，当前四大轻量化网络模型 SqueezeNet、MobileNet、ShuffleNet 以及 Xception 的提出，对模型的存储以及预测速度方面带来很大的优化，CNN 的效率提升能够帮助 CNN 更加广泛地应用于移动端。此外，诸如 RefineDetLite、ThunderNet 等轻量级快速目标识别算法，在保证检测精度的同时带来速度上的极大提升，增加了移动端部署目标检测应用的可用性。对于更加轻量级、高效的 AI 模型和技术的探索仍具有较大空间，对边缘人工智能的发展有很强的促进作用。

习题

参考文献

Chapter 10 | 第 10 章

安全与隐私保护

边缘计算网络虽然能在靠近数据源头侧，向智能电网、智慧城市、车联网等关键领域的智能感知、实时交互、泛在互联等应用提供高效计算服务，但是边缘计算网络可能会在全局范围内迁移服务[28]，这使边缘网络更容易受到潜在恶意活动的攻击。另外，由于用户隐私的敏感信息将在边缘计算服务器上共享或存储，在这种分布式边缘网络结构中，安全保证和隐私保护成为至关重要的挑战。一般来说，边缘计算服务器通信、计算和存储这三个主要过程，都可能会遇到恶意攻击。

本章将对边缘计算网络中的隐私与安全问题展开介绍，其中 10.1 节对边缘计算隐私保护进行定义，并比较边缘计算和云计算在隐私保护方面的优势，说明隐私保护对边缘计算的重要性。10.2 节根据边缘计算的基础框架，介绍在边缘计算中的安全威胁类型。10.3 节介绍边缘计算中数据安全体系的划分。10.4 节介绍了边缘计算安全技术的应用。10.5 节介绍了目前在边缘计算环境中，隐私保护方面存在的挑战。

本章内容的框架结构如图 10-1 所示。

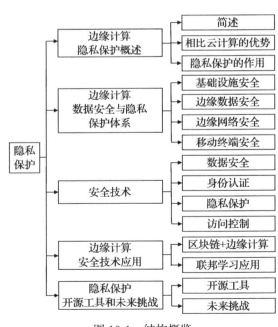

图 10-1　结构概览

10.1　边缘计算隐私保护概述

在云计算和边缘计算场景中，用户的隐私数据极可能被部分或全部外包给第三方（例如云数据中心或边缘数据中心），并且其所有权和控制权是分开的，这很容易导致数据丢失、数据泄漏、非法数据操作（复制、发布、传播）和其他数据安全问题，无法保证数据的机密性和完整性。因此，数据安全是边缘计算中的基本问题之一。

随着物联网、大数据和 5G 网络的快速发展和广泛应用，边缘计算在未来十年有望呈现爆炸式的增长。但是围绕边缘计算的安全性问题众多且复杂。如果将边缘计算视为云计算的安全替代方案，那么边缘计算存在五个基本问题需要进行解决[1]。

①数据回传安全保证：对边缘设备来说，虽然将数据安全地发送到云端相对容易，但是将数据安全地从云端返回到边缘设备上，相较于传统的云计算来说更加困难。其原因为用户的移动性所导致的边缘服务器的频繁切换。

②隐私政策多样化：在边缘计算中，所有物联网设备都需要进行身份验证，并遵守不同的隐私政策，这些政策使网络管理员可以对其数据进行监督。但是，将通用的隐私策略强加在整个云 – 边缘的无数 IoT 设备上，也将是一个巨大的挑战。

③物理安全：由于边缘计算缺少机房的物理屏障，并且通常部署在防火墙之外，因此边缘侧的移动设备将容易受到盗窃和渗透。

④设备增多：随着设备数量的增多，最终将超出边缘网络的服务上限，这将对管理员了解其限制，并避免过度拥挤构成挑战。

⑤用户错误：考虑到边缘内复杂异构的设备集群，IT 专家将很难预见由人为错误导致的复杂安全风险。

针对以上五个问题，边缘系统的安全解决方案需要满足以下五个安全性能评价指标。

①机密性：机密性是一项基本要求，可确保只有数据所有者和用户才能访问边缘计算中的私有信息。当在边缘或核心网络基础结构中，发送和接收用户的私有数据，并在边缘或云数据中心中存储或处理用户的私有数据时，可以防止未经授权的各方访问数据。

②完整性：完整性有义务确保向授权用户正确地传输数据，而不会对数据进行任何修改。没有完整性审核措施可能会影响用户的隐私保护。

③可用性：对于边缘计算，可用性确保所有授权方都可以根据用户要求在任何地方访问边缘和云服务。特别是在不同的操作要求下，处理以密文形式存储在边缘或云数据中心的用户数据。

④身份验证和访问控制：身份验证可确保用户身份得到授权。身份验证是建立用户身份证明的过程。访问控制是控制策略对所有安全和隐私要求的桥接点，它确定谁可以访问资源（身份验证）以及可以执行何种操作，例如读取（机密性）和写入（完整性）。

⑤隐私要求：安全机制用于确保用户的所有外包信息（如数据、个人身份和位置），对未授权的第三方都是私密的。此外，数据安全机制（如加密、完整性审核、身份验证和访问控制）可以在边缘计算中直接或间接保留用户的隐私。

　　虽然在边缘计算和云计算中，均存在着用户安全和隐私保护的问题，但是两者之间存在着一定的差别。下面将对边缘计算相比于云计算在隐私保护方面的优势做简要介绍。

10.1.1　隐私保护在边缘计算中的作用

　　近几年边缘计算安全事件频发[27]：

　　2016 年 10 月 22 日，Mirai 病毒通过数百万路由器、智能摄像头，向美国域名服务器管理机构 Dyn 发动大规模的 DDos 攻击，致使美国互联网大面积瘫痪。

　　2017 年 11 月，Check Point 研究人员表明 LG 智能家居存在设备漏洞，利用该漏洞完全控制个人账户，通过设备内的集成摄像头、LGHom-Bot 获取信息。

　　2018 年 2 月，GitHub 遭遇大规模 Memcached DDoS 攻击，流量峰值高达 1.35Tbps，五天后美国一家服务提供商遭遇 DDoS 攻击的峰值达到 1.7Tbps。

　　随着嵌入式智能设备越来越多，隐私数据的安全问题逐渐成为人们最为关心的问题之一。边缘计算利用卸载、虚拟化和外包之类的许多最新技术，将计算置于数据源附近。在这种情况下，数据安全和隐私保护已成为保护终端用户的业务、经济和日常生活的基本要求。因此隐私保护在边缘计算中起到至关重要的作用。

10.1.2　边缘计算相比云计算在隐私保护方面的优势

　　由于边缘计算服务模式的复杂性、实时性，数据的多源异构性、感知性以及终端的资源受限性，传统云计算环境下的数据安全和隐私保护机制不再适用于边缘设备产生的海量数据防护。数据的存储安全、共享安全、计算安全、传播和管控以及隐私保护等问题变得越来越突出。边缘计算相对于云计算，在隐私保护和数据安全方面更有保障，其优势如下所示[2]。

　　①降低用户隐私数据泄露的风险：网络边缘数据涉及个人隐私，传统的云计算模式需要将这些隐私数据上传至云计算中心，这将增加泄露用户隐私数据的风险。在边缘计算中，数据或任务能够在靠近数据源头的网络边缘侧进行计算和执行，数据就近处理的理念也为数据安全和隐私保护提供了更好的结构化支撑。

　　②突破了终端硬件的限制：在边缘计算中，使移动终端等便携式设备大量参与到服务计算中来，实现了移动数据存取、智能负载均衡和低管理成本。

　　③允许更多保密算法的应用：在边缘计算环境中，由于计算下沉，复杂的加密和隐私保护算法也得以应用在更多的边缘计算服务上，从而更好地保障用户隐私。除此之外，数据传输延迟的降低，产生了新型的保护隐私的计算模式（例如 Google 公司提出的 Federated Learning，杜绝了用户数据和网络服务的直接接触）和更加复杂的加密算法，从而极大降低了隐私泄露的风险。

　　④黑客攻击变得困难：在边缘计算中，如果黑客想要访问边缘内的敏感信息，就需要渗透到分散的存储系统中，从本质上变得更加困难。

　　边缘计算在隐私保护和数据安全方面相较于云计算有着一定的优势，同时隐私保护在边缘计算过程中起着至关重要的作用。

10.2　边缘计算数据安全与隐私保护体系

前面介绍了隐私保护在边缘计算中起着至关重要的作用。为了更好地了解相关的内容，下面将先对边缘计算体系架构进行简单回顾。

在边缘计算中，允许终端设备将存储和计算任务迁移到网络边缘节点中，如基站（BS）、无线接入点（WAP）、边缘服务器等，既满足了终端设备的计算能力拓展需求，同时能够有效地节约计算任务在云服务器和终端设备之间的传输链路资源。典型的边缘系统体系架构如图 10-2 所示，主要包括核心基础设施、边缘数据中心、边缘网络和移动终端四个层次[4, 26]。

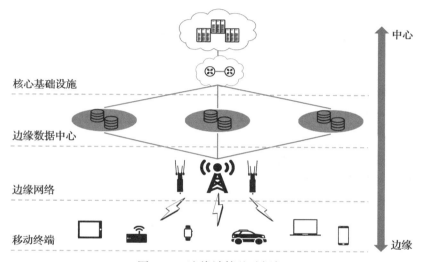

图 10-2　边缘计算基础框架

在每一层中都存在着不同类型和不同程度的安全问题[5]，如图 10-3 所示。

下面将从基础设施安全、边缘数据安全、边缘网络安全以及移动终端安全这四个方面对安全问题产生的原因和解决办法进行简单的介绍。

10.2.1　基础设施安全

边缘基础设施为整个边缘计算节点提供软硬件基础，边缘基础设施安全是边缘计算的基本保障。基础设施可能产生的安全问题包括隐私泄露、数据篡

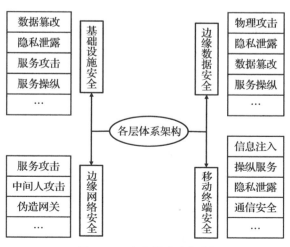

图 10-3　存在的安全问题

改、服务攻击、服务操纵等。下面将介绍产生基础设施安全问题的原因及其相关应对措施。

①隐私泄露与数据篡改。例如未经授权的用户可能会访问或窃取用户的个人和敏感信息。

②服务攻击。例如边缘计算允许直接在边缘设备和边缘数据中心之间交换信息，这可能会绕过中央系统。劫持和阻塞服务时，核心基础结构可能会提供和交换虚假信息，这将导致拒绝服务攻击。

③服务操纵。例如信息流可以由具有足够访问权限的对手进行内部操纵，这将为其他实体提供虚假信息和虚假服务。

1. 产生基础设施安全问题的原因

所有边缘范例都可以由几个核心基础架构（例如集中式云服务和管理系统）支持。在这类核心基础架构中，核心基础设施为网络边缘设备提供核心网络接入以及集中式云计算服务和管理功能。在边缘计算服务模式下，允许多个云服务提供商同时为用户提供集中式的存储和计算服务。因此，可以通过部署多层次的异构服务器，来实现在各服务器之间的大规模计算迁移，而且能够为不同地理位置上的用户提供实时服务和移动代理。

由于这些核心基础结构可能是半信任的或完全不信任的，这将有可能导致基础设施安全问题。

2. 解决基础设施安全问题的方法

解决基础设施安全的方法包括物理安全机制、可信机制和虚拟化技术等。其中物理安全机制是针对物理特征（外壳、封装或螺丝）的检测、响应；可信机制包括可信根、可信启动过程、身份证明、认证过程等；虚拟化技术是在有能力或重要的主节点实现任务的虚拟化，可隔离底层的系统权限。

10.2.2 边缘数据安全

数据安全保障数据在边缘节点存储以及在复杂异构的边缘网络环境中传输的安全性，同时根据业务需求随时被用户或系统查看和使用。边缘数据面临的安全挑战主要包括物理攻击、隐私泄露、服务操纵和数据篡改等。

①物理攻击：此类攻击的主要原因可能是此边缘基础架构的物理保护不当。值得一提的是，这种物理攻击仅限于特定的本地范围，由于边缘服务器的分布式部署，只会导致特定地理区域中的服务无法使用。

②隐私泄露与数据篡改：边缘服务器（或边缘数据中心）通过将边缘数据中心部署在与云场景相同的特定地理位置来负责虚拟化服务和若干管理服务。在这种情况下，内部和外部攻击者都可以访问边缘数据中心，并且可以窃取或篡改敏感信息。

③服务操纵：如果攻击者已经获得了边缘服务器的足够控制权限，则他们可以滥用合法管理员的权限或操纵服务。攻击者可以执行几种类型的攻击，例如中间人攻击、拒绝服务攻击等。此外，极端情况是攻击者可以控制整个边缘服务器或可以伪造错误的基础架构，并且可以完全控制所有服务，并将信息流定向到其恶意数据中心。

下面将先介绍边缘数据中心架构，后介绍产生边缘中心安全问题的原因及其解决方法。

1. 边缘数据中心架构

边缘数据中心负责虚拟化服务和多个管理服务，是边缘计算中的核心组件之一。边缘数据中心架构采取不同网络基础设施互联的分层体系架构，实现分布式协同计算服务模式。如图 10-4 所示由基础设施提供商部署，搭载着多用户虚拟化基础设施（边缘数据中心和云端）。从第三方服务提供商到终端用户以及基础设施提供商自身都可以使用边缘数据中心提供的虚拟化服务。此外，网络边缘侧往往会部署多个边缘数据中心，这些数据中心在自主行动的同时又相互协作，并和传统云端保持连接。

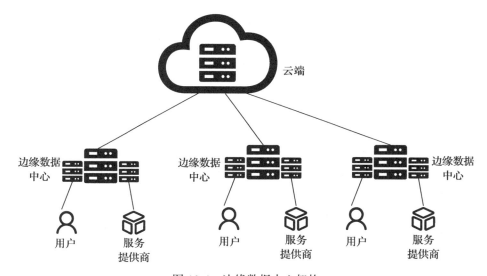

图 10-4　边缘数据中心架构

2. 产生边缘数据中心安全问题的原因

在边缘计算环境下，由于边缘计算服务模式的复杂性、实时性，数据的多源异构性、感知性以及终端资源受限等特性，使传统环境下的数据安全和隐私保护机制不再适用于边缘设备产生的海量数据防护。同时，边缘计算模式下的分布式并行数据处理方式要求更加频繁的数据交换，这更加剧边缘计算平台产生数据保密性问题和隐私泄露的风险。

因此，研究边缘计算环境下的数据安全与隐私保护技术（如安全数据共享、访问控制、身份认证、隐私保护等），是保证边缘计算得以持续发展的重要支撑。

3. 解决边缘数据中心安全问题的方法

边缘数据安全问题包括数据安全、存储数据安全、迁移数据安全。其中数据安全涉及访问权限、内存保护、机密性使用、调试接口访问限制等技术；存储数据安全涉及全磁盘加密、文件系统或数据库加密、访问权限等技术；迁移数据安全涉及 VPN 或 SSL 方式、连接加密、文件 / 数据加密等技术。

目前，在边缘计算数据安全方面，有许多工作提出了相关的解决技术。例如基于密码技术研究[30]分析了边缘计算范式中的数据安全与隐私保护问题；由于高级传感测量设备存在暴露系统配置从而被篡改测量值的可能，相应的保护特定组测量值的方法也由此被提出；对于物联网操作系统 TinyOS，相关研究工作为 TinyOS 设计了低功耗数据链路层安全体系结构 TinySec[48]；ZigBee 联盟也发布了一个基于 ZigBee Pro 和 802.15.4 解决"无线网状技术面临跨层流量注入、节点模拟、路由注入、消息篡改等攻击"问题的标准。

关于数据安全保护的具体技术见 10.3.1 节。

10.2.3 边缘网络安全

边缘网络安全是实现边缘计算与现有各种工业总线互联互通、满足所连接的物理对象的多样性及应用场景的多样性的必要条件。典型的边缘网络存在的安全问题包括恶意代码入侵、缓冲区溢出、窃取、篡改、删除、伪造数据等。下面将介绍产生边缘网络安全问题的原因及其相关解决方法。

1. 产生边缘网络安全问题的原因

边缘计算通过移动通信核心网络、无线网络和互联网等多种通信的集成，来实现物联网设备和传感器的互联，由此给这些通信基础设施带来了许多网络安全挑战。边缘服务器的分布式特性可以有效地限制传统的网络攻击的负面影响，例如拒绝服务（DOS）和分布式拒绝服务（DDOS）攻击。这样的攻击只会破坏有限的边缘网络设施，对核心网络影响不大，而且在核心基础架构中发生的 DOS 或 DDOS 攻击，可能不会严重干扰边缘数据中心的安全。

但是，边缘计算环境下，由于边缘计算节点数量巨大、网络拓扑复杂，其攻击路径会增加，从而导致攻击者有更多的机会向边缘计算节点发送恶意数据包的风险。

例如，恶意攻击者可以发起窃听或流量注入典型的攻击来控制通信网络。特别是中间人攻击，很可能通过劫持网络流信息（例如网络数据流和虚拟机）来影响边缘网络的所有功能单元。除此之外，边缘网络安全挑战还包括恶意攻击者部署的恶意网关，因为边缘网络计算架构是融合多种通信网络来实现的，在这种融合的网络架构中，网络基础设施极易受到攻击，因为恶意攻击者可以对其中任何一个网络单元发起攻击。

2. 解决边缘网络安全问题的方法

解决网络安全问题的方法包括通信安全机制、访问控制、入侵检测、异常行为分析等防护技术以及协议安全。其中通信安全机制涉及机密性、完整性、认证性、不可抵赖性，并且在设计时能耗、复杂性和安全性要求不同，以及节点到云、节点到节点、节点到设备之间的安全通信路径。

10.2.4 移动终端安全

移动终端安全是满足第三方边缘应用开发以及运行过程中的基本安全需求，同时防止恶意应用对边缘计算平台自身以及其他应用安全产生影响。移动终端侧的安全问题主要有终端安全和隐私保护等，具体包括信息注入、操纵服务、隐私泄露、恶意代码攻击、通信安全等风险。

①信息注入：任何由对手操纵的设备都可以尝试通过注入虚假信息来破坏服务，或通过某些恶意活动来入侵系统。

②操纵服务：在一些特定情况下，恶意攻击者已获得这些设备之一的控制特权。例如，在一个信任域中连接的边缘设备可以充当其他设备的边缘数据中心。

③通信安全：用户在使用网络工作时可能由于软件设施存在安全问题、网络操作人员人为破坏（例如盗取盗听网络信息、拦截用户数据）等原因，导致用户信息的泄露。

④恶意代码攻击：利用各种欺骗手段向攻击目标注射计算机病毒或木马程序。以达到破坏目标系统资源或获取目标系统资源信息的目的。

下面将介绍产生移动终端安全问题的原因及其相关解决方法。

1. 产生移动终端安全问题的原因

在边缘计算中，边缘设备在分布式边缘环境中的不同层上扮演着积极的角色。移动终端包括连接到边缘网络中的所有类型的设备（包括移动终端和众多物联网设备）。它们不仅是数据使用者的身份，而且还可以扮演数据提供者，参与到各个层次的分布式基础设施中去。因此即使是一小部分受损的边缘设备，也可能对整个边缘生态系统产生有害影响。

2. 解决移动终端安全问题的方法

解决移动终端安全问题的方法包括密钥管理、密码套件管理、身份管理、安全策略管理等。这些解决方案的核心为加密技术，具体描述见 10.3.1 节。

10.3　通用边缘安全技术

数据安全是创建安全边缘计算环境的基础，其根本目的在于保障数据的保密性和完整性，本节将边缘计算中数据安全与隐私保护研究体系划分为四个部分：数据加密、身份认证、隐私保护和访问控制。除此之外，边缘计算的安全技术还包括区块链与边缘计算的结合、联邦学习在边缘计算的应用，这两部分内容将在下一节中展开。

在本节中将会展开介绍数据加密、身份认证、隐私保护以及访问控制这四个安全技术。其中数据安全是指基于加密技术来保护数据安全。身份认证用于复杂的边缘计算环境，我们不仅需要为一个信任域中的每个实体分配一个身份，而且还必须让这些实体在不同信任域之间相互进行身份验证。边缘计算中，隐私保护问题尤为突出，因为有很多潜在的窥探者，比如边缘数据中心、基础设施提供商、服务提供商，甚至某些用户，这些攻击者通常是授权实体。访问控制是确保系统安全和保护用户隐私的关键技术和方法，由于边缘计算的外包性，通常对访问的数据采用密码方式实现访问控制系统。

10.3.1　数据加密

数据安全主要采用加密技术进行保障。目前加密技术受到社会的广泛关注。加密技术是在边缘计算终端安全中广泛使用的技术。本节主要基于加密技术对数据安全技术进行讨论。具体分为对基于身份的加密，基于属性的加密，代理重新加密，同态加密和可搜索的加密这五个技术进行讨论[6]。这些密码系统对于构建安全可靠的数据加密技术非常有用，可以确保在云和边缘中外包数据的机密性。

1. 基于身份加密

1984 年在密码技术理论与应用研讨会上，Shamir[32] 提出了基于身份的加密（IBE）。该方案假定存在受信任的密钥生成中心，其唯一目的是在每个用户首次加入网络时为其提供个性化的私钥。这种方案使任何一对用户都可以安全地进行通信并验证彼此的身份信息，而无须交换私钥或公钥，无须保留密钥目录，也无须利用第三方的服务。

IBE 方案允许用户选择一个可以为另一方提供其唯一身份的字符串作为公用密钥，与传统的公用密钥基础结构（PKI）技术相比，IBE 中的用户专用密钥是通过使用私钥生成器（PKG）产生。IBE 方案包括三个主要阶段，如图 10-5 所示。

①加密：当用户 1 向用户 2 发送数据时，该数据将通过用户 2 的地址作为公钥进行加密。

②身份验证：用户 2 收到加密数据，需要进行身份验证并从私钥生成器获取私钥。

③解密：用户 2 解密了加密数据并获得了原始消息。

基于身份的加密体制可以看作是一种较为特殊的公钥加密。在基于身份的加密过程中，系统中用户的公钥可以由任意的字符串组成，这些字符串可以是用户在现实中的身份信息，例如身份证

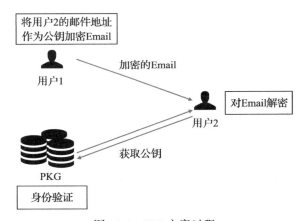

图 10-5　IBE 方案过程

号、电话号、电子邮箱等。公钥本质上就是用户在系统中的身份信息，所以基于身份的加密解决了证书管理问题和公钥真实性问题。其优势在于：

①用户的公钥可以是描述用户身份信息的字符串，也可以是通过这些字符串计算得到的相关信息。

②不需要存储公钥字典和处理公钥证书。

③加密消息只需要知道解密者的身份信息就可以进行加密。

2. 基于属性加密

基于属性的加密（ABE）是一种加密原语，用于控制数据所有者对加密数据的解密能力。基于属性的访问控制系统由两个实体组成：

①负责发布属性密钥和管理用户属性集的可信机构（TA）。

②与数据相对应的消息发送者和接收者。

2005 年国际密码技术理论与应用会议上，Sahai 和 Waters 提出了基于属性的加密[32]，基于属性的加密可以看作是对基于身份加密方式的一种拓展。在此方案中，身份被替换为属性集合。在 ABE 方案中，属性集合可以由一个或者一组属性构成。用户的每个属性都通过哈希函数进行映射，以保证密文、密钥与该属性相关。ABE 方案还支持基于属性的阈值策略，这意味着当用户和密文属性集的相交元素数量达到系统指定的阈值参数时，即可执行解密操作，确定拥有哪些属性的人可以访问这份密文。

例如，一种 ABE 机制将数据所有者的属性集定义为（A，B，C，D），该属性集与私钥和密文相关联，定义 ABE 系统的阈值为 2，如果一个数据用户具有属性（A，C，G），由于重合的属性值为 2，那么该用户可以访问密文。而属性集为（B，H）的数据用户则不能访问密文。

通过上面的例子可以看出，基于属性加密方案具有灵活、动态的特性，能够根据相关用户实体属性的变化，适时更改访问控制策略，从而实现对系统中用户解密能力和密文保护的细粒度的访问控制，因此属性加密方案有着广阔的应用前景。

目前，基于属性加密体制取得了很多具有应用价值的方案，根据策略部署的不同，可以划分为两类。

一类是 2006 年 ACM 计算机和通信安全性会议中由 Goyal 等人[49]提出了基于密钥策略属性的加密（KP-ABE）。基于仅由与（AND）门和或（OR）门组成的单调访问结构。基于密钥策略属性的加密可以划分为四步骤。

①系统初始化：系统初始化只需要输入一个隐藏的安全参数，不需要其他输入参数。输出系统公开参数 PK 和一个系统主密钥 MK。

②消息加密：以信息 M，系统的公开参数 PK 和一个属性集合 S 为输入参数。输出信息 M 加密后的密文 M'。

③密钥生成：以一个访问树结构 A、系统的公共参数 PK 和系统的主密钥 MK 为输入参数，生成一个解密密钥 D。

④密文解密：以密文 M'、解密密钥 D 和系统的公共参数 PK 为输入参数，其中密文 E 是在属性集合 S 参与下生成的，D 是访问结构 A 的解密密钥。如果 S 属于 A，则解密并输出明文 M。

在基于属性的密钥策略加密的方案中，通过引入访问树的结构，将密钥策略表示成一个访问树，并且把访问树结构部署在密钥中。密文仍然是在一个简单的属性集合参与下生成的，通过阈值策略访问树的内部节点，由叶节点数 x 和阈值 k 组成，其中 $0<k \leqslant x$。当且仅当与密文关联的属性集满足与私钥关联的访问树时，用户才能够解密密文。

基于属性的密钥策略加密方案可以应用在服务器审计日志的权限控制方面。服务器的审计日志是电子取证分析中的一个重要环节。它通过基于属性的密钥策略加密的方法，使取证分析师只能接触与目标相关的日志内容，从而避免泄露日志中的其他内容。基于属性的密钥策略加密方案的另一个应用是在一些收费的电视节目中，通过采用基于属性的密钥策略的广播加密，用户可以根据个人喜好制订接收的节目。

另一种是 2011 年在国际公开密钥密码学研讨会上由 Waters 基于标准模式和非交互式密码的假设[33]，提出了基于密文策略的加密（CP-ABE）。基于密文策略的加密方案可以划分为四个部分。

①系统初始化：输入一个隐藏的安全参数，不需要其他输入参数。输出系统公开参数 PK 和一个系统主密钥 MK。

②消息加密：以信息 M、访问结构 A 和系统的公开参数 PK 为随机算法的输入参数，其中 A 是在全局属性集合上构建的。该算法的输出是将 A 加密后的密文 M'。

③密钥生成：以一个属性集合 S、系统的公开参数 PK 和系统的主密钥 MK 作为随机算法的输入参数。该算法输出私钥 SK。

④密文解密：以密文 M'、解密密钥 SK 和系统的公开参数 PK 作为随机算法的输入参数，其中 SK 是 S 的解密密钥，密文 M' 中包含访问结构 A。如果属性集合 S 满足访问结构 A，则解密密文。

在 CP-ABE 密码系统中，密文与访问树结构相关联，并且数据发送者可以确定访问控制策略的属性集标记私钥。当且仅当与密文关联的访问树满足私钥关联的属性集时，用户才能够解密密文。相关属性加密类型对比如表 10-1 所示。

表 10-1　ABE 密码系统应用汇总

属性加密类型	应用	支持的策略
ABE	较为简单应用	设立门限值
KP-ABE	数据查询	AND，OR，门限值
CP-ABE	接入控制	AND，OR，门限值

3. 代理重加密

1998 年的密码技术理论与应用国际会议引入了代理重新加密（PRE）作为密文可转换协议[34]，通过使用代理将一个密钥的密文（消息或签名）转换为另一个密钥的密文。换句话说，半信任代理可以通过重新加密密钥，将在数据所有者的公共密钥下加密的密文转换为在数据用户的公共密钥下相同的明文加密的密文，并且 PRE 也可以保证代理不能用明文获取任何相应的消息。

PRE 方案包括四个主要阶段，如图 10-6 所示。

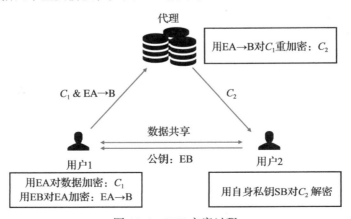

图 10-6　PRE 方案过程

①加密：用户 1 使用其本身的公钥 EA 加密原始数据，生成第一层密文 C_1，并将 C_1 传输到代理处。

②重新加密密钥生成：用户 1 获得用户 2 的公钥 EB，在 EB 下加密 EA 以生成重新加密密钥 EA → B，并传输到代理。

③重新加密：当代理获得 C_1 和 EA → B 时，代理使用重加密密钥对第一层密文进行加密，并生成第二个重新加密的密文 C_2。

④解密：用户 2 从代理那里获得了重新加密的密文 C_2，并使用自己的私钥 SB 对其进行解密。

该方案的安全性在于，任何半信任的代理或对手都无法解密重新加密的密文，因为它们没有用户 2 的私钥。但是，在 PRE 方案中，仍然存在以下两个问题。

①双向性：代理不仅可以将密文从用户 1 转移到用户 2，也可以根据离散对数的计算属性可逆地对其进行处理，而无须获得用户 2 的许可。

②共谋：代理和用户 1 可以合谋推断用户 2 的私钥，然后代理可以解密重新加密的密文，并获得消息。

为了解决这些问题，相关工作提出了一系列改进的 PRE 方案，例如 2003 年，纽约大学团队通过将用户 1 的秘密密钥分为两部分[35]。并在代理和用户 2 之间分配来实现单向性 PRE。除此之外，在 PRE 的基础上，可选择将用户的身份信息作为公钥参与重加密过程；也可选择条件代理重加密（CPRE）使得只有当转换密文符合某种既定条件时，代理才可以成功地对该密文进行转换；还可以选择与上述的 ABE 结合构造基于密文策略的属性代理重加密方案（CPP-ABPRE），即在基于属性加密的密码设置中，利用 PRE 技术使代理能够将一种访问策略下的加密转换为新访问策略下的加密；将 PRE 与基于云的重加密结合可组成双重加密方案，在保证数据安全的同时，还能将计算密集型任务迁移到云计算中心，从而实现最小化移动终端的计算成本。

代理重加密可以在不泄露解密密钥的情况下，实现云端密文数据共享，云服务商也无法获取数据的明文信息，因此，PRE 方法广泛用于云安全应用中，例如数据转发，文档分发和其他多用户共享方案。

4. 同态加密

同态加密也称为同构加密，是一种加密技术，允许用户直接使用任意代数计算来操作密文。也就是说，如果我们对密文选择一个操作，然后解密，则该解密结果与直接对明文执行相同操作的结果相同。同态加密可以划分为加法同态、乘法同态和全同态，如表 10-2 所示。这种特定加密形式的优点是用户仍然可以在特定情况下，进行加密数据的分析和检索，从而可以提高数据处理的效率，确保数据的安全传输和数据解密结果的正确性。此操作不仅避免了数据在传输过程中被拦截、复制、篡改或伪造的风险，而且还避免了数据存储服务器端发生数据泄漏的风险。由于这种特殊的计算特性，同态加密方法可以广泛用于数据加密、隐私保护、加密搜索和安全多方计算。

表 10-2 同态加密逻辑关系

名称	条件
加法同态	满足：$f(A) + f(B) = f(A + B)$
乘法同态	满足：$f(A) \times f(B) = f(A \times B)$
全同态	同时满足：$f(A) + f(B) = f(A + B)$ $f(A) \times f(B) = f(A \times B)$

5. 可搜索加密

2000 年 IEEE 的安全与隐私研讨会关于加密数据搜索问题的定义[36]：希望以加密形式在数据存储服务器（例如邮件服务器和文件服务器）上存储数据，以降低安全性和隐私风险，但这通常意味着必须为安全而牺牲功能。可搜索加密在保证数据的私密性和可用性的同时，支持密文数据的查询和检索操作。单用户数据共享场景中的可搜索加密方案包括四个主要阶段。

①文件加密：用户使用密钥对纯文本文件进行加密并生成索引结构，然后将其密文和索引上传到服务器。

②生成陷门：具有检索能力的用户，把待查询的关键字加密生成陷门，并发送到云端。其他用户或云服务商无法从陷门中获取关键词的任何信息。

③搜索：服务器以关键字陷门作为输入执行搜索算法，并返回所有包含与陷门对应的关键字的密文文件。对于这些文件，服务器无法获取除密文关键字以外的信息。

④解密：用户使用密钥对服务器返回的加密文档进行解密，得到搜索结果。

10.3.2 身份认证

终端用户若要使用边缘计算所提供的计算服务，首先要进行身份认证。由于边缘计算是一种多信任域共存的分布式交互计算环境，因此，不仅需要为每一个实体分配身份，还需要考虑到不同信任域之间的相互认证。身份认证的主要研究内容包括单一域内身份认证、跨域认证和切换认证，如图 10-7 所示。

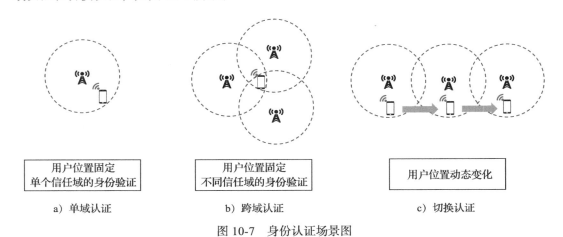

a）单域认证　　　　　　　b）跨域认证　　　　　　　c）切换认证

图 10-7　身份认证场景图

1. 单域认证

边缘计算中的实体在获得服务之前，必须先从授权中心进行身份验证。单个信任域中的身份验证主要用于解决每个实体的身份分配问题。在单域认证中，用户位置固定，从单个信任域中取得身份认证。

目前，已有单域认证相关工作的提出。SAPA 是一种基于共享权限的隐私保护身份验证协议[37]，以增强与用户访问请求相关的隐私。其中共享访问权限是通过匿名访问请求匹配机制来实现的。通过使用基于密文策略属性的访问控制机制，用户只能可靠地访问自己的数据字段，并且通过代理重新加密方法实现了多个用户之间的数据共享。

2. 跨域认证

目前，关于互连边缘服务器的不同信任域实体之间的身份验证机制的研究成果很少，并且尚未形成完整的研究背景和理论方法。在这种情况下，一个可行的研究思路是从其他相关领域到边缘计算环境寻找该问题的解决方案，例如，在云计算中多个云服务提供商之间的身份验证，可以看作是边缘计算中跨域身份验证的一种形式。多云中的认证标准（例如 SAML、OpenID）可能会推动跨域认证的研究。

3. 切换认证

在边缘计算中，由于边缘设备的高度移动性，移动用户的地理位置经常发生变化，这使得传统的集中式身份验证协议不适用于这种情况。切换认证是解决高移动性用户认证的一种有效的认证传输技术。

本节介绍一种用于异构移动云网络的切换认证的有效新设计[38]，它允许移动客户端以匿名和不可解的方式从一个区域迁移到另一个区域。提议的身份验证协议使用椭圆曲线算法密码技术进行身份验证，以保持客户的身份和位置，该协议隐藏在身份验证传输过程中。但是，该协议通常需要访问位于集中式云基础架构中的身份验证服务器，因此仍有改进的空间。值得一提的是，诸如 OPENi 框架之类的某些机制在应用边缘计算范式方面具有巨大潜力，因为某些边缘范式允许用户部署个人数据中心。OPENi 框架向 OpenID 连接身份验证层的外部用户提供身份验证协议，该协议允许个人数据中心的所有者确定他信任的云身份验证服务器，以及允许哪些用户访问个人数据中心资源。

10.3.3 隐私保护

在边缘计算中，存在很多授权的实体，例如边缘数据中心、基础设施提供商、服务提供商，甚至一些用户。在这种情况下，我们不可能知道一个服务提供者在具有不同信任域的开放生态系统中是否值得信任。因此，保护用户的隐私是一个很大的挑战，其主要内容包括数据隐私保护、身份隐私保护和位置隐私保护。

1. 数据隐私保护

数据隐私保护是边缘计算系统落地面临的主要挑战之一，因为用户的私人数据处理过后，会从边缘设备转移到异构分布式的边缘数据服务器或云服务器上。

2014 年 Li 等人考虑了一种实用的利用混合数据的架构[39]，该架构由基于概率公钥加密方法的公共云和私有云组成。提出体系结构的主要目的是实现细粒度的访问控制和关键字搜索，而不会泄漏任何私有数据。这里，私有云作为代理或访问接口，以支持公共云中的私有数据处理。

2015 年 Bahrami 和 Singhal 提出了一种轻量级加密方法[40]，用于移动客户端通过在移动云计算环境中使用伪随机置换（PRP）方法将数据存储在一个或多个云上。所提出的方法可以直接在移动设备中使用，并且可以基于混合系统将文件分割为多个块，从而以较低的计算开销在智能手机上高效运行。

2. 身份隐私保护

目前，对边缘计算范式中用户身份隐私的保护尚未引起广泛关注，仅有一些在移动云计算环境下的探索性研究成果。

2013 年，Khan 等人提出了一种基于动态凭证而非数字凭证的方法[41]，为云环境中移动用户生成轻量级身份保护方案。该方案让受信任的第三方来分担频繁动态生成凭证操作，以此降低移动设备的计算开销。在此基础上生成的动态凭证信息可以更频繁地更新，所以可以更好地防止凭证被窃取。同年，Park 等人提出了一个基于公钥基础设施的改进身份管理协议[42]，可以通过负载平衡来降低网络成本，允许相互依赖的交流方式，进行简单的身份管理。

3. 位置隐私保护

近年来，基于位置的服务（LBS）被广泛应用，用户可以通过将其请求和位置信息提交给服务器，从基于位置的服务提供商（LBSP）获得各种服务。在这种情况下，私有位置信息可能会由于用户被 LBSP 服务器泄漏，这将对用户日常生活中的位置隐私保护带来巨大挑战。

2012 年 Wei 等人提出了一种在移动在线社交网络中的隐私保护位置共享系统 MobiShare[43]。该系统可以实现信任的社会关系和不信任的陌生人之间的位置共享，并且还支持一定范围内的位置查询和用户定义的访问控制。在 MobiShare 系统中，用户身份和匿名位置信息分别存储在两个实体中，即使一个实体受到对手的攻击，用户的位置隐私也可以得到保护。

10.3.4　访问控制

由于边缘计算的外包特性，如果没有有效的认证机制，没有授权身份的恶意用户将滥用边缘或者核心基础构架中的服务资源。这为安全访问控制系统带来了巨大的安全挑战。例如，如果边缘设备具有一定的权限，则攻击者有机会可以访问、滥用、修改边缘服务器上的虚拟化资源。

因此数据机密性和访问控制已成为确保系统安全性，保护用户隐私的关键技术和可靠工具。通常，大多数传统的访问控制方案都假定用户和实体位于同一信任域中，但不适合边缘计算中基于多个信任域的受信任基础结构。当前比较热门的访问控制方案，包括基于属性的访问控制（ABAC）和基于角色的访问控制（RBAC）。

1. 基于属性的访问控制

基于属性的加密是控制云计算中数据访问的一项经典技术，可以很好地应用于分布式体系结构，并可以通过基于用户属性建立解密能力，实现细粒度的数据访问控制。

2010 年 Yu 等人通过对基于属性的加密（ABE）、代理重新加密（PRE）和惰性重新加密（LRE）技术的利用和组合，提出了一种安全、可扩展且细粒度的云计算数据访问控制方案[44]。这种访问控制方案一方面实现了基于数据属性的细粒度访问策略，另一方面在不公开任何数据内容和用户信息的情况下，将大多数计算任务委托给半受信任的第三方限权访问。此方案在标准安全模型下，证明具有安全性，为基于属性的访问控制方法的研究奠定了理论基础。

大多数传统的基于属性的访问控制方案都是通过单一属性授权方式构造的，这种构造的缺点是在执行访问控制方法时，必须进行用户的身份验证和密钥分发，否则用户可能会陷入等待队列中，长时间获取其密钥，从而导致大规模分布式计算模型中的单点性能瓶颈问题。

为了解决这个问题，Xue 等人[45]提出了一个基于鲁棒性和可审核访问控制方案（RAAC），该方案具有多个属性授权机构，用于基于密文策略属性的加密。该方案旨在利用异构框架解决单点性能瓶颈问题，并提供具有审计机制的有效访问控制。RAAC 方案的创新之处在于设计了多个属性授权机构，用以分担用户合法验证的负担，并且每个授权机构都可以独立管理所有属性。

2. 基于角色的访问控制

基于角色的访问控制（RBAC）的基本思想：对系统操作的各种权限不是直接授予具体的用户，而是在用户集合与权限集合之间建立一个角色集合。每种角色对应一组相应的权限。一旦用户被分配了适当的角色后，该用户就拥有此角色的所有操作权限。可以通过用户到角色和角色到对象的权限映射机制提供灵活的访问控制和权限管理，这意味着 RBAC 可以基于标识角色来规范用户对资源和应用程序的访问，以及用户在系统中的活动。

2013 年 Zhou 等人首先提出了一种基于角色的加密（RBE）方案[46]，该方案具有有效的用户撤销功能，该方案将密码技术与 RBAC 策略相结合，从而允许在加密数据中执行 RBAC 策略。提出的 RBE 方案具有一个优越的特性，即它可以始终保持大小不变的密文和解密密钥。此外，该工作还提出了一种基于 RBE 的混合云存储架构，该架构允许用户将数据存储在公共云中，同时将敏感数据保留在私有云中。

10.4　区块链与联邦学习

上节介绍了数据安全、身份认证、隐私保护以及访问控制这四个安全技术，本节将介绍区块链和联邦学习的概念及其在边缘计算信息安全与隐私保护方面的应用。

10.4.1　区块链 + 边缘计算

2018 年中科院计算技术研究所信息技术战略研究中心发布的《边缘计算技术研究报告》

中提出：边缘计算目前的推进有一问题，海量的、分布式计算结果不用上传到云平台上，但云平台后期要追溯某个计算的数据，就没有办法实现。此报告认为，区块链技术有望突破边缘计算这一技术瓶颈，并将加速物联网去中心化的趋势。

边缘计算与区块链融合能提高物联网设备的整体能效[29]。一方面移动边缘计算可以为区块链提供服务，存储和处理传回的数据，并优化和修正各种设备的工作状态和路径，从而达到场景整体性能最优。另一方面，存储在边缘服务器中的数据，可以在区块链的帮助下保证数据的可靠性和安全性。

1. 区块链及其应用

区块链本质上可以看作是一个去中心化的数据库，通过去中心化和去信任的方式集体维护可靠的数据共享。区块链将数据记录组织成区块，并通过在每个区块的区块头中记录前一区块的哈希值，将区块组织成链式结构。这种结构使区块链的数据存储具有不易篡改性、可溯源性和可验证性。

区块链技术不依赖第三方，是一种通过自身分布式节点进行网络数据的存储、验证、传递和交流的技术方案。一般来说，区块链系统由数据层、网络层、共识层、激励层、合约层和应用层组成[6]，如图 10-8 所示。

其中，数据层封装了底层数据区块、相关的数据加密和时间戳等；网络层则包括分布式组网机制、数据传播机制以及数据验证机制；共识层主要包含了网络节点的各类算法；激励层主要包括经济激励的发行机制和分配机制等；合约层是区块链可编程特性的基础，其中包括各类脚本、算法和智能合约；应用层则封装了区块链的各种应用场景和案例。虽然区块链具有分散性、透明性、安全性、不变性和自动化性，但是区块链在扩展能力上受到一定的限制。

值得一提的是，比特币是区块链的一种呈现方式，但是区块链并不等同于比特币，区块链是比特币的底层技术和基础框架，而比特币是区块链较为成功的应用之一。比特币作为区块链的首个应用，是一种基于密码学去中心化的货币[8]。比特币根据特定的算法以及大量

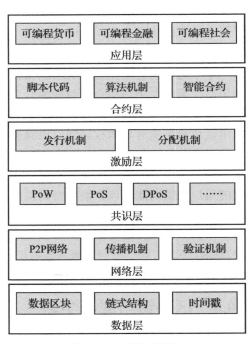

图 10-8 区块链结构

的计算产生，比特币经济通过 P2P（Peer To Peer）网络中众多节点构成的分布式数据库来确认并记录交易行为，同时通过密码学技术来确保货币流通等各个环节的安全性，在确保货币流通性的同时也保证了交易的隐私性。比特币具有很强的稀缺性。

区块链另一个较为广泛的应用是以太坊[11]。它是一个开源的有智能合约功能的公共区块链平台，具有可编程性。以太坊最重要的技术贡献就是智能合约，智能合约是存储在区块链上的程序，可以协助和验证合约的谈判和运行。以太坊中的以太币可以提供去中心化的虚拟机来处理点对点合约。以太币和比特币有许多相同的功能，它既可以作为数字货币即时发送给世界上任何地方的任何人，也可以在以太坊平台中用于构建和运行应用程序，来将工作货币化。以太币具有去中心化和稀缺性的特点。

以太坊和比特币都是基于分布式和密码学构建的，但两者在技术上存在着差异[11]。

①以太坊的编程性：以太坊的区块链不只是像比特币区块链那样具有管理和跟踪交易的功能，同时可以通过存储和执行新设计的编程逻辑来编程。

②区块时间：以太坊交易的确认时间为（12 ～ 14 秒），而比特币为 2 ～ 10 分钟。

③算法：比特币使用安全哈希算法，以太坊使用 Ethash。

④用途不同：比特币可以看作是普通货币的代替品，而以太坊可以看作是通过自己的货币为 P2P 合约和应用程序提供便利的有效应用。因此比特币在数字货币方面表现得更为稳定，而以太坊更多的是关于智能合约应用程序，让开发者能够构建和运行程序。

2. 边缘计算为区块链服务提供资源和能力

边缘计算可以为区块链服务提供资源和能力，解决区块链在移动服务等场景中[13]计算受限的问题。在传统移动服务中，区块链的应用仍然受到限制，原因在于：区块链用户需要解决预设的工作量难题，才能向区块链添加新数据（即区块），然而解决工作量的证明会消耗大量的 CPU 时间和能量资源，不适用于资源受限的移动设备。但是，在边缘计算增强的移动服务场景下，服务提供商将本地数据中心和服务器部署在移动网络的"边缘"，例如无线接入网络的基站。移动设备可以访问边缘服务器以增强其计算能力。可见，边缘计算已成为移动区块链应用程序的有前途的解决方案。

边缘计算为区块链服务提供资源和能力主要体现在：区块链平台 / 应用可以部署在边缘计算平台上，边缘计算节点可以为区块链提供服务。具体而言，包括以下三个层面。

①资源层面：边缘计算平台为区块链节点的部署提供了新的选择，区块链可以和终端节点共用边缘计算节点资源，进而可以节省云计算的开销。区块链节点以软件的形式部署在边缘计算节点上，具有高效的部署优势。

②通信层面：由于边缘计算平台靠近用户侧，区块链在边缘计算节点上的部署，使得区块链更靠近用户端，相比于以前的将数据传输到云端，降低了通信时延。此外，从终端用户的角度，传播的路径更加可控。同时，还可以采用优化策略，将经常使用的数据缓存在边缘节点中，提高通信效率，降低了数据传输时延。

③能力层面：边缘服务器为庞大的公共区块链提供了强大的存储容量，为私有区块链提供了独立而机密的环境。此外，由于区块链提供的数据存储空间有限，某些多媒体应用需要链下数据存储。将原始数据部署到边缘服务器，可以实现区块链在多媒体应用方面的拓展。

3. 区块链为边缘计算提供信任

由于边缘计算自身存在着一定的安全问题，所以区块链最显著的数据永久保存和防篡改就派上了用场。作为大规模分布式去中心化系统，区块链通过哈希链及共识算法，提供了数据永久保存及防篡改特性，可以有效地辅助解决边缘计算环境中各类安全问题。此外，通过有效利用区块链的去中心化特性，亦可以构建去中心化文件系统、去中心化计算系统等。

通过在边缘计算节点上部署区块链，可以提高边缘计算节点的安全性、隐私性以及对公共资源的利用率。

①使用区块链技术，可以在数十个边缘节点上构建分布式控件。区块链以透明的方式在其生命周期内保护数据和规则的准确性、一致性和有效性，其适用于分离的物理边缘处或在分离的物理边缘之间移动的大量异构用户。

②在边缘计算中，为了提高边缘计算隐私方面的优势，可以通过在本地存储数据或在多方之间分别存储一小段数据来实现，但是这对全局协调边缘服务是一个挑战。使用区块链技术，每个用户都可以管理自己的可变密钥，而无须任何第三方就可以访问和控制数据，其匿名性质允许在对等基础上进行协调，从而无须透露原数据（源、目的地、内容）给任何人。

③由于区块链的智能合约可通过自动运行所请求服务的按需资源算法，促进按需使用资源。此外，还提供了资源使用情况的可追溯性，以正确验证客户端和服务提供者的服务水平协议。因此，通过区块链的智能合约，边缘计算中的资源使用也有望实现可靠、自动和高效的执行，并能够显著降低运营成本。

10.3 节介绍了边缘计算的安全体系，下面通过示例对区块链在数据安全、身份认证方面的应用展开介绍。

①数据安全：一些公开的社交平台上，经常会发生用户的隐私泄露事件，例如 Facebook 5000 万用户信息的泄露事件等安全风险，可以使用区块链技术对数据进行加密确权。同时，区块链的存储网络也保证了数据的完整性。

②身份认证：如图 10-9 所示为一个移动手机边缘计算区块链网络图，在接近数据端，有区块链的私有网络，可视为单一域。在边缘节点有 Wi-Fi 和 WLAN 等边缘计算设备，对于私有区块链网络而言又是跨域网络。由于百万级 IoT 终端集中上线、集中认证，传统的集中式认证机制无法实现，所以应考虑使用通过去中心化的分布式认证机制，或区块链技术来实现边缘计算。使用区块链技术，每个设备可以生成自己唯一的基于公共密钥的地址（散列元素值），从而能够和其他终端进行加密消息的收发。

4. 区块链 + 边缘计算产生促进效应

区块链技术促进边缘系统的安全可信，边缘计算技术促进区块链技术的高效可用；因此，将区块链和边缘计算集成到一个系统中成为自然趋势[10]。一方面，通过将区块链合并到边缘计算网络中，系统可以在大量分布式边缘节点上提供对网络、存储和计算的可靠访问和控制，从而有望大大提高系统的网络安全性、数据完整性和计算有效性。另一方面，区块链与边缘计算的结合使系统拥有大量计算资源，以及分布在网络边缘的存储资源，从而有效地减轻了受功耗限制设备的区块链存储和挖掘计算负担。此外，边缘的链外存储和链外计算可在区块链上实现可扩展的存储和计算。

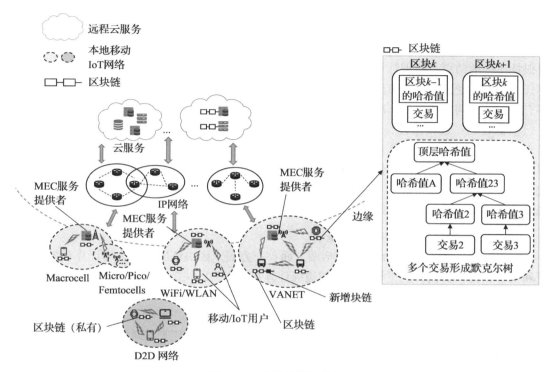

图 10-9　边缘计算区块链

5. 区块链 + 边缘计算集成需求

为了实现区块链和边缘计算的集成，需要满足以下要求[14]。

①计算实体间的身份验证：在具有多个交互服务提供商，基础架构和服务的边缘计算环境中，验证这些实体的身份至关重要，这些实体通过各自的接口进行协作，通过签署智能合约来达成协议。实体的权利和要求在合同建立过程中由区块链记录。这对于在边缘生态系统的跨域元素之间建立安全的通信通道是十分必要的。

②适应性：随着设备数量的增加以及应用程序日趋复杂，有限资源设备上区块链的应用也在增加。因此，区块链和边缘计算的集成系统应具有支持用户数量不断变化和任务复杂性不断增长的能力，并具有适应环境不断变化的灵活性，以允许对象或节点自由连接或离开网络。

③网络安全：由于异构性和攻击路径多样，网络安全是边缘计算网络中非常重要的研究课题。将区块链集成到边缘计算网络中，以代替某些通信协议中的重密钥管理，能够为维护大规模分布式边缘服务器提供方便的访问，并在控制平面中进行更有效的监控以防止恶意行为（例如 DDoS 攻击、封包饱和）。

④数据完整性：数据完整性是数据在整个生命周期中的维护和保证。通过充分利用边缘计算的分布式存储资源，可以在完全分散的环境中，通过一组边缘服务器以及基于区块链的数据完整性服务框架来复制数据，从而极大地阻止了对数据完整性的侵犯（如外包资源的丢失、错误修改数据等）。因此，需要对数据所有者和数据使用者都进行更可靠的数据完整性验证。

⑤可验证的计算：可验证的计算使计算工作卸载到某些不受信任的计算节点时能够同时保持正确的结果。特别针对大型计算任务，边缘计算利用外用资源计算可以扩展出大量计算任务，而不受区块链可扩展性的限制，而以太坊区块链中智能合约的激励和自主性，应保证有效的计算调度和返回解决方案的正确性。

⑥低延迟：通常来说，应用程序的延迟由传输延迟和计算延迟两个部分组成。计算延迟表示花费在数据处理和区块链挖掘上的时间，取决于系统的计算能力。虽然云服务器的计算能力强于终端设备，但将任务卸载到云服务器的同时，也将导致传输延迟的显著增加。因此，区块链在边缘计算节点上的集成能够更有效地确定计算与执行位置之间的映射，从而实现传输延迟与计算延迟之间的理想折中。

6. 区块链 + 边缘计算的技术实践

"区块链 + 边缘计算"的融合包括两方面：一方面，区块链应用为边缘计算系统提供信任和安全；另一方面，把更靠近用户的边缘计算系统作为区块链服务的承载平台，为终端用户提供更加高效的业务体验。本节我们将分别介绍二者结合可采取的服务模式和框架。

（1）区块链 + 边缘计算的服务模式

IaaS、PaaS、SaaS 是云计算的三种服务模式，三种模式对于不同的应用领域，提供不同等级的服务。IaaS 提供给用户的服务是对所有计算基础设施的利用，包括 CPU、内存、存储、网络和其他基本计算资源；PaaS 为终端用户提供开发语言、工具以及组件服务等平台能力；SaaS 为终端用户提供云基础设施上的应用程序。

将区块链引入边缘计算平台，边缘计算融合区块链的服务方式也可以按照上述三种服务模式进行规划。

①IaaS 服务模式：边缘计算的分布式部署可以为区块链提供分布式、去中心化的资源供给，便于区块链的快速部署。

②PaaS 服务模式：区块链也可以以服务的模式，集成在基于 PaaS 构架的边缘计算平台上，提供 API 供边缘计算 APP 的调用。

③SaaS 服务模型：区块链可以以 SaaS 模式，直接为边缘计算提供各种应用服务。

通过区块链和边缘计算三种服务方式上的深度结合，使得两者均可发挥其最大的作用，相得益彰，如图 10-10 所示。

区块链和边缘计算系统的融合可以划分为三个层次。

①MEC 层：由边缘计算平台支持，位于服务模式的最底层，负责计算、存储、网络资源的分配和调度，同时也可以为外部区块链系统提供服务器资源。

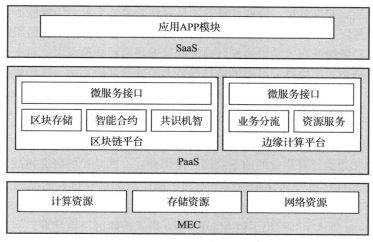

图 10-10　模式对应

② PaaS 层：在该层中，边缘计算平台提供网络及业务能力，区块链平台提供区块链核心支持功能，如块存储、智能合约和共识机制，丰富完善了边缘计算能力，通过能力开放框架，共同为上层各类 APP 应用提供使能服务。而在资源层面，区块链平台所需资源受全局的统一调度分配，保证了信息的安全性和可靠性。

③ SaaS 层：SaaS 层对外提供应用服务能力，应用也可以部署在边缘计算节点资源池外部的区块链上。

（2）区块链＋边缘计算的框架

区块链和边缘计算的框架可以总结为以下两个部分[15]。

①包含终端节点（设备）和边缘服务器的基于私有区块链的本地网络。

设备与边缘服务器进行通信（例如 Wi-Fi 和蜂窝系统），或者彼此进行由边缘服务器支持的 P2P 通信（例如 M2M IoT 网络）。由于该本地网络中的访问权限可控且身份清晰，需要部署私有区块链而无须使用昂贵的共识机制（如 PoW 和经济激励措施），这意味着监管风险降低、技术开销减少、延迟降低，同时还可以采用更多的共识协议。

通常，根据不同的通信系统、处理能力和安全要求，网络管理结构被分为两种类型。一种是集中管理，边缘服务器负责通过创建启动事务来添加新设备，并通过删除其分类来删除现有设备。设备只有在边缘服务器允许它们通过服务器提供的共享密钥进行通信时才能相互通信。每个区块均由边缘服务器挖掘并附加到区块链。另一种是参与区块链的设备与边缘服务器，其中设备充当轻型对等设备，接收固件更新或向其他对等设备发送交易摘要文件。在这两种类型中，边缘服务器主要负责本地网络控制，并以安全的方式为基于本地区块链的低性能设备提供大量外包数据存储和计算，其中一些将被合并到服务器的更高区块链。

②基于区块链的 P2P 服务器网络。

边缘服务器除了在本地网络中发挥重要作用外，还具有存储和相互转发消息的功能，以便进行数据复制、共享数据、协调计算等。从高层的角度来看，边缘服务器对其自身和对等服务器执行轻量级分析，以实现添加或删除适应环境的边缘节点的自组织结构。考虑到处理能力，应部署轻量级分布式共识协议以确保低延迟和高吞吐量需求。对于具有强大计算和存储功能的云，分布式区块链云可提供最具竞争力的计算基础架构，该构架拥有低成本、安全和按需访问的特性。由于 P2P 边缘服务器网络和分布式云的范围都比本地网络要广得多，因此较好的方案是具有智能合约的公共区块链，如以太坊。

7. 边缘计算 + 区块链的挑战

尽管区块链和边缘计算集成的前景广阔，但仍存在一些重要的研究挑战[3, 16-17]。

①增强可伸缩性：可伸缩性是指在一系列功能中增加计算过程的能力。当将可伸缩性与去中心化、安全性一起考虑时，如何提高边缘计算与区块链融合的可伸缩性成为一个难题。2017 年 Plasma 等人[16]提出了以 MapReduce 格式构建区块链计算，实现对可伸缩性问题的解决。该工作提出一种在现有区块链之上进行 PoS 令牌绑定的共识机制，将区块链组成子链的层次树，该子链定期将信息传输回根链。因此，该层次树的分级分类拓扑和边缘计算分级层的有效匹配可以提供有效的解决方案。

②安全性和隐私性：首先区块链本身仍存在着一些安全隐患，在区块链和边缘计算的集成系统中，区块链的一些计算将会在边缘计算节点上完成，还会将一些数据寄存在边缘计算节点上（例如区块链将部分多媒体数据寄存在边缘计算节点上），可以将这一过程统称为边缘的外包服务。边缘的外包服务会引起新的安全性和隐私性挑战。在未来的研究中，可以通过其他形式的非交互式紧凑型来保证安全性和隐私性，例如 2015 年提出的 zk-SNARKs 方法。

③自组织能力：为了促进边缘计算的部署，边缘计算引入了自组织以添加自治机制，从而使运营商和用户可以降低服务的复杂度。自组织能力被定义为自组织网络（SON）中无线电接入网络的规划、配置、管理、优化和修复能力。随着边缘计算节点的增长，网络和应用程序的管理将面临众多问题，这使得为网络提供自组织能力成为巨大的挑战。

④功能集成：边缘计算结合了各种平台、网络拓扑和服务器。在各种异构平台上管理各种应用程序的数据和资源是困难的。为了使基于区块链的存储和计算基础结构与边缘计算网络基础结构共存，需要在基础结构类型、拓扑和 QoS 要求这三个基础上进行服务类型和安全级别的集成，使其具有灵活性和稳定性。

⑤资源管理：资源管理已成为云计算和边缘计算网络中的关键技术之一。在资源管理的过程中，需要考虑多个边缘服务器协作过程对动态环境的适应与优化，同时由于边缘计算和区块链结合，服务器的协作由于区块链的应用变得更加的紧密。因此，资源管理同样成为边缘计算和区块链结合的一个挑战。

10.4.2　隐私保护的边缘联邦学习

如前文所述，联邦学习的主要思想是在基于多个设备上的数据集构建机器学习的模型，保证在合理规则前提下，在多个终端或节点上高效率地执行机器学习相关算法。其主要优点是可以有效提高终端数据和个人数据隐私安全。

近年来各种算法和大数据应用的普及，尤其是 2016 年的 AlphaGo 使用 30 万训练数据，接连战胜人类职业围棋选手，展示了人工智能的巨大潜力，人们希望这种数据驱动的人工智能可以在各行各业得以实现。但是很多领域存在着数据有限且质量较差的问题，比如在医疗领域，病例数据需要专业的人进行标注，导致很多病例可获得的输入数据是远远不够的。而在现实中，由于行业竞争、手续复杂、隐私安全等因素，将分散在各地的机构数据进行整合，也是几乎不可能的。为此，联邦学习在 2016 年由谷歌公司首次在发表的论文中提出，用以在不进行数据共享的前提下进行机器学习。其特点如下所述。

①各个数据都保留在本地，不会泄露给别人。

②多个参与者联合建立虚拟的共有模型。

③各个参与者身份和地位对等。

联邦学习使得多方数据在保存在本地的情况下得以共同使用，解决了数据不够的问题，同时也避免了多方隐私泄露的问题。

边缘智能主要研究如何将人工智能模型放在网络边缘端执行，而联邦学习就是一个良好的训练框架，可以支持在资源受限的终端及边缘设备上执行。

在边缘计算中使用联邦学习的应用场景中，基于联邦学习的移动边缘计算的隐私感知服务放置是一个较为典型的例子，移动边缘云可以在网络边缘部署存储和计算资源，为用户的延迟敏感应用提供服务。但由于边缘服务器的资源有限，实际上无法在边缘云上部署所有服务。由此，现有的许多工作重在解决如何在边缘云上放置分布式机器学习服务以提供给用户更高的服务质量。这些工作往往需要收集用户请求服务的历史数据进行分析，在这一过程中，对历史数据的使用可能会侵犯用户的隐私，现有工作提出了一种隐私感知服务代理（PSP）方案来解决边缘云系统中的服务放置问题。

在获取用户偏好的过程中，移动用户可以使用自己收集的数据在自己的设备上来训练偏好模型，然后将参数卸载到边缘云进行更新。边缘云对参数进行更新后，反馈给移动设备。移动设备根据新参数再次训练，得到用户偏好模型。这样用户就不需要把涉及隐私的数据上传到边缘云上，只需要上传模型即可。

1. 联邦学习技术及优点

联邦学习的步骤包括选择、配置、汇报[18-19]。

①选择：满足特定条件的设备会向服务器提出请求，表示自己可以参与本轮训练，服务器接收到请求后，会选择一部分设备参与本轮的训练，如果某些设备没有参与本轮训练，服务器会让它们在一段时间后重新请求，同时服务器会考虑参与设备数、超时时间等因素。只有在超时前，有足够的设备参与本轮训练，该次训练才会成功。

②配置：服务器的配置主要是服务器会选定模型整合的方式，同时服务器会将具体的

联邦学习任务和当前的联邦学习检查点发给各个设备。

③汇报：服务器会等待各个设备将训练的结果返回，之后采用聚合算法进行聚合，然后通知设备下次请求的时间，如果在超时之前，有足够多的设备成功返回了结果，那么本轮训练成功，否则本轮训练失败。在整个过程中，存在着一个步速控制模块，管理设备的连接情况。保证每轮训练有合适的设备参与。

联邦学习的优点总结如下：

①隐私保护性；

②降低延时；

③安全性扩展。

同时联邦学习也有以下难以回避的缺陷。

①中央服务器：在训练过程中传递模型的更新信息仍然不断向第三方或中央服务器报告，第三方可以不断收集所有参与者不同轮的数据，有机会进行分析推导。

②数据传输问题：在训练过程中传递模型的更新信息仍然不断向第三方或中央服务器报告，虽然梯度不是原始信息，但是依然存在暴露敏感信息的风险。依然有机会从梯度、模型参数更新中反推出用户数据。因此，梯度数据同样需要进一步保护，可加入差分隐私、加密保护等技术手段实现。

③单方数据污染：由于每个参与者都是独立的，传统的联邦学习中，服务器并没有高效地鉴别参与者数据正常性的能力，导致参与者的异常输入并不一定能够及时发现和处理。从而导致单方数据污染，严重影响模型训练过程和最终的模型效果，甚至被攻击者有目的地改变模型训练效果。因此数据源的质量监控和防止训练数据的恶意污染异常重要。

2. 隐私保护的联邦学习实现过程

目前，已有大量的硬件、软件和算法应用于联邦学习中，并且这些技术已被用来进一步完善联邦学习。联邦学习的主要算法包括 FedAvg、联合随机方差降低梯度算法（FSVGR）和 CO-OP 算法等。下面对 FedAvg、FedProx、FSVGR、FedMA、LoAdaBoost 算法展开简要介绍[20-22]。

（1）FedAvg

FedAvg 算法的工作方式是借助主服务器来初始化训练，在该服务器上主机共享一个整体的全局模型，通过随机梯度下降算法（SGD）进行优化。此外，FedAvg 算法具有五个需要考虑的参数：客户端数量、批处理大小、周期数量、学习率和衰减。FedAvg 算法从启动全局模型开始。服务器选择一组客户端，并将最新模型传输到所有客户端。在将本地模型修改为共享模型后，客户端将自己的数据划分为不同的批处理大小，并执行一定数量的 SGD。然后，客户端将其新修改的本地模型传输到服务器。服务器创建新的全局模型，并通过计算所有获得的本地模型的加权总和来完成。

但是，FedAvg 算法仍然存在着不足，无法解决与异构性相关的挑战。具体而言，FedAvg 不允许所涉及的设备根据其系统约束来执行各种本地工作，通常会丢弃掉无法在特定时间段内计算出特定周期数量的设备。

（2）FedProx

2020 年 Sahu 等人提出了 FedProx 算法[30]。FedProx 类似于 FedAvg，都要求每次迭代重新选择所需工具，执行本地更新并将其分组在一起以生成全局更新。FedProx 是对原始 FedAvg 算法的修改，以实现更好的性能和异构性。用于联邦学习的各种设备通常会具有自己的设备约束，因此，期望所有设备执行相同数量的工作并不现实。FedProx 算法允许通过考虑不同设备在不同迭代中的性能来执行不同数量的工作。更具体地说，通过容许设备执行部分工作，该算法可以解决系统的异质性，并且与默认的 FedAvg 算法相比，稳定性更高。

（3）FSVRG

FSVRG 算法的目标是进行一次完整的计算后，每个客户端上会有很多更新。每次更新都会通过对数据进行随机排列并执行来实现。FSVRG 算法适合于一些特征很少，在数据集中表示的稀疏数据。2018 年 Nilsson 等人比较了 FedAvg 和 FSVRG 算法[52]，发现 FedAvg 算法在 MNIST 数据集上相对于 FSVRG 算法具有更好的性能。

（4）FedMA

FedMA 旨在用于联邦学习最新的神经网络框架。在 FedMA 中，全局模型是通过图层以及具有相同功能的隐藏元素进行匹配和平均来构造的。首先，数据中心通过客户端收集第一层的权重，并进行单层匹配以获得联邦模型第一层的权重。然后，数据中心将这些权重发送给客户端，客户端再在其数据集上训练所有其他层。重复此过程直到最后一层，基于每个客户端的数据点比例计算加权平均值。FedMA 算法过程中，客户端在新一轮的开始就获得了全局模型，然后用与原始模型相同的权值大小修改了自己的局部模型。

（5）LoAdaBoost

联邦学习中的 LoAdaBoost 算法目前已经应用于医疗行业中。由于医疗数据通常存储在不同的设备和不同的位置，借助 LoAdaBoost 算法可以实现对医学数据的处理。在 LoAdaBoost 算法相对于其他算法，主要考虑的三个问题为客户的计算复杂性、通信成本和准确性。LoAdaBoost 在帮助客户提高性能的同时，还促进了联邦学习客户与服务器之间的通信，并保护数据的安全性。

3. 隐私保护的联邦学习应用

目前，许多行业和公司开始将联邦学习纳入自己的产品中来，下面将对一些应用程序和用例进行简单的讨论。

（1）Google 键盘查询建议：Gboard

Gboard 用于移动设备的虚拟键盘。Gboard 具有许多功能，例如自动更正、下一个单词预测、单词补全等。Gboard 在应用的过程中，不仅需要尊重消费者的隐私，而且还必须没有任何延迟。首先，Gboard 通过对用户和 Gboard 的互动方式的观测来实现对训练数据的收集。当设备闲置或充电时，Gboard 依靠 Android 的 Job Scheduler 来管理后台操作，确保不会对消费者的数据使用和用户体验造成负面影响。除此之外，Gboard 还建立了客户端 – 服务器体系结构，当服务器等待到一定数量的客户后，为每个客户端提供训练任务，客户端执行这些任务，同时客户端会被告知需要等待多长时间才能再次和服务器通信，进一步实现对跨设备的负载管理。

（2）视觉对象检测：FedVision

视觉对象检测在我们日常生活的许多方面都有很广泛的应用，例如火灾隐患监控。但是由于隐私问题和传输视频数据的高成本，通常难以形成对象检测模型。FedVision 平台是一个基于联邦学习的计算机视觉应用程序。FedVision 使用了基于 YOLOv3 的视觉对象检测框架。FedVision 允许通过多个客户端本地存储的数据集来训练对象检测模型。FedVision 共设计了六个组成部分，使其能够协助联邦模型训练。

①配置：用户可以设置培训信息（例如轮数）、重新连接的数量以及用于上传模型参数和其他关键元素的服务器 URL。

②任务计划程序：计划协调联邦学习服务器和客户端之间的通信，进而平衡资源。

③任务管理器：客户端在训练多个模型时，此组件将协调多个联合模型训练过程。

④资源管理器：监视客户端的资源利用率。这些资源可以包括 CPU 使用率、内存使用率等。资源管理器与任务计划程序通信以进行负载平衡决策。

⑤联邦学习服务器：服务器负责分发模型参数，收集模型并调度它们。

⑥联邦学习客户端：客户端同时托管任务管理器和资源管理器组件，并执行本地模型训练。

目前已有公司使用 FedVision 开发基于计算机视觉的安全隐患警告应用程序。FedVision 可以帮助消费者提高运营效率，实现数据隐私保护并降低成本。

（3）药物发现：FL-QSAR

FL-QSAR 使用了水平联邦学习架构，对定量结构－活性关系（QSAR）进行研究，进一步实现药物的发现。2020 年 Chen 等人[51] 使用了 15 个数据集进行测试，还比较了合并水平联邦学习与不合并水平联邦学习，通过水平联邦学习和单个客户端进行协作的结果与经典隐私保护框架的结果进行对比，得到 FL-QSAR 优于单个客户情形，并且通过将水平联邦学习体系结构用于 FL-QSAR，发现其对于制药机构之间的协作非常有效。

10.5 隐私保护的开源工具和未来挑战

下面将对边缘计算在用户安全与隐私保护方面的开源工具和未来可能面临的挑战做简要的介绍。

10.5.1 隐私保护的开源工具

典型的可用于边缘计算系统的隐私保护开源工具如下所述。

1. XENIRO

XENIRO 借助飞速发展的 5G 及边缘计算，融合云计算及区块链技术，致力于在移动网络边缘构建去中心化的物联网基础服务设施，以建立一个全新的边缘应用生态。如图 10-11 所示，XENIRO SnapScale 分布式账本搭建在移动网络边缘服务器上，物联网设备通过智能合约进行身份验证、可信数据管理、M2M 支付等自动化操作，并通过联合边缘节点与其他的边缘服务器进行沟通，实现边缘服务器之间的信息交互。

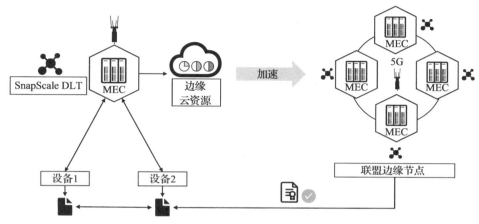

图 10-11　XENIRO 构架图

该平台的开源目标如下。

①建立自治的开发者协作社区：聚集更多开发者参与到 XENIRO 项目中来，并逐步建立起规范、长久的社区治理制度，促进开发者持续有序地对源代码进行改善，提高代码质量。

②在网络边缘孕育分布式应用新生态：运营商将基于边缘计算平台开放 API 服务接口，吸引开发者开发分布式应用（DApps），推动边缘物联网应用在各个行业的普及。

③创建信任的物联网（IoT）价值网络：区块链的价值在于创造信任，XENIRO 将实现区块链技术与 IoT 的深度融合，降低信任成本，使得 IoT 设备可基于智能合约进行自动化交易，形成真正的信任闭环。

④在网络边缘与移动网络运营商和 Hyperscale 云厂商合作共赢：XENIRO 将借助运营商和云厂商的 5G 及多接入边缘计算基础设施，搭建联盟区块链技术平台及边缘计算资源管理平台，实现应用的灵活部署和资源的高效调度。

2. BlueJay OS

BlueJay OS 是工业物联网操作系统，兼容各类工业通信协议，能够安全快速并且简单地进行互联通信和数据处理；BlueJay OS 为 JayBox 千兆边缘计算单元定制，配置了 BlueJay OS 的 JayBox 配备高速 CPU 及网络运算能力，使用 eSIM 卡及高速千兆网络接口，并且在 BlueJay OS 的支持下实现全程加密数据交换，适用于各类需要互联与边缘计算的应用场景。

3. IoTeX

IoTeX[23-24]是一个由区块链技术、物联网中间件和多种开发工具共同组成的综合技术平台，为可信应用、设备和数据赋能。IoTeX 平台的核心是兼容可信数据和可信设备，所有人和物都能在安全可信、隐私保护的环境下自由地进行信息交互和价值交换。如图 10-12 所示，在区块链的基础设施方面，IoTeX 采用内部研发的 Roll-DPoS 共识机制，由来自不同国家超过 60 个节点共同维护网络共识，是全球最安全和高效的区块链平台之一。同时 IoTeX 专为物联网设计了中间件，其设置了去中心化身份认证、去中心化存储、可信计算，以实现 IoTeX 对支持可信设备和用户数据的中间件的深入研究，保证数据的隐私安全。

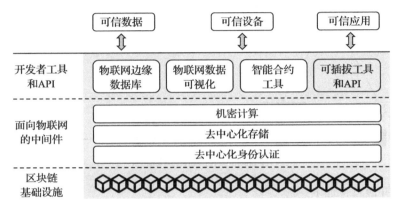

图 10-12　IoTeX 结构图

10.5.2　隐私保护的未来挑战

隐私保护的未来挑战主要包括以下方面：

①边缘计算中基于多授权方的轻量级数据加密与细粒度数据共享新需求：边缘计算是一种融合了以授权实体为信任中心的多信任域共存的计算模式，它使传统的数据加密和共享策略不再适用。因此，设计针对多授权中心的数据加密方法显得尤为重要，同时还应考虑算法的复杂性问题。

②分布式计算环境下的多源异构数据传播管控和安全管理问题：在边缘式大数据处理时代，网络边缘设备中信息产生量呈现爆炸性增长。用户或数据拥有者希望能够采用有效的信息传播管控和访问控制机制，来实现数据的分发、搜索、获取，以及控制数据的授权范围。此外，由于数据的外包特性，其所有权和控制权相互分离，需要有效的审计验证方案来保证数据的完整性。

③边缘计算的大规模互联服务与资源受限终端之间的安全挑战：边缘计算的多源数据融合特性、移动和互联网络的叠加性以及边缘终端的存储 / 计算和电池容量等方面的资源限制，使传统较为复杂的加密算法、访问控制措施、身份认证协议和隐私保护方法在边缘计算中无法适用。

④面向万物互联的多样化服务，以及边缘计算模式对高效隐私保护的新要求：网络边缘设备产生的海量数据均涉及个人隐私，使隐私安全问题显得尤为突出。除了需要设计有效的数据、位置和身份隐私保护方案之外，如何将传统的隐私保护方案与边缘计算环境中的边缘数据处理特性相结合，使其在多样化的服务环境中实现用户隐私保护是未来的研究趋势。

习题

参考文献

Chapter 11 第 11 章

应用案例分析

边缘计算支撑了"无处不在的计算",让物理世界具备"思考"的能力。边缘计算在数据处理能力和传输延迟上的优势,令其在产业界迅速发展,目前边缘计算已经与日常生活中的许多领域结合,为其提供了更多的机会和新的挑战。本章通过不同应用场景中的典型案例对边缘计算系统的应用及其发展进行介绍。

11.1 智慧远程医疗

由于医护人员的紧缺或调度困难,可能导致病人无法得到最及时合理的手术治疗,而智慧远程医疗有望解决这一难题。根据美国市场研究公司 GVR 的最新报告,全球的物联网医疗市场规模将会在 2025 年超过 5000 亿美元。在智慧远程医疗的应用中,数据正在以惊人的速度增长。戴尔技术公司最近的一项全球调查发现,在过去的两年中,医疗保健和生命科学数据增长了 878%,而且增长势头并没有放缓,相关的数据如图 11-1 所示。智慧远程医疗通过在不同地区的医院部署手术环境及设备,允许医护人员远程操作手术,从而实现更有效的医疗资源调度。但是,远程医疗手术等对数据的实时性

图 11-1 智慧远程医疗

具有极高的要求，传统通过云计算实现的方式，医疗健康数据会被收集到云端服务器进行集中处理，但随着物联网医疗设备的大规模使用，大量的数据汇聚会造成传输带宽不足、网络可靠性降低、带宽受限等问题，导致医疗数据难以得到及时的处理，对医护人员的诊断及手术造成影响。边缘计算可以将云端服务器的负载压力分担到距离医疗设备更近的边缘服务器上，从而降低病情延误等风险[1]。

边缘计算在智慧远程医疗上的应用会促进医疗卫生事业的发展。

①促进偏远地区的医疗发展。

向偏远的农村地区提供优质的医疗保健一直是一项挑战，由于偏远地区网络连接性较差，无法保证医疗数据远距离传输的可靠性。基于边缘计算的医疗设备可以对重要患者的各项身体数据进行收集、存储、生成和分析，无须与基础网络架构保持持续的连接，并且可以将采集到的数据在重新建立连接时反馈到云端服务器。

②缓解医疗资源的调度压力。

虽然我国的医疗资源正在日渐增加，但由于人口密度和资源限制，目前许多重要的医疗资源（例如执行重大手术的医护人员和所需的设备等）主要集中在各大城市，导致难以有效地对医疗资源进行调度。基于边缘计算的远程医疗有望允许医疗人员远程进行医疗手术，从而降低医疗资源调度的压力。边缘服务器可以有效地降低远程传输（例如手术视频实时传输和实时操作）的延迟并提高传输的可靠性，为智慧远程医疗提供更好的应用前景。

③改善患者体验。

目前医院为患者提供了可以随时登记预约的智能设备，还有些智能设备可以引导患者找到正确的就诊室，通过使用边缘数据中心可以以最小的延迟获取智能设备信息，改善了患者体验。

④改善库存管理。

当今的医院和医疗中心可能存放尖端的医疗设备和计算机硬件，用于提供最佳护理。使这些设施保持正常运转是一项巨大的后勤任务，任何供应链中断都会对医疗结果产生重大影响。通过配备物联网边缘设备，可以改善医疗机构的库存管理，利用传感器收集设备数据，对设备进行预测分析，来确定硬件何时可能出现故障。

⑤节省成本。

物联网边缘设备的广泛采用可以帮助医疗机构节省高达 25% 的业务成本，例如智能建筑控制、基于大数据分析的可穿戴物联网医疗设备、可植入传感器的物联网医疗保健服务等，可显著降低医疗过程中的成本。

11.1.1　设计思路与解决方案

移动边缘计算技术能够满足智慧远程医疗业务的本地化及近距离部署需求，提供高带宽、低时延的传输能力，可有效降低网络负载[2]。本节我们将介绍这类系统的设计思路。

1. 业务智能感知

不同的医疗业务对资源有着不同的需求，例如医疗数据的上传，需要边缘服务器进行数据的加密和清洗，从而保障数据的质量和安全。远程医疗手术等场景可能对网络的实时性以及带宽有着苛刻的要求。对医疗业务的智能感知，主要包括对不同业务进行计算、存储、网络资源的感知与分配，以及对业务权限的感知。为此，应当令边缘服务器可以识别不同的医疗业务，并对业务所需资源进行智能的分配，从而保证医疗业务中各个模块可以顺利进行。同时，通过高效合理地设置用户权限，将本地业务精细化、多维化地进行权限划分，在系统层面避免没有权限的用户使用边缘业务，以减少不必要的医疗事故。另外，业务的分布式架构可以在边缘服务器单点受攻击的情况下，不影响整个业务系统，降低了系统瘫痪的风险。

2. 设备动态组网

智慧医疗有着场景多样化的特点，用户对于医疗的定制化需求将不断增加。传统的医疗网络是静态配置的，无法满足灵活组网的需求，如根据病人情况和病房分布的定制化网络。为此，可以考虑引入 SDN 架构使网络能够灵活配置，从而适配不同的业务需求，支持个性化定制业务。此外边缘计算需要实现根据不同的医疗场景灵活地配置网络，采用多样化的接口和配置协议进行管理：

① 5G 设备动态组网。支持大带宽、低时延以及海量设备连接的能力，并且无须连接线缆、支持设备的移动性。

②时间敏感网络。基于医疗场景的按需动态网络，由 IEEE 802.1 的时间敏感网络任务组开发的一套标准，应用领域可以扩大至医疗、车载网络以及工业等场景。

③实时性网络。对于需要提供端到端网络服务的远程医疗场景，外网具有确定性时延的需求，可以适用于大规模网络的数据传输，从而保障远程医疗等业务的精准性和安全性。

3. 应用 API 网关

面向医疗的边缘服务器需要满足架构通用、API 开放的特点，灵活地部署不同的医疗应用。边缘计算服务化框架是一种松散耦合的应用开发部署框架，将边缘计算业务系统内部的不同功能模块，拆分为多个服务，达到大规模快速按需部署的目的。生态服务包含了多种生态的 API，对接不同的云计算系统，从而根据需要来承载各类云平台的医疗服务。经过授权的云计算平台，可以在用户侧的边缘计算节点部署自己的 API，供上层应用调用。

4. 部署边缘智能

将人工智能与边缘计算相结合，将会促进边缘服务器的智能化发展，从而更好地支撑未来医疗领域的业务。人工智能的发展是由算法模型、数据量和运算力三大因素推动，高效的算法模型（如深度神经网络）能够自行学习复杂数据集的特征，大大提高准确率；在医疗领域运用人工智能，由于需要对海量医疗数据进行训练、判断和决策，因而需要强大的算力做支撑。应用于智慧医疗的边缘计算通过强大的计算能力，将软件可以实现的基础功能（如各类常用协议栈）尽可能地以服务的方式进行包装，并支持按需远程部署，从而实现低成本的人工智能定制化需求。

5. 云边协同

边缘计算能使本地灵活加载各类应用，为人工智能在本地的应用提供了基础。在智慧医疗场景中，边缘计算基于异构设备的接入，实现数据预处理、协议转换、运动控制等多种功能。边缘服务器和应用程序也协同云端服务，形成"数据灵活采集和选择性上传、云端部署和管理应用并进行本地决策"的基本逻辑，灵活地调整部署和运行状态。边缘计算通常需要和云端结合才能提供完整的服务体验，形成相辅相成的云边协同生态。对于数据处理的时效性要求，如果完全依靠云计算，传输时间及反馈时间将会使得数据处理效率大打折扣。因此，在云计算与边缘计算配合的运行模式中，边缘服务器先对数据进行预处理，提取特征传输给云端再进行计算分析。

11.1.2　存在的问题与发展方向

边缘计算在实施的过程中，存在如下的挑战：

①边缘计算在智能远程医疗的实施过程中，首先需要确保有足够的带宽，并且边缘计算相对于云计算来说，不能存储大量数据，因此只有拥有足够的带宽才能实现数据在设备之间的交换。

②由于医疗系统中存在隐私问题，开源软件很难直接部署到医疗系统中，实施成本较高。

11.2　智慧交通

智慧城市是一种现代化城市模型，运用信息技术与物联网技术对城市资源做出智能化的管理。智慧城市系统要随时感知、分析、整合城市的各项关键信息，产生大量的原始数据。一座一百万人的城市，平均每天会产生 200PB 的数据[3]。不仅如此，城市交通的管理与控制所产生的数据量非常庞大。传统智能交通系统建立在云计算的基础上，在前端实现实时的数据采集，并将数据上传至云端，在云端上进行任务计算。近年来车辆数量的爆炸式增长已经导致了许多可见的危险和不便，如交通堵塞、交通事故等，随之而来的是对智慧交通管理需求的不断提高。目前可行的方案主要有通过视频监控对车辆进行智慧调度、通过物联网设备对车辆进行组织联网并统一调度等，如图 11-2 所示。边缘计算相对于云计算来说，有许多优势。

①提高智能交通的安全性。

无论是公路、铁路、海运还是航空，安全都是交通行业最为重要的考虑。例如，各大科技公司不遗余力投入的自动驾驶技术，目前仍不能应用的主要原因是驾驶安全无法有效保障。边缘计算可以显著减小任务计算和数据传输的时延，提供更加实时和安全的智能驾驶和交通服务。

②创造经济效益。

智能交通系统应用到物联网中已经为行业带来了相当的收益。如果说云计算使智能交通系统更聪明，那么边缘计算就使智能交通系统更加灵敏，对提高交通系统的运行效率、提供差异化实时服务具有重要推动作用，进一步创造经济效益。

③降低网络负载。

到 2020 年，通过云计算网络传输的流量达到 14.1ZB，流量高峰会导致高延迟，可能会对用户的体验产生负面影响。边缘计算通过在靠近终端的位置存储和处理数据来提供更大的吞吐量，将网络连接性较差区域的负载降至最低，从而实现更快的传输，提升用户体验。

图 11-2　智慧交通示意图⊖

在诸如共享单车等服务的推动下，交通运输行业正在加速进入智能移动服务的时期。边缘计算允许对数据的处理更接近数据的来源，这意味着将会有更少的流量进入云计算服务器，从而减少总体流量的负载，为推动更多互联、协调和智能解决方案创造更多的机会。

④边缘计算让智慧交通更具安全性、经济性并可以提升乘客的乘车体验[4]。

目前智慧交通虽然处于初级阶段，但在我们生活中的应用仍十分广泛。例如，深圳交警借助华为 FusionServer 高性能边缘计算服务器，搜集实时交通数据，将交通信息存储、过滤、处理后，传回到华为开发的交通大数据平台，准确地提供"移动对象时空引擎"和"实时交通出行量计算"的信息。利用拥堵区域、道路和位置点等多维度数据，进行实时的拥堵分析（深圳交警 5 亿数据实现秒级分析），再将智能分析后的结果传到边缘一侧进行信号调节。以上过程实现了信号调节，从被动采集到主动感知，从局部优化到宏观规划，有效地制定若干策略（如交通诱导设置和对流量来源地的疏导指挥等），整体提升交通管制的效率，如图 11-3 所示。通过信号调节方案，在深圳市高峰期的部分重点路段，其交通拥堵的时间预期可减少 15%；深圳大梅沙、龙华等部分重点路段运行速度提高 9%，利用边缘计算能力实时监测反馈，实现深圳交通的智能管控。

⊖　图片来源：https://technewscmi.wordpress.com

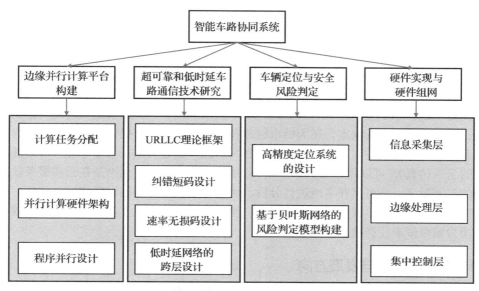

图 11-3　智慧交通中智能车路协同系统框架图

11.2.1　设计思路与解决方案

交通和运输管理是当今城市基础设施最大的挑战之一。当前，大多数路线选择和物流应用程序都依赖于蜂窝 GPS 的历史数据来测量道路拥堵情况并估算出行时间。为了确定道路上的交通拥堵状况，原有的应用程序通常假设所有手机位于车辆中并准确反映车辆状况。但是，数据收集、分析和决策操作所产生的延迟，对应用程序的反应速度和反馈结果的准确性影响重大。

以智慧交通为背景的边缘计算大数据分析框架，对处理地理分布广泛的数据有很好的效果。分析框架主要分为以下四层。

①传感器网络：由分散在城市中的传感器构成，昼夜不停地生成大量原始数据。

②边缘服务器：每个边缘服务器都要控制本地的一组传感器，边缘服务器可以根据预先设定的模式对传感器数据进行分析和处理，还可以控制执行器对任务的处理。

③中间计算节点：每个中间节点要控制一组边缘服务器，将边缘服务器上传的信息与时空信息相结合来识别一些潜在的突发事件，当突发事件发生时，中间节点还要控制下层设备做出应急反应。

④云计算中心：对城市中的交通状态进行监控并进行中心控制，在这一层进行长期城市范围内的行为分析。

边缘计算平台充分利用了数据传输路径上的计算设备，将众多互不相关的轻量级任务分配到各个节点，使得任务可以并行执行；同时，预处理后的原始数据在核心网络上传输的数据量大大减小。边缘计算技术保证了分析框架的高效运行，减少了需要上传到云中的数据量，是整个框架高效运行的关键。

Trafficware 和总部位于硅谷的企业软件解决方案供应商 SWIM.AI 推出的 TidalWave，通过软件架构设计进一步降低时延。TidalWave 可为城市交叉路口和道路提供准确的实时数据传输，在实际车辆到达交叉路口后不到一秒钟的时间内即可提供计算结果。这种即时性可以根据实际的路口/灯光行为和车辆位置，实现最佳的车辆路线规划。该软件架构结合了流量管理、边缘计算以及本地即时分析等技术，可为交通市场提供实时数据和基于机器学习的预测。支持 TidalWave 服务的 SWIM DataFabric 技术堆栈，为交通数据实时处理提供了较好的性能，不仅降低了运行成本，还为城市服务和第三方应用程序提供了实时信息。为了实现高性能和低延迟，该软件在本地分析数据，在每个路口创建实时的数字孪生（可以理解为实时运转的全景仿真），可以将原始数据量减少到原来 0.1% 以下。无论是在云端服务器还是街道级别的控制器上，都可以在本地进行分析，从而节省大量的基础设施成本。此外，该服务还通过向第三方（例如导航应用程序、车主、物流企业和联网汽车）实时提供商业数据和分析，从而为城市带来经济效益。

11.2.2 存在的问题与发展方向

边缘计算为智能交通系统带来了许多机遇，但其发展也面临着一些挑战。

①边缘计算设备常常要面临高温、高寒、高湿等复杂环境，如何在这样的环境下保持设备的长久运行是一个非常重要的问题。

②厂家在生产边缘计算设备的时候，需要考虑每类设备具体负责的计算任务，并根据任务需求（如缓存、运算和存储资源）对设备量身定制。

③边缘计算设备应用在交通系统的各个环节，涉及的厂家众多，需要领头企业统一设备的生产标准。

11.3 智慧家居网关

根据美国统计研究部门（SRD）在 2020 年的报告预测，美国的智慧家居市场将会以 21.7% 的速度增长，并在 2023 年超过 620 亿美元。物联网的兴起允许智慧家居将生活用品（如微波炉、冰箱、空调和洗衣机等）、安全设备（如监控摄像头、视频门铃以及门锁等）和家庭娱乐设备（如电视、语音助手等）连接进网络，通过网络进行智能管理，从而实现家居用品便捷智能的接入控制，构建智能高效的生活方式，无须用户进行复杂的操作就可以根据用户需求对家居进行控制，提高人们的生活质量，如图 11-4 所示[5-6]。

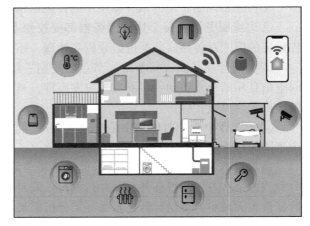

图 11-4 智慧家居示意图

　　基于物联网和云计算的智慧家居系统，通过部署于家中的各类传感器采集住宅内的环境及人员信息，利用 ZigBee 或 Wi-Fi 等无线网络通信技术将收集到的数据接入智慧家居网关，再由网关将数据上传到云端服务器进行分析处理，同时从云端接收下一步操作的命令。用户可以通过手机 App 或浏览器，实时查看家中各个系统的运行情况，操作家中的智能设备。例如，三星在 2018 年推出的 SmartThings 智慧家居系统，用户可以通过其手机 App 对家中的设备进行实时的监控与交互，如图 11-5 所示。SmartThings 可以根据不同时间段的用户活动与需求，对相应的家居设备进行智能操作。例如，系统会在用户起床后完成开灯、打开收音机和咖啡机的操作；在用户离家时打开家中的闭路监控和其他安全传感器，以便对异常情况进行实时反馈。

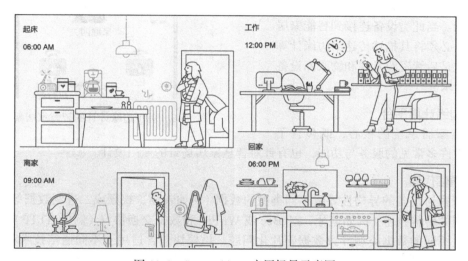

图 11-5　SmartThings 应用场景示意图

　　随着物联网技术的发展和部署规模的扩大，智慧家居应用面临着许多挑战。

　　①越来越多的智慧家居传感器设备（尤其是视频相关的监控设备）会产生海量数据，将这些数据传输到云端服务器会为网络带宽带来极大压力，造成较大的传输延迟。

　　②大量联网的、异构的智慧家居设备会带来相应的安全隐患。首先，这些设备使用的无线通信协议并不绝对安全，它们可能在数据传输过程中被未授权的人员当作恶意攻击或入侵的接口，例如闭路监控摄像头，现已被用作实施 DDoS 攻击的物联网设备之一；另外，将智慧家居的数据完全保存在云端服务器不利于保护用户隐私。

　　以上挑战可以通过边缘计算系统得到较为有效的解决。边缘计算将来自智慧家居的海量传感器数据，从远端的云服务器带回到附近的边缘设备进行处理，数据的分析和决策可以及时反馈到家居设备。不仅如此，针对隐私保护问题，敏感的隐私信息和某些关键的安全数据（如视频门铃），可以在边缘进行处理，安全级别较低的数据则传输到云端服务器进行处理。这种方式可以避免家中的安全系统受制于第三方服务器，有助于降低隐私/安全风险，优化网络资源。

11.3.1 设计思路与解决方案

现有典型的智慧家居系统架构如图 11-6 所示[7]。

1. 物联网设备

以灯、门锁、空调、安全摄像头为例的物联网设备具有以下能力：①支持用户对家居信息数据的查询；②接受并执行用户的命令。

每个物联网设备都包含一个描述，该描述使用事件、属性和操作来表示设备的功能。当此类设备连接到智能家居系统时，必须将其描述传达给边缘计算平台，这是后续资源发现和物联网设备的基本要求。

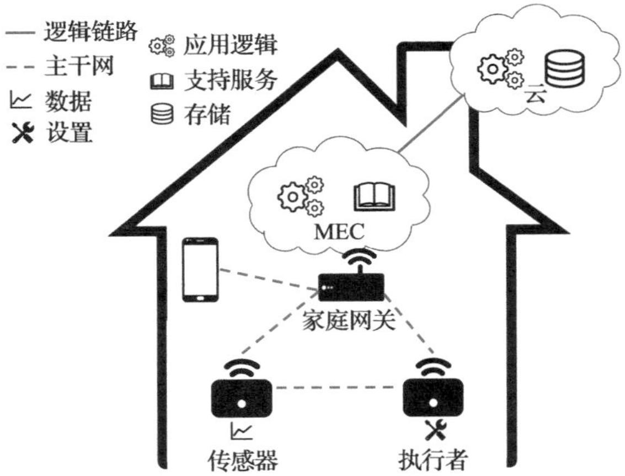

图 11-6　基于边缘计算的智慧家居架构

2. 边缘计算平台

智慧家居系统的核心，既包含了物联网中许多常见的服务与功能，也有针对智慧家居场景的专门设计。

3. 通信代理

智慧家居设备的异构性导致不同类型的数据（例如音频、视频或二进制数据等）产生，使用不同的传输技术（例如蓝牙、ZigBee 或 Wi-Fi）和数据交换协议（例如 HTTP 或 CoAP）也会产生不同的数据类型导致数据碎片化问题。该模块包含适用于不同通信技术和协议的软件驱动程序[13]，用于应对数据碎片化的问题。通信代理模块通过对不同技术与协议的集成，使广泛连接的设备成为智慧家居系统的一部分。

4. 物联网设备描述仓库

用于存储不同家居设备的描述和本地配置。目前较为广泛采用的标准是物联网 W3C 标准，该标准通过事件、属性和动作对设备进行描述[7]。

5. 资源发现

该模块允许智慧家居中的物联网应用程序进行设备搜索。完整的资源发现框架在工作［8］中进行描述和实现。在该模块中，设备上运行的应用程序会搜索适当的已连接设备。例如，当家中无人并且房主想要远程关闭电灯时，应用程序首先利用该资源发现模块，来搜索所有可操作的电灯，进而进行下一步操作，如控制开关。

6. 家居设备的数据处理

这是智慧家居系统最重要的部分，各种家居传感器生成的数据在这里被分为三个步骤处理。首先收集到的数据会被执行数据验证操作，即检查传感器生成的数据是否在其正常的输出范围之内，如果未通过数据验证，该异常数据会被丢弃；接着创建可以兼容各种传感器测量结果的元数据，并对元数据进行注释；最后利用 AES-256 加密保护元数据，用于保护用户设备（例如智能手机、平板电脑等）和边缘计算平台之间的数据安全。

7. 虚拟物联网设备

虚拟设备由应用程序脚本、运行环境、协议绑定和资源模型构成。其主要目的是辅助物联网开发者快速准确地确定智慧家居系统中的应用需求，并进行应用和服务的开发。应用程序的逻辑由应用程序脚本利用家居设备的数据处理模块、资源发现模块和本地存储模块等模型进行描述。

用户设备是家庭用户与智慧家居物联网系统和智能设备的接口。用户设备内会安装一个移动应用程序，该应用程序可以将设备的数据和功能提供给家庭用户。

智慧家居设备可通过传感器和执行器分别测量数据或控制系统，这些设备连接到家庭网关，家庭网关由家庭路由器或其他邻近的边缘设备组成，由网络服务运营商进行安装和管理。网关与云端的连通性允许物联网应用程序与家居设备在云端服务器进行交互，以满足延迟要求宽松且需要大量存储（例如远程遥测或历史数据收集）的物联网应用。另外，如果得到授权，家庭网关还可以通过边缘服务器执行相应的物联网应用。边缘服务器提供了本地运行时环境，以支持具有严格延迟要求或需要邻近信息交互的应用。最后，这些应用程序可以通过智能手机或网页应用程序向用户提供界面，用于监视或配置等。

11.3.2　存在的问题与发展方向

国际数据公司 IDC 在《中国制造业物联网市场预测（2016—2020）》报告中提出，截至 2020 年，物联网中会有约 500 亿感知设备，而 50% 的计算会在边缘设备上完成。另外，微软公司的 Kevin Scott 表示，边缘计算虽然还处在相对早期阶段，但具有广泛的应用场景及庞大的市场规模。在智慧家居与边缘计算的发展方向上，可以利用人工智能和机器学习等方式强化边缘计算的功能，以支持更加智能高效的智慧家居应用。边缘计算可在家庭网络外围进行移动分析，以维持数据的采集和高速传输，而不会影响所收集数据的隐私和安全。智慧家居应进一步考虑到应用程序的差异性，以及与云边结构的适配性，结合云端服务器和边缘的特点提供适应性的解决方案。

11.4　智慧工厂

制造业一直处于世界各国经济的核心位置，并且随着计算机技术和自动化技术的发展而发生变化。根据制造商组织 EEF 的数据，制造业越来越多地依靠自动化和智能化技术支撑，如纳米、云计算和物联网等技术来提高生产速度、精度和效率。以往工厂车间的员工只能通过打印的组件清单来查找产品组件，而现在他们可以使用条形码的扫描功能，快速在仓库中找到所需的零件。物联网传感器从工厂收集环境数据，例如温度、光线和气流等，将其输入到算法中，通过调节温度、风速来提高生产效率，以最大限度地减少能量的损失。此外, 这些数据驱动的算法可以提高安全性和生产率。例如, 机器的运行速度在有工人靠近时降低, 在没有人靠近时增加, 从而提高生产效率, 如图 11-7 所示。这些创新带来了生产率的提高, 但对技术日益依赖, 基础架构(服务器、网络和存储设备将收集数据并运行关键算法)必须响应迅速并且具有极强的灵活性。如果算法无法运行, 则机器处于危险状态。这对智慧工厂系统的运行效率、可靠性与容灾方面提出很高的要求[9-12]。

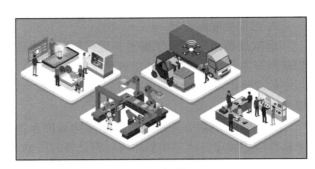

图 11-7　智慧工厂

物联网的出现, 融合了以数据为中心的信息技术和以流程为中心的操作技术, 这使工厂的制造过程更加集中、精简, 并更好地适应市场。目前大多数现代制造工厂都采用工业物联网技术, 并有超过 77% 的制造商已安装其解决方案。尽管工业物联网有诸多优势, 但仍存在局限性, 可进一步降低成本的空间。与物联网相关的最大成本是建立和维护高容量数据中心, 以存储、处理和分析整个工厂车间和整个供应链中由物联网传感器生成的大量数据。集中式数据中心和所连设备之间需要跨距离且高速传输大量数据, 导致成本高昂。此外处理能力的集中化使整个系统可靠性降低, 一旦数据中心或将数据中心连接到工厂物联网设备的网络出现任何问题, 整个操作都会发生中断, 从而导致资源利用率不足、效率低下。同时, 由于供应链的规模和地理分布特点, 中央数据中心与端点之间的通信速度较慢, 从而导致等待时间较长且对突发事件的响应较慢。从某种意义上说, 解决这些问题的方法是网络离散化, 在整个网络上将控制权分布到边缘。

11.4.1　设计思路与解决方案

由于缺乏灵活的可配置中间件, 对设备进行灵活的调整以应对不断变化的制造状态与需求是一项艰巨的任务。但是, 工业物联网需要在工业领域采用更开放的模式, 尤其需要具备安全的远程访问、定期维护和工业大数据分析等功能。研究工作指出[15], 通过边缘计算可以实现基于智慧工厂的应用场景, 其系统架构如图 11-8 所示。该架构分为四个部分: 设备模块、网络模块、数据模块和应用程序模块。

①设备模块。

设备模块可以嵌入临近现场的工业设备, 例如传感器、仪表、机器人和机床等。其支持灵活的通信基础结构, 能够建立标准化的通信模型以支持各种类型的通信协议。边缘计算网络中的节点同时具有计算和存储数据的能力, 可基于传感器的输入动态地调整工业设备的执行策略。该信息模型建立在边缘计算节点上, 包含主流协议, 例如过程控制统一体系结构

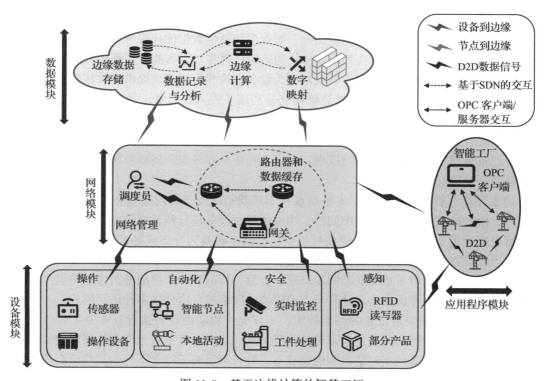

图 11-8　基于边缘计算的智慧工厂

（Open Process Control Unified Architecture，OPCUA）和数据分布式服务（Data Distributed Service，DDS）。它的部署是为了实现信息交互的统一语义，并确保数据安全性和隐私性。

②网络模块。

网络模块以平面的方式将现场的工业设备连接到数据平台。在智慧工厂中，网络模块通常使用 SDN 来实现网络数据传输和控制命令之间的独立。由于任务数据具有时间敏感性，因此时间敏感型网络（Time Sensitive Network，TSN）协议可应用于处理网络信息序列，并提供用于维护和管理敏感型时间节点的通用标准。

③数据模块。

数据模块提供诸如数据清理和特征提取之类的服务，从而提高异构工业数据的可用性，实现基于实时物联网数据的预定义的响应。设备终端的抽象数据被提供给远程服务中心，用于虚拟化制造资源。

④应用程序模块。

应用程序模块在网络边缘继承了云端的应用程序，集成了网络、数据、计算和控制等关键技术。应用程序模块使边缘计算能够提供通用、灵活且可交互的智能应用程序。根据智慧工厂制造过程中的要求，通过服务组件可对动态管理和工厂设备进行规划。

设备模块支持实时互连以及将智能应用程序部署到现场的工业设备。它为应用程序的上层提供了重要的基础。网络模块可用于多种目的，例如异构工业数据的实时传输、复杂网络状态的控制以及对制造资源的便捷访问。数据模块提供数据优化服务，其主要任务之一是确保数据的一致性和完整性。应用程序模块为边缘计算提供了智能应用程序服务，可以在外围设备上独立实现本地业务逻辑。该模块还为设备模块和网络模块提供开放接口，以实现边缘的应用。如图 11-3 所示的边缘计算架构充分利用了嵌入式计算，并在遵循分布式计算范例的同时，确保了系统和制造设备的自治性。此外，边缘计算框架与远程数据中心可以协作支持工厂的智慧终端，解决工厂调度问题。考虑到工厂制造系统的尺寸和规格，边缘计算可以处于设备级别、控制级别或车间级别。它可支持单个停滞点，例如系统集成、互连、信息融合及制造过程的整个生命周期。

边缘计算在智慧工厂的应用主要难点在于基础制造设备与附属服务之间存在复杂的逻辑交互，由于缺乏灵活的可配置中间件，难以通过对设备进行调整以应对不断变化的制造状态。可以通过将智慧工厂的计算模型从集中控制模型转换为分布式处理模型来应对此问题。同时，边缘计算节点支持新设备的即插即用和快速接入，并支持在出现故障的情况下快速更换，也一定程度上缓解了边缘状态同步难题。智慧工厂的另一个挑战是由多种协议产生的兼容性问题，为此，可考虑在边缘计算节点的模块化网络接口内提供多种访问模式。

边缘计算可改善制造设备的终端智能，不仅允许物联网设备执行其业务逻辑分析和自主计算，还使它们能够实时优化和调整其执行策略。边缘计算节点允许在物联网边缘设备进行主动维护，获取设备的实时信息和准确状态，并且可以将云端上运行的某些诊断任务转移到边缘计算节点，以减少执行诊断所需的时间，降低云端的应用程序监视压力。通常，边缘计算节点已集成到工业物联网中，从而使嵌入式控制功能更强大，并改善了网络的可扩展性。

11.4.2 存在的问题与发展方向

边缘计算、物联网和人工智能技术是实现智能化并提高制造业效率的有效途径。尽管前文探讨了基于边缘计算的智慧工厂的维护与通信方案，但是在专业领域仍然存在挑战。例如，针对大型机械臂或工业机器人的智能调度、网络通信、计算分流问题、网络负载平衡算法以及边缘云融合技术等。

①智能调度是智慧工厂的重要组成部分。

由于本地设备（各种传感器、机械臂、工业机器人等）的计算存储资源有限，与此同时车间的任务调度又需要大量的计算能力（尤其是识别和检测方面）。因此，需要将本地设备收集的数据发送到具有丰富资源的边缘设备进行处理。然而，在边缘辅助的智能调度架构中，如何确保设备之间、边缘设备和远程云之间的高效可靠的信息共享，如何确保数据安全地存储在智能云并反馈给认知引擎，都是需要进一步考虑并解决的问题。

②负载均衡。

在智慧工厂中，大量本地设备（如自动机械臂和移动工业机器人等）分布在网络的不同地理位置。为了满足高强度的智能流水线生产模式，需要设计超低时延和超高可靠性的计算需求。因此，对不同类型的计算资源进行统一的协调和管理是另一重要挑战。具体包括本地设备与边缘设备之间的有效连接、数据互传输、边缘设备之间的资源调度和任务卸载。其中，由于网络连接的不稳定以及访问点之间的频繁切换，对计算任务的卸载会导致较高的延迟，甚至卸载失败。为此，需要在任务卸载时引入额外的协议来满足基于优先级的资源分配，通过合理的计算资源分配来确保任务的顺利卸载，减少计算结果的反馈延迟和计算卸载能耗。

11.5　自动驾驶车联网

自动驾驶是汽车行业最受关注的技术之一，也是人工智能的主要应用场景之一。根据美国研究机构 Gartner 的报告预测，在 2025 年，车联网所产生的数据将会超过 280PB，路上将会超过 4700 万辆互相联网的车辆。自动驾驶作为一种智能化交通工具，能够代替人类驾驶员完成一系列的驾驶行为。自动驾驶技术的发展无疑会给我们的生活和出行带来更多便

利，如图 11-9 所示。自动驾驶的应用和推广可以提高出行的效率，并且推动电能、太阳能、风能等新型清洁能源的发展，改善空气质量，优化我们的生活环境。虽然自动驾驶汽车仍处于开发阶段，但像 Google 和 Uber 这样的行业巨头，都在计划使自动驾驶汽车成为可以消费的现实产品，同时人们希望自动驾驶汽车能够避免每年车祸所带来的伤亡以及高达数十亿元的经济损失。

普通的视频游戏中的 1 毫秒延迟和自动驾驶汽车的 1 毫秒延迟是完全不同

图 11-9　自动驾驶车联网

的概念，几分之一秒的间隔可以决定车辆是否发生碰撞，这是生死攸关的问题。平均而言，从云端来回传输数据大约需要 100 毫秒，自动驾驶汽车会不断地感知并发送有关天气、道路状况、GPS 和周围车辆的数据。车辆收集信息以做出决策，以便快速安全地运输乘客和货物。据丰田汽车公司称，到 2025 年，汽车与云之间传输的数据量每月可能达到 10EB，这是当前数据量的 10 000 倍。目前自动驾驶车联网主要依靠云计算为自动驾驶汽车处理大量数据，通过将汽车产生的数据传输到云端进行处理，然后将结果反馈回汽车。5G 技术的逐步普及为这一问题带来了新的曙光。5G 网络能提供 20Gbps 的速率，时延仅仅为 1 毫秒，网络稳定性可达 99.999%，将从汽车的信息流共享、车辆的编队无人化、远程驾驶三个方面推动自动驾驶车联网的高速发展。5G 网络带来了低延时、高稳定性的物网联架构，通过云端服务器的高性能计算给自动驾驶汽车提供实时路况、道路信息、行人信息等一系列交通信息[16]。

实际场景中，大部分的数据处理必须发生在靠近自动驾驶汽车的位置，因为感知数据

分析的速度受到自动驾驶汽车运动的影响，并需要及时收集并指示汽车周围的情况。但是这需要足够的本地计算处理能力和存储器容量，以确保车辆和 AI 能够执行其所需的任务。如果将数据中心规模的大量处理器和内存放在自动驾驶汽车上，将为自动驾驶汽车增加大量成本，而且服务器需要较为严苛的运行环境，部署在汽车可能会因散热等问题增加机器发生故障的概率，还可能导致需要耗费更多的电力，增加更多的车载重量等问题。此外，单独的汽车无法掌握路面的全部信息，无法为在道路上的运行提供正确指令。基于上述需求，可行的解决方案为在路边部署基站，掌握一部分路段的路面情况，并通过 5G 网络实时与每台运行的汽车通信。调查表明，一辆每天运行 8 小时的自动驾驶汽车将产生至少 40TB 的数据，大量的数据需要通过网络来回传输。假设在传输过程中保持网络的持续连接，通过网络发送数据至少需要 150 ～ 200 毫秒，对于实时行驶的汽车而言是无法接受的延迟。

利用边缘计算将部分数据直接在网络接入侧进行处理，能够显著降低了信息传输时延，提升辅助驾驶系统、自动驾驶系统中的车辆监控、驾驶行为分析、危险预警等功能的实时性、准确性和有效性。近年来，各领域企业联手合作，共同推动智能驾驶应用的发展。例如，大唐联合中国汽研、重庆电信启动了国内首个 5G+MEC+C-V2X 自动驾驶应用示范公共服务平台；联通与华为、吉利合作，共同推出了基于 5G+MEC 边缘云的智能驾驶系统等。此外，基于边缘云的远程辅助驾驶应用已经逐步渗透到商用车、家用车、作业车等众多领域。在该场景中，边缘计算不仅能够减少云端通信堵塞的压力，而且可以通过减少数据量以及车辆通信延迟，从而提供更好的可靠性。

11.5.1 设计思路与解决方案

基于边缘计算的自动驾驶车联网系统架构如图 11-10 所示，每辆自动驾驶汽车都配备了边缘计算系统，该系统集成了所有实时功能模块，例如定位、感知、计划和控制模块等。每辆车都通过现有的 3G/4G/5G 通信网络与边缘服务器通信，并最终与中央云端服务器通信。此外，车辆可以通过 5G 网络或专用的短距离通信网络与 RSU 通信，这是典型的车辆到基础设施（Vehicle to Infrastructure，V2I）场景，车辆也可以通过短距离通信网络相互通信，即车对车（Vehicle to Vehicle，V2V）方案。

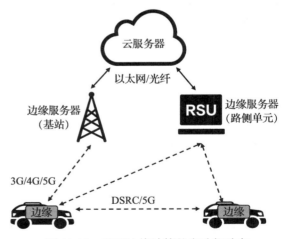

图 11-10　基于边缘计算的自动驾驶车联网系统架构

通过与 5G 技术的结合，边缘计算实现了高宽带和低时延的网络通信能力，但是只有网络层面仍远远不够，目前运营商们正在建设更多的基站甚至"微基站"来满足大量终端的接入，由于汽车上可能有大量的感知设备，因此在边缘网络中，多接入和低延迟成为无人驾驶场景中的关键特性。

1. 多接入

自动驾驶需要的传感器系统主要有三种类型：摄像头、雷达和激光雷达，摄像头具有可以分辨颜色（识别指示牌和路标）的优势，但是易受环境和光线的影响，雷达在测距、穿透雨雾等方面更具优势，两者互补融合可做出更精确、更可靠的评估和判断。在接入层有大量的终端接入，每个终端或者每辆车需要有一个 IP，在路段拥堵的情况下，可能会存在大量的 IP 需求，因此对 IPv6 协议的需求将会增强。

2. 利用 5G 和虚拟化技术实现灵活性低延迟

5G 核心网控制面与数据面彻底分离，网络功能虚拟化可以令网络部署更加灵活。边缘计算将更多的数据计算和存储从核心下沉到边缘，部署于接近数据源的地方，一些数据不必再经过网络到达云端处理，从而降低时延和网络负荷，提升了数据安全性和隐私性。这对于时延要求极高、数据处理和存储量极大的自动驾驶领域而言，重要性不言而喻。未来对于靠近车辆的移动通信设备，如基站、路边单元等都可以作为车联网的边缘计算设备进行部署，来完成本地端的数据处理、加密和决策，并提供实时、高可靠的通信能力。未来的无人驾驶将通过大型的基站，覆盖一部分路段，并提供大量的计算、存储能力。在基站附近建设边缘云，连接路边的其他基础设施，如红绿灯、路灯、摄像头等，并连接路面上行驶的车辆。边缘计算提供了基础设施服务，而上层的自动驾驶软件应用将根据边缘计算采集的数据进行智能分析，并快速地为汽车提供准确、安全的操作指令。

11.5.2 存在的问题与发展方向

对自动驾驶车联网来说，首先面临的问题是基站间的频繁切换。在车辆驶离该基站所覆盖的范围后，进入另一个基站的网络覆盖范围，需要实现基站切换，如同目前手机的基站切换，并提醒驾驶员注意路面情况，接收新基站的操作指令。由于对汽车来说，基站的切换应该具有无感知的特性，不仅如此，上一个基站的数据需要在车辆离开后清空，防止历史数据对接入车辆的干扰。

同时自动驾驶车联网还需要解决安全性问题，这也是自动驾驶中最重要的问题之一。

①传感器安全。

自动驾驶汽车配备有各种传感器（如相机、GNSS、LiDAR 等）以感知周围环境，因此自动驾驶汽车最直接的安全威胁是对传感器的攻击，攻击者可以生成错误消息或完全阻止传感器数据的传输，从而无须侵入计算系统来干扰自动驾驶。根据不同类型传感器的工作原理，攻击者可以使用多种特定的攻击方法来干扰或欺骗传感器。

②操作系统安全。

ROS（Robot Operating System）是一种广泛使用的自动驾驶汽车操作系统，由于在 ROS 运行环境中，没有用于消息传递和新节点创建的身份验证过程，因此攻击者可以将 ROS 节点和 ROS 消息作为目标。攻击者可以使用主节点上的 IP 地址和端口来创建新的 ROS 节点，也可以劫持现有的 ROS 节点而无须进一步的身份验证。如果节点上的服务持续地消耗系统资源（例如内存或 CPU），将影响其他普通 ROS 节点的性能。

③控制系统安全。

车辆中的数字设备和机械组件主要由电子控制单元（Electronic Control Unit，ECU）控制，ECU 通过构成车载网络的数字总线相互连接，控制器局域网（Controller Area Network，CAN）是车辆中的主要总线协议，CAN 总线中没有主从节点的概念，因此连接到 CAN 总线的任何节点都可以向其他任何节点发送消息。攻击者可以入侵车辆中的数字设备以间接攻击 CAN 和 ECU。

11.6　可穿戴边缘计算

随着可穿戴技术的快速发展，智能手环、手表、眼镜等可穿戴设备越来越受到人们的青睐，它们可以帮助使用者感知所处的环境，辅助用户有效地处理信息，提高用户与真实世界的交互[17-18]。随着新型人机交互技术的发展，搭载该技术（例如语音图像控制、脑机接口、增强现实技术等）的智能可穿戴设备，使用户与各类智能设备之间的操作更加直观生动。另外，可穿戴设备在人体健康监测方面也逐渐发挥着不可替代的作用。通过各类传感器设备（加速度计、陀螺仪、磁力计等），可以采集不同类型的人体健康状况的生物信号和人体运动相关的数据。例如，通过手环或其他可穿戴的传感设备检测用户的心率、体温和血压，或者通过分析用户的运动模式来检测其是否有不安全的动作（如摔倒），从而进行及时的救助，如图 11-11 所示。

图 11-11　可穿戴设备应用场景示意

可穿戴设备的基本构建模块正在迅速发展，部分原因是人们对可穿戴技术产品需求的理解不断发展，但更重要的在于供应商认识到了其中的机遇，并在此基础上建立了专门的产品线。可穿戴设备往往体积很小、重量很轻，并且使用蓝牙或 Wi-Fi 等技术无线连接到更广泛的互联网。它们的存储容量往往非常有限，并且传输数据的能源成本可能非常高。

目前物联网设备数据架构的趋势是将数据全部运送到云端，云计算的发展让可穿戴设备与云端进行数据交互，解决智能可穿戴设备存储和计算能力不足、无法处理大量数据的问题，实现强大的信息采集和处理功能。虽然云计算的方式可以弥补智能穿戴设备本身的不足，但是由于数据过于庞大，集中式云计算将无法满足智能可穿戴设备数据的急速增长，将大量传感数据传到云数据中心易导致传输带宽急剧增加，进而导致网络延迟的增加。例如，人体摔倒检测系统需要将用户的行为及时准确地反馈给救助人员，如果因为较高的传输和处理延迟甚至传输失败的情况，导致救助人员无法及时对用户进行救助，将会对用户的生命安全造成严重的威胁。另外，从信息安全方面考虑，智能可穿戴设备数据包含大量的敏感信息，在传输到云计算中心的过程中，由于耗时较长极易被截获，可能导致隐私信息泄露给用户造成重大损失。

为了解决云计算模型存在的问题，5G 和边缘计算技术的发展为可穿戴技术提供了新思路。尽管可穿戴设备已经投放市场，但其潜力却受到其他支撑技术的限制。研究发现，5G 在信息技术领域中，被列为最有可能在未来几年推动智能眼镜等可穿戴设备发展的因素，可以推动许多设想的用例和方案的实现。同时，ABI Research 预测，到 2026 年，几乎 10% 的工业智能眼镜将实现 5G 连接。智能眼镜使工作人员可以在执行任务时解放双手、提高效率，可以在执行任务的同时访问所需的信息并使用相应的工具。另外，对基于可穿戴设备的健康监测系统，移动边缘计算可以提供更低的传输延迟，允许人体健康或安全数据被及时地处理与反馈，实现更加安全有效的救助。使用移动边缘计算作为可穿戴设备系统的解决方案，可以使一线和现场的工作人员受益。例如，进行维护工作的锅炉工程师可以使用智能眼镜查看锅炉的结构原理图，而无须动手查看服务程序，这意味着当机器出现故障时，工程师可以使用协作软件以寻求远程专家的帮助。另外，在医疗保健部门，智能眼镜可以为临床医生提供智能识别患者病历、医疗程序以及药物信息等功能。研究还显示，通过使用可穿戴技术，员工可以接受持续的在职培训，通过直接的视频讲解和说明，可以在现实环境中对技术人员进行实时的指导。尽管可穿戴设备起步缓慢，但将帮助各式各样的可穿戴智能设备在许多行业的前线或现场做出更智能、更快速的决策。

11.6.1 设计思路与解决方案

以远程健康监控应用为例，目前关于可携带设备的边缘计算通用架构由三层组成[19-20]，如图 11-12 所示。边缘计算的过程始于从环境中收集数据，包括医疗参数、活动水平、姿势、位置和环境属性等。传感器节点将收集到的数据发送到一个或多个靠近病人的网关设备（边缘服务器）上，从而使传感器和网关之间无线通信（如 Wi-Fi 或 ZigBee）的延迟和能量成本保持在较低水平，例如研究工作［21］使用了基于 Fitbit Charge 3 PPG 传感器的智能手表来采集病人的心脏状况信息。

在边缘服务器层，边缘设备一般具有较为良好的存储和处理能力，可以在数据传输到云端服务器之前执行一些预处理和计算操作。预处理操作可能包括数据过滤、融合、分析、压缩和加密等。边缘计算可在网络边缘执行全部或部分上述任务，以减少带宽需求、数据大小和服务器负载。

在云端服务器层，云端从多个边缘服务器收集并存储所有病人数据或数据特征。如此，云端服务器能够将病人与其他处于相同状况的病人进行比较，有针对性地分析当前状况对其他病人可能产生的影响。不仅如此，云端服务器能够从病人的历史数据中学习并预测其未来的健康状况，从而提前避免严重的健康风险的发生。

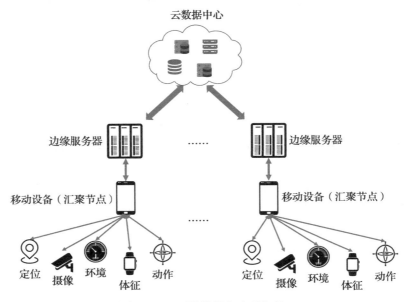

图 11-12　可携带设备实现架构

11.6.2　存在的问题与发展方向

1. 智能手机及其他用于可穿戴设备的边缘芯片设计

基于边缘计算的可穿戴设备发展日渐成熟，以手机为代表的移动智能设备提供边缘服务。如果作为边缘服务器的手机（或其他类型边缘设备）不可用，则会导致任务处理时延高，在实时运行的系统降低用户体验。传统的方案在可穿戴设备中使用通用处理器收集和过滤信号，并将其传递到移动设备。一种新的技术趋势是通过人工智能算法优化硬件设计，从而有望提供 10 ～ 100 倍的电源效率提升，并可以减少无线传输约 10 倍的时间，极大地改善可穿戴设备的用户体验。

2. 传感器设计

除了新硬件之外，传感器设计方面也在不断改进和发展，集成了运算单元的传感器可以采集原始数据的同时进行非常高效的预处理。传感器的设计人员不断地提高设备的智能性和多功能性，从而开发出更为节能高效的产品。可穿戴设备在发展初期用户体验较差，导致大量用户放弃可穿戴设备，许多产品上以失败告终。由于基础技术的进步和硬件性能的飞跃，可穿戴设备的发展目前正处于一个转折点，边缘计算与人工智能技术有望推动可穿戴产品往普适、智能的方向快速发展。

11.7　VR/AR

　　VR/AR 等新型应用为包含游戏在内的市场提供了更多的发展机会，如图 11-13 所示。VR 头盔以及 AR 技术在出现伊始被认为能够颠覆整个游戏产业状态，但实际产品尚未达到这一愿景。这是由于用户期望获得无缝、丰富的游戏体验，需要大量存储空间（本地和云端）以及处理能力。而鉴于当前网络、存储和处理的局限性，这些要求很难在移动设备上实现。

　　以 AR 为例，专用的基于设备和基于应用的 AR 系统在跨平台和普适应用等方面存在固有的局限性。Web AR 是一种轻量级和跨平台的 AR 技术，由于其广泛的应用领域而受到越来越多的关注。但是，对于计算密集型的 AR 应用程序，当前 Web 浏览器较低的计算效率严重阻碍了 Web AR

图 11-13　VR 设备产品 HTC Vive

的大规模应用。而随着 5G 网络的发展，利用边缘计算可以在距离用户更近的网络边缘部署应用程序，从而大大减少网络延迟（甚至减少至 1 毫秒），为提高 Web AR 的性能提供了机会。

　　从消费者和工业角度来看，AR 和 VR 所带来的沉浸式体验将改变我们的消费和内容交互方式。但是，提高 AR 和 VR 体验面临着技术挑战：将现实世界以及用户的运动与数字世界结合并同步，需要大量的图像分析处理与图形渲染过程。通过边缘服务器的方式，则有望为 AR/VR 设备提供实时、轻量的图形渲染功能和时间敏感功能。

　　AR 和 VR 用例都有严格的网络性能要求，例如低延迟、高可靠性和高带宽等。爱立信优化了其 5G 核心和无线通信基础架构，以提供高质量的用户 VR 体验，多种 VR 用例可以通过专用网络或公用网络上的网络切片交付给终端用户。

11.7.1　设计思路与解决方案

　　许多公司已经联手改善移动设备上可用的 VR/AR 体验的质量。GridRaster 是一家 VR/AR 初创公司，正在与云 - 边系统解决方案公司 Saguna 合作，共同考虑利用 Saguna 的多访问边缘计算技术来寻找解决方案。

目前基于边缘计算的 AR/VR 典型研究问题之一为服务与应用的部署问题，即如何将 AR/VR 应用的服务实体放置在边缘环境中。如图 11-14 所示，以社交 VR 应用为例，其程序由两部分组成：服务实体（Service Entity，SE）和客户端实体（Client Entity，CE）。SE 为用户的个人数据和数据处理逻辑的结合，负责处理用户状态和计算密集型的任务，例如场景渲染、对象识别和追踪用户之间的交互而 CE 仅负责显示 SE 所呈现的视频帧并监视用户行为。边缘服务实体放置问题（Edge Service Entity Placement，ESEP）是决定在边缘和云端之间放置每个用户 SE 的位置，以实现边缘云的高效运行并提供令人满意的用户体验。

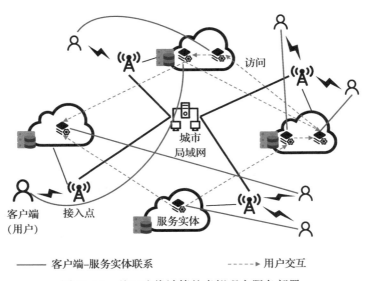

图 11-14　基于边缘计算的虚拟现实服务部署

另外，以 Web AR 为例，目前边缘计算解决方案主要如图 11-15 所示[22]。总体框架同样包含三个层面，分别是终端部分、边缘服务器端和云端服务器。

1.终端部分

终端侧的计算平台主要负责 Web AR 服务调度和基本处理，考虑到用户终端设备中网络浏览器的计算能力，不会造成严重的计算负担。Web AR 服务平台主要由两个模块组成：调度层和处理模块。处理模块为调度层提供基础支持，调度层处理所有 Web AR 应用程序的逻辑以及相关的服务零件。Web AR 服务层中的处理模块由三个子模块组成：图像捕获、图像匹配和 3D 模型渲染。

①图像捕获子模块使用 WebRTC 技术从相机捕获图像，然后考虑图像传输的通信成本，并对其执行大小调整等操作（由应用程序服务提供商预先设置）。

②图像匹配子模块利用 JavaScript 计算机视觉库 JSFeat 支持的轻量级图像匹配算法执行图像匹配操作。

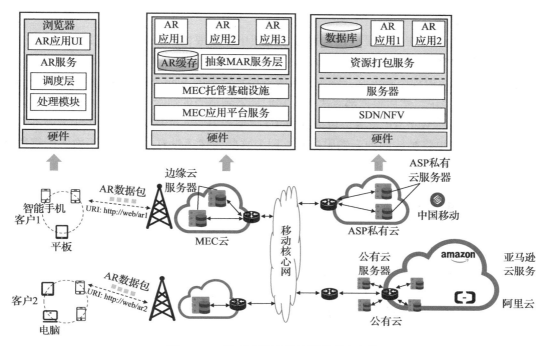

图 11-15　基于边缘计算的增强现实架构

③ 3D 模型渲染子模块利用 WebGL 技术执行 3D 模型渲染，用户可以与 3D 模型进行交互以获取更多的信息，与传统方式相比，该信息可提供更有吸引力的用户体验。但是，对于某些复杂的图像，匹配算法性能较低，因此，当终端侧获取的图像匹配结果不足以用于 Web AR 应用时，将调用特定的边缘计算服务。

2. 边缘服务器端

边缘计算平台主要由一个抽象移动增强现实（Mobile Augmented Reality，MAR）服务层组成，该服务层用于处理传入的边缘服务请求并管理 Web AR 应用程序对象，包括对象部署、对象回收和其他基础服务支持。底层的抽象 MAR 服务层由一些常见的 Web AR 功能模块组成，如性能监控模块和图像匹配模块，旨在为上层的 Web AR 应用程序实例提供更简单快速的服务，同时降低对硬件的访问成本，从而提高边缘服务器的整体性能。一旦边缘服务器从终端接收到 Web AR 请求（即图像匹配请求），则直接将该请求转发到特定的 Web AR 应用实例。所有 Web AR 应用程序都可以访问边缘服务器中的 AR 缓存。但是，当尚未部署请求的 Web AR 应用程序时，抽象 MAR 服务层会将应用程序的部署请求发送到云端服务器，边缘服务器的当前性能（包括 CPU、内存和存储使用情况）也被发送到云端服务器，以决定 Web AR 应用程序的部署。云端服务器考虑部署和传输的总体成本，以确定 Web HR 应用程序的部署位置。

3. 云端服务器

云端计算平台旨在提供更通用的服务。框架中最重要的组件之一是资源打包服务层，作为 Web AR 的资源管理器。当应用服务提供商（Application Service Provider，ASP）面临不同的 Web AR 应用程序需求时，资源打包服务层将特定的 Web AR 资源组件分配到不同的 Web AR 应用程序中，然后根据部署决策将它们部署到适当的边缘服务器上。同时，不同的 ASP 也具有不同的 Web AR 资源，包括各种 3D 模型和图像匹配算法等。在边缘云服务器上成功匹配的图像也将被传输到云端服务器，因为这些图像还没有被终端的图像匹配算法处理，可以用于提高终端图像匹配算法的性能。

11.7.2 存在的问题与发展方向

Web AR 由于其轻量级和跨平台功能而变得越来越流行，这将为基于边缘计算的 AR 提供了更多的机会。但是，要进一步促进 Web AR 的应用，仍然有许多问题需要解决。

①移动设备浏览器上 CPU 资源密集型任务的计算效率较低，而浏览器上广泛使用的 JavaScript 在复杂的计算任务（例如矩阵计算和浮点计算）上表现不佳。因此有必要向网络浏览器引入更有效的计算范例，以满足计算效率的要求。

②标准化的缺乏。用 Web AR 实现的基于浏览器内核的扩展解决方案，可以充分利用终端设备的硬件资源，以实现更好的性能，这将为 Web AR 解决方案提供更大的潜力。但是，当前各种基于浏览器内核的解决方案都存在严重的兼容性问题。不同的 Web AR 应用程序通常由专用浏览器实现，大大限制了 Web AR 的普及。此外，在开发 Web AR 应用程序期间，Web3D 渲染技术（例如 three.js）与由 3ds Max、Maya 和 Blender 等不同建模工具制作的 Web3D 模型之间还存在严重的兼容性问题。为了大规模推广 Web AR 应用程序，上述兼容性问题将是未来需要解决的最关键问题之一。

③网络约束。基于边缘计算的增强现实在很大程度上取决于网络延迟和带宽，但是，无线网络会对 Web AR 应用程序的性能产生不利影响。尽管当前的 4G 网络已经具有良好的性能，但它们仍不能满足 AR 和 VR 等新应用的低延迟要求。SDN、D2D 通信和移动众包机制等 5G 技术为无线网络资源优化提供了新思路，有望在一般场景中进一步提高 Web AR 应用程序的性能。

参考文献

第 12 章 *Chapter 12*

边缘系统设计与实践

近年来，随着嵌入式、传感器、无线通信等技术的长足发展，物联网逐渐从概念走向现实，成为科研界和工业界的持续研究热点。物联网是通信网和互联网的拓展应用和网络延伸，它利用感知技术与智能装置对物理世界进行感知识别，通过网络传输互联，进行计算、处理和知识挖掘，实现人与物、物与物的信息交互和无缝对接，以达到对物理世界实时控制、精确管理和科学决策的目的。与此同时，物联网低功耗设备（比如智能穿戴设备、监控设备、虚拟现实设备等）数量剧增，根据 GSMA 统计数据显示，近年来物联网设备数量的复合增长率达 20.9%。在 2018 年，全球的物联网设备连接数量就已高达 91 亿，预计到 2025 年，全球物联网设备联网数量将高达 252 亿[1]。随着物联网应用方案和技术手段的不断发展，物联网庞大的终端设备，除了对传统的感知和通信有要求之外，也产生了海量、多样化的泛在计算需求。

在以往的方式中，各种类型物联网设备产生的大量数据需要上传到云中心进行集中式的数据分析、数据管理及决策，而后将结果回传给物联网设备，设备再根据云中心的结果运行相应指令或者执行相应动作。所有的数据都上传到云端会对网络带宽造成压力，并且会增加端到端时延，对实时性要求较高的应用很不友好，比如在自动驾驶中，车辆无时无刻不在进行数据的收集，若将采集到的数据全部上传到云端进行分析决策，所带来的时延问题以及网络资源拥塞的问题会导致车辆不能及时地对当前所感知到的场景做出响应，从而增加发生交通事故的可能性。物联网设备的多样性，使得不同物联网设备接入网络的硬件模块不同，所使用的通信技术和传输协议也不同，这会增加数据包丢失和出错的概率，也会增加网络部署的复杂性。

在边缘计算的模式中，服务器资源分布更加靠近请求源和数据源的网络边缘，使得物联网设备可以在其附近进行数据分析及决策。通过降低物联网设备计算需求的端到端时延，来减少网络带宽的压力，减轻网络基础设施的负担。同时边缘计算相较于云计算能够更好地为设备数据的安全性和隐私性提供保障。较为敏感的数据由设备产生后，在附近的网络边缘就能够处理，降低了数据在网络中传输时的泄露风险。比如在智慧家庭场景中，为了给用户提供更安全、健康、舒适的生活方式，家庭中的各类智能设备会进行数据感知，然后进行本地分析或上传至服务器分析。而在家庭中所感知到的数据包含着用户的大量隐私，如图像数据、健康数据等，通过边缘计算，智能家居中所嵌入的物联网设备产生的敏感数据，可以在边缘服务器（如智能家居网关）上直接进行处理，不必传至云端，使得数据在边缘系统外部变得不可见，从而更好地保护用户隐私数据。

智慧家庭是物联网与边缘计算相结合的一个很好的应用场景，除了手机、电脑等常见的智能设备，在家居用品中也存在着许多智能电子设备，比如电子闹钟、空调、洗衣机、摄像头等。这类电子设备基本属于低功耗设备，自身的算力资源有限，仅能进行数据采集以及简单的数据预处理，不能高效地进行复杂数据的分析处理。利用性能过剩的手机、平板、智能网关等设备作为小型边缘服务器提供算力，可为家庭中各类智能家居提供计算分析服务，比如智能家居网关为扫地机器人提供导航服务，为支持语音指令的智能家居提供语音识别服务，为摄像头提供身份识别服务等。

本章将针对诸如智慧家庭中的这类低功耗物联网设备，设计一个边缘计算原型系统，并实现一些具体应用。考虑到摄像头在智慧家居、安防等场景有着重要的应用，且基于图像的分析或处理任务大多需要较高的算力，具有代表性。本章将图像处理任务作为一个特例，对所选的前端设备、用到的扩展硬件模块、服务器的环境配置及部署流程进行具体介绍。

最终实现的边缘计算原型系统可以为低功耗物联网设备提供目标检测服务，作为前端物联网设备的 Esp32-Cam 模块采集图像信息并将计算任务卸载到作为边缘服务器的树莓派上，树莓派进行目标检测操作，并将结果回传给 Esp32-Cam，显示在 SSD1306 显示屏上。读者也可设计自己的边缘计算系统，自行构建其他类型的服务。

下面将首先对不同的硬件设备进行简要介绍，然后介绍 Esp32-Cam 模块与 SSD1306 显示屏的简单使用及烧录流程，接着介绍树莓派的系统安装、Web 服务器的测试、基于 TensorFlow Lite 的目标检测的本地部署及相关测试，再介绍如何利用 Docker 技术对目标检测服务进行封装隔离，并通过 Dockerfile 和从容器打包的方式构建目标镜像，最后将前端物联网设备和树莓派进行整合测试。本章的源码可从本书附带的电子资源中获取。

12.1　架构设计与硬件设备概述

如图 12-1 所示，在整个架构中，分为前端物联网设备、通信技术、边缘服务器三个部分。物联网设备仅负责相关数据的采集，比如图像数据、温度数据、语音数据、医疗健康数据等。然后通过无线或有线通信手段，

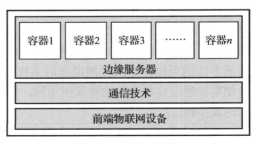

图 12-1　整体架构图

将所采集到的数据传输到边缘服务器进行分析处理，再将处理后的结果或指令返回给前端物联网设备以执行特定的动作。服务器中不同服务的隔离及管理采用 Docker 技术进行实现，不同的容器中运行着不同类型的服务。

在物联网技术的发展过程中，应用场景的多样化使得物联网需要更多类别的传感器及芯片，并且大规模的部署需要大量的物联网嵌入式设备，这给物联网技术的落地及运营带来了高昂的硬件成本。而嵌入式设备和单片机具有微型化、低成本、低功耗、生命周期长等特点，能够降低物联网应用部署的成本。随着物联网技术的不断发展，嵌入式设备和单片机在工业、农业、通信、医疗、消费电子领域有着越来越广泛的应用。

嵌入式系统或单片机的硬件很大程度上决定了该嵌入式设备能够完成的功能，在嵌入式系统或单片机中，常见的嵌入式平台包括 AVR、MSP430、ARM 这几类。

12.1.1　AVR

AVR 系列由 Atmel 公司于 1996 年研发，是一种基于改进的哈佛结构和 8 ～ 32 位精简指令集（Reduced Instruction Set Computing，RISC）的微控制器，从追求指令的完备性转而追求指令的简洁性及执行的高效性。其指令以字为单位，大多数指令为单周期指令，指令的操作数和操作码都保存在一个字大小的空间中，在一个时钟周期内可执行复杂的指令，具备 1MIPS/MHz 的高速处理能力，具有高性能、高速度、低功耗的特点。同时，它是首次采用闪存作为数据存储介质的单芯片微控制器，同时代的其他微控制器多采用一次写入可编程 ROM、EPROM 或是 EEPROM[2-3]。

AVR 一共分为 6 个系列，分别是 tinyAVR、megaAVR、XMEGA、Application-specific AVR、FPSLIC 和 32-bits AVRs。

其中 tinyAVR 与其他 AVR 系列单片机基于完全相同的架构，与其他系列相互兼容，区别是其为对性能、能耗和易用性有较严苛要求的应用进行了部分优化，其内部集成的 ADC、DAC、比较器、EEPROM 等使得开发者在构建具体应用时不需要其他额外组件。

megaAVR 系列主要针对算力要求更高的应用。megaAVR 系列控制器提供足够大的程序存储器和数据存储器，以应对代码量大且复杂的应用程序，其性能高达 20MIPS，与此同时，该系列采用了 Atmel picoPower 技术来最小化能量消耗，以达到兼顾性能与能耗的目的。

XMEGA 系列集实时性、高集成度和低功耗于一体，具备 16KB ～ 384KB 大小的程序存储器和高达 100 个引脚封装，同时还具备 DMA、加密支持等特性。

Application-specific AVR 系列是面向特殊应用的微型控制器，具有其他系列所不具备的一些功能，比如 LCD 控制器、USB 控制器、高级 PWM、CAN 等。

FPSLIC 系列是流行的 Atmel AT40K 系列 SRAM FPGA 和具有标准外设的高性能 Atmel AVR 8 位 RISC 微控制器的结合，该单片器件包含大量数据和指令 SRAM 以及器件控制和管理逻辑，最高运行频率为 50MHz。

32-bits AVRs 系列是 2006 年 Atmel 发布的基于 32 位 AVR32 架构的微控制器，该架构是为了对标 ARM 系列处理器，拥有与之前 8 位 AVR 处理器完全不同的架构。该系列具备 32 位的数据通路，支持单指令多数据流和数字信号处理指令集，虽然该指令集与其他 RISC 指令集类似，但与原始的 AVR 并不兼容，该系列芯片在保持低功耗的同时拥有更强的性能，支持多线程的应用，能够满足更多应用的性能需求[4]。

AVR 系列单片机广泛应用于计算机外部设备、工业实时控制、仪器仪表、通信设备、家用电器、宇航设备等各个领域。

12.1.2　MSP430

MSP430 是美国德州仪器（Texas Instruments，TI）于 1996 年开始推向市场的一种 16 位超低功耗的微控制器，根据实际应用的不同需求，不同的 MSP430 系列集成了不同的外设，包括 Flash、RAM、定时器、ADC、串口通信等，为数据采集以及数据分析提供了强大且灵活的平台。目前 TI 公司已经推出了数百个不同型号的 MSP430，所覆盖的配置范围十分广泛，不同型号的 MSP430 拥有 0.5KB ～ 512KB 的内存，用户可根据不同的应用需求选择适合的型号。同时 MSP430 自带 USB 和 LCD，集成了串口通信、定时器、加速度传感器等数字外设，并具有 DAC、ADC 等模拟外设，能够大幅降低系统设计成本。TI 公司还针对 MSP430 提供了一个完整的开发套件 LaunchPad 供开发者免费下载，并且给出了详细的代码示例，官方还维护了专有论坛供开发者交流学习。在 MSP430 的发展过程中，也演变出了不同的系列，不同系列内部又存在着众多不同的型号。

在 MSP430 各个系列中，MSP430x3xx 系列是最早的一代产品，集成了一个 LCD 控制器，专为便携式仪器设计。这一代 MSP430 不支持 EEPROM，只有掩模 ROM 和一次性可编程的 EPROM，而后面几代产品则只提供闪存和掩模 ROM，这个系列的 MSP430 工作电压为 2.5V ～ 5.5V，并提供至多 32KB 的 ROM。

MSP430x1xx 系列是第二代产品，这一代产品没有集成 LCD 控制器，拥有更小的体积，该系列的 MSP430 工作电压为 1.8V ～ 3.6V，提供 8MIPS 的执行速度、1KB ～ 60KB 的 Flash、1KB ～ 16KB 的 ROM 和 128B ～ 10KB 的 RAM，GPIO 引脚数目有 14、22、48 三种选择。

MSP430F2xx 系列支持高达 16MHz 的频率，并且拥有更加精准的内部时钟，无须再安装外部晶振，该系列提供超低功耗振荡器，内置上拉和下拉电阻，提供 1KB ～ 120KB 的 Flash、128B ～ 8KB 的 RAM 和不同数目（10、11、16、24、32、48）的 GPIO 引脚数目供开发者选择。

MSP430G2xx 系列与 MSP430F2xx 系列较为相似，同样拥有超低功耗振荡器，内置上拉和下拉电阻，但其只提供 512B ～ 56KB 的 Flash、128B ～ 4KB 的 RAM，GPIO 引脚数目有 10、16、24、32 四种选择，更小的 Flash 和 RAM 也使得该系列的价格相较于 MSP430F2xx 更低。

MSP430x4xx 系列与 MSP430x3xx 系列较为类似，但是集成了 LCD 控制器，拥有更大的体积和更强的性能，该系列能够提供 8MIPS ～ 16MIPS 的处理速度，拥有 4KB ～ 120KB 的 Flash、256B ～ 8KB 的 RAM，同时提供 14、32、48、56、68、72、80 七种 GPIO 引脚数目供用户选择，其强大的性能和丰富的引脚使其非常适用于低功耗测量任务或医疗健康应用。

MSP430x5xx 系列内置了全新的功耗管理模块用于功耗控制，使其在拥有高性能的同时具备低功耗的特性，在工作电压为 1.8V ～ 3.6V 时，能够提供高达 25MIPS 的计算速度，该系列 MSP430 最高能够运行在 25MHz 的频率下，最高可选 512KB 的 Flash 和 66KB 的 RAM。

另外，MSP430 还有低电压系列，比如 MSP430C09x 和 MSP430L092，仅仅提供 4MHz 的运行频率、1KB ～ 2KB 的 ROM 和 2KB 的 SRAM，GPIO 引脚数目只有 11 个，性能较弱，但是功耗更低，体积也更小。

TI 公司致力于将 MSP430 用在大量的智慧产品和智慧应用上，MSP430 所具备的能耗优势和高集成度能够更好地提供环境感知能力，从而更好地打造安全、高效、舒适的环境，例如可用于智慧建筑中的火灾检测、智能安防、动作检测等。同时 MSP430 以其超低功耗、高速度和适用性广的特性，在工业自动化、医疗健康、科技娱乐等领域得到了广泛应用[5-6]。

12.1.3　ARM

ARM（Advanced RISC Machines）公司是英国的一家半导体知识产权提供商。ARM 公司设计处理器内核，开发相关技术和软件，并不制造和销售芯片。该公司通过销售知识产权来盈利，芯片制造厂商如果想生产 ARM 公司设计的芯片，就需要付相应的版权费。ARM 处理器是基于 ARM 架构所生产的处理器的统称，它基于 RISC，具有功耗低、体积小、成本低和性能高的特点，广泛应用于各类嵌入式设备中[10]。

在 ARM 公司的发展过程中，推出了不同的处理器架构，即 ARMv1 ～ ARMv8，不同架构中的处理器产品使用 "ARM+ 数字" 的方式进行命名，在基于 ARMv7 架构的 ARM11 之前的处理器都一直沿用这样的命名方式，之后的处理器改用 Cortex 命名，分为 Cortex-A、Cortex-R、Cortex-M 三个系列。其中 Cortex-A 是性能最强的系列，处理器频率高达 2GHz，具备虚拟内存管理功能，在其上可流畅运行操作系统，适用于需要运行复杂任务的设备，该系列处理器被广泛用作智能手机、智能平板、树莓派、数字电视等设备的核心处理器。Cortex-R 系列主打实时性、可靠性，在满足高实时性的同时，提供可靠稳定的高性能算力，为对实时性要求较高的嵌入式系统提供高性能的解决方案，在自动驾驶、工业自动控制等领域应用较广。Cortex-M 系列是三个系列中性能最弱的产品，在成本和功耗方面进行优化，拥有很小的芯片面积和极低的功耗。该系列的处理器应用最为广泛，在物联网、工业、日常应用领域随处可见[8]。

12.1.4　设备选择

在以上三类产品中，基于 AVR 的 Arduino 平台易于编程，对于初学者较为友好。

Arduino 诞生于 2003 年，是意大利伊夫雷亚交互设计研究所设计的用于快速制作原型系统的简易工具，主要面向电子计算机知识不足、编程基础较弱的学生群体，使得这些初学者也能够较为快速地设计和实现有意思的小应用。Arduino 的简洁易用使其逐渐流行，强大的技术交流社区使其不断适应开发者的新需求和新挑战。其硬件也从最初简单的 8 位开发板，逐渐分化为可应用于 IoT、可穿戴、3D 打印和嵌入式的环境产品，从而使其演变成了一个开源且易用的软硬件工具。所有的 Arduino 开发板都是完全开源的，用户可根据自己应用的具体需求进行改进。针对 Arduino 开发板的开发软件也是开源的，用户可在其官网自行下载。目前，Arduino 的软硬件社区都在健康快速地发展，越来越多的开发者使用 Arduino 平台构建自己的个性化应用，并为 Arduino 生态做出自己的贡献。Arduino 凭借其简单易用的用户体验和活跃的交流社区，已成为成千上万项目的控制器，从最简单的日常控制项目到复杂的科学仪器中，都能看见 Arduino 的身影[9]。

Arduino 与其他平台相比拥有诸多优势。

① Arduino 的编程语言基于 C/C++，并对底层的单片机支持库进行了二次封装，使得开发人员在开发过程中，不需要关心每个寄存器的意义、各寄存器间的关系以及寄存器的配置关系，并且提供了许多优质库函数，供开发者直接使用，而不用关心其内部的实现细节，降低了开发难度。

② Arduino 开发板相较于其他微控制器平台更便宜。

③ Arduino 是跨平台的，Arduino IDE 是 Arduino 提供的开发软件，该软件是一款可扩展的开源工具，借助 Arduino IDE，可以在 Windows、Macintosh OS X 和 Linux 操作系统上进行开发，而其他大多数微控制器平台仅支持使用 Windows 开发。

④ Arduino 开发板也是开源的，开发者可以根据开源资料对 Arduino 原型开发板进行重建或扩展，打造出个性化的开发板。

然而，由于 Arduino 开发板大多较为基础，且板载内存极为有限，如 Arduino UNO 的 SRAM 大小仅为 2KB[10]，要达到本章所需要的拍摄照片并上传至服务器的功能，还至少需要扩展摄像头模块、无线模块和内存卡模块，这些模块间的接线较为复杂，学习成本也较高。从易于实现的角度考虑，本章将采用集摄像头模块、无线模块于一体的 Esp32-Cam 作为前端设备。Esp32-Cam 不仅集成了所必需的模块，还支持在 Arduino 平台下，利用 Arduino 编程语言进行编程。

Esp32-Cam 是安信可[11]基于乐鑫[12]的 Esp32 芯片推出的一款小尺寸摄像头模组，如图 12-2 所示。该模块可以在不外接其他扩展模块的情况下，作为最小系统独立工作。Esp32-Cam 可广泛应用于各种物联网场景，适用于家庭智能设备、工业无线控制、无线监控等。

Esp32-Cam 拥有诸多优良特性，包括：内部集成了 Wi-Fi 模块和蓝牙模块，方便开发者直接使用；内置了 520KB 的 SRAM，足以缓存一张 320×240 大小的图片，而不需使用额外的 SD 卡模块进行暂存；提供了 SD 卡模块的扩展口，方便用户完成数据量更大的操作；支持 UART、SPI、I2C、PWM、ADC 和 DAC 等丰富接口，允许开发者进行自定义扩展；支持串口连接本地升级和远程固件升级（OTA）两种方式；集成了摄像头模组，并内置闪光灯，支持 OV2640 和 OV7670 摄像头，开发者可根据需求自行进行替换选择，搭载 OV2640 的 Esp32-Cam 如图 12-3 所示。

图 12-2　Esp32-Cam

Esp32-Cam 模块支持 Station、AP、Station+AP 三种工作模式。在 Station 模式下，Esp32-Cam 模块作为一个无线终端，可由路由器接入互联网，实现无线控制及通信；在 AP 模式下，Esp32-Cam 模块作为一个无线接入点，其他互联网设备可与之连接；Station+AP 模式是混合模式，既可作为 AP 使用，也可作为 Station 使用。

在本章中将使用 Esp32-Cam 搭载 OV2640 摄像头利用 Wi-Fi 进行通信，实现前端设备的照片拍摄及上传，并在 SSD1306 OLED 显示屏（见图 12-4）上显示服务器的处理结果。

图 12-3　搭载 OV2640 的
Esp32-Cam

基于 ARM 平台的树莓派（见图 12-5）在可用性和易用性方面非常优秀，并且拥有体积小巧、功耗较低、性能强大、成本低等特点。树莓派[13]支持安装多种类型的操作系统，为用户提供了更多的选择。树莓派 4B 拥有 1GB、2GB、4GB、8GB 四个内存大小版本，供用户根据自己的需求灵活选择。树莓派可作为小型边缘服务器[14]应用在智慧家庭等多个实际场景中，本章将使用树莓派作为小型边缘服务器，接收处理前端物联网设备的卸载任务。

图 12-4　SSD1306

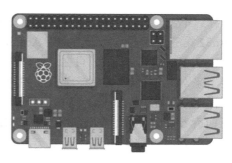

图 12-5　树莓派[17]

12.2　前端硬件设备环境说明

本节将使用 Arduino IDE 作为开发工具，这是 Arduino 官方推出的开发软件，主要用于 Arduino 程序的开发和调试，并提供将编译好的代码直接烧录到开发板的功能。软件内部自带了丰富的库函数以及示例代码供用户参考，同时用户还可根据应用或开发板的需要，自行下载第三方库函数。软件内部集成了串口监视器[15]，用户可借助该功能与开发板进行简单数据交互，同时也可通过串口监视器观察调试信息。

Arduino IDE 在 Windows、Mac OS X、Linux 平台上均有对应的软件版本，用户可到官方网站（https://www.arduino.cc/en/Main/Software）下载安装对应版本，具体的安装流程可参考官方说明（https://www.arduino.cc/en/Guide/HomePage）。

Arduino IDE 没有自带 Esp32-Cam 的库函数，需要手动下载。首先打开 Arduino IDE 的"文件→首选项"，在面板中找到"附加开发板管理器地址"，将"https://dl.espressif.com/dl/package_esp32_index.json"填入框内，如图 12-6 所示。

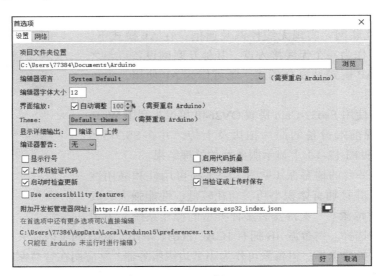

图 12-6　在 Arduino IDE 中配置 Esp32-Cam

保存后单击"工具→开发板→开发板管理器"，搜索安装"esp32"库，如图 12-7 所示，至此 esp32 第三方库安装完成，重启 Arduino IDE 生效。重启完成后在"工具→开发板"中选择"ESP32 Dev Module"，可在"文件→示例"位置查看丰富的 Esp32 示例代码。

接下来对 SSD1306 显示屏所需要的库进行配置，打开 Arduino IDE，单击"项目→加载库→管理库"，搜索"U8g2"进行安装，如图 12-8 所示。

下面介绍如何将代码烧录到 Esp32-Cam 开发板中，使用 USB-TTL 转换线将 Esp32-Cam 与电脑连接起来，具体的接线方式如表 12-1 所示。其中，当引脚 IO 0 与 GND 连接时，Esp32-Cam 处于烧录模式；IO 0 悬空时，Esp32-Cam 处于正常工作模式。

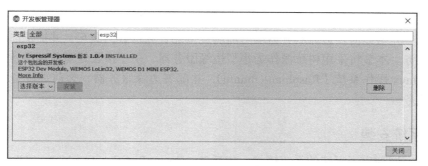

图 12-7　安装 Esp32 库

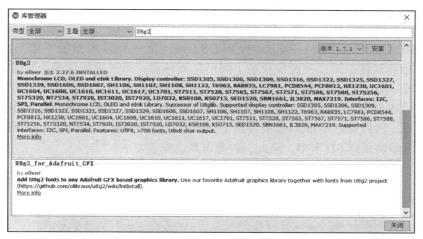

图 12-8　安装 U8g2 库

打开 Arduino IDE，新建一个项目，开发板选择"ESP32 Dev Module"，并选择好对应的串口，复制附件中的"附件 /Esp32-Cam/esp32_test. ino"代码，单击上传并按下 Esp32-Cam 的复位键进行程序的烧录，烧录完成后将 Esp32-Cam 的 IO 0 与 GND 之间的连线断开，再次按下复位键，此时 Esp32-Cam 进入正常工作状态。

SSD1306 显示屏与 Esp32-Cam 接线方式如表 12-2 所示。

12.3　服务器环境配置

上节我们首先对常见的低功耗嵌入式平台进行了介绍，依次讲解了所采用前端硬件设备的开

表 12-1　Esp32-Cam 烧录接线表

Esp32-Cam	USB-TTL
GND	GND
5V	5V
U0R	TX
U0T	RX
IO 0	GND

表 12-2　SSD1306 与 Esp32-Cam 接线表

Esp32-Cam	SSD1306
GND	GND
3.3V	VCC
IO 14	SCL
IO 15	SDA

发环境及配置，还介绍了前端设备具体的数据采集流程和数据传输流程。接下来我们将以图像处理为例，介绍如何在边缘服务器端与前端设备配合进行数据交互，并提供前端设备所请求的特定服务。本节将采用树莓派作为小型边缘服务器，用于接收处理前端设备的请求，在其上安装 Linux 操作系统（Raspbian/Ubuntu），并部署边缘服务器，为前端设备提供目标检测的图像服务。

12.3.1 系统安装

树莓派官网列出了可选的系统镜像，包括 Raspberry Pi OS（Raspbian）、Ubuntu Server、Ubuntu MATE、Ubuntu Core 等。本节将使用官方推荐的 Raspberry Pi OS 作为基础系统，该系统是一个基于 Debian 的 Linux 发行版，针对树莓派硬件体系结构进行了相应优化。Raspberry Pi OS 的镜像分为三种：Raspberry Pi OS with desktop and recommended software、Raspberry Pi OS with desktop、Raspberry Pi OS Lite。第一种镜像预装了图形桌面环境和一些推荐使用的软件；第二种镜像预装了图形桌面环境；第三种镜像最为轻量，去除了图形化桌面环境，仅支持字符界面。为了尽可能地节约硬件资源，我们选择只有字符界面的 Raspberry Pi OS Lite 镜像进行安装。首先准备一个 USB 读卡器和一张 SD 卡作为树莓派运行的磁盘介质，然后通过 Windows 或其他平台的电脑使用烧录软件 Etcher（如图 12-9 所示）将下载好的镜像烧录到 SD 卡中，至此，树莓派系统安装完成[16]。

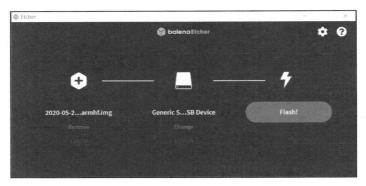

图 12-9　使用 Etcher 烧录系统

此时重新插拔一下读卡器，电脑上会识别到 SD 卡的 boot 分区，进入 boot 分区，在 boot 分区中新建两个文件 ssh 和 wpa_supplicant.conf，如图 12-10 所示。

其中新建 ssh 文件的目的是让树莓派开机后自动开启 ssh 服务，便于远程操控和管理，wpa_supplicant.conf 让树莓派开机后自动连接指定的 Wi-Fi 网络，其中的内容如下所示：

start.elf	2020/5/13 8:40	ELF 文件
start_cd.elf	2020/5/13 8:40	ELF 文件
start_db.elf	2020/5/13 8:40	ELF 文件
start_x.elf	2020/5/13 8:40	ELF 文件
start4.elf	2020/5/13 8:40	ELF 文件
start4cd.elf	2020/5/13 8:40	ELF 文件
start4db.elf	2020/5/13 8:40	ELF 文件
start4x.elf	2020/5/13 8:40	ELF 文件
ssh	2021/1/19 22:26	文件
wpa_supplicant.conf	2021/1/19 22:26	CONF 文件

图 12-10　添加文件

```
ctrl_interface=DIR=/var/run/wpa_supplicant GROUP=netdev
update_config=1
country=CN
network={
ssid="yourSSID"
psk="yourPassword"
}
```

最后插上电源，树莓派会自动开机并连接网络，此时可利用 Xshell 等软件连接到树莓派，系统默认用户名为 pi，密码为 raspberry。

12.3.2　Web 服务器的搭建

在树莓派中采用 Python 语言[18]，利用 Flask 框架搭建简易的 Web Server 用于监听前端设备的请求，并对前端设备的服务请求进行处理。Python 语言是当下极其受欢迎的语言，自 2019 年 6 月以来，一直位居 TIOBE 编程语言排行榜的前三位，有着可读性高、代码简洁、开发效率高等特点。在 Python 语言生态[17]，不仅拥有着成熟的 Web 开发框架，还包括了丰富的数据处理、科学计算、机器学习第三方库，目前主流的人工智能算法及深度学习框架大多有借助 Python 语言实现的版本。

1. Web 开发框架的选择

在 Python Web 开发中，常见的开发框架有以下三种：Django[20]、Tornado[21] 和 Flask[19]。Django 框架是 Python 界最著名的 Web 框架，属于重量级、企业级框架，拥有最丰富齐全的功能特性供开发者使用，使得开发过程较为简洁方便。Tornado 是一个高并发处理框架，性能优越，但相较于 Django，更加轻量，没有足够丰富的特性支持，许多特性需要开发者自己进行实现，开发难度相对更高，随着项目越来越庞大，框架所能提供的功能特性就显得越来越小。Flask 是一个主打轻量灵活的 Web 开发框架，开发者也可自行根据需求对其进行扩展。Flask 安装流程非常简单，执行 "pip3 install flask" 这一条简单命令即可，开发者可以利用它迅速搭建一个简易的 Web 服务器，适用于小型项目。在 Flask 框架中，运行在树莓派上的 Web Server 仅负责监听前端设备请求的功能，没有其他复杂的功能需求，所以从易用性和便捷性角度考虑，Flask 框架更加符合本章的开发需求。

2. Flask 环境配置及测试

本小节将介绍 Flask 框架的安装，并进行简单测试。

首先对树莓派系统进行换源操作，执行

```
sudo nano /etc/apt/sources.list
```

将 sources.list 中旧的内容注释掉，并添加以下内容（如图 12-11 所示）：

```
deb http://mirrors.tuna.tsinghua.edu.cn/raspbian/raspbian/ buster main contrib
    non-free rpi
deb-src http://mirrors.tuna.tsinghua.edu.cn/raspbian/raspbian/ buster main
    contrib non-free rpi
```

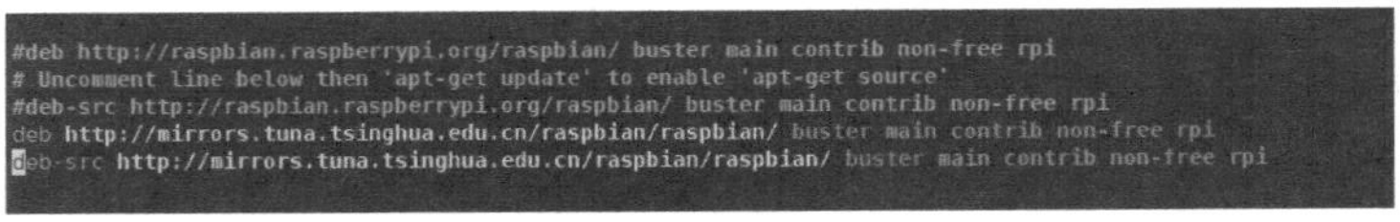

图 12-11　修改 sources.list 源

再执行

```
sudo nano /etc/apt/sources.list.d/raspi.list
```

将 raspi.list 中的内容注释掉，并添加以下内容（如图 12-12 所示）：

```
deb http://mirror.tuna.tsinghua.edu.cn/raspberrypi/ buster main ui
deb-src http://mirror.tuna.tsinghua.edu.cn/raspberrypi/ buster main ui
```

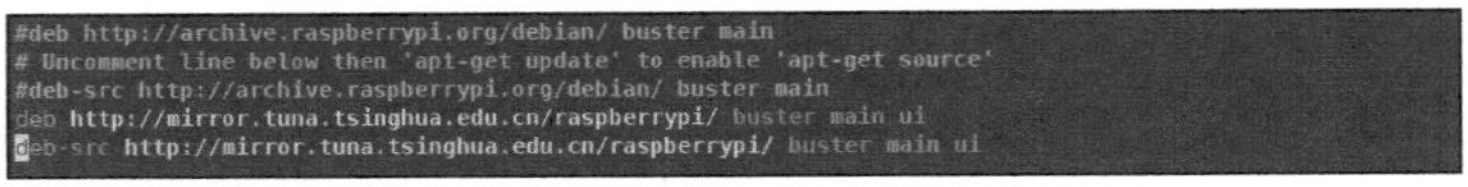

图 12-12　修改 raspi.list 源

最后执行以下命令进行相应更新：

```
sudo apt-get update
```

由于该系统并没有自带 pip，需要我们自行安装，执行以下命令安装 pip3：

```
sudo apt-get install python3-pip
```

然后执行以下命令安装 Flask 框架：

```
pip3 install flask
```

安装完成后，新建 test.py 文件编写如下代码：

```
from flask import Flask
app = Flask(__name__)
@app.route('/')
def index():
return 'Hello World'
if __name__ == '__main__':
    app.run(port=5000,host="0.0.0.0")
```

并使用 python3 test.py 进行测试，执行后如图 12-13 所示。

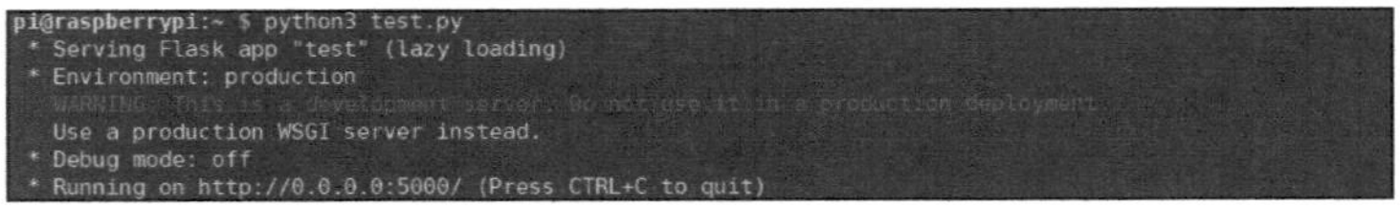

图 12-13　test.py 运行结果

执行上述代码，打开浏览器访问"http://ip:5000/"（其中的 ip 替换为树莓派的 ip

地址），网页显示"Hello World"字样，则安装成功。

12.3.3　视觉算法概述

本章选用人工智能领域的经典计算机视觉任务（目标检测、图像识别）作为案例，树莓派中的一个计算机视觉应用被视为服务功能模块中的一个独立的服务执行单元。计算机视觉领域的目标检测算法可大致分为基于传统机器学习的方法和基于深度学习的方法两大类。

基于传统机器学习方法的算法在图像本身的特征提取方面做了大量探索，并利用传统机器学习分类算法（支持向量机、决策树等）及其变体对所提取的特征进行处理，如 VJ 检测器[22]、HOG 检测器[23] 及 DPM[24]。

VJ 检测器最开始由 Paul Viola 和 Michael Jones 提出并用于人脸检测，通过提取图像的Haar 特征，构造级联的 AdaBoost 分类器对目标图像进行检测以提高检测速度。其中 Haar特征是手工设计好的一系列特征模板，本质上说是图像中不同区域块像素局部和的差值，图中包含着各类特征提取的模板，对这些模板中黑色块和白色块分别赋予不同的权值（需保证模块内部白色区域和黑色区域的通道值加权和的绝对值相等），再将这些模板应用在图像通道上进行特征提取[22]。

HOG 检测器最开始是为解决行人检测问题而提出的。首先提取图像多尺度的 HOG 特征，利用支持向量机构造分类器，并在检测阶段利用滑动窗口策略进行目标检测。提取HOG 特征时，首先将图像分为固定大小的块，再将块分为固定大小的单元，在单元内部统计梯度直方图信息，并在整个块内对所统计到的梯度直方图信息进行归一化处理，以减弱光照等因素的影响[23]。

DPM 又称为可变形部件模型，它采用多组件的思想，对同一目标的不同部位分别构造模型（分为根模型和部件模型），并根据模型间的空间位置关系进行加权打分得到最终检测结果，能够很好地解决目标对象形变问题（如人体有不同姿势、车辆有不同设计等）。DPM的特征提取基于 HOG 特征进行了改进，保留了单元，取消了块，梯度直方图信息的归一化不再是在块中进行，而是利用单元四个角所相邻的其余四个单元的梯度直方图信息进行归一化[24]。

然而，这类基于传统机器学习的方法虽然对计算量要求相对较低，但大多对遮挡、噪声较为敏感，性能较差，误检率或漏检率也较高。同时，由于这类方法的特征提取大多经过精细的人为设计，导致这类方法的泛化能力较低，不能够很好地适应多样化场景的需求，针对不同的目标对象，需要对特征提取模板进行针对性调整才能获得较好的性能表现。

基于深度学习方法的目标检测算法在检测精度上相较于基于传统机器学习方法有不小的提升，经典的算法包括 Faster RCNN[26]、YOLO[27]、SSD[28] 等。

2015 年提出的 Faster RCNN 是基于深度学习方法的第一个接近实时端到端检测的算法，属于两阶段检测器，需先提取出目标候选区域，再在这些区域上进行分类操作。Faster RCNN 在 Fast RCNN[25] 基础上进行改进，提出使用区域候选网络（Region Proposal Network，RPN）进行目标候选区域的提取，大幅降低了第一阶段计算量，同时达到了高水准的检测精度，在 VOC07 数据集上可达到 73.2% 的平均精度均值（mean Average Precision，mAP）[26]。

2016 年提出的 YOLO 则是深度学习领域中的第一个单阶段检测器。YOLO 将目标检测任务看作一个回归问题，输入图片通过端到端的网络同时得到目标类别及其位置，极大地提升了检测速度，但是在检测精度方面有所下降，对于小目标的检测效果不理想，在 VOC07 数据集上能够达到 63.4% 的 mAP[27]。

2016 年提出的 SSD 是另一个单阶段检测器，针对单阶段检测器检测精度相较两阶段检测器低的问题，提出多参照和多分辨率检测技术，结合了 Faster RCNN 和 YOLO 的思想，显著提高了对小目标的检测效果，既拥有像 YOLO 一样的检测速度，也具备与 Faster RCNN 相媲美的检测精度，在 VOC07 数据集上达到了 76.8% 的 mAP[28]。

然而树莓派的硬件资源有限，基础版本的树莓派 4B 采用 Cortex-A72 作为中央处理器，搭载 1GB 内存，无高性能图形处理器，Faster RCNN、YOLO、SSD 等基于深度学习方法的目标检测算法采用较大的网络模型，并且需要很高的算力。速度相对较快的 YOLO 和 SSD 在有高性能图形显卡加持的基础上，能够获取到较为理想的检测速度，但是只在 CPU 上进行运算时的速度同样很低，如 YOLOV3 在 i7-6700 CPU 上完成一帧图像的检测需要十余秒的时间。树莓派的内存配置难以保证这类算法顺利运行，且 ARM 架构的 Cortex-A72 处理器的算力不足会导致检测时间大幅增加，难以用于实际场景。

MIT 的研究人员分析了超过 1000 篇相关领域的文章，探索算力的变化如何影响深度学习算法在图像分类、目标检测等领域的性能表现，发现基于深度学习方法的算法从某种程度上说很依赖于高性能计算设备，很多深度学习算法的模型越来越复杂，所要求的计算量相应增加。这可通过计算能力同样在不断增加的高性能计算设备来弥补，所以从整体上看算法的处理时间仍在预期范围内[29]。

然而在后摩尔时代，算力的提升会逐渐放缓，过度依赖算力的深度学习算法在不久的将来会遇到瓶颈，深度学习算法需要在其他方向进行突破。近年来，轻量级深度学习网络的研究逐步进入科研人员的视野，先后提出了 MobileNet V1/V2[30-31]、ShuffleNet V1/V2[32-33] 等轻量级网络模型，研究者将这些轻量级网络与之前的目标检测算法相结合或对其加以改进，提出了轻量级的深度学习目标检测算法，如 ThunderNet[34]、RefineDetLite[35] 等算法。ThunderNet 和 RefineDetLite 算法能够达到甚至超过 SSD 与 YOLO 的检测精度，同时在检测速度上有近十倍的提升，在 i7-6700 CPU 上检测一帧图像，仅需要 130 ～ 150 毫秒，为深度学习算法的优化提供了新方向，同时为在仅搭载 CPU 的边缘设备上进行高质量的目标检测提供了可能性。

Google 公司看到了边缘计算的广阔落地前景，希望能够将深度学习模型方便快速地部署在边缘设备上，让树莓派、移动手机这类嵌入式设备也能够方便地使用深度学习算法。所以继深度学习框架 TensorFlow 之后，又推出了专门面向移动设备、嵌入式设备和 IoT 设备的轻量级开源深度学习框架 TensorFlow Lite。顾名思义，TensorFlow Lite 即轻量级的 TensorFlow，其目的是简化在边缘设备本地运行深度学习算法的流程，而不是按照传统方式将数据发送至云服务器进行计算。在边缘设备本地直接执行深度学习算法，在延迟、隐私、网络连接、能耗方面有着显著的优势。应用数据不需要在云服务器与边缘设备间往返传输，能够降低应用的端到端时延；用户所产生的数据在边缘设备本地进行处理，不会离开本地边缘设备，能够更好地保护用户隐私；边缘设备在数据处理过程中不需要进行网络连接，从而减少了设备的网络连接需求，降低了边缘设备的能耗。

TensorFlow Lite 对一些核心运算符做了特定优化，拥有更小的体积，支持多平台（如 Android、IOS、嵌入式 Linux 和微控制器平台），为多种语言（如 Java、Swift、Objective-C、C++ 和 Python）提供了 API。其针对特定设备提供的硬件加速以及优化过的内核拥有良好的性能表现。在保证高性能的同时，TensorFlow Lite 提供了模型优化工具，使得在不影响准确率的情况下降低模型体积并提高其性能，此外还提出了高效的模型格式 FlatBuffer，FlatBuffer 格式的模型具有更小的体积以及更好的移植性。TensorFlow Lite 的使用也很方便，模型可以选用官方提供的预训练模型，也可以自行通过 TensorFlow 训练好模型，然后通过 TensorFlow Lite 提供的模型转换器将其转换为 TensorFlow Lite 支持的模型格式，最后通过 TensorFlow Lite 所提供的 API 部署到具体设备上。TensorFlow Lite 官方提供了开源的示例代码，示例代码涵盖了图像分类、目标检测、姿势识别、语音识别、手势识别、图像分割等任务，支持 Android 设备、iOS 设备以及树莓派平台，同时还提供了训练好的模型供用户使用。其中，在目标检测任务中，TensorFlow Lite 官方将轻量级网络 MobileNets 和目标检测算法 SDD 相结合并进行实现，对外提供了一个现成模型供开发者直接使用，该模型大小不到 3MB，非常适合部署在边缘设备上[36]。

12.3.4　TensorFlow Lite 的安装及测试

TensorFlow Lite 官方提供的目标检测实例代码实现了以下功能场景：在树莓派上加装摄像头，并实时采集摄像头图像，对其进行目标检测。从实现的角度考虑，我们将以该实例代码为基础进行修改，把图像采集的操作由原有的摄像头采集，改变为从前端嵌入式设备采集并通过网络传输。

Raspberry Pi OS Lite 系统自带了 Python2 和 Python3 两个版本，无须手动进行 Python 的安装。执行以下命令安装一些所必需的软件包：

```
sudo apt-get install libopenjp2-7 libtiff5 libatlas-base-dev
```

接着通过以下命令进行 TensorFlow Lite 的安装：

```
pip3 install https://dl.google.com/coral/python/tflite_runtime-2.1.0.post1-
    cp37-cp37m-linux_armv7l.whl
```

至此 TensorFlow Lite 已安装完成，此时下载 TensorFlow 官方提供的目标检测实例代码：

```
sudo apt-get install git
git clone https://github.com/tensorflow/examples --depth 1
```

由于我们将对官方提供的功能进行部分修改，所需的函数包和模块也有所不同，所以先删除部分不需要的包，首先利用 nano 命令打开 requirements.txt：

```
nano examples/lite/examples/object_detection/raspberry_pi/requirements.txt
```

进行相应修改，然后退出并保存：

```
# Python packages required for classify_picamera.py
numpy
Flask
#picamera
Pillow
```

接下来执行相应脚本，下载必要的包以及预训练好的目标检测模型文件：

```
cd examples/lite/examples/object_detection/raspberry_pi
mkdir model
bash download.sh ./model
```

此时将附件中的"附件 /local/model/labels.txt"复制到 model 文件夹中，将"附件 /local"中的 detect_picamera.py、dog.jpg、main.py 三个文件复制到当前文件夹，执行 detect_picamera.py 文件，若出现正常的检测结果信息，则环境搭建正确，如图 12-14 所示。

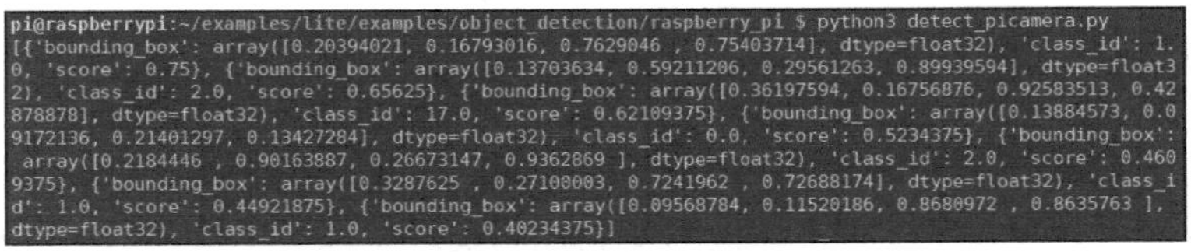

图 12-14　环境检测结果信息

其中 main.py 实现了一个简易 Web 服务器，用于接收前端设备传入的图片，并将图片传入目标检测模块。现在运行 main.py，测试功能是否正常，如图 12-15 所示。

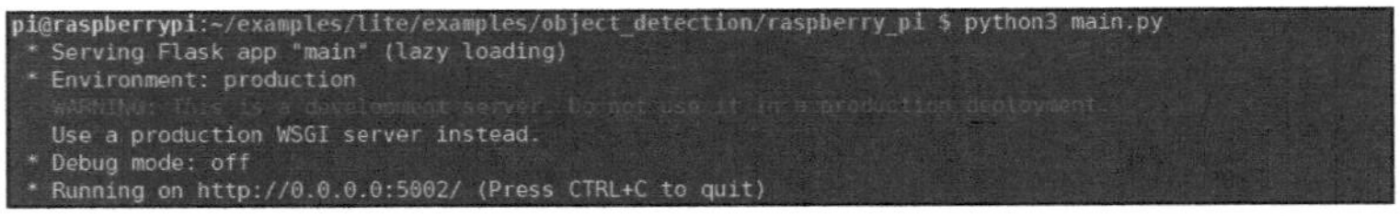

图 12-15　main.py 运行结果

此时可利用 Postman（一款 API 测试软件）构造对应的 HTTP POST 请求进行测试，进入 Postman 新建请求，URL 填入"http://ip:5002/detect"，方法选择 POST，Body 选择 form-data，KEY 固定为 img，并选择为 file，VALUE 处选择一张照片，最后单击 Send 发送 HTTP 请求进行测试。检测结果会返回图片中检测分数最高的目标的种类 ID，如图 12-16 所示。

图 12-16 发送图片时 Postman 的设置

12.4 服务部署

上述测试的功能可视为服务以 Docker 容器的方式进行部署，在本节中，首先会介绍 Raspberry Pi OS Lite 系统上 Docker 的安装流程，接着介绍 Docker Hub，然后简要介绍如何制作自定义 Docker 镜像，并将上节实现的功能打包为 Docker 镜像，最后介绍如何调用 Docker 镜像中提供的服务。

12.4.1 Docker 安装

Docker 有多种安装方式，这里介绍一种离线安装的方式，首先下载所需的安装包，包括 `containerd.io`、`docker-ce-cli` 和 `docker-ce`，如下所示：

```
wget https://download.docker.com/linux/raspbian/dists/buster/pool/stable/
    armhf/containerd.io_1.2.6-3_armhf.deb
wget https://download.docker.com/linux/raspbian/dists/buster/pool/stable/
    armhf/docker-ce-cli_19.03.6~3-0~raspbian-buster_armhf.deb
wget https://download.docker.com/linux/raspbian/dists/buster/pool/stable/
    armhf/docker-ce_19.03.6~3-0~raspbian-buster_armhf.deb
```

下载安装包如图 12-17 所示。
下载完成后，使用 `dpkg` 命令运行相应的安装包，结果如图 12-18 所示。

```
sudo dpkg -i containerd.io_1.2.6-3_armhf.deb
sudo dpkg -i docker-ce-cli_19.03.6~3-0~raspbian-buster_armhf.deb
sudo dpkg -i docker-ce_19.03.6~3-0~raspbian-buster_armhf.deb
```

Docker 安装完成后，启动 Docker 并设置 Docker 开机自启动：

```
sudo systemctl enable docker && sudo systemctl start docker
```

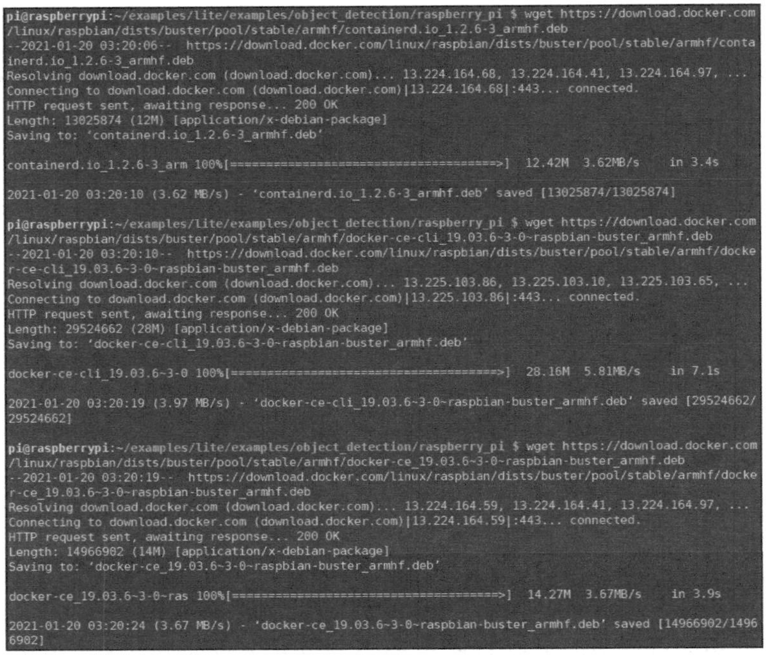

图 12-17　下载安装包

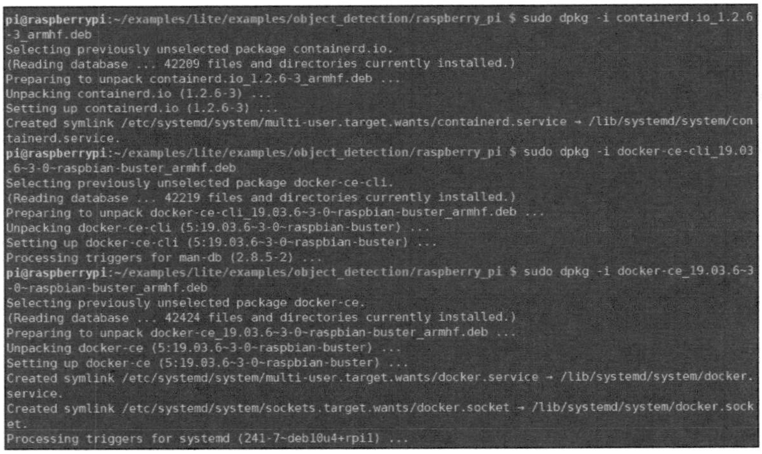

图 12-18　运行相应安装包

为了方便使用，将当前用户加入 Docker 用户组：

```
sudo usermod -aG docker $(whoami) &&newgrp docker
```

至此，Docker 安装完成，可输入 "docker version" 进行验证，若控制台打印出 Docker 版本信息，则安装成功，如图 12-19 所示。

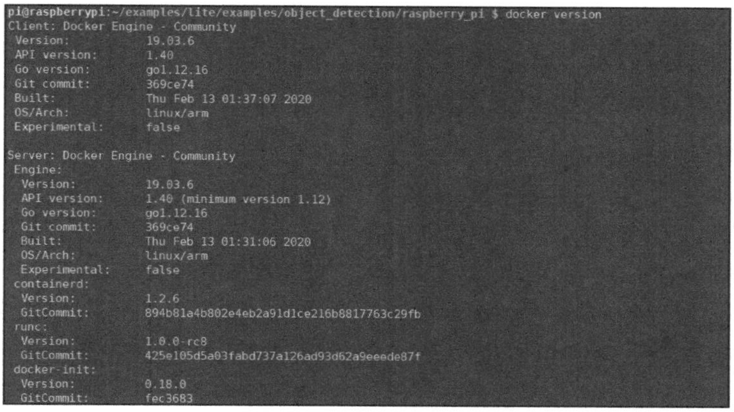

图 12-19　验证 Docker 版本信息

12.4.2　Docker Hub

Docker Hub 是 Docker 提供的用于查找和共享容器镜像的服务。Docker Hub 主要有以下几个功能特性：仓库、团队组织、官方镜像、第三方镜像、构建、Webhooks。通过 Docker Hub 仓库，用户可以将构建的 Docker 镜像上传至 Docker Hub，从而实现对团队及其他用户的共享。Docker Hub同样提供类似于 GitHub 的团队组织功能，允许用户创建私有仓库，并对该私有仓库的访问权限进行管理。Docker 官方提供了很多优秀的镜像供用户直接使用，比如提供了 Ubuntu、CentOS 等系统镜像供开发者作为基础镜像使用。此外，第三方用户可上传自己的镜像供其他用户下载、试用及购买。Docker Hub 还支持从其他代码仓库（比如 GitHub）直接构建镜像并上传至相应的 Docker 仓库。当配置好自动构建功能后，每提交一次代码到某个分支，就会自行构建该分支所对应标签的 Docker 镜像，并自动上传至 Docker Hub 的对应位置。

在 Docker Hub 中，有许多现有的镜像供开发者直接使用，开发者可使用以下命令进行相应镜像的拉取或下载：

```
docker pull imageName
```

同样，开发者也可以将自己的镜像上传至 Docker Hub 中，供其他人使用。在上传之前，需要在 Docker Hub 官网注册自己的账号，然后在本地使用"docker login"命令登录自己的 Docker Hub 账号，最后可使用以下命令进行镜像的上传：

```
Docker push imageName
```

12.4.3　个性化 Docker 镜像

虽然官方提供了许多优秀的镜像供开发者直接使用，但这类镜像往往是较为通用、基础的，开发者需根据自己的业务功能，选择合适的镜像并进行更新修改，也可自行从零开始构建自己所需的镜像。而构建 Docker 镜像有两种常见的方式，一是将修改后的容器打包为 Docker 镜像，二是通过 Dockerfile 构建镜像。下面将分别以这两种方式构建本章所需目标检测服务的 Docker 镜像。

1. 将容器打包为 Docker 镜像

构建 Docker 镜像的另一种方式，是在基于某一基础镜像的容器中进行相关环境的配置以及功能的部署，测试通过后，将该容器通过"docker commit"命令打包为 Docker 镜像。下面将以基于 TensorFlow Lite 的目标检测为例，演示整个流程。

首先选择合适的基础镜像，由于本章的整个功能都是基于 Python 语言实现的，所以选择基于 Debian 操作系统自带 Python3.7 的基础镜像。进入树莓派字符界面，输入以下命令从 Docker Hub 拉取相应镜像：

```
cd ~
docker pull python:3.7-slim-buster
```

下载验证完成后，输入"docker images"命令可查看当前本地拥有的所有镜像，如图 12-20 所示。

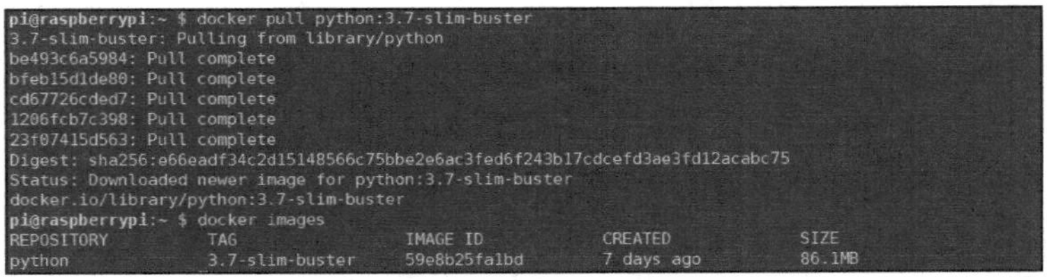

图 12-20　查看本地镜像

接下来基于该镜像启动并进入 Docker 容器，执行结果如图 12-21 所示。

```
docker run -it -p 5002:5002 python:3.7-slim-buster /bin/bash
```

图 12-21　启动 Docker 容器

上述命令在启动容器的同时，在宿主机的 5002 端口与容器的 5002 端口上进行了映射操作，外部访问宿主机的 5002 端口的请求会被转发到容器内部的 5002 端口上，方便后续进行相关测试。

此时已经进入 Docker 容器，所有的操作也都会在 Docker 容器中生效，而与树莓派本身的系统无关。接着执行相应的更新操作，并下载编译程序所必需的一些头文件及软件包，以便后续安装配置流程的进行，如下所示：

```
apt-get update
apt-get install build-essential
```

```
apt-get install git libopenjp2-7 libtiff5 libatlas-base-dev zlib1g-dev libjpeg-dev
apt-get install nano curl unzip
```

上述命令执行完成后，使用 pip 安装 TensorFlow Lite（如图 12-22 所示）：

```
cd /root
pip install https://dl.google.com/coral/python/tflite_runtime-2.1.0.post1-
    cp37-cp37m-linux_armv7l.whl
```

图 12-22　安装 TensorFlow Lite

下载 TensorFlow 官方提供的实例代码：

```
git clone https://github.com/tensorflow/examples --depth 1
```

修改 requirements.txt 文件中所包含的 pip 安装列表：

```
nano examples/lite/examples/object_detection/raspberry_pi/requirements.txt
```

对该文件内容进行如下修改，然后退出并保存：

```
# Python packages required for classify_picamera.py
numpy
Flask
#picamera
Pillow
```

接下来执行以下命令，下载必要的包以及预训练好的目标检测模型文件：

```
cd examples/lite/examples/object_detection/raspberry_pi
mkdir model
bash download.sh ./model
```

下载完成后，将附件中的"附件 /local/model/labels.txt"复制到 model 文件夹中，将附件中"附件 /local/"文件夹下的 detect_picamera.py、dog.jpg、main.py 三个文件复制到当前文件夹。Docker 提供了将宿主机文件复制到容器内部的命令 docker cp，该命令的用法如下：

```
docker cp container:src_path dest_path # 容器复制到宿主机
docker cp dest_path container:src_path # 宿主机复制到容器
```

首先将附件中的内容下载到树莓派"/home/pi"目录下，如图 12-23 所示。

图 12-23　树莓派 /home/pi 目录下的文件

利用以下命令，将对应文件复制到容器内的对应路径中（如图 12-24 所示）：

```
docker cp 附件/local/main.py     kind_chaum:/root/examples/lite/examples/object_
    detection/raspberry_pi/model
docker cp 附件/local/detect_picamera.py kind_chaum:/root/examples/lite/examples/
    object_detection/raspberry_pi/
docker cp 附件/local/dog.jpg kind_chaum:/root/examples/lite/examples/object_
    detection/raspberry_pi/
docker cp 附件/local/main.py kind_chaum:/root/examples/lite/examples/object_
    detection/raspberry_pi/
```

图 12-24　复制指定文件

在宿主机使用 docker cp 命令复制完代码后，执行 detect_picamera.py 文件，若出现正常的检测结果信息，则环境搭建正确，如图 12-25 所示。

图 12-25　环境检测运行结果

接下来测试简易 Web 服务器的 main.py 是否正常工作，在 main.py 运行后暴露的端口为容器内部的 5002 端口，但在之前启动该容器时，我们已将宿主机的 5002 端口与容器内部的 5002 端口进行了映射，此时通过 Postman 软件构造的访问宿主机的 5002 端口的相应请求，会转发到容器内部进行处理。运行 main.py 文件，如图 12-26 所示。

图 12-26　运行 main.py 文件

此时进入 Postman 新建请求，URL 填入"`http://ip:5002/detect`"，方法选择 POST，Body 选择 `form-data`，KEY 固定为 `img`，VALUE 处选择一张照片，最后单击 Send 发送 HTTP 请求进行测试，会返回图片中检测分数最高的目标的种类 ID 作为检测结果，如图 12-27 所示。

图 12-27　Postman 请求设置

测试成功后，将核心代码移到 /root/ 目录下，方便后续使用：

```
cd examples/lite/examples/object_detection/raspberry_pi
mv ./* /root/
```

容器中，/root 目录下应有如图 12-28 所示的文件。

```
root@910c383db962:~/examples/lite/examples/object_detection/raspberry_pi# cd ~
root@910c383db962:~# ls
README.md      annotation.py      dog.jpg        examples  model
__pycache__    detect_picamera.py download.sh    main.py   requirements.txt
```

图 12-28　容器中 /root 目录下的文件

此时容器内已经实现了我们所需的基于 TensorFlow Lite 的目标检测服务，现在我们在容器中执行 exit 命令退出容器，在宿主机利用 docker commit 命令将该容器打包为 Docker 镜像：

```
docker commit containerName imageName:Tag
```

上述命令中，containerName 为容器对应的容器名字，可通过 docker ps 或 docker ps -a 进行查看，imageName 为打包完成后的镜像名称，Tag 为该镜像所对应的标识信息，默认为 lastest。以如下命令为例，打包后的镜像名字为"detect：v1"：

```
docker commit kind_chaum detect:v1
```

打包完成后，使用 `docker images` 即可看到相应镜像，如图 12-29 所示。

可以直接通过该镜像启动容器，并指定运行的程序（如执行 `main.py`），如图 12-30 所示。

```
docker run -it -p 5002:5002 -w /root/ detect:v1 python main.py
```

图 12-29   查看已构建镜像

图 12-30   启动容器并运行指定程序

使用 Postman 进行测试，同样能获取检测结果，说明镜像构建成功。测试完成后按
"Ctrl+C"退出程序。

2. 通过 Dockerfile 创建镜像

Dockerfile 是用于构建 Docker 镜像的常见方式，它是一个文本文件，里面包含了构造镜像所需的自定义指令和格式。通过 docker build 命令可以自动读取 Dockerfile 中的指令，并自动构建所需镜像。DockerFile 语法命令是跨平台统一的，只需编写好一个 Dockerfile 文件，就可以在不同的平台执行 docker build 命令，进行镜像的自动化构建，简化了开发人员手动构造镜像的复杂过程。同时，由于 Dockerfile 编写完成后，内容具有确定性，因此能够保证不同平台或不同宿主机上 Docker 镜像的一致性，减少出错的概率。利用 Dockerfile 自动构建镜像时，还可充分利用本地已有的镜像缓存，提升镜像构建速度，提高本地镜像资源利用率。

Dockerfile 文件内每条指令的基本格式如下：

```
INSTRUCTION arguments
```

各指令本身不区分大小写，但为了更清晰地与指令参数区分开来，通常指令名字使用大写字母。在使用 Dockerfile 构建镜像时，Docker 会按照顺序执行 Dockerfile 中的每一条指令。其第一条有效指令必须是 FROM，这条指令会指定目标 Docker 镜像所使用的基础镜像名称。只有 ARG 指令能放在 FROM 指令之前，以声明 Dockerfile 中需要用到的一些参数。Dockerfile 中的注解采用"#"，以"#"开头的一行被视为注解信息，而一行中的其他位置出现"#"，则会被视为参数。下面将对 Dockerfile 中的一些常用语法进行简单介绍。

（1）FROM

该指令格式如下：

```
FROM [--platform=<platform>] <image> [AS <name>]
```

或

```
FROM [--platform=<platform>] <image>[:<tag>] [AS <name>]
```

或

```
FROM [--platform=<platform>] <image>[@<digest>] [AS <name>]
```

其中参数 platform 用于指定镜像的平台，如 Linux/AMD64、Linux/ARM64 等，默认与当前机器的参数保持一致。image 参数用于指定基础镜像名。AS 用于为当前镜像指定一个别名，可供其他构建阶段使用。tag 参数用于指定基础镜像的标签，默认为 latest。

FROM 指令会初始化一个新构建层，并为之后的指令指定好基础镜像，所以 Dockerfile 的第一条有效指令必须是 FROM。基础镜像可以是任何有效的镜像，可以提前下载缓存到本地，也可以直接从共用仓库拉取。镜像可以是第三方个性化定制的，也可以是官方推出的。在较新版本的 Docker 中，支持多阶段构建，FROM 指令可以在 Dockerfile 中出现多次，每当 FROM 出现时，会清除掉之前所有指令的执行效果。这使得在一个 Dockerfile 中可以创建多个目标镜像，也可使得其中某一层镜像内容作为另一层的依赖项。较常用的场景是将应用的编译和运行环境分开，以减小运行环境的大小。

（2）RUN

RUN 指令有两种格式：

```
shell 格式：RUN <command>
exec 格式：RUN ["executable", "param1", "param2"]
```

shell 格式的 command 会在一个 shell 中执行，对于 Linux 平台，默认是 /bin/sh -c，对于 Windows 平台，默认是 cmd/S/C。

exec 格式不需要 shell 即可执行，使得在一些没有提供 shell 的基础镜像上也能执行 RUN 指令的相关内容。exec 格式的参数采用 JSON 格式进行转换，所以必须使用双引号且对反斜杠进行转义。上述两种格式的示例如下：

```
shell 格式：RUN 'echo hello'
exec 格式：RUN ["/bin/bash","-c","echo hello"]
```

RUN 指令会在当前镜像层执行相关命令，并生成一个新的镜像层，新生成的镜像层又会被 Dockerfile 的下一条指令作为基础层使用。RUN 指令执行时产生的缓存默认不清除，比如 RUN apt-get dist-upgrade -y 命令执行后所产生的缓存在下一条命令执行时可以被复用。在构建时，添加"--no-cache"参数可强制取消缓存。

（3）CMD

该指令有三种格式：

```
shell 格式：CMD command param1 param2
exec 格式：CMD ["executable","param1","param2"]
ENTRYPOINT 参数格式：CMD ["param1","param2"]
```

在同一个 Dockerfile 中，只能有一个 CMD 指令，如果出现了多个 CMD 指令，只有最后一个指令会生效，其他的 CMD 指令不会起任何作用。CMD 指令的主要功能是当相应的容器启动时，为该容器提供一些默认值，这些默认值可以指向一个可执行程序，使得容器启动时直接执行所指定的程序，也可以作为 ENTRYPOINT 的参数。当 CMD 指令和 ENTRYPOINT

指令配合使用时，二者都需要使用 JSON 格式，CMD 指令中的参数会添加在 ENTRYPOINT 指令内容之后。CMD 指令和 RUN 指令的不同之处在于：前者是在容器启动时生效，在目标镜像构建阶段不起任何作用，而后者是在构建目标镜像时生效。CMD 指令指定的默认可运行程序或者参数可被 docker run 命令覆盖掉。

（4）ENTRYPOINT

该指令有两种格式：

```
shell 格式: ENTRYPOINT command param1 param2
exec 格式: ENTRYPOINT ["executable", "param1", "param2"]
```

该指令与 CMD 指令有相似之处，都可指定容器每次启动时所执行的命令或所运行的目标程序。当 Dockerfile 中有多个 ENTRYPOINT 指令时，同样只有最后一个才会生效。不同的是 ENTRYPOINT 只能包含命令，不能只有参数，且 ENTRYPOINT 指令不能简单地被 docker run 命令的参数所覆盖，需要在 docker run 命令之后添加额外的 --entrypoint 参数对 Dockerfile 中的指令内容进行覆盖。在 exec 格式下，来自 CMD 指令或者 docker run 命令的参数，均会被添加到 ENTRYPOINT 指令内容之后。在 shell 格式下，ENTRYPOINT 指令不会接收到来自 CMD 指令和 docker run 命令所指定的参数。其指定的命令会直接作为 /bin/sh -c 的子命令，其进程的 PID 将不再是 1，且无法接收 UNIX 信号。

（5）EXPOSE

该指令的格式如下：

```
EXPOSE <port> [<port>/<protocol>...]
```

EXPOSE 指令声明容器运行时默认监听的网络端口号以及所使用的协议（TCP 或 UDP），默认会使用 TCP 协议。但在容器运行时并不会有任何实质性的作用，其可以告诉开发者该容器内的应用所使用的端口信息，以方便开发者使用 docker run -p 进行真正的端口映射。当使用 docker run -P 启动容器时，如果在构建时有 EXPOSE 指令，则会把宿主机的一个随机端口映射到 EXPOSE 命令所指定的端口，否则会映射到容器内的一个随机端口。

（6）ENV

该指令的格式如下：

```
格式一: ENV <key> <value>
格式二: ENV <key1>=<value1> <key2>=<value2>...
```

该指令用于设置构建镜像时所使用的环境变量，所设置的环境变量可被当前构建阶段的其他指令使用。在从目标镜像启动的容器内，这些环境变量仍然会生效。ENV 指令的两种格式可分别用于指定单环境变量和多环境变量，格式中 key 值代表环境变量名，value 值代表环境变量的具体值。在 Dockerfile 中要使用指定好的环境变量的值，和 Linux 系统一样，采用 $name 即可得到其对应的环境变量值。

（7）COPY

该指令的格式如下：

```
格式一: COPY [--chown=<user>:<group>] <src>... <dest>
格式二: COPY [--chown=<user>:<group>] ["<src>",... "<dest>"]
```

COPY 指令的功能是将本地路径为 `src` 的文件或文件夹, 复制到容器中路径为 `dest` 的位置。COPY 的两种格式分别用于单个与多个文件或文件夹的复制, 源文件或文件夹的路径必须是当前环境的相对路径。而目标地址必须是容器内的绝对地址, 如果在 Dockerfile 中指定了 `WORKDIR`, 也可以是相对于 `WORKDIR` 的相对路径。如果目标路径在容器里面并不存在, 默认会在容器中新建一个对应的目录。一次性复制多个文件或文件夹的操作, 除了使用上述的格式二命令, 还可在源文件或文件夹的名称上使用通用匹配符, 以达到同时复制多个文件名满足该规则的文件的目的, 其规则采用与 GO 语言的 `filepath.Match` 相同的匹配原则。

该命令中的 `--chown` 参数仅在 Linux 容器中适用, 在 Windows 容器中不起作用, 因为用户和用户组的概念在 Linux 平台和 Windows 平台之间并不能相互转换。

（8）ADD

该指令的格式如下:

```
格式一: ADD [--chown=<user>:<group>] <src>... <dest>
格式二: ADD [--chown=<user>:<group>] ["<src>",... "<dest>"]
```

ADD 指令与 COPY 指令的功能及参数格式极为相似, 不同的是后者只支持本地文件的复制, 而前者支持从远程 URL 中复制文件。而且当所指定的本地文件或远程文件是能够识别的压缩文件格式时, 比如 gzip、bzip2 等, 在被复制到容器中的目的地址时, 会被自动解压, 并创建相应的文件夹。

附件中的 "附件 /Dockerfile/Dockerfile" 展示了 Dockerfile 的示例, 该示例实现了构建基于 TensorFlow Lite 的目标检测功能的镜像文件:

```
FROM python:3.7-slim-buster
COPY sources.list /etc/apt/
COPY code /root/
RUN apt-get update \
    && apt-get install -y build-essential \
    libopenjp2-7 \
    libtiff5 \
    libatlas-base-dev \
    zlib1g-dev \
    libjpeg-dev \
    && pip install Numpy \
    Flask \
    Pillow \

    https://dl.google.com/coral/python/tflite_runtime-2.1.0.post1-cp37-cp37m-
        linux_armv7l.whl
```

将附件下载到树莓派的 /home/pi 目录下后, 在 "附件 /Dockerfile" 文件夹下执行

docker build 命令，进行目标镜像的构建：

```
cd ~/ 附件 /Dockerfile/
docker build -t detect:v2.
```

构建过程中部分日志信息如图 12-31 所示。

```
Successfully built Numpy MarkupSafe Pillow
Installing collected packages: MarkupSafe, Werkzeug, Numpy, Jinja2, itsdangerous, click, tflite-runtime,
 Pillow, Flask
Successfully installed Flask-1.1.2 Jinja2-2.11.2 MarkupSafe-1.1.1 Numpy-1.19.5 Pillow-8.1.0 Werkzeug-1.0
.1 click-7.1.2 itsdangerous-1.1.0 tflite-runtime-2.1.0.post1
Removing intermediate container 8e4e7eebce05
 ---> f2a882540cef
Successfully built f2a882540cef
Successfully tagged detect:v2
```

图 12-31　镜像构建部分信息

镜像构建完成后，使用 docker images 命令查看镜像，结果如图 12-32 所示。

```
cd ~
docker images
```

```
pi@raspberrypi:~ $ docker images
REPOSITORY          TAG                 IMAGE ID            CREATED             SIZE
detect              v2                  f2a882540cef        9 minutes ago       402MB
detect              v1                  7e07b8112112        39 minutes ago      457MB
python              3.7-slim-buster     59e8b25fa1bd        7 days ago          86.1MB
```

图 12-32　查看已构建镜像

接着测试构建好的镜像是否能够正常工作，使用如下命令启动容器（见图 12-33）：

```
docker run -it -p 5002:5002 -w /root/ detect:v2 python main.py
```

```
pi@raspberrypi:~ $ docker run -it -p 5002:5002 -w /root/ detect:v2 python main.py
 * Serving Flask app "main" (lazy loading)
 * Environment: production
   WARNING: This is a development server. Do not use it in a production deployment.
   Use a production WSGI server instead.
 * Debug mode: off
 * Running on http://0.0.0.0:5002/ (Press CTRL+C to quit)
```

图 12-33　启动已构建镜像容器

容器启动成功后，同样可使用 Postman 软件进行相应的测试工作。

12.4.4　整合

在前面小节中，已经分别对前端设备和树莓派的环境进行了单独的说明及测试。

然而，在目前的工作方式下，树莓派上搭载目标检测服务的容器需要提前启动，常驻内存，等待前端设备进行任务卸载。容器的运行本身也会耗费相应的计算资源，在没有任务到达的时间段，会造成不必要的资源开销。在类似于树莓派这样的资源有限的边缘服务器上是不能容忍的。并且通常情况下，边缘服务器不仅只提供一种服务，会有搭载不同服务的多个容器同时运行在宿主机中。

因此，我们在树莓派宿主机上额外运行了一个 Web 服务器，用于接收前端设备的所有请求。树莓派在接收到前端设备的请求后，会从请求中解析出前端设备需要获取的服务类型，接着判断搭载该服务的 Docker 容器是否处于运行状态。如果正在运行，则直接将该请求转发到对应 Docker 容器内部进行相应处理。如果没有处于运行状态，则先判断是否存在该容器。若存在，则重启容器；若不存在，则从 Docker 镜像启动容器。容器启动成功后，再将前端设备的请求转发到对应的容器中。在这种方式下，前端设备任务到来之前，不会存在空闲的容器处于运行状态，减轻了树莓派边缘服务器的负载。

　　将附件下载到树莓派的 /home/pi 目录下，在该代码中，默认使用上节利用 Dockerfile 方式构建的镜像：detect：v2。执行文件夹中的 app.py，会在树莓派的 5000 端口运行一个 Web 服务器，监听前端设备的所有请求并解析。

　　首先安装所需的软件包：

```
pip3 install requests docker
```

执行以下命令进行测试：

```
cd ~/ 附件 / 整合 /
python3 app.py
```

app.py 运行结果如图 12-34 所示。

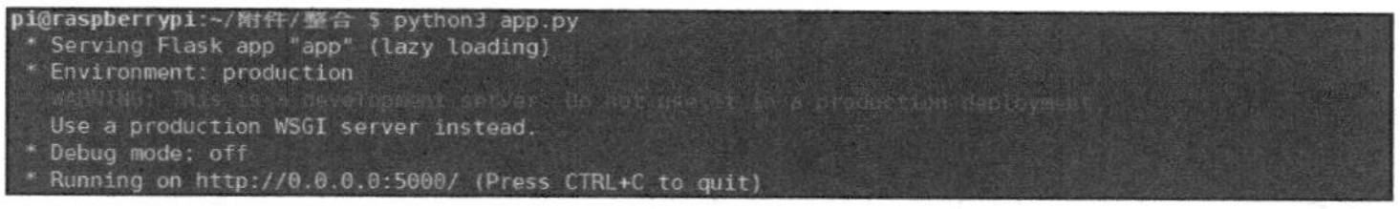

图 12-34　app.py 运行结果

　　此时打开 Postman 软件，新建一个请求，方法选择 POST，并根据树莓派的 IP 和端口号构建 URL，单击 Body，选择传输的数据类型为 binary，接着从本地选择一张图片，单击 Send 选项进行测试，Postman 会获取到该图片的检测结果，如图 12-35 所示，检测到了图片中的"bicycle"。

图 12-35　Postman 请求返回结果

接下来，用 Esp32-Cam 模块代替 Postman 软件进行完整的测试流程。

运行 `app.py` 后，根据树莓派的 IP 地址以及端口，修改"附件`/Esp32-Cam/esp32_test.ino`"代码中的 URL 信息，然后对 Esp32-Cam 进行代码烧录操作。烧录完成后，启动 Esp32-Cam，此时 Esp32-Cam 会定时捕捉照片并卸载到服务器进行目标检测操作，最后将检测分数最高的物体类别显示到 SSD1306 显示屏上，如图 12-36 所示。

图 12-36　识别结果显示

至此，基本流程已执行完毕，实现了 Esp32-Cam 将拍摄到的图片卸载到搭载在树莓派上的边缘服务器进行目标检测操作。

12.5　利用 EdgeX Foundry 开源平台创建服务

本节将着重介绍利用 EdgeX Foundry 开源平台来创建边缘服务系统。首先介绍 EdgeX Foundry 的基本情况和环境配置，之后介绍使用 EdgeX Foundry 创建边缘服务。

12.5.1　EdgeX Foundry 概述

EdgeX Foundry 是一个位于网络边缘的开源、供应商中立、灵活和可互操作的软件平台，可与其他设备、传感器、执行器和其他 IoT 对象进行交互。EdgeX 平台让快速增长的 IoT 解决方案提供方社区可以在可互操作的组件生态系统中一起工作，以减少不确定性，加快上市时间并促进规模发展。通过提供所需的互操作性，EdgeX 使得向物理设备发送指令、监控设备、收集数据或者将数据转移到云环境等行为变得更加容易。EdgeX 最初是为满足工业物联网需求而构建的，如今在各种场景中使用，包括楼宇自动化、零售业、水处理以及消费级物联网。

EdgeX 最初由 Dell 构建，可在其 IoT 网关上运行。虽然 EdgeX 可以在网关上运行，但是其平台无关性和微服务体系结构使得 EdgeX 支持分布式部署。换句话说，EdgeX 的微服务的单个实例可以分布在多个主机平台上，这些运行一个或多个 EdgeX 微服务的主机平台称为节点。无论这些节点在哪里，EdgeX 都可以利用这些节点的计算、存储和网络资源。其松散耦合的体系结构允许跨节点分布，以实现分层边缘计算。比如，物联网服务可以运行在可编程逻辑控制器（PLC）、网关上，或者嵌入在更智能的传感器中，而其他的 EdgeX 服务则部署在联网服务器上，甚至云端。因此部署范围包括嵌入式传感器、控制器、边缘网关、服务器或者云端。

EdgeX Foundry 是开源微服务的集合，包括四个服务层和两个基础增强系统服务。四个服务层包括核心服务层、支持服务层、应用程序服务层、设备服务层，两个基础系统服务是安全和系统管理。EdgeX 四个服务层从物理领域的边缘（设备服务层）覆盖到信息领域的边缘（应用程序服务层），以核心服务层和支持服务层为中心。

核心服务层在 EdgeX 的南北两侧提供中介。核心服务是 EdgeX 的基础，提供最基本的信息，比如什么"事物"相互连接、流经的数据类型以及如何配置 EdgeX。核心服务层在事物和 IT 系统之间提供通信。

支持服务层包括范围广泛的微服务，比如边缘分析（也称为本地分析）。一些正常的软件应用程序职责，例如日志记录、调度和数据清理，都由支持服务层中的微服务执行。这些服务通常需要一定数量的核心服务才可以运行。通常情况下，支持服务被视为可选服务，也就是说，根据场景需求和系统资源情况，EdgeX 部署过程中可以不包括支持服务层。

应用程序服务层从 EdgeX 提取、处理、转换感测数据，并将数据发送到用户选择的端点或过程。EdgeX 目前提供的应用程序服务实例可以将数据发送到很多主要的云服务提供商（包括 Amazon IoT 中心、Google IoT Core、Azure IoT 中心和 IBM Watson IoT 等），以及 MQTT topic 和 HTTP REST 端点。应用程序服务基于"函数流水线"的思想。函数流水线是按照指定顺序处理消息的函数集合，常用功能函数包括过滤、转换、压缩和加密。

设备服务层是与"事物"相互交互的边缘连接器，设备服务可以一次为一个或多个事物或设备（传感器、执行器等）提供服务。设备服务管理的设备可以是 EdgeX Foundry 的另一个网关（以及该网关的所有设备）、设备管理器，以及充当设备的设备聚合器。设备服务通过每个设备对象固有的协议与设备、传感器、执行器和其他 IoT 对象进行通信。设备服务将 IoT 数据转换成通用的 EdgeX Foundry 数据结构，并将转换后的数据发送到核心服务层以及 EdgeX Foundry 其他层中的微服务。

EdgeX Foundry 基础系统服务的安全元素可保护 EdgeX Foundry 管理的设备、传感器和其他 IoT 对象的数据。EdgeX 的安全功能建立在开放接口和可插拔可替换模块的基础上。EdgeX 的安全功能包含两个主要组件：一个组件用于提供安全的位置来保存 Edgex 的重要数据，另一个组件为网关提供反向代理以限制对 EdgeX REST 资源的访问，并执行与访问控制有关的工作。

系统管理工具为外部管理系统提供了中心联系点，以启动、停止或者重启 EdgeX 服务，获取服务的状态或者服务运行的指标（如内存使用情况），以便 EdgeX 服务可以被监视。

EdgeX 的主要工作是从传感器和设备收集数据，并将其提供给北侧的应用程序和系统。但是在边缘计算中，收集传感器的数据并不是 EdgeX 边缘平台全部任务。EdgeX 旨在对从边缘收集的数据进行本地处理。换句话说，收集到的信息和该信息转换成的 EdgeX 事件由本地进行分析处理，这些分析结果被用来触发传感器或者设备上的一些操作。就像应用程序服务层为北侧的云系统或者应用程序提供使用的数据类似，应用程序服务层也可以处理 EdgeX 事件并将其传递到任何分析功能包（EdgeX 默认的是开源的 Kuiper 规则引擎），该分析功能包可以浏览传感器事件数据，并且做出触发设备启动的决定[37]。

12.5.2　环境配置及使用

教程中所使用的操作系统是 Ubuntu20.04，其他支持 Docker 和 Docker-compose 的 Linux

操作系统也都可以。在 EdgeX 安装和运行过程中需要使用网络，如果使用虚拟机需要将虚拟机网络与本地网络桥接，以便在通过树莓派传输信息时，可以获取 EdgeX 服务器的网络地址。教程将在虚拟机中安装 Edge Foundry，利用 EdgeX 从前端（树莓派）的温度和湿度传感器收集数据，并将数据发送至服务器。在部署和测试过程中，还将使用 Postman 向 EdgeX 发送数据[38]。

1. 安装 Docker 和 Docker-compose
①进入虚拟机，更新系统：

```
sudo apt update
sudo apt upgrade -y
```

②安装 Docker-CE：

```
sudo apt install apt-transport-https ca-certificates curl software-properties-
    common -y
curl -fsSL https://download.docker.com/linux/ubuntu/gpg | sudo apt-key add -
sudo add-apt-repository "deb [arch=amd64] https://download.docker.com/linux/
    ubuntu focal stable"
```

如果使用的 Ubuntu 版本不是 20.04，将连接中的 focal 替换成对应的版本，其他 Linux 系统类似。

```
sudo apt update
sudo apt install docker-ce -y
sudo usermod -aG docker ${USER}
```

退出后再登录，就可以在用户模式下使用 Docker 命令。
③安装 Docker-compose：

```
sudo apt install docker-compose -y
```

2. 安装 EdgeX Foundry
构成 EdgeX Foundry 的微服务由 Docker-compose 的 yaml 文件控制，yaml 文件指定了这些微服务应该如何运行，以及服务的端口和所需的依赖等。
①为 EdgeX Foundry 的 yml 文件创建目录：

```
mkdir geneva
cd geneva
```

②下载 docker-compose.yml 文件：

```
wget
https://raw.githubusercontent.com/jonas-werner/EdgeX_Tutorial/master/docker-
    compose_files/docker-compose_step1.yml
cp docker-compose_step1.yml docker-compose.yml
```

③拉取并查看服务镜像：

```
docker-compose pull
docker image ls
```

查看服务镜像如图 12-37 所示。

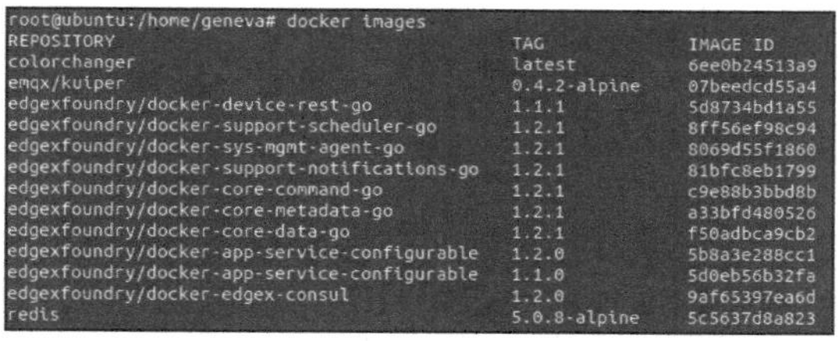

```
root@ubuntu:/home/geneva# docker images
REPOSITORY                                       TAG             IMAGE ID
colorchanger                                     latest          6ee0b24513a9
emqx/kuiper                                      0.4.2-alpine    07beedcd55a4
edgexfoundry/docker-device-rest-go               1.1.1           5d8734bd1a55
edgexfoundry/docker-support-scheduler-go         1.2.1           8ff56ef98c94
edgexfoundry/docker-sys-mgmt-agent-go            1.2.1           8069d55f1860
edgexfoundry/docker-support-notifications-go     1.2.1           81bfc8eb1799
edgexfoundry/docker-core-command-go              1.2.1           c9e88b3bbd8b
edgexfoundry/docker-core-metadata-go             1.2.1           a33bfd480526
edgexfoundry/docker-core-data-go                 1.2.1           f50adbca9cb2
edgexfoundry/docker-app-service-configurable     1.2.0           5b8a3e288cc1
edgexfoundry/docker-app-service-configurable     1.1.0           5d0eb56b32fa
edgexfoundry/docker-edgex-consul                 1.2.0           9af65397ea6d
redis                                            5.0.8-alpine    5c5637d8a823
```

图 12-37　查看服务镜像

3. 启动 EdgeX Foundry

①通过 Docker-compose 启动 EdgeX Foundry：

```
docker-compose up -d
docker-compose ps
```

查看当前容器，如图 12-38 所示。

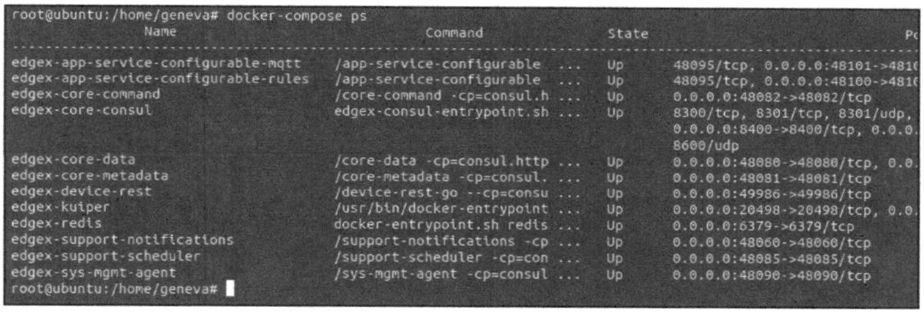

```
root@ubuntu:/home/geneva# docker-compose ps
                 Name                                  Command                State    Po
-------------------------------------------------------------------------------------------
edgex-app-service-configurable-mqtt    /app-service-configurable  ...   Up      48095/tcp, 0.0.0.0:48101->481
edgex-app-service-configurable-rules   /app-service-configurable  ...   Up      48095/tcp, 0.0.0.0:48100->481
edgex-core-command                     /core-command -cp=consul.h ...   Up      0.0.0.0:48082->48082/tcp
edgex-core-consul                      edgex-consul-entrypoint.sh ...   Up      8300/tcp, 8301/tcp, 8301/udp,
                                                                                0.0.0.0:8400->8400/tcp, 0.0.0.
                                                                                8600/udp
edgex-core-data                        /core-data -cp=consul.http ...   Up      0.0.0.0:48080->48080/tcp, 0.0.
edgex-core-metadata                    /core-metadata -cp=consul. ...   Up      0.0.0.0:48081->48081/tcp
edgex-device-rest                      /device-rest-go --cp=consu ...   Up      0.0.0.0:49986->49986/tcp
edgex-kuiper                           /usr/bin/docker-entrypoint ...   Up      0.0.0.0:20498->20498/tcp, 0.0.
edgex-redis                            docker-entrypoint.sh redis ...   Up      0.0.0.0:6379->6379/tcp
edgex-support-notifications            /support-notifications -cp ...   Up      0.0.0.0:48060->48060/tcp
edgex-support-scheduler                /support-scheduler -cp=con ...   Up      0.0.0.0:48085->48085/tcp
edgex-sys-mgmt-agent                   /sys-mgmt-agent -cp=consul ...   Up      0.0.0.0:48090->48090/tcp
root@ubuntu:/home/geneva#
```

图 12-38　查看当前容器

②停止 EdgeX Foundry。

停止容器：

```
docker-compose stop
```

停止并删除容器：

```
docker-compose down
```

4. 创建设备

设备可以是任何类型的产生数据的边缘装置，比如一个在工厂中有着多个传感器的边缘网关，也可以是连接到 PLC 的工业 PC 或其他设备。对于 EdgeX 来说，设备的创建或注册需要 EdgeX 能够发现设备的存在、接收该设备的数据、发送数据和命令到设备，并且知道设备产生数据的类型，以及设备发送数据、接收数据与命令的格式。

EdgeX 使用设备文件添加新设备更为简单。设备文件本质上是描述设备产生的数据格式以及支持的命令模板，以 yaml 格式编写。设备文件上传到 EdgeX 后，在创建一个新的该类型设备时被引用，每一个设备类型只需要一个设备文件。有些设备生产商会为其设备预先编写设备文件。教程中将使用自定义设备文件模板，通过 EdgeX Foundry REST APIs 手动完成设备创建，也可以通过 Python 脚本实现设备创建。

（1）创建 Value Descriptor

Value Descriptor 用来描述前端设备发送数据的详细信息，下面将创建温度和湿度的 Value Descriptor。

打开 Postman 进行相应设置：将 Method 设置为 POST，URI 设置为 "http://<edgex ip>:48080/api/v1/valuedescriptor"，将 Body 设置为 raw 和 JSON，数据设置为以下内容：

```
{
"name": "humidity",
"description": "Ambient humidity in percent",
"min": "0",
"max": "100",
"type": "Int64",
"uomLabel": "humidity",
"defaultValue": "0",
"formatting": "%s",
"labels": [
"environment",
"humidity"
]
}
```

在 Postman 中，Value Descriptor 如图 12-39 所示。

图 12-39　Value Descriptor 显示

单击发送后，会收到新创建的 Value Descriptor 的 ID，如图 12-40 所示。

图 12-40　Postman 窗口

更改请求的 Body 部分，打开 Postman 进行相应设置：将 Method 设置为 POST，URI 设置为"`http://<edgex ip>:48080/api/v1/valuedescriptor`"，将 Body 设置为 raw 和 JSON，数据设置为以下内容，然后再次发送温度的 Value Descriptor：

```
{
"name": "temperature",
"description": "Ambient temperature in Celsius",
"min": "-50",
"max": "100",
"type": "Int64",
"uomLabel": "temperature",
"defaultValue": "0",
"formatting": "%s",
"labels": [
"environment",
"temperature"
]
}
```

（2）上传 Device Profile

从以下链接中复制一份 Device Profile：

https://raw.githubusercontent.com/jonas-werner/EdgeX_Tutorial/master/deviceCreation/sensorClusterDeviceProfile.yaml

通过 Postman 按照如图 12-41 所示的设置发送请求，将 Method 设置为 POST，URI 设置为"`http://<edgex ip>:48081/api/v1/deviceprofile/uploadprofile`"，将 Body 设置为 form-data，鼠标悬停在 Key 处，将类型设置为 File，输入 Key 为 file，选择复制的 yaml 文件。

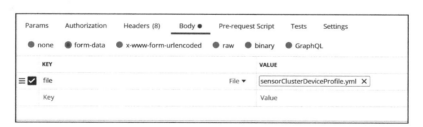

图 12-41　发送请求时 Postman 的设置

（3）创建 Device

通过 Postman 按以下设置发送请求，打开 Postman 进行相应设置：将 Method 设置为 POST，URI 设置为"`http://<edgex ip>:48081/api/v1/device`"，将 Body 设置为 raw 和 JSON，数据设置为以下内容：

```
{
"name": "Temp_and_Humidity_sensor_cluster_01",
```

```
"description": "Raspberry Pi sensor cluster",
"adminState": "unlocked",
"operatingState": "enabled",
"protocols": {
"example": {
"host": "dummy",
"port": "1234",
"unitID": "1"
}
},
"labels": [
"Humidity sensor",
"Temperature sensor", "DHT11"
],
"location": "Chengdu",
"service": {
"name": "edgex-device-rest"
},
"profile": {
"name": "SensorCluster"
}
}
```

其中 `description`、`location`、`labels` 都可以根据个人需求修改。其中 Device `name` 在后面配置过程中将会用到，建议保持默认。

5. 发送数据到 EdgeX Foundry

现在 EdgeX 已经准备好接受温度和湿度数据了。首先我们通过 Postman 尝试发送单独的数据。

（1）事件计数器

可以通过网页打开 `http://:48080/api/v1/event/count` 查看已发送数据的次数，界面如图 12-42 所示。

（2）发送温度数据

通过 Postman 按照以下设置发送数据，将 Method 设置为 POST，URI 设置为"`http://<edgex ip>:48080/api/v1/resource/Temp_and_Humidity_sensor_cluster_01/temperature`"，将 Body 设置为 raw 和 JSON，数据设置为 25。发送后刷新页面，事件计数器界面数字会增加 1。

图 12-42 查看计数器

（3）查看数据

通过 Postman 按照以下设置发送数据，将 Method 设置为 GET，URI 设置为"`http://<edgex ip>:48080/api/v1/reading`"，单击发送后，在 Postman 中会看到如图 12-43 所示的以 JSON 格式传回的数据。

图 12-43　Postman 中传回的数据

6. 通过 MQTT 导出数据

EdgeX Foundry 收集数据后并不会长时间保存数据，而是将数据导出到外部源（这些数据也可以使用规则引擎 Kuiper 进行选择导出），比如 MQTT topic、AWS 或者 Azure，通常通过应用服务来完成，教程中使用 HiveMQ 作为订阅服务器。这一服务可以通过修改 docker-compose.yaml 文件添加到 EdgeX Foundry 中。

①停止当前 EdgeX。

```
docker-compose stop
```

②下载新的 yml 配置文件。

```
wget https://raw.githubusercontent.com/jonas-werner/EdgeX_Tutorial/m aster/
    docker-compose_files/docker-compose_step2.yml
```

③替换 yml 配置文件。

```
cp docker-compose_step2.yml docker-compose.yml
```

执行前也可以先将原 yml 文件备份。

④修改 Topic ID。

打开 docker-compose.yml 文件，将其中的 "YOUR_UNIQUE_TOPIC" 修改为自己的 Topic ID，如图 12-44 所示。

```
# Added for MQTT export using app service
WRITABLE_PIPELINE_FUNCTIONS_MQTTSEND_ADDRESSABLE_ADDRESS: broker.hivemq.com
WRITABLE_PIPELINE_FUNCTIONS_MQTTSEND_ADDRESSABLE_PORT: 1883
WRITABLE_PIPELINE_FUNCTIONS_MQTTSEND_ADDRESSABLE_PROTOCOL: tcp
WRITABLE_PIPELINE_FUNCTIONS_MQTTSEND_ADDRESSABLE_TOPIC: "YOUR-UNIQUE-TOPIC"
WRITABLE_PIPELINE_FUNCTIONS_MQTTSEND_PARAMETERS_AUTORECONNECT: "true"
WRITABLE_PIPELINE_FUNCTIONS_MQTTSEND_PARAMETERS_RETAIN: "true"
WRITABLE_PIPELINE_FUNCTIONS_MQTTSEND_PARAMETERS_PERSISTONERROR: "false"
```

图 12-44　docker-compose.yml 中需修改的部分

⑤启动 EdgeX Foundry，如图 12-45 所示。

```
docker-compose up -d
```

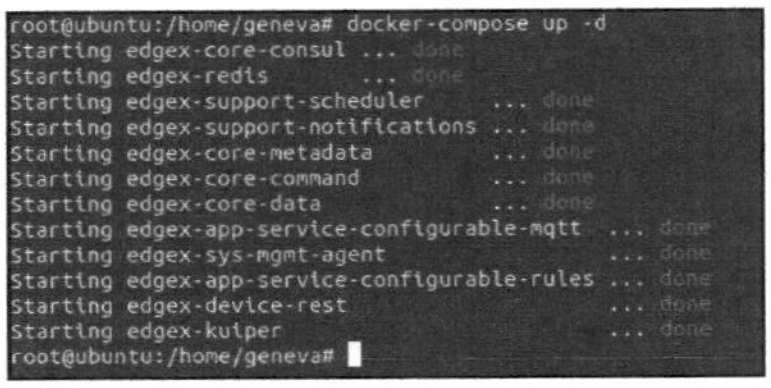

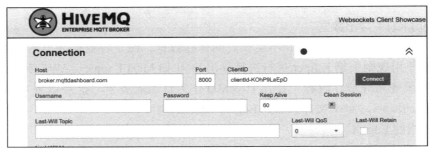

图 12-45　启动 EdgeX Foundry

⑥打开 HIVEMQ 网页。

以默认配置单击链接 http://www.hivemq.com/demos/websocket-client/，如图 12-46 所示。

图 12-46　默认配置

添加订阅 Topic，Topic 为刚才修改 yml 文件时的 Topic，如图 12-47 所示。

图 12-47　添加订阅 Topic

通过 Postman 发送新数据，可以在网页上看到导出的数据，如图 12-48 所示。

图 12-48　查看导出数据

7. 通过树莓派采集数据发送至 EdgeX

教程中使用树莓派和 DHT 温湿度传感器采集实时数据，并使用 REST API 传输至 EdgeX。树莓派需要连接到网络并且可以通过 SSH 连接，安装的系统可以是 Raspbian 或 Ubuntu（示例采用的是 Raspbian），除此之外，树莓派需要可以访问到部署 EdgeX 节点的 IP（EdgeX 使用虚拟机时需要与本地网络桥接）。

图 12-49　DHT11

（1）硬件选择与接线

树莓派选择树莓派 4B，DHT 选择 DHT11，如图 12-49 所示。

树莓派与 DHT11 的接线如表 12-3 所示。

（2）树莓派下载 requirements 文件和 Python 代码

树莓派通过以下命令下载 requirements 文件和 Python 代码：

表 12-3　DHT11 与树莓派接线表

树莓派	DHT11
GND	GND
5V	VCC
GPIO	Signal

```
wget https://raw.githubusercontent.com/jonas-werner/EdgeX_Tutorial/master/
    sensorDataGeneration/requirements.txt
wget https://raw.githubusercontent.com/jonas-werner/EdgeX_Tutorial/master/
    sensorDataGeneration/rpiPutTempHum.py
```

（3）安装并创建虚拟环境

安装 Python3 虚拟环境：

```
apt install python3-venv -y
```

创建虚拟环境：

```
python3 -m venv venv
```

进入虚拟环境：

```
. ./venv/bin/activate
```

安装所需 Python 模块：

```
pip install -r requirements.txt
```

（4）修改代码

打开 get，将 edgexip ="<edgex ip>" 修改为自己的 edgex ip。教程中使用的 DHT 传感器是 DHT11，树莓派接线为 GPIO6，如果传感器和接线与默认不同，还需要修改：

```
rawHum, rawTmp = Adafruit_DHT.read_retry(11, 6)
```

示例中使用的树莓派为树莓派 4B（4 以前版本不需要修改），还需修改对应虚拟环境中的 `/lib/python3.7/site-packages/Adafruit_DHT/platform_detect.py` 文件，在第 112 行添加以下内容：

```
elif match.group(1) == 'BCM2711':
    return 3
```

（5）运行代码

运行以下代码：

```
python rpiPutTempHum.py
```

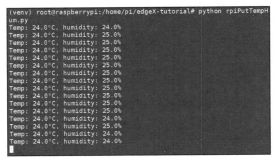

图 12-50　代码运行结果

代码运行结果如图 12-50 所示。

运行成功后，可以在 HiveMQ 网页上看到采集的温度与湿度数据，如图 12-51 所示。

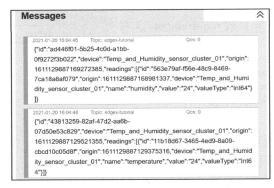

图 12-51　HiveMQ 上的温度与湿度

参考文献